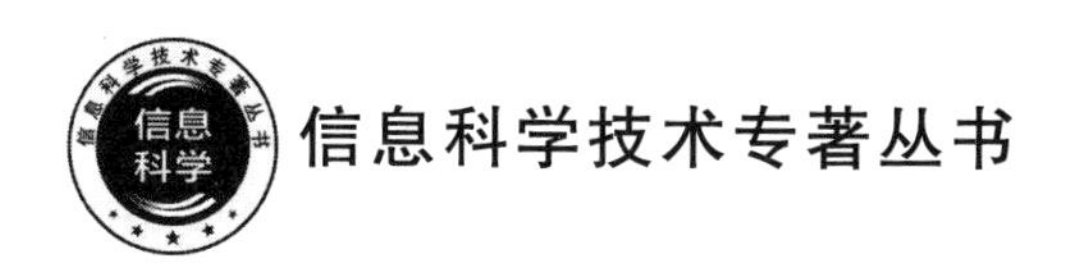

3D 显示技术及其优化方法

于迅博　高　鑫　邢树军　桑新柱　颜玢玢　编著

北京邮电大学出版社
www. buptpress. com

内 容 简 介

作者在研究了大量文献和积累了丰富一线科研经历的基础上，以科学理论结合工程实践的方式，为读者全面深入地介绍了现阶段出现的3D显示技术与设备及其优化方法。本书首先简要介绍了人眼产生立体视觉的原理、助视3D显示技术和利用计算机获取立体图像的技术，而后详细阐述了光栅3D显示技术、集成成像3D显示技术和悬浮3D显示技术，以及以此为基础发展出来的前沿优化方法。

本书可作为图像处理及显示、虚拟现实、数字广播、文化娱乐、人机交互、3D视觉传达、互动媒体等领域从业人员的工作参考用书，相关专业本科生、研究生的学习用书，高校教师进行教育教学、科研工作的工具用书，希望入门并精进3D显示相关技术人士的读本。

图书在版编目（CIP）数据

3D显示技术及其优化方法 / 于迅博等编著．-- 北京：北京邮电大学出版社，2022.6

ISBN 978-7-5635-6653-2

Ⅰ．①3…　Ⅱ．①于…　Ⅲ．①三座标显示器　Ⅳ．①TN873

中国版本图书馆CIP数据核字(2022)第091048号

策划编辑：姚　顺　刘纳新　**责任编辑**：王小莹　**封面设计**：七星博纳

出版发行：北京邮电大学出版社

社　　址：北京市海淀区西土城路10号

邮政编码：100876

发 行 部：电话：010-62282185　传真：010-62283578

E-mail：publish@bupt.edu.cn

经　　销：各地新华书店

印　　刷：唐山玺诚印务有限公司

开　　本：787 mm×1 092 mm　1/16

印　　张：16

字　　数：419千字

版　　次：2022年6月第1版

印　　次：2022年6月第1次印刷

ISBN 978-7-5635-6653-2　　定　价：58.00元

前　言

3D显示技术可通过模拟人眼在观看真实物理世界时的特点，利用有别于传统2D显示器的设备将物体所在空间的3D信息完整再现，实现对3D场景的真实重建。3D显示技术自20世纪80年代成为热点研究领域以来，经过学者们近半个世纪的努力，已经取得了不少振奋人心的优化方案，越发成熟的3D显示技术使得各种依赖显示技术的产业的突破成为可能，也在一定程度上丰富了人们对未来显示模式的憧憬。在国家发布的《中华人民共和国国民经济和社会发展第十四个五年规划和2035年远景目标纲要》中，提出应推动三维图形生成、动态环境建模、实时动作捕捉、快速渲染处理等技术创新，发展虚拟现实整机、感知交互、内容采集制作等设备和开发工具软件、行业解决方案。同时，3D显示作为一个包括了光学、材料科学、计算机科学、电子科学与技术、信息与通信工程等多学科的交叉研究领域，在综合国力提升和国民经济发展中都有着十分重要的战略意义和巨大的经济前景，是当今第四次工业革命时代下极具前瞻性、支柱性的科学技术。

本书从3D显示技术的实现原理出发，在简单讨论了现有3D显示技术的核心问题、制约瓶颈和潜在应用场景等方面后，着重介绍了多种提升3D显示技术性能的优化方法。本书内容包括作者作为项目负责人或主要研究人员参与的国家自然科学基金、国家重点研发计划课题、国家"863"计划课题、北京市科技计划重点课题等项目取得的研究成果。通过阅读本书，广大读者可对多种3D显示技术及其优化方法进行由浅入深的全方位学习。在内容上，本书的编写强调连续性和发展性：连续性，即充分使用已被业界证明是科学的基本理论，继承地使用受认可的专业术语和前人已有的研究成果，提高内容的广泛可读性；发展性，即在保证行文连续的基础上结合3D显示技术的发展近况，将领域内的先进优化方法和工程实践案例一一进行剖析。

本书编写人员的分工如下：于迅博负责全书的统稿工作和全书框架结构与写作提纲的确立，并参与全书所有章节的编写，主要负责第1、2、4、6章的编写；高鑫主要负责第5、7、8章的编写；邢树军主要负责第3章的编写；桑新柱、颜玢玢负责对全书内容的审核和指导。

在本书编写过程中，北京邮电大学的余重秀教授等专家提出了许多宝贵意见，李涵宇、粟曦雯对全书内容进行了校对，在此向他们表示衷心的感谢。同时，作者在编写本书时参阅了大量相关的中英文资料，在此也对这些文献的作者致以诚挚的谢意。

由于作者的水平有限，且编写时间仓促，书中难免存在不妥之处，还望同行及广大读者批评指正。

作　者

目　　录

第1章 绪　论

1.1 引　言

视觉系统是人类感知外界环境的重要工具,研究表明,在人们的日常生活中有70%的信息是通过视觉被接收到的。显示技术作为信息技术的一个重要组成部分,涉及现代生活中的每一个环节,它对满足人们的视觉要求有着巨大的意义,因此人们对显示技术有着孜孜不倦的追求。从黑白到彩色,从静态到动态,从标清到高清,人类在显示领域的发展从未放慢脚步。可以说显示技术的发展水平标志着一个国家的科技水平,显示技术是历来各国科技发展的必争环节,它有效地带动了上下游产业,促进了整个国民经济的发展。

在真实世界中可以用三维(three-dimensional,3D)空间坐标(x,y,z)来表示物体自身的形状、尺寸与物体相互之间的位置关系。然而,传统的平面显示设备(如投影仪、液晶显示器、等离子电视等)都只能传递二维(two-dimensional,2D)图像,丢失了真实世界中的距离信息。人们通过2D显示设备观察丰富多彩的3D世界时,不但无法通过距离关系去判断物体在三维空间中的相对位置关系,而且人眼只能接收单个角度的空间场景信息。当人眼从不同角度观察2D显示设备时,看到的内容都是相同的,没有任何的视差关系,这与人们观察世界的实际感官不符。在日常生活中,人眼观察世界时,不仅会接收到物体发出的光强与色彩信息,还会通过3D空间的深度信息对物体的尺寸与位置关系进行判断。传统的显示技术严重地影响了人们对客观世界的感知,降低了人们对空间信息获取、处理、表达的精确度、速度与效率。随着当今科学技术的飞速发展,传统的2D平面显示技术已经远远无法满足目前各个行业领域对深度数据与空间立体感的需求。越来越多的应用领域(如医学成像、科学研究、外太空探索、重要远程会议和军事等)要求能够实现3D场景的真实重建,从而使得观看者可以更加精确地捕获相关信息,准确地进行现场判断。由于3D显示相对于传统的2D平面显示具有很多的优点,因此可以预见3D显示技术将成为下一代显示科技的主要发展方向,而这项技术在给人们生活带来便捷的同时,还必将给未来的生活注入更多活力。

3D显示技术应用在电影产业上,电影《阿凡达》〔如图1-1-1(a)〕与《泰坦尼克号》〔如图1-1-1(b)〕都在世界范围内产生了巨大的影响,掀起了3D显示技术研究的热潮。与此同时,中国的3D电影迅猛发展,2015年上映的《捉妖记》〔如图1-1-1(c)〕、《大圣归来》〔如图1-1-1(d)〕、《寻龙诀》〔如图1-1-1(e)〕等电影以它们精良的制作吸引了众多观众的眼球，赢得了广泛的好评。随着科技的发展，3D 显示技术正在逐渐摆脱辅助设备的限制，以全新的姿态进入人们的生活。

(a)《阿凡达》 (b)《泰坦尼克号》 (c)《捉妖记》 (d)《大圣归来》 (e)《寻龙诀》

图 1-1-1　3D 电影海报

1.2　立体视觉原理

产生立体视觉的基本因素包括两个方面：心理因素和生理因素。

1.2.1　心理因素

心理因素是人们在长期的生活中观察总结得来的经验，它可以“欺骗”大脑，使其产生一种“伪立体视觉”。这里的“伪立体视觉”是指它虽然具有立体感，但其本质上只是一种心理错觉，所显示的仍然只是一幅 2D 的画面，不包含深度信息，而且它与真实物体所具有的立体感仍有很大差距。心理因素主要包括线性透视关系、遮挡、阴影、纹理和先验知识 5 个部分。

1. 线性透视关系

线性透视关系是指人眼所看到景物的大小将随着距离的增大而线性减小。如图 1-2-1(a)所示，路旁的房屋、汽车、行人会随着距离的增大而变得越来越小，同样道路也会随着距离的增大而越变越窄，最终会在远处汇聚于一点。

2. 遮挡

光是沿直线传播的，在前面的物体将会遮挡住后面的物体，因此通过物体间的遮挡关系就能够判断物体间的深度关系。在图 1-2-1(b)中，能够很明显地看出苹果 A 在苹果 B 的前方。

3. 阴影

由于光照会对人的意识产生影响，因此不同方向的光照会在物体表面产生不同方向的阴影。通常我们认为暗的部分是由于光线被遮挡，亮的部分是由于光线直接照射，对阴影形状的判断可以帮助我们推断物体的形状，如图 1-2-1(c)所示。

4. 纹理

纹理是指观看规律重复的动、静态特征分布而产生的立体视觉，如图 1-2-1(d)所示。

5. 先验知识

先验知识是指在人们对物体的空间形状以及结构等具有了充分的了解后，当再次看到该类型的物体时，即使只是看到物体的一个侧面，也能够联想到物体的整个空间形状，从而产生立体感，如图 1-2-1(e)所示。

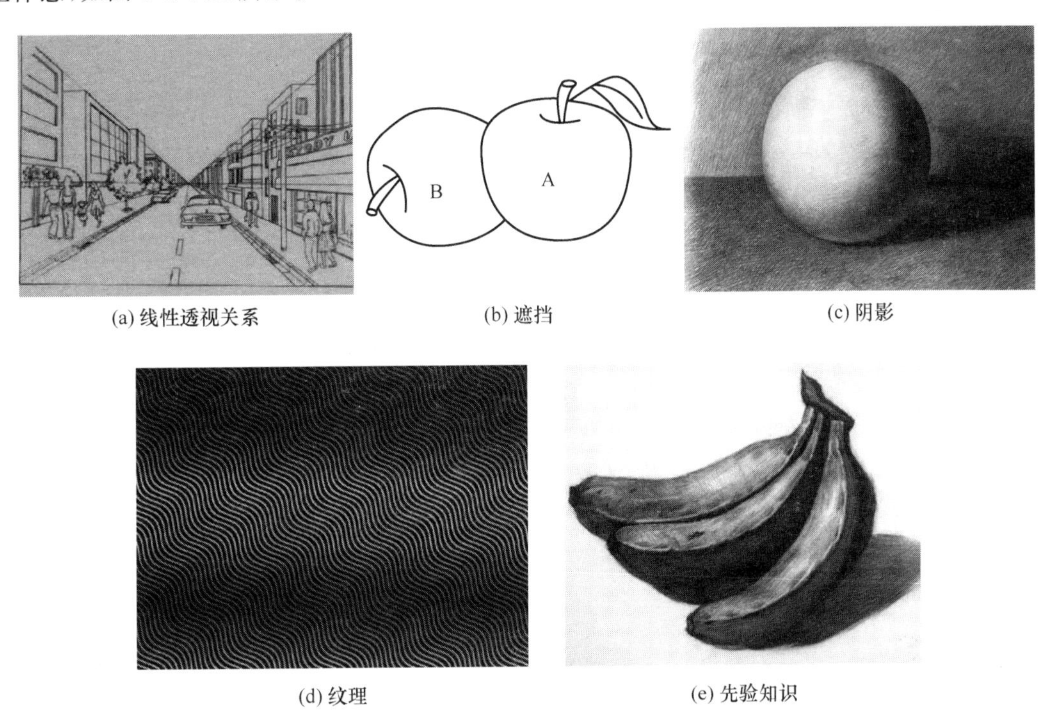

(a) 线性透视关系　(b) 遮挡　(c) 阴影

(d) 纹理　(e) 先验知识

图 1-2-1　心理因素

1.2.2　生理因素

正是由于上述心理因素的存在，因此即使在 2D 显示屏上，我们也可以分辨出物体的远近深度关系。但由于缺少生理因素的存在，因此 2D 显示所产生的立体感只是一种心理上的“欺骗”，既不生动也不准确。而生理因素则可以使显示更加真实和准确，它主要包括调节、辐辏、运动视差和双目视差 4 部分，其中双目视差最为重要，是立体视觉的主要来源。

1. 调节

人的眼睛就像是一个透镜，当我们观看不同距离的物体时，人眼通过睫状肌的收缩来调节晶状体的厚度，从而改变眼睛的焦距，使不同距离的物体能够在视网膜上清晰成像，如图 1-2-2(a)所示。大脑的神经中枢就能够根据睫状肌收缩的程度来判断物体的远近。然而，实验证明，调节对立体视觉的有效作用区域只在 10 m 范围以内，对于远处物体的调节作用几乎消失。

2. 辐辏

人眼在观看物体时，需要转动眼球注视物体，两眼视线所成的夹角称为集合角，如图 1-2-2

(b)所示。从图中可以看出集合角的大小与物体的距离成反比，物体的距离越近，眼球转动幅度越大，集合角越大；反之，距离越远，眼球转动幅度越小，集合角越小。从而我们的大脑能够通过眼球转动角度的大小来判断物体的远近。与调节一样，随着距离的增大，集合角的改变将变小，辐辏对立体视觉的作用也将减小。根据实验得出，辐辏的有效作用距离在 20 m 范围以内。

3. 运动视差

我们知道，当以不同的角度去观看同一个物体时，所看到的图像是各不相同的。因此，当我们移动位置或者转动头部时所看到的画面都不相同，我们将此称为运动视差，如图 1-2-2(c)所示。当观看者移动时，近处的物体比远处的物体移动得更快。因而我们能够根据物体移动的快慢来判断物体的深度关系。

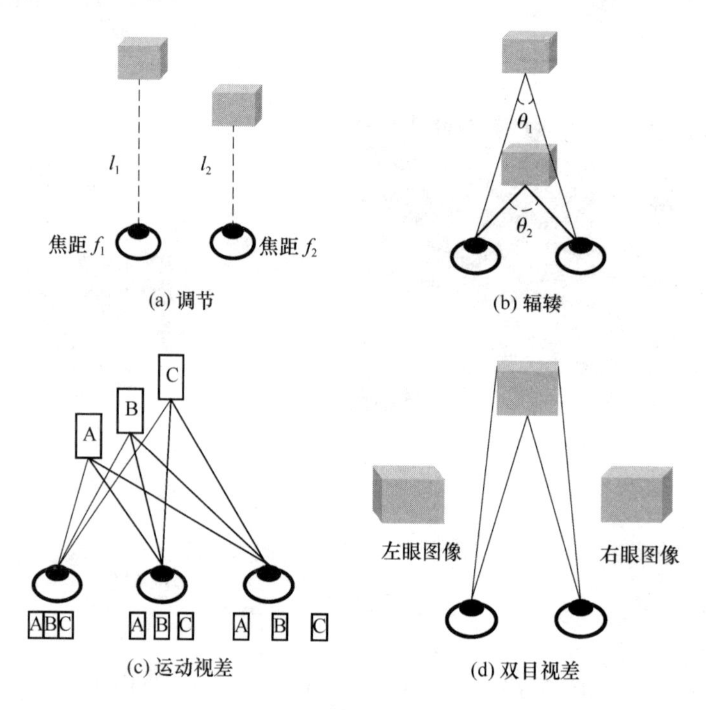

图 1-2-2 生理因素

4. 双目视差

人双眼之间的距离约为 65 mm，因而当双眼同时观察一个物体时，两只眼睛的观看角度各不相同，每只眼睛都将观察到物体的一个侧面，两只眼睛最终获取的图像各不相同，我们将这种左、右眼的视觉差异称为双目视差。我们的大脑将左、右眼在视网膜上所成的两幅视差图像进行融合后再形成一幅完整的立体图像。双目视差是产生立体视觉的最重要的生理因素，几乎在所有的 3D 显示技术中都应用到了双目视差的原理，其中常见的助视 3D 显示以及光栅 3D 显示等技术的实现原理更是主要基于双目视差，而其他诸如体三维显示、集成成像显示、光场显示等真 3D 显示技术则是由包含双目视差在内的多种心理以及生理深度暗示共同作用的结果。在 3D 显示技术中运用双目视差原理，先需要利用相机来模拟人的两只眼睛对物体不同角度图像的采集，得到所对应的左、右眼视差图像；然后利用时分或空分等方法将视差图像显示在2D显示屏上;最后也是最关键的是采用相应的技术手段使所显示的左、右眼视差图像能够分别进入人的左眼或右眼,如此根据双目视差的原理,人们就能够看到立体图像。

双目视差包括水平视差和竖直视差两部分,其中水平视差是产生立体感的主要因素。水平视差又可分为零视差、正视差和负视差,并可由此来判断物体的空间深度。如图1-2-3所示,当人的双眼同时观察到显示屏幕上的O_2点时,经过大脑的融合作用,人们将能够看到3D物体O_2恰巧位于显示屏幕上,此时水平视差为零视差;当人的左眼观察到显示屏幕上的B点,而右眼观察到与其相对应的C点时,经过大脑的融合作用,我们将能够看到入屏的3D物体O_3,感觉上物体是凹进屏幕内的,此时水平视差为正视差;当人的左眼观察到显示屏幕上的D点,而右眼观察到与其相对应的A点时,经过大脑的融合作用,相应地,我们将能够看到出屏的3D物体O_1,感觉上物体是凸出屏幕外的,此时水平视差为负视差。如此,我们便可以通过控制显示屏上相应像素间的间距来控制显示场景的显示景深,从而让人眼能够感受到空间的不同深度,实现立体感。

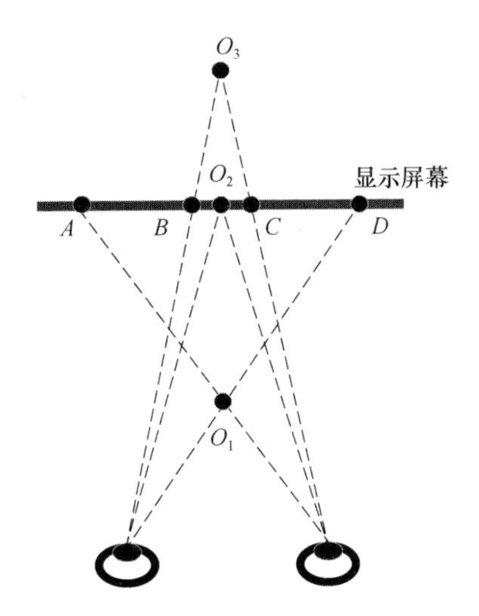

图1-2-3 显示景深与水平视差间的关系

第2章
助视3D显示技术

助视3D显示技术是指在3D显示的观看过程中，需要借助于眼镜、头盔等辅助设备的3D显示技术。目前主流的助视3D显示技术主要有分色3D显示技术、偏振光3D显示技术、快门3D显示技术和头盔3D显示技术。助视3D显示技术一般都是借助于辅助设备来达到双目视差，从而实现3D显示。虽然佩戴辅助设备不是十分便捷，但是因为助视3D显示技术容易实现且观看质量良好稳定，所以助视3D显示技术是目前最成熟、最普及的主流3D显示技术。本章将具体介绍几种主流的助视3D显示技术。

2.1 分色3D显示技术

分色3D显示技术的关键是对颜色进行分离，利用分离的颜色分别显示左、右眼视差图像，最终借助于分色眼镜观看分色3D显示器，从而为观众提供双目视差，实现3D显示。根据颜色分离的方法不同，分色3D显示分为基于互补色原理的分色3D显示和基于光谱分离原理的分色3D显示两种，本节将对两种技术的工作原理和性能进行详细的阐述。

2.1.1 基于互补色原理的分色3D显示

如果两种色光可以混合为白光，则称这两种颜色为互补色，常见的互补色有红色和蓝色（青色）、黄色和蓝色、红色（品红色）和绿色，它们均彼此互为补色。互为补色的两种颜色没有交集，彼此互不包含，因此，会存在相互隔离的效果。

基于互补色原理的分色3D显示利用互补色原理，配合使用对应互补色制作的分色眼镜，可以实现双目视差，从而达到3D显示的效果。如图2-1-1所示，以利用红蓝互补色的分色3D显示为例进行说明。在制作图像时，我们用红光（图中虚线）来保存一幅视差图像，用蓝光（图中实线）来保存另一幅视差图像，将两幅图像融合在一起形成合成图像并显示，观众在佩戴对应的红蓝3D眼镜观看时，透过红色镜片的眼睛只能观察到红光记录下的图像，透过蓝色镜片的眼睛只能观察到另一幅蓝光记录的图像，这就形成了双目视差，观众因此获得了立体感。

基于互补色原理的分色3D显示中，常见的互补色组合有红蓝（青）、黄蓝、红（品红）绿。基于互补色原理的3D显示对显示设备的要求非常低，除了普通的显示器外，甚至可以通过彩色打印的方式，在照片和纸张上实现。另外，互补色3D眼镜的制作十分简便，图2-1-2所示即一种红蓝互补色 3D 眼镜，这种 3D 眼镜只需要制作两个互为补色的镜片并将其安装在镜框上即可。因此，基于互补色原理的分色 3D 显示制作简易，成本低廉，具有突出的优点，但是，由于基于互补色原理的 3D 显示在观看时会出现颜色失真，降低观看质量，因此其发展及应用没有得到大范围普及。

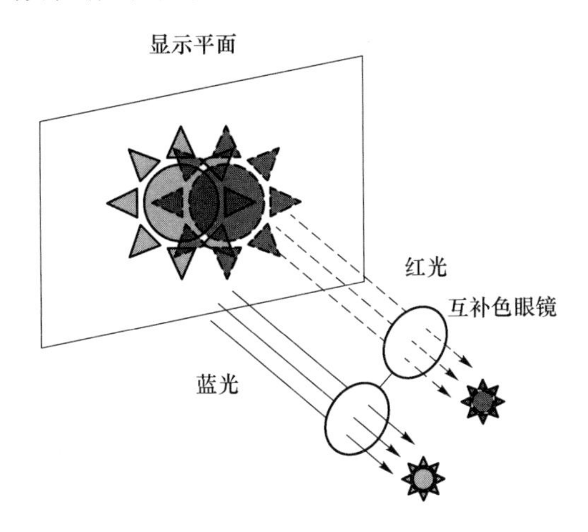

图 2-1-1　基于互补色原理的分色 3D 显示

图 2-1-2　红蓝互补色 3D 眼镜

2.1.2　基于光谱分离原理的分色 3D 显示

人眼中不同颜色的光其实是大脑对不同波长的光的感知，而人眼对每种颜色的感知都有一个波长范围，我们用峰值响应波长和半峰响应宽度来表示这个范围，表 2-1-1 表示的是人眼对红、绿、蓝三基色的峰值响应波长和半峰响应宽度。在峰值响应波长上，我们对三基色光的感知最敏感，而在半峰响应宽度内，我们仍然可以分辨出三基色的光。

表 2-1-1　红、绿、蓝三基色的峰值响应波长和半峰响应宽度

三基色	峰值响应波长/nm	半峰响应宽度/nm
红	600	70
绿	550	80
蓝	450	60

基于光谱分离原理的分色 3D 显示利用光谱分离技术，在人眼可识别的范围内，分离出两组不同波长的窄带光波，分别用来显示左、右眼视差图像，观众佩戴对应的窄带滤波眼镜。在不同的滤波镜片下，观察到由不同窄带光谱显示的视差图像，从而获得双目视差，形成立体感。而由此进行的分色显示由于不再是简单意义上的分色，因此可以实现全彩色的分色 3D 显示，避免了颜色失真的问题。

基于光谱分离原理的分色 3D 显示对显示设备稍有要求。例如，常用的投影法需要两台经过滤波的投影仪分别投影两幅视差图像到屏幕上，再配合相应的窄带滤波眼镜才可以实现 3D 观看。除此之外，基于光谱分离原理的分色 3D 显示同样可以借助于基于液晶显示器(Liquid Crystal Display，LCD)等的直视方式来实现，利用 LCD 的光谱分离显示通过具有不同光谱的发光二极管(Light-Emitting Diode，LED)背光点亮 LCD，并通过编码的方式使不同的视差图像以不同的光谱分别显示。利用时分复用的原理刷新不同光谱的视差图像，可以保证图像的分辨率不损失。总体来说，基于光谱分离原理的分色 3D 显示中的显示设备和辅助眼镜的制作并不复杂，成本也不高，并且，基于光谱分离原理的分色 3D 显示技术是全彩色显示，不需要复杂的信号同步设备，可以实现稳定的高质量观看，因此它是一种有良好前景的 3D 显示技术。

2.2 偏振光 3D 显示技术

偏振光 3D 显示技术采用偏振光原理进行视差图像的分离，配合偏振光眼镜使双眼分别观看到以不同偏振光显示的视差图像，从而达到双目视差，实现 3D 显示。偏振光 3D 显示技术是目前影院和家庭中广泛应用的 3D 显示技术，技术已经比较成熟。本节将分别介绍以投影方式和直视方式实现的偏振光 3D 显示技术，并对它们的工作原理和性能做详细的阐述。

2.2.1 投影偏振光 3D 显示器

偏振光 3D 显示器利用偏振光的原理实现分光，并配合佩戴的偏振片眼镜达到双目视差，从而实现 3D 显示。投影偏振光 3D 显示器由两个投影仪和一个可以保持偏振性的投影屏幕组成，如图 2-2-1 所示。在两个投影仪前面放置有不同偏振态的偏振片。显示时，两个投影仪透过偏振片同时向屏幕投影出不同的视差图像，这样在保持偏振性的投影屏幕上显示的两幅视差图像的光便具有了不同的偏振态。配合佩戴的偏振光眼镜的镜片是由对应的两种偏振片制作而成的，这样在观看的时候，不同眼睛透过不同偏振镜片观看到对应的视差图像，从而实现 3D 显示。

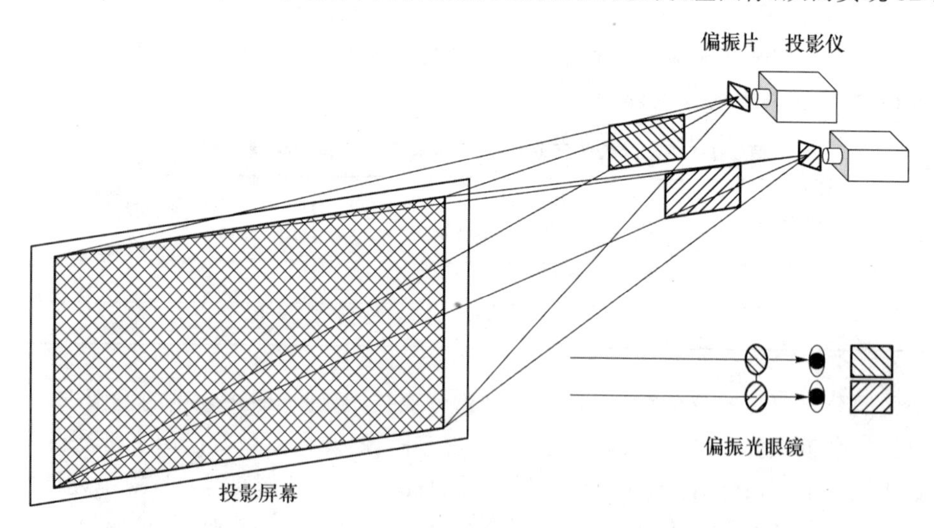

图 2-2-1　双投影仪偏振光 3D 显示器

偏振片是一种只能通过特定偏振光的光学结构。在上述过程中，如果使用线偏振片，则要求显示两幅视差图像偏振光的偏振方向是相互垂直的，这样，才能保证左、右眼可以独立地看到相应的视差图像。但是，当我们的头部发生倾斜时，左、右眼看到的图像将会发生串扰，大大影响观看质量。所以，线偏振光的显示要求较为苛刻。如果使用圆偏振片，则要求显示两幅视差图像的分别是左旋圆偏振光和右旋圆偏振光，这样的显示不要求我们的头部姿势，无论怎样摆动头部，都能使左、右眼看到正确的视差图像，显示效果较为理想。图 2-2-2 所示为一种偏振片眼镜。

除此之外，偏振片会对投影仪投射光的亮度造成很大的损失。因此，偏振光 3D 显示要求投影仪具有较高的亮度。另外，因为两台投影仪要将图像同时投影到一个屏幕上，所以还需要对投影图像校正，使它们可以完美重合。

图 2-2-2 偏振片眼镜

单投影仪偏振光 3D 显示器可以避免双投影仪偏振光 3D 显示器中图像不重合的问题。在投影仪前放置偏振光转换器并配合高速刷新的左、右眼视差图像可以实现单投影仪偏振光 3D 显示器。偏振光转换器在通断电的状态下可以分别投射两种偏振光，因此，配合左、右眼视差图像的刷新频率，在显示一幅视差图像时偏振光转换器通电，在显示另一幅视差图像时，偏振光转换器断电，这样就可以实现两种视差图像以不同偏振光显示，达到偏振光 3D 显示的要求。由于使用的是单个投影仪，在显示时不会再存在左、右眼视差图像不重合的问题，省去了图像校正的过程，同时也节约了一个投影仪的成本，因此单投影仪偏振光 3D 显示器具有较为广阔的应用范围。

2.2.2 直视偏振光 3D 显示器

直视偏振光 3D 显示器由平面显示器和置于前端的微相位延迟面板组成，如图 2-2-3 所示，其中，平面显示器必须发出的是线偏振光。如果使用 LCD 作为平面显示器，则可以直接使用，因为 LCD 发出的光本身就是线偏振光。但如果使用等离子体显示板（Plasma Display Panel，PDP）作为平面显示器，就必须在 PDP 和微相位延迟面板之间加入偏振片，使 PDP 发出的自然光转化为线偏振光。微相位延迟面板由很多条状相位延迟膜间隔排列而成，其中相位延迟均为 $\lambda/2$。这样，这种偏振光 3D 显示器将会对微相位延迟面板发出偏振方向相互正交的两种线偏振光，利用这两种偏振光分别显示两幅视差图像并配合相应的偏振光 3D 眼镜，即可实现偏振光 3D 显示。这种直视偏振光 3D 显示器将原平面显示器分成两部分，这两部分分别显示左、右眼视差图像，所以观看到的 3D 图像将会损失一半的分辨率，而且微相位延迟面板的制作和耦合存在一定困难。

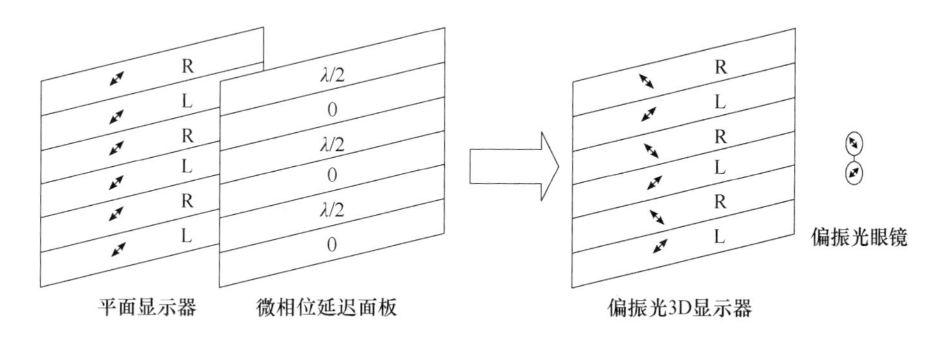

图 2-2-3 基于微相位延迟面板的直视偏振光 3D 显示器

基于偏振光转换器的直视偏振光 3D 显示器可以很好地避免上述的问题，如图 2-2-4 所示，基于偏振光转换器的直视偏振光 3D 显示器同样要求平面显示器发出的是线偏振光，不同的是以偏振光转换器来实现线偏振光的转换，这里的偏振光转换器可以使用扭曲向列液晶

(Twisted Nematic-Liquid Crystal,TN-LC),它可以在断电时施加 λ/2 的相位延迟,在通电时不施加相位延迟。这样,在平面显示器上快速刷新左、右眼视差图像,并以相应的频率给偏振光转换器通断电,可以使两幅视差图像正好使用正交的线偏振光分别显示,在配合相应的偏振光 3D 眼镜观看时,由于人眼的暂留效应,便可以使双目观看到正确的视差图像,从而实现偏振光 3D 显示。基于偏振光转换器的直视偏振光 3D 显示器(如图 2-2-4 所示)使用时分复用的原理,避免了分辨率的下降,可以实现全分辨率的偏振光 3D 显示。但是,为了保证观看质量,不出现频闪现象,平面显示器必须采用较高的刷新频率。

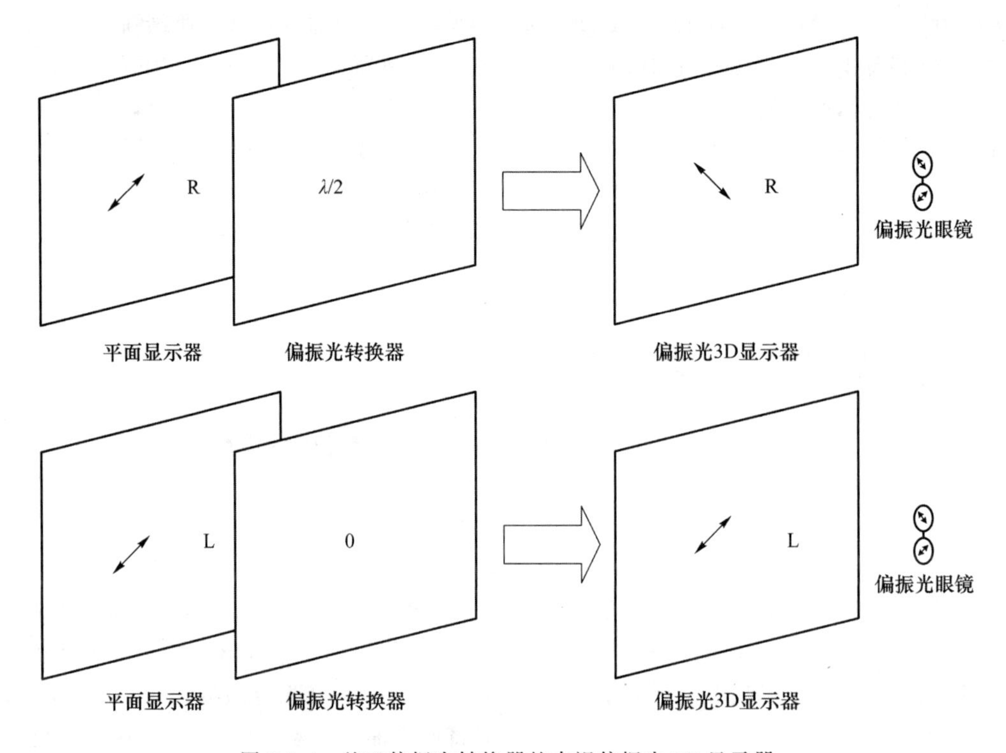

图 2-2-4　基于偏振光转换器的直视偏振光 3D 显示器

2.3　快门 3D 显示技术

快门 3D 显示技术不同于前文介绍过的两种利用光性质实现的 3D 显示技术,它利用时分复用的原理,在快门 3D 显示器上高速刷新视差图像,然后利用配对的快门 3D 眼镜,使左、右眼在不同的时间内观看到正确的视差图像,由于人眼的暂留效应,最终达到双目视差,实现 3D 显示。本节将详细阐述快门 3D 显示技术的工作原理,并介绍几种配合快门 3D 显示技术的显示模式。

2.3.1　快门 3D 显示技术的工作原理

快门 3D 显示通过时分复用的方式,在显示器上快速刷新左、右眼视差图像,配合佩戴的快门眼镜,达到双目视差,从而实现 3D 显示。快门 3D 显示由显示设备、控制设备和快门眼镜组成。

在快门 3D 显示中，显示设备通常采用普通的 2D 显示器，因此，快门 3D 显示在 2D 显示和 3D 显示之间存在很好的兼容，在不进行 3D 显示时，显示器可以作为普通的 2D 显示器使用。控制设备起到的作用是控制整个快门 3D 显示系统，在快门 3D 显示中，显示设备和快门眼镜都需要高速的刷新频率，所以控制设备的精确控制是实现快门 3D 显示的关键。如图 2-3-1 所示，在整个系统运行时，控制设备根据频率信号同时控制显示设备和快门眼镜的状态，在处于左眼观看的状态下，显示设备显示左眼的视差图像，快门眼镜的镜片处于左开右关的状态，而在处于右眼观看的状态下，显示设备显示右眼的视差图像，快门眼镜的镜片处于左关右开的状态，以此保证在某一状态下，只有对应的眼睛可以看到正确的视差图像。控制设备根据频率信号高速刷新两种状态，根据人眼暂留效应，观众便可以获得正确的双目视差，从而实现 3D 图像的观看。

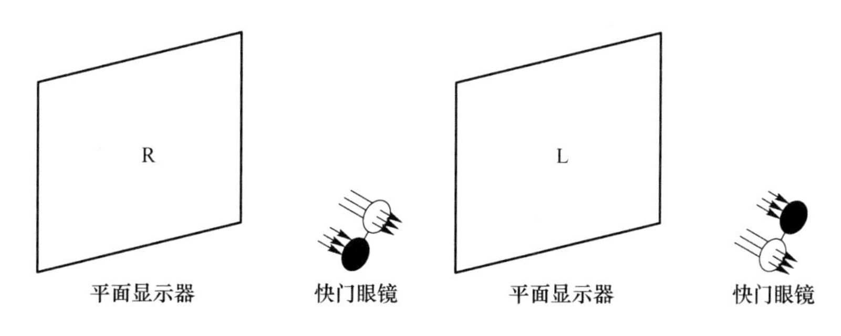

图 2-3-1 快门 3D 显示的实现过程

常用的液晶快门眼镜中有一种特殊的液晶偏振开关，当给眼镜附加电压时，液晶快门眼镜则处于关态，光线无法透过镜片，当不给眼镜附加电压时，液晶快门眼镜呈现开态，人眼可以正常地观察外界。因此，利用控制设备分别给左、右镜片正确地通断电，就可以配合快门 3D 显示器实现 3D 显示，图 2-3-2 所示为一种快门眼镜。连接快门眼镜最普遍的方法是先将快门眼镜连接到一个触发器上，触发器再与控制设备连接，由控制设备统一的控制快门 3D 显示器的显示和快门 3D 眼镜的开关状态。控制设备也可以使用红外等无线方式连接眼镜触发器，利用无线方式连接可以使眼镜更方便佩戴，同时，也更利于多个快门眼镜同时连接控制设备。

图 2-3-2 快门眼镜

同步信号不匹配会导致出现图像串扰现象，也就是所谓的“鬼影”现象。例如，快门 3D 显示器从显示左视差图像刷新为显示右视差图像时，若快门眼镜未及时地从左开右关的状态转换为左关右开的状态，那么就会导致观众左眼看到右眼视差图像的残留或者右眼看到左眼视差图像的残留。并且快门 3D 显示的刷新机制很容易导致快门 3D 显示出现闪烁的问题。

2.3.2 快门 3D 显示技术的显示模式

为了实现视差图像的刷新，必须配合快门眼镜采用合理的显示模式。下面介绍几种常用的显示模式。

图 2-3-3 所示为隔行扫描显示模式。过去的 2D 显示器都是采用隔行扫描的显示模式，阴极射线管(Cathode Ray Tube，CRT)的画面是由扫描线组成的，它把图像分为奇数场和偶数场，在显示的时候，显示器先扫描图像的奇数行，结束之后再扫描图像的偶数行，由奇数行和偶数行组成的行组就被称为奇数场和偶数场。利用这种显示的性质，我们可以把左、右眼视差图像分别放入显示器的奇数场和偶数场，这样，就可以实现先刷新一幅视差图像，再刷新另一幅视差图像。最后，利用场同步信号就可以配合控制快门眼镜实现快门 3D 显示技术。这种显示模式的优点是，对显示器没有额外的要求，操作简便，只需要普通的 CRT 显示器即可。但是，奇偶数场的分类显示使观看到的 3D 图像分辨率下降 50%。

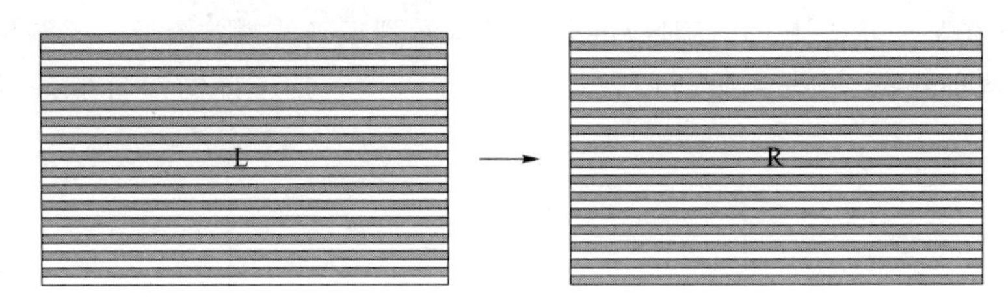

图 2-3-3　隔行扫描显示模式

图 2-3-4 所示为页交换显示模式。这种模式通过驱动程序控制交替刷新左、右眼视差图像，然后利用相同的同步信号控制快门眼镜，以实现快门 3D 显示，但是由于需要交替刷新左、右眼视差图像，因此需要更快的刷新频率来满足显示质量，通常需要高于 100 Hz，且需要显卡、显示器和快门眼镜同时满足这样高的刷新频率。这种显示模式是一种全分辨率的显示模式，具有较好的显示质量。但是，由于高刷新频率需要多个硬件同时满足且同步，因此这种显示模式对软硬件的要求很高，若同步不够精确，很容易出现"鬼影"现象，影响显示质量。而交替式刷新的显示模式在观看时会出现闪烁的现象，为了弥补这种缺陷，垂直扫描的频率必须要达到 120 Hz 或者更高。

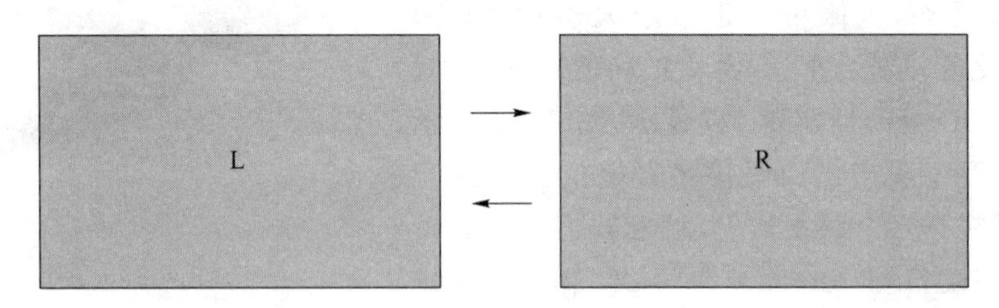

图 2-3-4　页交换显示模式

图 2-3-5 所示为同步倍频显示模式。这种方式首先用软件将视差图像在垂直方向上压缩至一半，然后将对应的压缩后的左、右眼视差图分别放到一幅图像的上、下部分，并将其从显卡输出到一个硬件电路上。电路在每幅合成的图像之间增加一个场同步信号，即将刷新频率翻倍，这样就可以将两部分的视差图像分别显示出来，再利用翻倍后的场同步信号控制快门眼镜，就可以实现快门 3D 显示。由于硬件电路需将原本的场同步信号翻倍，所以显卡的刷新频率不可以设置得过高，否则可能会超过显示器的极限。这种显示模式的优点是所有的 3D 加速显示芯片都可以支持倍频电路，因此，这种方法无须任何驱动程序，只需要利用软件将左、右眼视差图像压缩并排列即可，但是由于压缩后的图像在垂直方向上损失了一半的分辨率，因此最终观看到的 3D 图像也存在分辨率下降的问题。

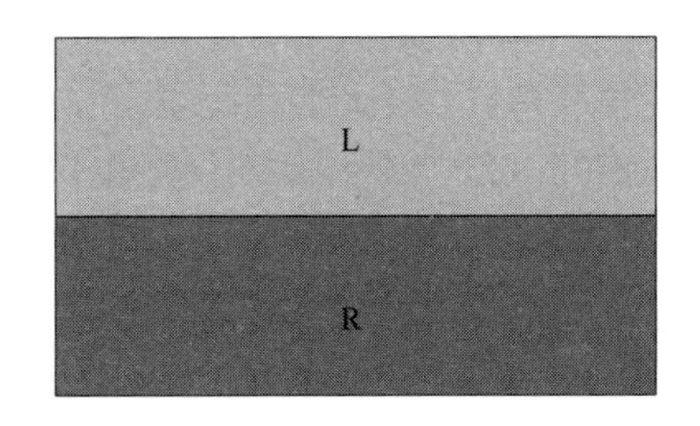

图 2-3-5 同步倍频显示模式

2.4 头盔 3D 显示技术

头盔 3D 显示器是基于头盔显示器(Helmet Mounted Display,HMD)的一种 3D 显示技术。头盔 3D 显示器直接利用头盔内装配的两个微型显示设备为观众的左、右眼分别提供视差图像,使观众形成双目视差,从而实现 3D 显示。头盔 3D 显示技术独具的微型显示设备和高度集成的头盔设备,可以为双眼直接提供 3D 图像,并且通过高度集成的头盔可以添加其他硬件系统,可以使头盔 3D 显示系统可以实现运动视差、多种视觉交互等多种功能,具有极高的拓展性。

2.4.1 头盔 3D 显示技术的原理

头盔 3D 显示器通常由微型显示设备、光学成像系统、电路控制系统和头部跟踪系统等部分组成。通过这些部件的帮助,观看者可以通过头盔显示器体验到舒适的 3D 图像观看感受,由于微型显示设备距离人眼很近,因此直接佩戴头盔显示器观看微显示设备将会导致双目难以聚焦,观看到的图像难以充满观看者的视场等种种问题。因此,在头盔 3D 显示器的设计中,在人眼和微型显示设备之间加入光学成像系统,图 2-4-1 所示为简化的头盔显示器的光学模型,通过放置在微型显示设备前的光学成像系统,观看者观察到的不再是微型显示设备上直接显示的图像,而是经过光学成像系统处理放大过的虚拟图像,这样的虚拟图像经过放大后可以填充满观看者的视场,观看者的双目不再因短距离聚焦而感到不适,从而提高了观看者佩戴头盔显示器观看的舒适度和真实性。

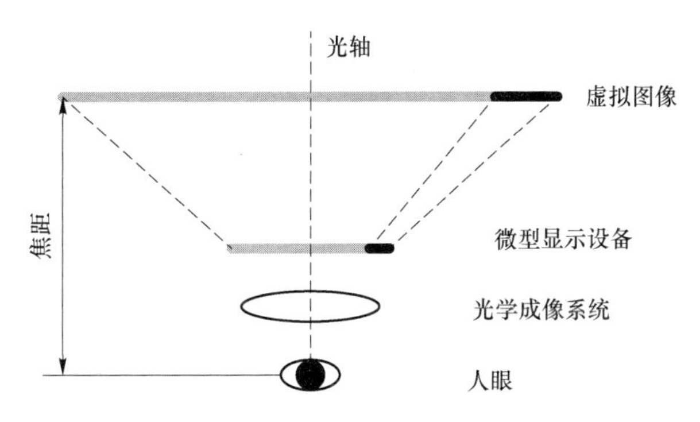

图 2-4-1 简化的头盔 3D 显示器的光学模型

头盔 3D 显示技术因为只能观看到头盔显示器为观众提供的虚拟图像,所以也被称为虚拟现实(Virtual Reality,VR)技术。这种技术可以为观众营造以假乱真的虚拟 3D 场景,让观众沉浸其中,目前在游戏娱乐等领域具有广泛的应用场景。而增强现实(Augmented Reality,AR)技术和 VR 技术极其相似,不同的是,AR 技术不仅能让观看者看到由头盔显示器提供的虚拟图像,还能让观看者同时观察到真实的 3D 环境。AR 技术可以将虚拟的 3D 图像叠加在真实的三维物体上,使观众可以将虚拟的信息与现实交互,提升获取信息的能力,在医疗、精密仪器制造、导航等领域应用广泛。

2.4.2 头盔 3D 显示技术的关键技术

头盔 3D 显示技术将可以根据观看者的位置等信息实时地显示准确的 3D 图像,甚至可以通过观看者的动作,使观看到的 3D 场景做出相应的变化,实现观看者与观看场景之间的实时交互。这样的头盔 3D 显示技术涉及很多的技术,下面介绍部分关键技术。

动态 3D 场景的建立是头盔 3D 显示技术的核心内容,这其中涉及动态场景的建模技术。为了创造一种完美的 3D 显示享受,我们首先要做的就是构建一个虚拟或真实的 3D 场景模型,只有在具备了 3D 场景模型之后,我们的 3D 显示才能具有很强的真实性。构建一个虚拟空间或搭建现实生活中的场景模型,通常需要通过 3D 计算机建模或 3D 实景扫描等多种方式来实现。在动态 3D 场景构建完成之后,我们还可以通过即时定位与地图构建(Simultaneous Localization and Mapping,SLAM)技术使虚拟世界与真实世界完美地融合,方便实现虚拟世界与真实世界的交互。

人眼在真实的世界中观察 3D 场景时,由于人眼位置移动而引起的运动视差是人类感知立体的一种途径,为了使头盔 3D 显示技术具有运动视差,其采用了头部追踪技术。头盔 3D 显示技术可以通过头部追踪技术实现人双目位置的感知,并通过双目的实时位置即时刷新 3D 图像,实现运动视差,提供优秀的 3D 观看感受。头部跟踪技术的实现方法有很多种,如机械法、电磁法、光电法和超声波法等。其中,电磁法的基本原理是先建立特定的磁场,然后通过电磁接收器来获取实时的磁场信息,通过获得的磁场信息计算接收器所在的位置与姿态。

除此之外,头盔 3D 显示技术还需要高分辨率的微显示屏技术、精确的电路控制技术等。而以头盔 3D 显示技术为基础的 VR、AR 技术现在已经不单单是一种 3D 显示技术。为了实现更多的感官体验,人们加入更多的感知交互,如语音的识别与反馈、触觉的实现等,以达到完美的沉浸感。模仿人类本能的自然交互体验成为一项重要的基础,其中涉及的技术有动作捕捉技术、眼球追踪技术、语音交互技术、触觉反馈技术等。而为了实现如此多的交互,还需要高速的处理和传输技术等,以最大限度地降低延迟。如今的 VR、AR 技术是一种多种高新技术交叉的探索领域,出色的多感官享受使这种技术具有极大的发展潜力。

第3章
立体图像获取技术

3.1 多相机采集

对自由立体3D显示与光场3D立体显示而言,3D信息的采集是至关重要的,它为显示设备提供了立体信息的数据来源。根据采集对象的不同可以将采集技术分为真实相机采集与虚拟相机采集。真实相机采集是针对现实世界中的3D场景利用一组规格完全相同的相机阵列对其进行不同角度的信息拍摄。虚拟相机采集是在建模软件中利用虚拟相机阵列对计算机3D模型进行多角度的拍摄,常见的建模软件包括3DS MAX、MAYA等。虚拟相机采集相对于真实相机采集的最大优点是没有相机尺寸的约束,相机采集间隙可以无限小。

根据立体相机摆放结构的不同可以将立体采集技术分为平行式、汇聚式、离轴式与弧形式4种,如图3-1-1所示,图中虚线代表相机镜头光轴的方向,实线夹角区域代表相机拍摄范围。

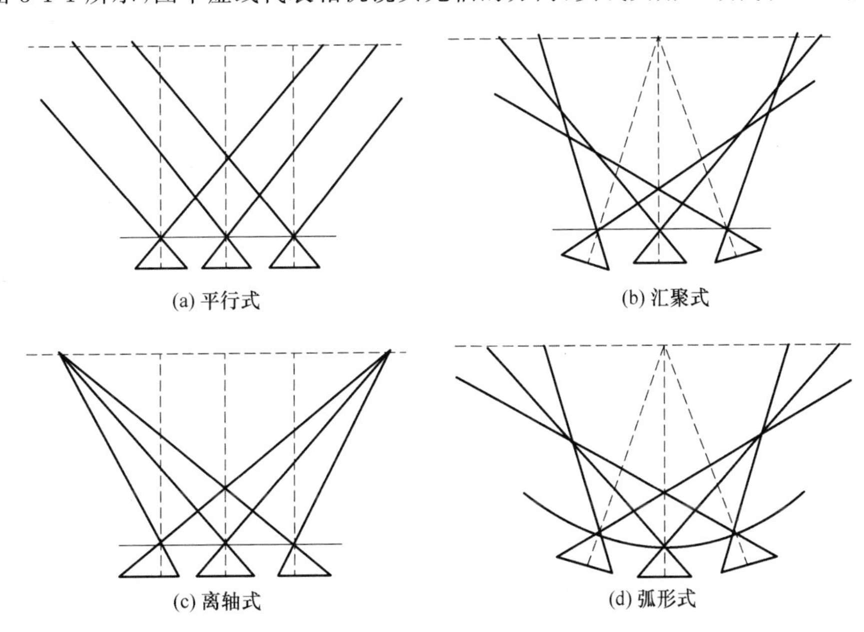

图3-1-1 立体相机摆放结构

在平行式拍摄的立体相机结构中，各相机镜头的光轴相互平行，如图3-1-1(a)所示。根据透视关系可知，这种拍摄方式采集的内容只有负视差，如果不对采集的图像进行处理而直接进行视点立体显示，则会导致显示的3D内容只有出屏效果，没有入屏效果。如果对拍摄的图像进行剪裁与平移处理，保留公共采集区域，则虽然可以得到同时具有正视差与负视差的3D内容，但是会导致采集图像部分信息的丢失。

在汇聚式拍摄的立体相机结构中，各相机镜头的光轴相交于一点，如图3-1-1(b)所示。这种拍摄方式采集到的图像公共区域比较大，且同时具有正视差、零视差与负视差。由于采用汇聚式拍摄时，各个相机的光轴之间存在一定的夹角，因此拍摄的内容会出现梯形失真的现象，且光轴间夹角越大，梯形失真越严重。在3D显示中，图像序列的梯形失真不但会引入垂直视差，而且会导致显示深度偏差，这将严重地影响观看质量。因此在使用汇聚式拍摄的图像序列之前，需要进行图像梯形失真矫正。

在离轴式拍摄的立体相机结构中，各个相机镜头的光轴相互平行，相机电荷耦合器件(Charge Coupled Devices，CCD)的中心与镜头光心的连线相交于一点，如图3-1-1(c)所示。这种拍摄方式兼顾了平行式拍摄与汇聚式拍摄的优点：无梯形失真，拍摄公共区域大，同时具备正视差与负视差。但是这种拍摄方式对相机的结构有特殊要求，普通相机难以胜任，因此在实际拍摄过程中很少采用离轴式拍摄的方法。

如图3-1-1(d)所示，弧形式拍摄的立体相机结构与前3种结构有所不同，各相机的光心不位于同一水平线上，而位于一圆弧形上，相邻相机的光轴夹角相等且相机光轴相交于该圆弧的圆心。各个相机视场相交构成一个圆形区域，位于该圆形区域内的物体可被所有相机拍摄到。当所采用的相机个数较多时，弧形式拍摄的立体相机结构将会是一个很好的选择。与汇聚式拍摄的立体相机结构相似，其由于各相机光轴存在一定夹角，因此拍摄的图像也会出现梯形失真。当只采用两个相机时，弧形式拍摄的立体相机结构与汇聚式拍摄的立体相机结构相同。

3.2 光场相机

单个光场相机无须移动就可以对3D信息完成采集。光场相机的机身与一般数码相机并无过多差别，但其内部结构却大有不同。光场相机将透镜阵列放置在相机中，以达到获取3D信息的目的，相比于多相机的阵列式采集，光场相机的体积小且校正难度低。

一般相机以主镜头捕捉光线，再聚焦在镜头后的胶片或感光器上，所有光线的总和形成像面上的小点以显示影像。光场相机在主镜头及感光器之间有一个微透镜阵列，每个微透镜在接收来自主镜头的光线后，将光线传送至感光器表面，这样3D信息被以数码的方式记下。利用相机内置软件操作，追踪每条光线在不同距离的影像上的交点，经数码重新对焦后，光场相机便能拍出完美照片。

数码相机是在像素点上形成鲜亮的光像，并把此光像反映成数码影像的装置。光场相机则是采用与数码相机完全不同的原理。与数码相机相比，光场相机有几点显著特点。

(1) 先拍照，再对焦。数码相机只捕捉一个焦平面对焦成像，中心清晰，焦外模糊；光场相机需记录下所有方向光束的数据，并采集3D信息，后期在计算机中根据需要选择对焦点，经过计算机的处理后才能得到照片的最后成像效果。

(2) 体积小,速度快。光场相机采用与数码相机不同的成像技术,没有数码相机那样复杂的聚焦系统,整体体积较小,操作也比较简单,同时由于不用选择对焦,因此拍摄的速度更快。

美国斯坦福大学博士吴义仁与几名研究员创制出手提光场相机,这种相机在低光及影像高速移动的情况下,仍能准确对焦拍出清晰照片。2012 年 2 月 29 日,由美国 Lytro 公司研发的全球首款"先拍照后对焦"的光场相机在美国上市,如图 3-2-1 所示。它可以让任何景物立刻成为拍摄焦点,完全不去考虑景深问题,还可以改变观看照片的视角,并且可以将一张照片在 2D 和 3D 模式之间来回切换。这款相机之所以能做到这一切,是因为它号称安装了所谓的"光场感应器",可以收集进入相机所有光线的"颜色、强度和方向"。Lytro 公司甚至都不用人们熟悉的像素指标来给它的相机归类。该相机的分辨率为 1 100 万射线,也就是说该相机可以捕捉到 1 100 万束光线。Lytro 相机的样子非常另类,它差不多就像一个短小、方形、可放入口袋的伸缩式望远镜,一端是一个八倍内变焦镜头,另一端是一个触屏取景器,只有两个按钮和一个放大缩小滑动钮。它的基本款内存为 8 GB,产品售价为 399 美元,可容纳大约 350 张照片;内存为 16 GB 的该相机售价为 499 美元,可容纳 750 张照片。

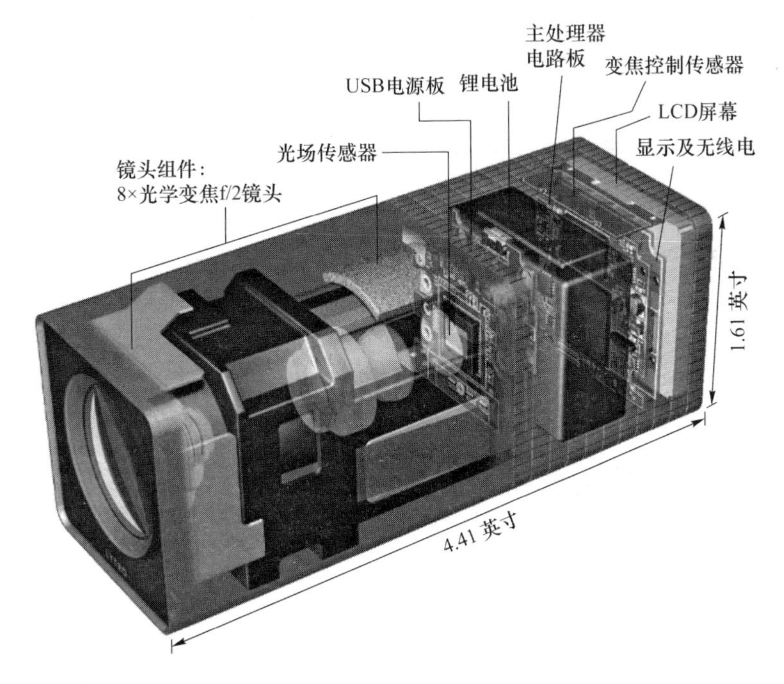

图 3-2-1 Lytro 相机的结构

美国多位技术专栏作家在使用 Lytro 相机后表示,相机在光线良好的条件下拍摄的近物和远景的效果令人惊叹。美国最具影响力的技术专栏作家沃尔特·莫斯伯格认为,它有望带来大众数码摄影的一场革命。

3.3 数字 3D 模型采集

模型渲染工具是一款免费开源 3D 图形图像软件,提供从建模、动画、材质、渲染到音频处理、视频剪辑等一系列动画短片制作解决方案。使用模型渲染工具可以方便地实现立体内容的渲染和生成。

3.3.1 基础概念和物体基本操作

推荐在使用模型渲染工具的过程中选择三键的滚轮鼠标，如果使用的是双键鼠标，也可以借助于组合键“Alt＋鼠标左键”来实现滚轮功能。同时，尽量使用标准的 Windows 全键盘，如果使用的是没有小键盘的笔记本计算机，也可利用组合键“Fn＋NumLk”来开启数字小键盘功能。

3D View(三维视图)窗口是模型渲染工具最常用的窗口之一，用于显示当前所创建的 3D 场景，同时提供了大部分工具菜单和属性菜单，如图 3-3-1 所示。在三维视图中需要将鼠标挪动到视图中，按住滚轮来回拖动可以旋转观看角度，滑动滚轮可以放缩视图，“Ctrl＋滚动滑轮”可以左、右移动视图，“Shift＋滚动滑轮”可以上、下移动视图。

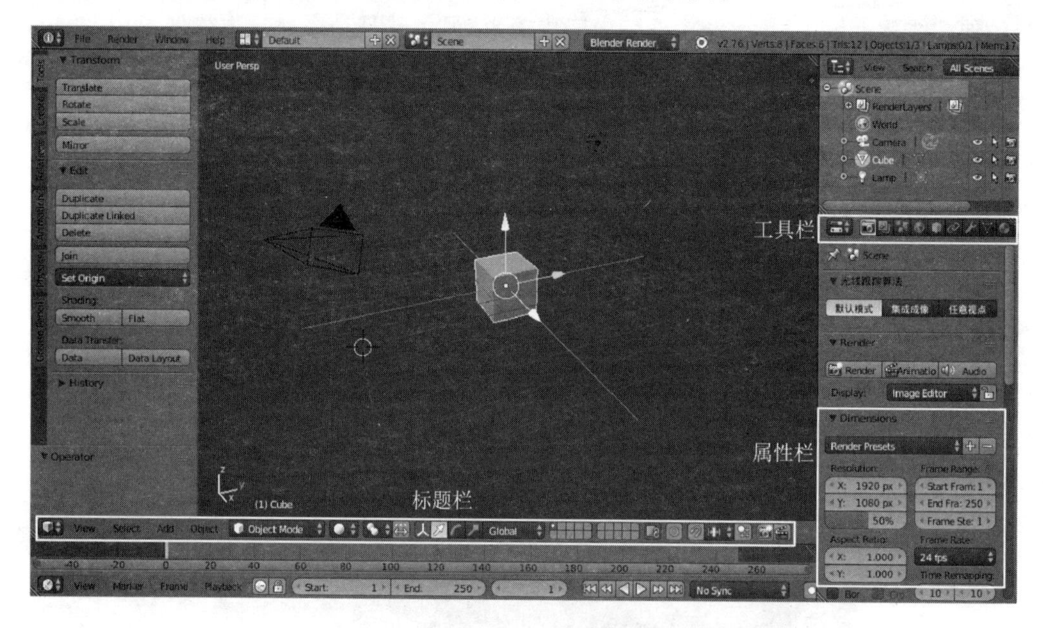

图 3-3-1　3D View(三维视图)编辑窗口

在模型渲染工具中，一个基础的控制单位称作 Object(物体)或者对象。一个物体可以是一个网格模型，也可以是一盏灯或是一台照相机，上述三者也被称为三要素。每一个物体都有一个 Origin(原心)，用于标识物体本地坐标系的原点和控制杆的默认位置。如图 3-3-2 所示，八面体、灯光和照相机上的圆点分别为各个物体的原心。

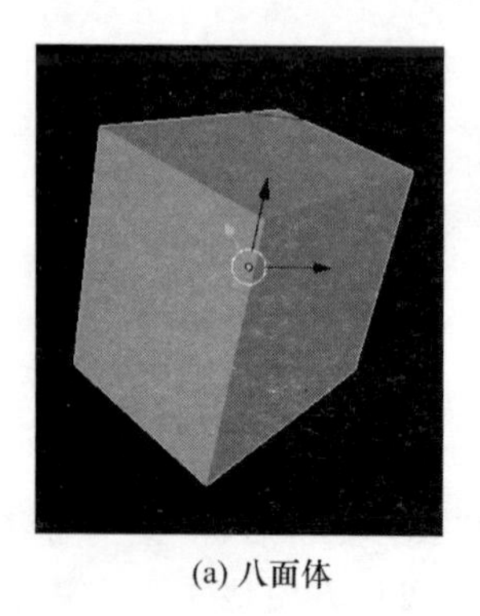

(a) 八面体

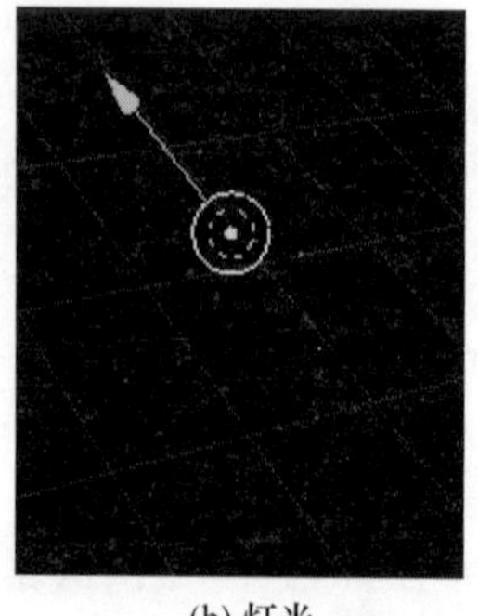

(b) 灯光

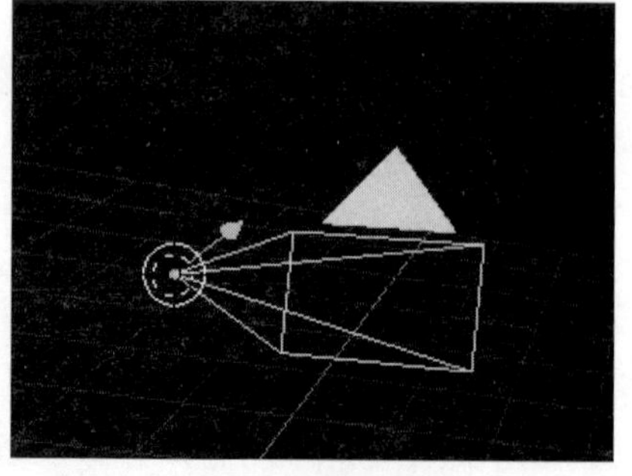

(c) 照相机

图 3-3-2　不同物体的原心

在模型渲染工具中对物体进行选择操作是：将鼠标的光标移动至物体轮廓线内的任意表面位置上，然后单击。如果需要同时选择多个物体，可以使用组合键“Shift＋鼠标右键”来完成多选操作。当一个物体被选中时，它的轮廓线会默认变成橙色，此时其原心位置会出现一个控制器，分别使用红、绿和蓝 3 种颜色来表示 X、Y 和 Z 轴 3 个坐标方向以及对应方向上的控制杆。在控制杆的箭头处点击鼠标左键，即可对控制杆执行相应的移动或旋转等控制操作。

模型渲染工具有 3 种不同类型的控制杆，单击标题栏上的按钮，可开启控制杆在场景中的显示。3 种控制杆分别代表移动、旋转和缩放功能，如图 3-3-3 所示，图从左至右分别为 3 种类型的控制杆在物体上的显示效果。除了采用控制杆外，也可以通过单击页面左侧 TOOLS 中的 ▼Transform ，分别实现移动（ Translate ）、旋转（ Rotate ）和缩放（ Scale ）功能。单击对应功能键将鼠标移向模型界面即可完成对应功能的使用。

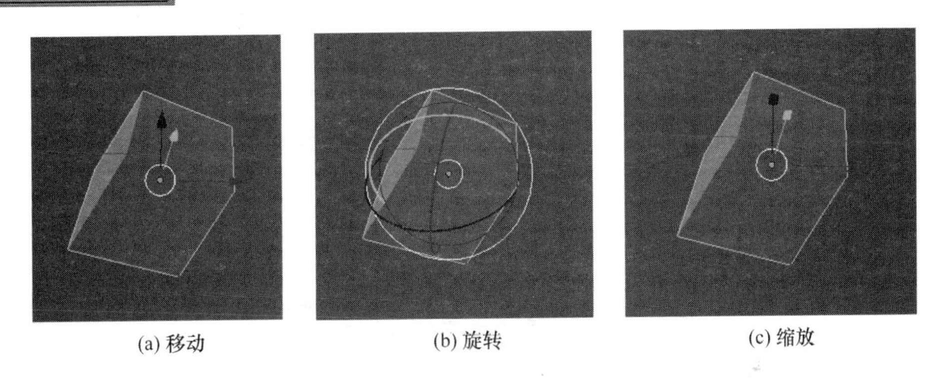

(a) 移动　(b) 旋转　(c) 缩放

图 3-3-3　不同类型的控制杆

也可以在工具栏按钮单击按钮，在下方属性栏对物体的坐标、角度和大小进行更改，如图 3-3-4 所示。

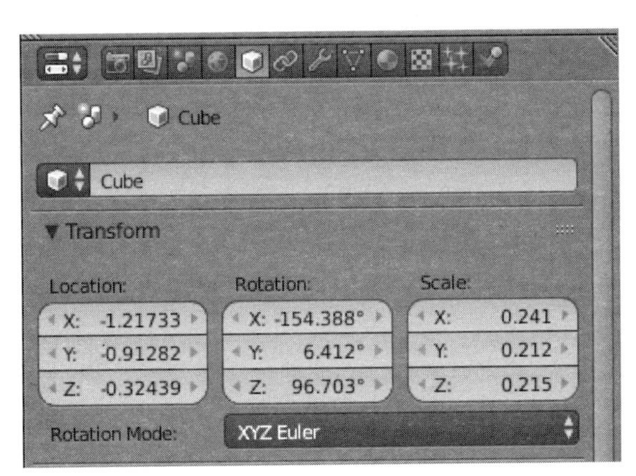

图 3-3-4　物体属性更改

3.3.2　灯光的添加以及设置

在采用模型渲染工具进行视图合成的过程中，灯光是关键要素，因此灯光的添加以及设置是我们经常使用到的功能。优秀的灯光设计能激活一个很简单的模型，而一个呆板的灯光照明则可能毁掉一个精心搭建的场景。如何布灯是一个难以定量的问题，因为这里没有可量化的参数来快速调节，往往需要依靠经验和大量的试验来逐渐修改和优化。

灯光需要根据不同的场景来做灵活搭配，为了获得更好的效果，我们通常会利用照明在不同的方向打上多盏灯，实现对3D模型的照亮。这样在重构过程中，细节才不会因为光线不足而被吞没。

模型渲染工具中内置了5种不同类型的灯光，每一种都有特殊的作用和功能。可以在视图窗口中通过按组合键“Shift＋A”来添加灯光，也可以在标题栏中单击“Add”（添加）和“Lamp”（灯光）来添加5种灯光，如图3-3-5所示。

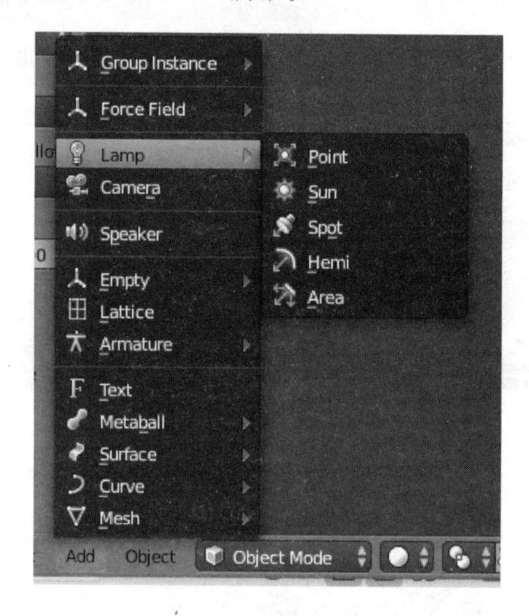

图3-3-5　灯光的添加选项

5种灯光分别为Point（点灯光）、Sun（日光）、Spot（聚光灯）、Hemi（半球灯）和Area（面光源）。点灯光是一种全方位发散的灯光，在视图中显示为一个带圆心的圆圈。日光提供了太阳光的模拟光源，可以按照一定方向辐射到场景中。聚光灯又叫射灯，能按照指定的方向向一个锥形区域的范围内投射光线。半球灯提供了一个180°的半球形光照模型。面光源能模拟出一种由表面发光的光照效果。

3.3.3　关于相机的设置以及视图的输出

我们新编译版本的模型渲染工具经过程序改写后与原始模型渲染工具不同，其可以同时摆放多个相机。这些相机阵列可以为后续自由立体成像和集成成像提供虚拟视差图像。在摆放相机阵列之前，需要先摆放主相机，确定整体相机阵列位置。

若模型中没有主相机，可以通过标题栏添加单个相机，如图3-3-6所示。如图3-3-7所示，主相机的坐标以及朝向可以在选中相机之后，通过工具按钮中的物体按钮更改；主相机的视角（Field of View，FOV）可以通过工具按钮中的摄像机按钮更改。对于图3-3-8所示的

几何关系，相机 FOV 的计算公式为

$$\mathrm{FOV}=2\arctan\frac{\text{显示屏宽度}}{2\times\text{观看距离}} \tag{3-1}$$

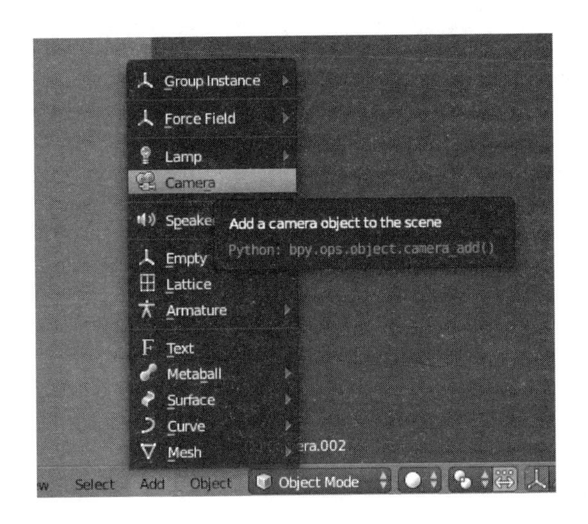

图 3-3-6 添加相机

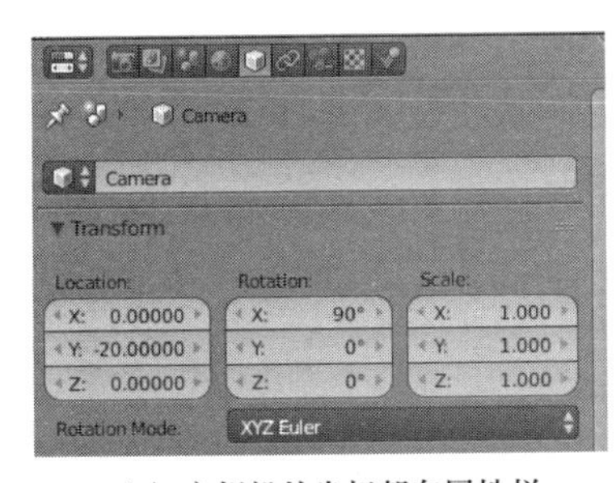

(a) 主相机的坐标朝向属性栏

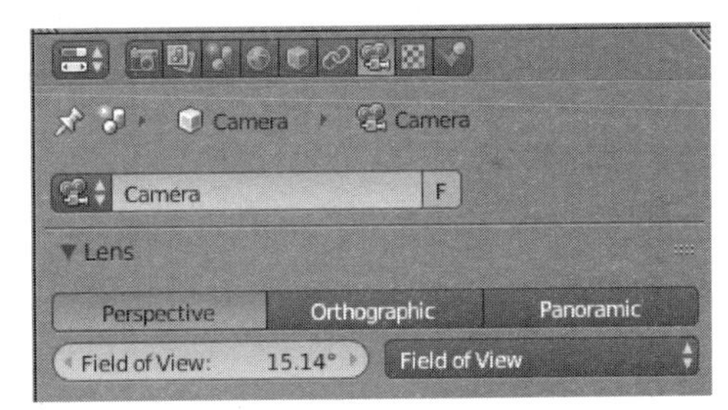

(b) 相机FOV属性栏

图 3-3-7 相机设置

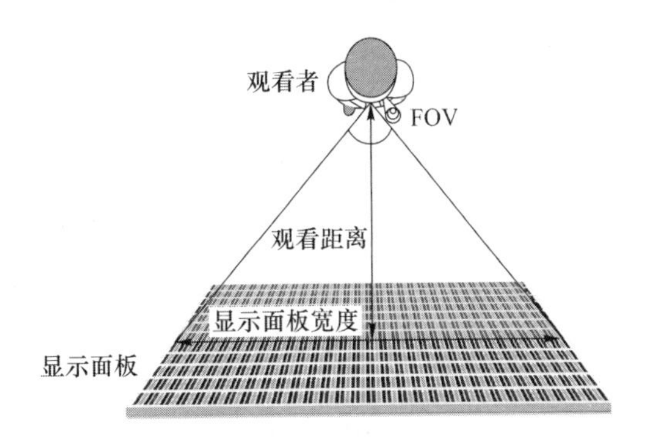

图 3-3-8 计算 FOV 的几何关系

按小键盘的 0 键可以帮助我们对主相机拍摄的图片进行预览，效果如图 3-3-9 所示，通过再次按小键盘的 0 键可以退出预览。如果使用的是没有小键盘的笔记本计算机，也可利用组合键“Fn+NumLk”来开启数字小键盘功能。如果预览照片中，出现被拍摄物体过大、过小或者未在图片中央等情况，可以通过工具按钮中的物体按钮反复调节，以达到最佳预览效果。

图 3-3-9 相机拍摄图像预览

在主相机位置确定之后，就可以进行相机阵列的摆放。相机阵列属性栏可以通过单击工具按钮中的获得，如图 3-3-10 所示。相机阵列类型分为环形(Annular)、矩形(Rectangular)和方形(Square)，我们在拍摄视差图像的过程中最常使用的相机阵列为矩形阵列，因此接下来的阵列介绍将以矩形阵列为例。

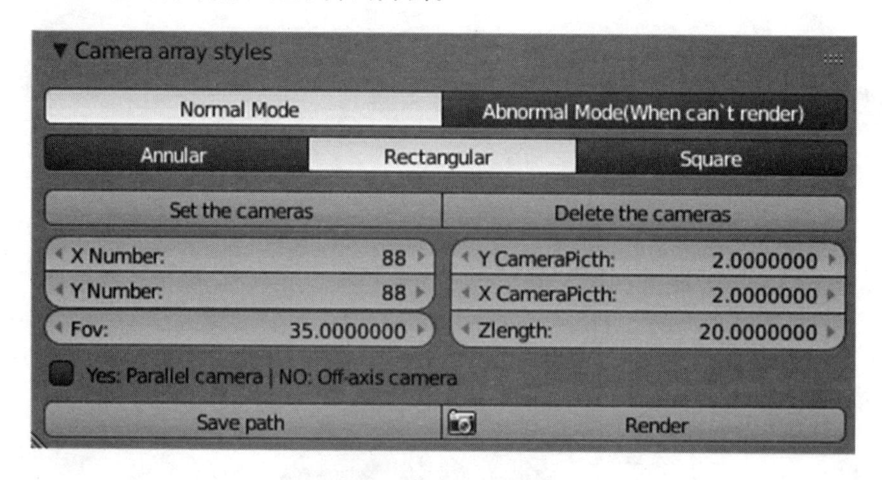

图 3-3-10 相机阵列属性

矩形阵列属性栏的左侧分别为 X 轴方向相机数目(即 X Number)、Y 轴方向相机数目(即 Y Number)和 FOV。当拍摄自由立体显示视差图像时，可以将 X 轴相机数设为 4，Y 轴相机数设为 1，这样就会得到一个由 4 个相机组成的单行相机阵列，效果如图 3-3-11(a)所示。当拍摄集成成像视差图像时，X 轴和 Y 轴的相机数目都可以设为 4，这样将会产生一个 4×4 的相机矩阵，效果如图 3-3-11(b)所示。注意，这里的 FOV 参数要与前文中主相机的 FOV 设置为同一数值。

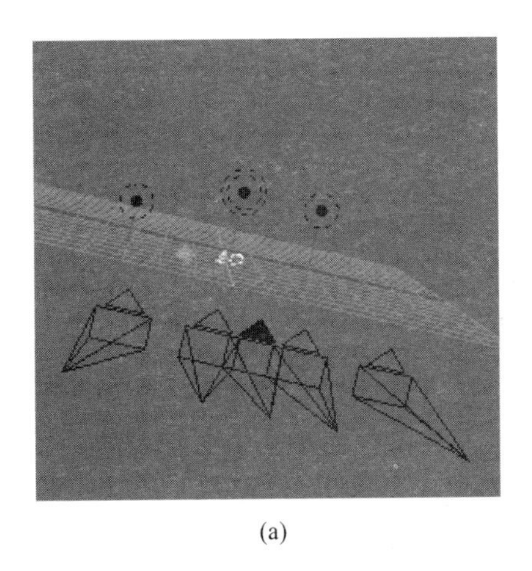

(a)

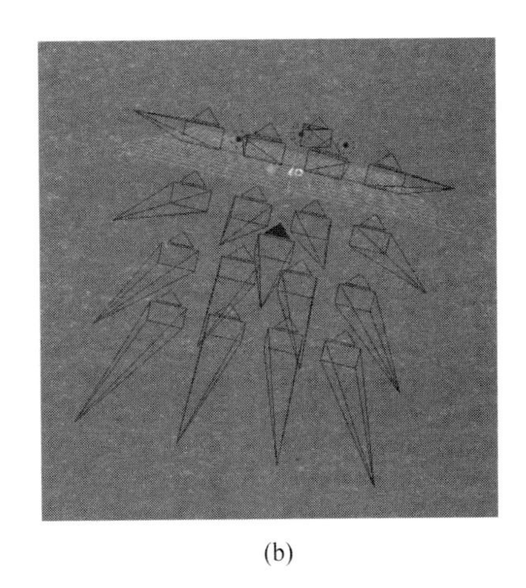

(b)

图 3-3-11 单行相机阵列和 4×4 相机阵列

矩形阵列属性栏的右侧分别为 X 轴相机间距(即 X CameraPicth)、Y 轴相机间距(即 Y CameraPicth)和相机到零平面距离(即 Zlength)。相机间距可由观看范围/视点数目计算得到。注意,相机到零平面的距离要与主相机的相机坐标一致,如图 3-3-12 所示。勾选"Yes. Parallel camera|NO. Off-axis camera"采用的拍摄方式为平行拍摄,不勾选采用的拍摄方式为离轴拍摄。一般我们采用离轴拍摄,因为离轴拍摄更符合人眼观看特性。

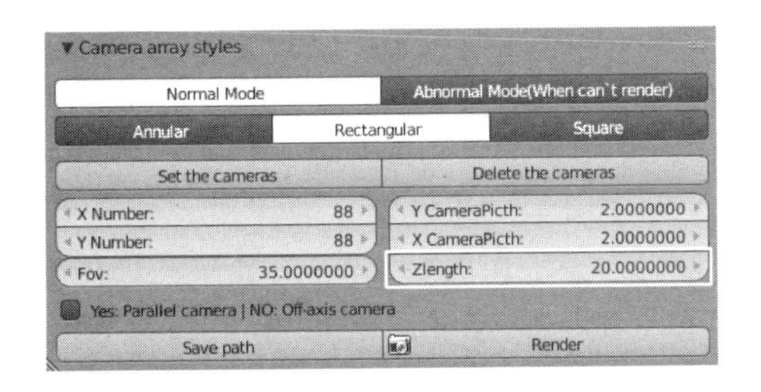

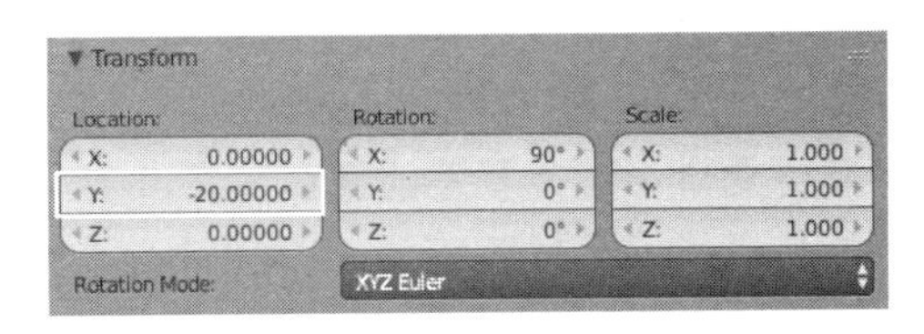

图 3-3-12 相机到零平面的距离要与主相机的相机坐标调整一致

此时单击"Set the cameras"即可放置相机。

之后,需要对视差图的路径和分辨率以及文件格式进行设置。输出路径需要在两个属性栏完成设置,如图 3-3-13 所示,且两路径需要保持一致。在 Output 属性栏下可以对输出文件类型进行更改。输出图像的分辨率可以在 Dimensions 属性栏进行更改,如图 3-3-14 所示,其中 X、Y 分别为输出图片的最大宽高,其下方百分比代表图片输出分辨率占最大宽高的比例。

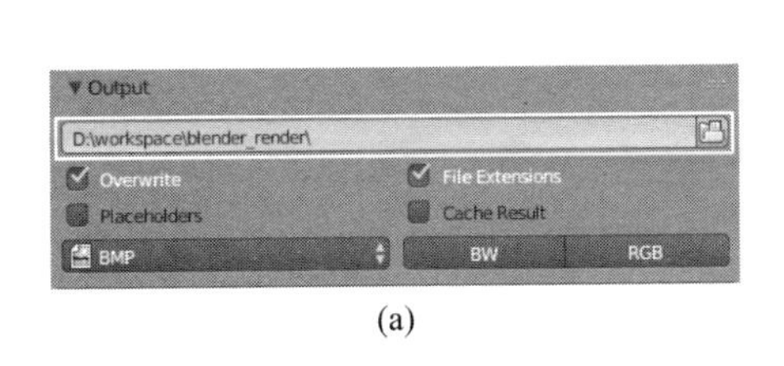

(a)

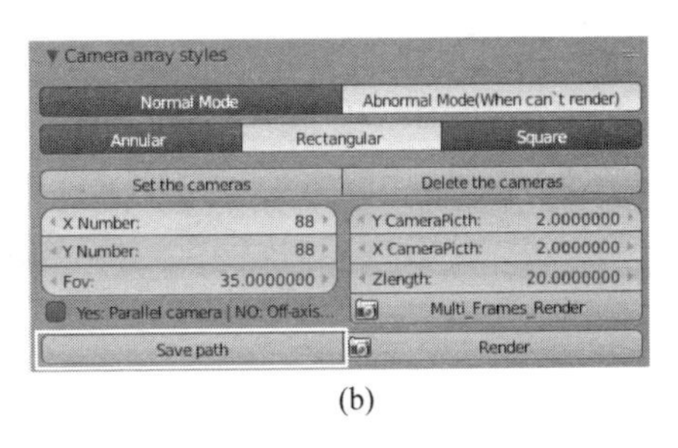

(b)

图 3-3-13 输出路径以及文件类型属性栏

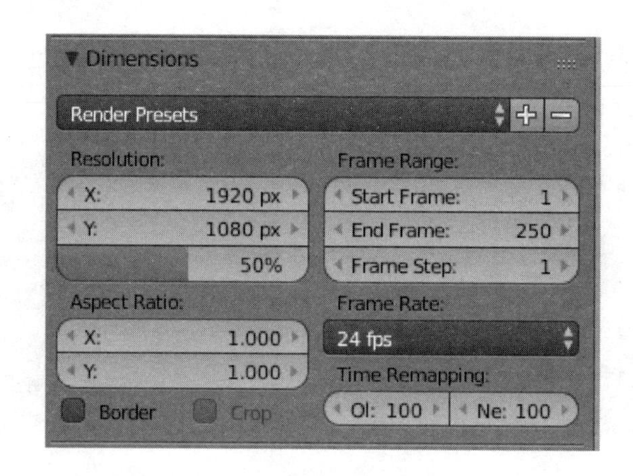

图 3-3-14　输出分辨率属性栏

做好上述设置后即可单击透镜阵列参数属性栏里的“Render”进行渲染。(注:如果单击渲染按钮依然无法输出图像,则将相机阵列属性栏上方的“Normal Mode”改为“Abnormal Mode(When Can...”,即可正常渲染。)

除了利用相机阵列拍摄视差图进行合图,我们还可以直接利用模型渲染工具中的光线追踪算法直接合图。在使用光线追踪算法之前,我们需要将上方工具栏中的“Blender Render”模式改为“Cycles Render”模式。

以集成成像为例,光线追踪算法的具体参数如图 3-3-15 所示。单击“Integrated Imaging”即可进行集成成像参数设置。“PixelShift”代表合成图 X 轴方向的偏移量,“PixelShif”代表合成图 Y 轴方向的偏移量,这两个参数是为了解决透镜阵列左上角无法与显示面板对齐的系统装配误差。“CameraPi”为相机间距;“X Step”为 X 轴方向单个透镜覆盖的像素数;“Y Step”为 Y 轴方向单个透镜覆盖的像素数;“Zlength”为相机到零平面的距离。注:如果在你的模型渲染工具版本中,参数下方还有“确定”按钮,请一定记得单击。此时单击参数下方的“Render”就可以完成渲染,渲染结果如图 3-3-16 所示。

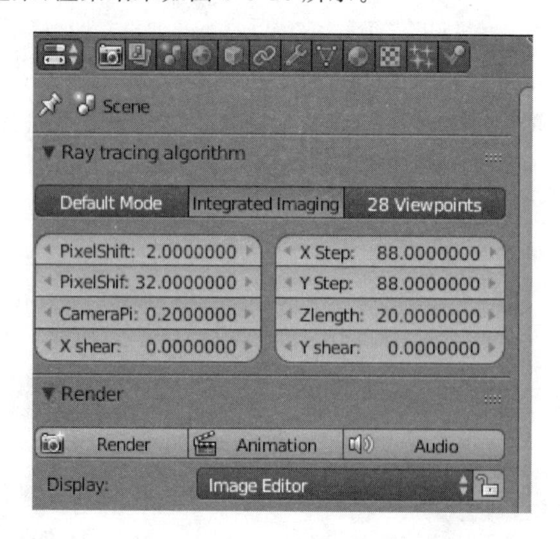

图 3-3-15　集成成像光线追踪算法参数属性栏

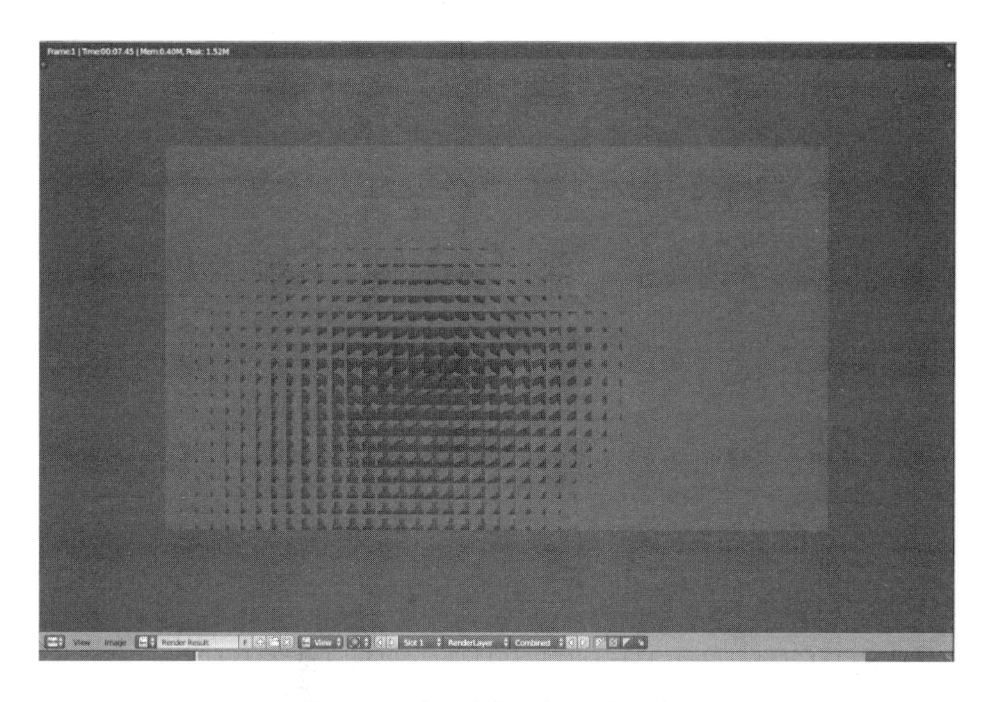

图 3-3-16 集成成像光线追踪算法结果

利用光线追踪算法直接合成自由立体合成图时，需要将“Integrated Imaging”切换为“28 Viewpoints”，具体参数如图 3-3-17 所示。在左侧参数中，“ViewNum”代表合成图的视点数目；“CameraPicth”代表相机间距；“InclinationAngle_tan”代表光栅倾角。在右侧参数中，“Zlength”代表相机到零平面距离；“LineNum”代表光栅线数；“ViewNumShift”代表视点偏移量，一般我们都是以第一个视点为起点，所以其为 0，改变这个参数的值，可以改变一个观看完整立体效果周期的位置，可以让立体图像正好在中间视区；“TShift”代表移动整个合成图的位置。勾选“Using Subpixel Mode”代表使用子像素算法。此时点击参数下方的“Render”就可以完成渲染，渲染结果如图 3-3-18 所示。

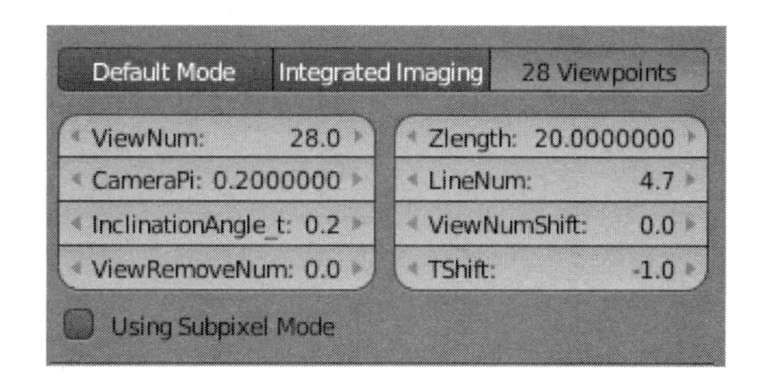

图 3-3-17 自由立体光线追踪算法的参数属性栏

与输出视差图像的方式不同，光线追踪算法要等待图像渲染完成后再进行保存。具体保存方式如图 3-3-19 所示，单击下方状态栏的“Image”并单击“Save As Image”即可。后续图像保存路径以及格式设置都可以在“Save As Image”界面中完成。

图 3-3-18　自由立体光线追踪算法结果

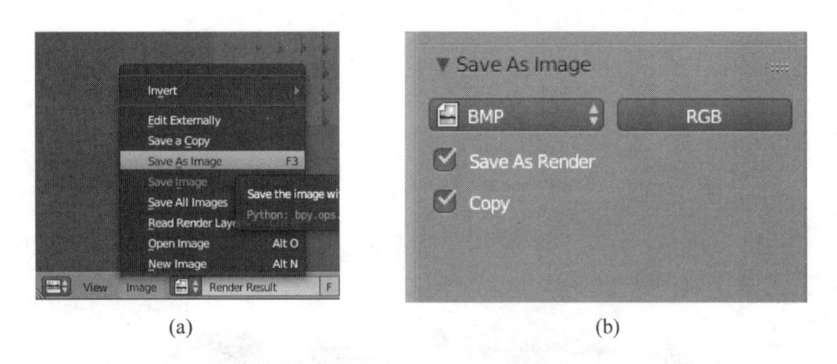

(a)　　　　　　　　(b)

图 3-3-19　光线追踪算法的图片保存方式

第4章 光栅3D显示技术

4.1 光栅3D显示的发展历史与研究现状

4.1.1 发展历史

光栅3D显示又称自由3D显示，其本质是使人的左、右眼分别看到不同角度的图像，形成双目视差，从而形成立体视觉效果。1903年，美国科学家F. E. Ives发现了人眼的视差成像原理，将狭缝光栅与特制图像进行组合，提出了视差遮障法(parallax barrier)。20世纪30年代，H. E. Ives在他父亲研究的基础上，结合G. Lippmann提出的集成成像技术，将其方案中的微透镜阵列简化为柱透镜阵列，提出了柱透镜阵列式自由3D显示技术。然而在20世纪中期，由于设备和技术等方面的限制，人们转向研究助视(眼镜式)3D显示。直到20世纪末期，基于狭缝和透镜的光栅在实现技术上取得了重大突破，液晶显示技术凭借其在图像质量、功耗以及价格方面的优势，迅速取代显像管技术成为主流显示技术，光栅3D显示技术又焕发出新的活力。

1996年，飞利浦研究院的Berkel等人提出将柱透镜光栅倾斜放置在显示器前方，这种方案可以利用垂直方向上的像素来构建视点，实现具有密集视点排布的3D显示，并且消除了摩尔纹的影响。2005年，佳能株式会社提出，通过以时分方式在每个光栅的投射状态和遮挡状态之间切换，可以达到提高3D显示分辨率的目的。2006年，H. J. Lee等人针对光栅3D显示中分辨率低于普通2D显示的问题，通过时序性地分割、平移光栅结构并同步地改变图像编码方式，实现了全分辨率光栅3D显示。2008年，三星电子株式会社提出可以通过指向背光单元选择性地向显示面板提供光来提高多视角3D显示图像的分辨率。2010年，东京农工大学的Y. Takaki等人提出可以利用多投影系统将多个光栅3D显示器所产生的图像叠加在一个共同的屏幕上，从而增加视图数量。

在显示设备方面，2002年9月日本的三洋(Sanyo)电机公司宣布研究出基于等离子显示面板的障栅式自由3D显示器。同年10月，日本夏普(Sharp)公司与夏普欧洲研究所联合开发了可以量产的基于液晶显示面板的障栅式自由3D显示器。飞利浦公司则致力于研究并推广柱透镜光栅的自由3D显示器，带动了整个3D显示市场的发展。2007年底，欧亚宝龙国际科技(北京)有限公司推出了当时全球尺寸最大的自由3D显示器——宝龙Bolod 61英寸自由3D显示器。此外,索尼、日立、Newsight、东芝等公司,以及国内的TCL、超多维(SuperD)、易维视等企业都相继推出光栅3D显示设备,并投入市场。

4.1.2 研究现状

近年来,随着光学技术、液晶显示技术的不断进步,光栅3D显示技术得到了快速发展,目前主要可以分为狭缝光栅显示、柱透镜光栅显示、投影式显示和指向背光型显示4类。为了提升光栅3D显示的显示性能,优化显示效果,国内外学者对此进行了大量的实验和研究,研究内容主要包括增大观看视角、提高显示分辨率、减少串扰和2D/3D切换技术4个方面。

1. 增大观看视角

2011年,卡西欧公司利用了一个距离信息获取单元和一个狭缝宽度控制单元来增大观看视角。2015年,范航等人提出利用一种新型的曲面背光(FFSB)技术,结合一个混合空间和时间的控制单元,可以将视角增大到45°。2016年,黄开成等人提出了一种大动态自由3D显示背光控制系统,采用柱透镜光栅作为指向性光学部件,以LED阵列作为可寻址背光组件,用步进电机改变栅屏距离,采用Atmega128单片机作为控制处理器,辅以高精度实时人眼跟踪模块与之通信,在观看距离为0.4 m时,将视角增大到41.6°。

2. 提高显示分辨率

2012年,黄乙白等人利用一种用于时间扫描自由3D显示的多透明电极快速响应超带菲涅尔液晶透镜,在理想情况下,将3D图像的分辨率提高了三倍。同年,Kwang-Hoon Lee等人采用透镜光栅和多投影仪的混合光学系统将分辨率提高了五倍。2013年,天马微电子股份有限公司提出使用两片液晶光栅交替加载第一帧图像或第二帧图像的显示方法,实现了全分辨率的3D显示功能。2018年,马晓丽等人提出采用时分复用的方法可以为时间序列提供不同位置的像素,从而将水平分辨率提升了四倍。

3. 减少串扰

2016年,杨兰等人提出可以利用图像插值的合成方法对图像进行缩放处理,以解决柱透镜光栅参数与显示器像素不匹配而造成的串扰问题,利用该方法可以将串扰率降低到1.4%。2017年,陈芳萍等人提出了一种液晶显示屏光开关蝶形单元结构,设计了基于该蝶形单元的定向背光自由3D显示背光板模组以减小串扰,该方法将视点平面90%观看区域的串扰率降低到0.5%以下。2019年,谭艾英等人基于回归反射,提出了一种棱镜反射光栅自由3D投影显示方法,该方法可以有效减少串扰,将主视区的串扰率降低到0.57%~0.92%。

4. 2D/3D切换技术

由于3D电视的片源有限制,以及观看3D电视后易产生视觉疲劳等,因此2D/3D兼容的显示器更能满足用户的需求。2012年,梁东等人提出了一种基于聚合物稳定蓝相液晶(PSBPLC)透镜的光栅3D显示器,其可实现2D/3D快速切换。2014年,刘建春等人通过在背光上方放置一层聚合物分散液晶膜实现了2D/3D可切换背光。2015年,Tai-Hsiang Jen等人提出了一种局部可控的液晶透镜阵列，它可用于部分可切换的2D/3D显示，可以同时产生高分辨率的2D图像和3D图像。

光栅3D显示技术已经成为目前最成熟、商用最广泛的3D显示技术，如图4-1-1所示，在军事领域、医疗卫生领域、展览展示领域等都有着广泛的应用前景。目前，国外研发光栅3D显示的公司主要有飞利浦、Aliscopy、LG、NEC、艺卓等公司，国内研发光栅3D显示的公司主要包括康得新、万维、维真等。此外，牛津大学、麻省理工学院、北京邮电大学、四川大学、浙江大学、西安电子科技大学、清华大学、北京航空航天大学、吉林大学等众多高校也都对光栅3D显示技术进行了大量的研究。

(a) 在军事领域应用

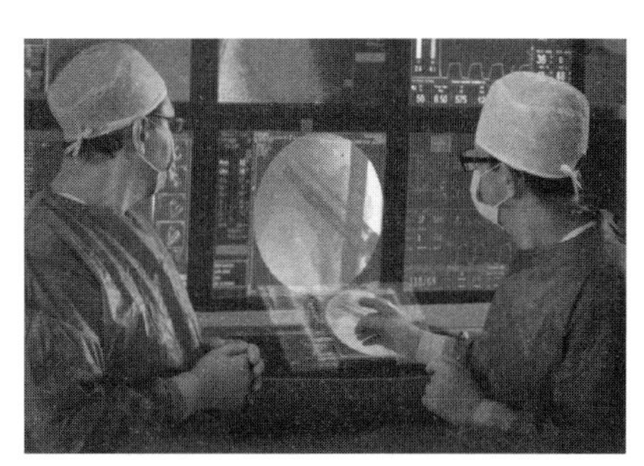

(b) 在医疗领域应用

(c) 在展览展示领域应用

(d) 在商业领域应用

(e) 在建筑领域应用

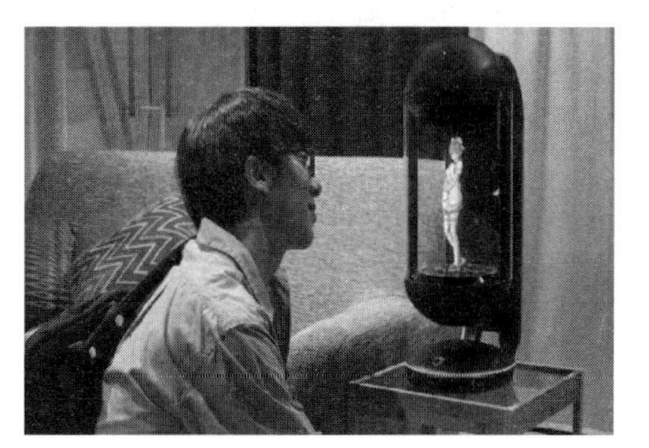

(f) 在娱乐领域应用

图4-1-1 光栅3D显示技术的应用

总之，相比于真三维显示技术，光栅3D显示技术更加成熟，成本更低，更加容易实现；相比于助视三维显示技术，光栅3D显示不需要依赖设备，使用户更加舒适。因此，光栅3D显示技术具有广泛的市场应用和广阔的发展前景，能够给人们的生产、生活带来更大的便利和全新的体验。

4.2 光栅3D显示器的基础实现原理

光栅3D显示器主要由显示面板和光栅精密耦合而成，包含3D场景中多个角度信息的编码合成图像被加载到显示器上显示，分光器件光栅被放置在显示器的前方或后方。光栅用来调控光线的传播方向，实现视点图像的空间分离。根据所采用光栅类型的不同，光栅3D显示器主要分为狭缝光栅3D显示器和柱透镜光栅3D显示器两类。本节将主要介绍这两种光栅3D显示器。

4.2.1 狭缝光栅3D显示器

1. 狭缝光栅

狭缝光栅是由透光条与遮光条交替排列共同组成的，其中一个遮光条与一个透光条构成一组控光单元。遮光条通常是完全不透光的黑色条纹，用于遮挡来自显示屏上像素的光线，因此狭缝光栅也通常被称为黑光栅。透光条即光栅上的条状狭缝，使来自显示屏上像素的光线透过并被人眼接收，通常观看者的一只眼睛透过一条透光条只能观看到一列像素。图4-2-1是狭缝光栅的示意图。

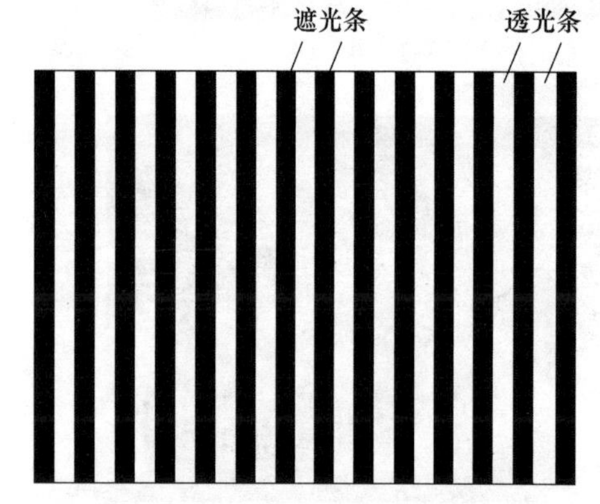

图4-2-1 狭缝光栅示意图

狭缝光栅的设计原理简单，可以通过在透明胶片或者玻璃上间隔印刷、光刻的方式实现，相比于其他3D显示设备的制作，其印刷与刻制工艺较为成熟。因此，狭缝光栅结构简单，实现成本低。但狭缝光栅存在明显的问题：遮挡光线导致光损耗。为了减少成像过程中不同子像素光线间的互相影响，狭缝光栅的透光条宽度被设定得非常小，通常小于一个子像素宽度，这样便导致了狭缝光栅光能利用率低，3D显示亮度低的问题。

2. 狭缝光栅3D显示器的结构

狭缝光栅3D显示器由显示面板与狭缝光栅两部分组成，根据光栅与显示器的位置关系，又可分为前置狭缝光栅3D显示器和后置狭缝光栅3D显示器两种，两种结构如图4-2-2所示。光栅3D显示器通常采用自身不发光的LCD，需要背光板来提供照明，背光板上任意一点发出的光线是向四周发散的散射光线。在图4-2-2(a)中，狭缝光栅放置于LCD与观看者之间，观看者左、右眼透过狭缝光栅的透光条可以看到LCD不同位置上的像素被背光板发出的散射光点亮；在图4-2-2(b)中，狭缝光栅放置于LCD与背光板之间，背光板发出的散射光一部分被狭缝光栅的遮光条遮挡，另一部分穿过透光条点亮LCD上的像素。当观看者位于合适的观看区域时，左、右眼可以看到不同位置上被点亮的像素，由此产生立体视觉。

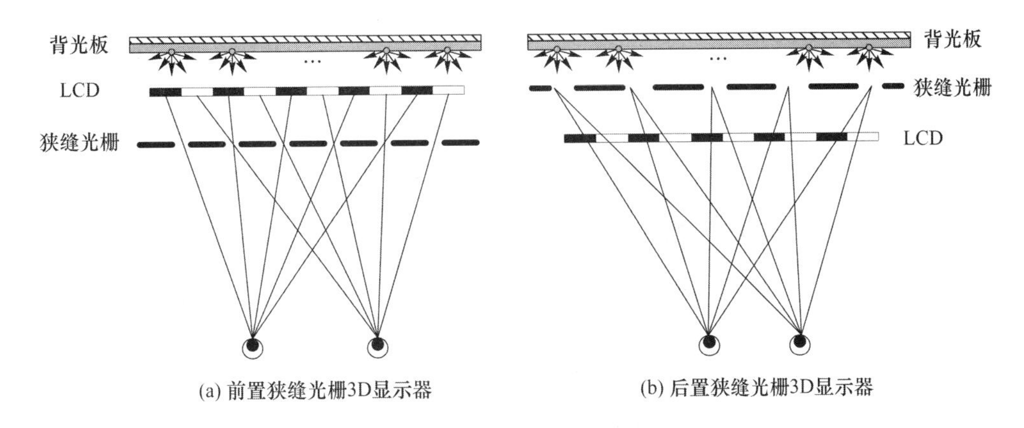

图 4-2-2 狭缝光栅 3D 显示器的结构

在阐述光栅 3D 显示器之前，需要先明确本书中用到的名词概念，如图 4-2-3 所示。

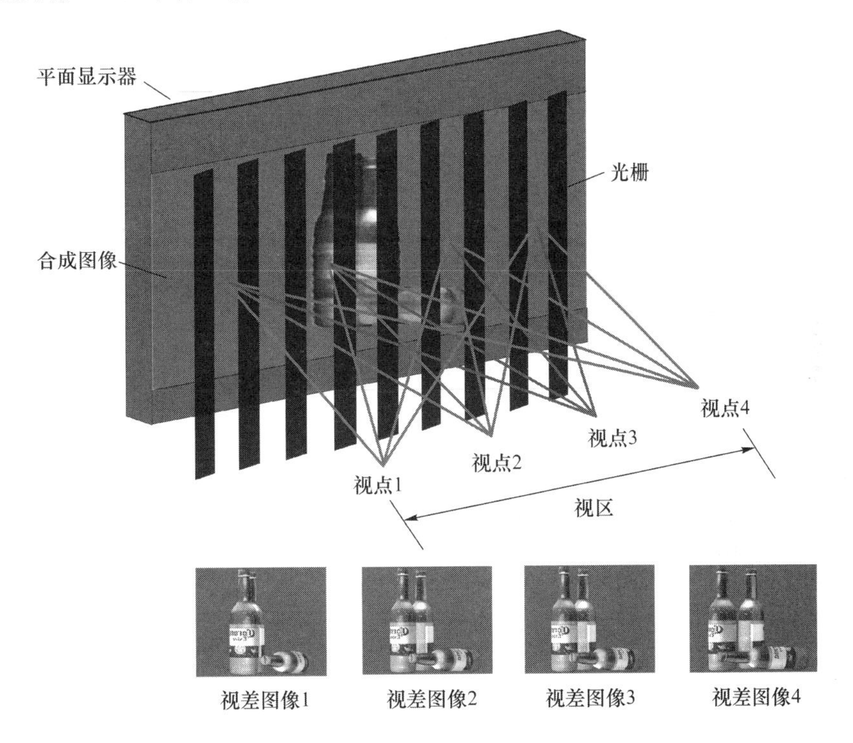

图 4-2-3 光栅 3D 显示的常用名词示意图

视差图像：在模拟人眼立体视觉时，对同一场景从不同角度拍摄得到的两幅或多幅有视差的图像。

合成图像：将视差图像的像素按照光栅的光学结构以一定的规律排列生成的图像。

视点：视差图像在空间中形成的可正确观看的位置。

视区：因不同视差图像的光线向不同方向传播而在空间中形成的视差图像观看区域。

视点数目：观看者在一个观看周期范围内所观察到的视差图像个数。

狭缝光栅 3D 显示器通过在显示面板上加载具有不同视差图像信息的合成图像，利用狭缝光栅上透光条与遮光条对光线的透射与遮挡，将来自不同视差图像的光线分离，并在空间中不同位置汇聚构成视点，当观看者左、右眼分别位于两个相邻视点上时便可以观看到立体图像。前置狭缝光栅 3D 显示器结构如图 4-2-4 所示。

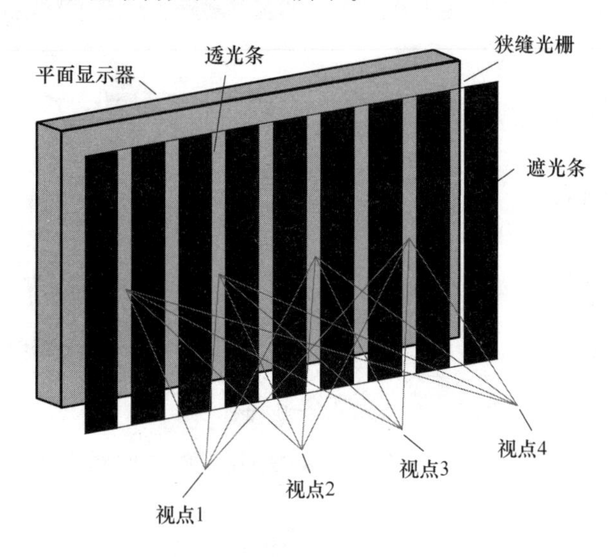

图 4-2-4　前置狭缝光栅 3D 显示器结构示意图

图 4-2-5 展示了前置狭缝光栅 3D 显示器 4 个视点的构建过程。背光板可以看作由多个点光源组成的发光面板，显示器上的像素被背光板发出的散射光点亮。LCD 上加载了具有多个视差图像信息的合成图像，狭缝光栅再对 LCD 上像素发出的光线进行调制。一组控光单元覆盖 4 个子像素，透过透光条只可以看到一个子像素，其他子像素则被遮光条遮挡。同一视差图的光线汇聚形成视点，在视点 1 位置，人眼只能看到视差图像 1 的 4 个子像素，当人的左、右眼分别位于视点 1、2 或 2、3 或 3、4 位置时，就可以观察到具有立体感的图像。

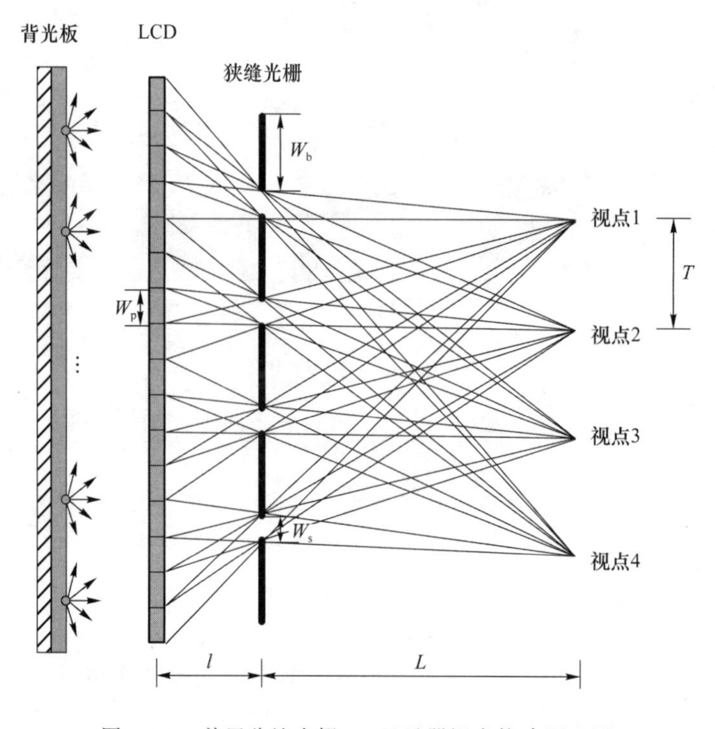

图 4-2-5　前置狭缝光栅 3D 显示器视点构建原理图

图 4-2-5 中所示的狭缝光栅 3D 显示器最终形成的视点数目为 $N=4$。LCD 的子像素宽度为 W_p；LCD 与狭缝光栅的间距为 l；狭缝光栅的遮光条与透光条的宽度分别为 W_b 与 W_s；构建的视点到狭缝光栅的距离为 L；视点间距为 T。根据相似三角形的几何关系可以推导出人眼观看位置参数与显示设备参数之间的关系：

$$\frac{W_s}{W_p}=\frac{L}{L+l} \tag{4-1}$$

$$\frac{T}{W_p}=\frac{L}{l} \tag{4-2}$$

$$N=\frac{W_b+W_s}{W_s} \tag{4-3}$$

后置狭缝光栅 3D 显示器视点的构建原理与前置狭缝光栅 3D 显示器的类似，图 4-2-6 展示了后置狭缝光栅 3D 显示器 4 个视点的构建过程。背光板发出的光线部分被狭缝光栅的遮光条遮挡，部分穿过透光条照亮 LCD 上的像素。由于一组控光单元下覆盖的 4 个子像素相对于狭缝光栅的透光条有不同的相对位置，因此 4 幅视差图像的像素光线分别向 4 个方向传播，多组控光单元下同一幅视差图像的光线最终汇聚形成视点。

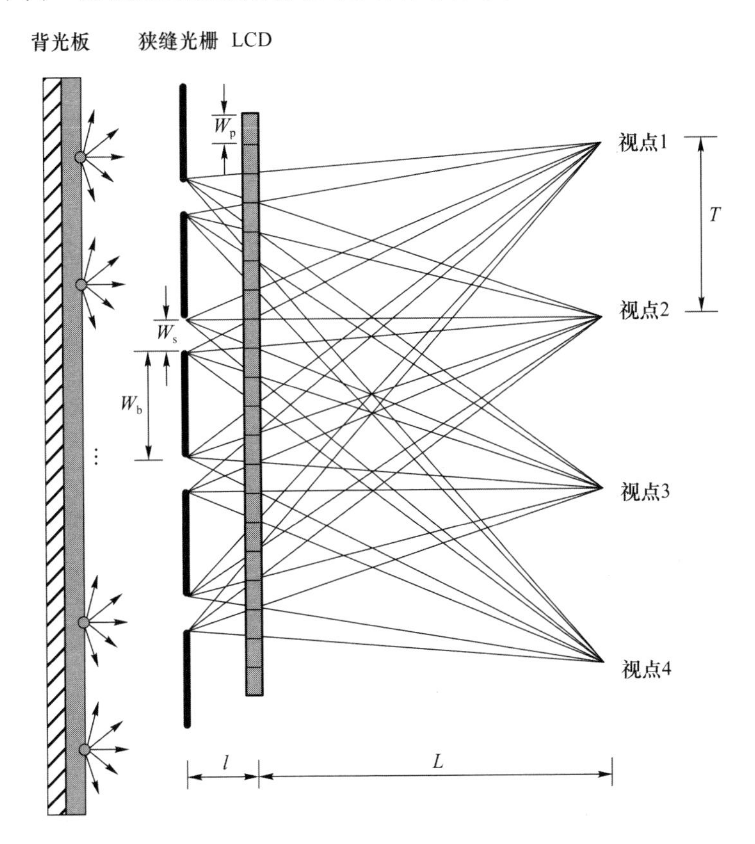

图 4-2-6 后置狭缝光栅 3D 显示器视点构建原理图

根据图 4-2-6 中的几何关系，可以推导出人眼观看位置参数与显示设备参数之间的关系：

$$\frac{W_p}{W_s}=\frac{L}{L+l} \tag{4-4}$$

$$\frac{T}{W_{\mathrm{p}}}=\frac{L+l}{l} \tag{4-5}$$

$$N=\frac{W_{\mathrm{b}}+W_{\mathrm{s}}}{W_{\mathrm{s}}} \tag{4-6}$$

为了提供良好的 3D 显示效果，通过设计狭缝光栅透光条与遮光条的宽度、控制 LCD 与狭缝光栅之间的距离，可以实现对自由 3D 显示设备最佳观看距离与视点间距等参数的控制，从而满足观看者正确观看立体视差图像的目的。在通常情况下，最佳观看距离 L 的取值为显示器宽度的 3 倍以上，相邻视点间距 T 的取值可以等于或者小于双目的瞳孔间距。选定适合尺寸与分辨率的显示面板之后，根据需要的最佳观看距离 L 与相邻视点间距 T，利用式(4-1)式(4-6)便可以计算出需要设计的狭缝光栅 3D 显示器的具体参数。

3. 狭缝光栅 3D 显示器的串扰现象

狭缝光栅 3D 显示器虽然结构简单，实现成本低，但是仍存在一些问题。显示面板上的像素发出的光线被狭缝光栅在特定角度范围内遮挡，不同视差图像的光线在特定小角度范围内出射到空间中而形成各幅视差图像对应的视点。但是，光栅 3D 显示器往往不能使不同视差图像的光线在空间中完全分离，观看者在某个视点除了接收到相应视点子像素发出的光线外，还会接收到相邻视点子像素发出的光线。

形成的每个视点位置上在空间中的亮度会达到峰值。图 4-2-7 为理想和实际光栅 3D 显示器的成像与串扰示意图。在空间中某个特定位置上，若来自两个不同视点的亮度峰值产生交叠，则会看到混叠且互相干扰的图像。在 3D 显示过程中，这种现象被定义为串扰。

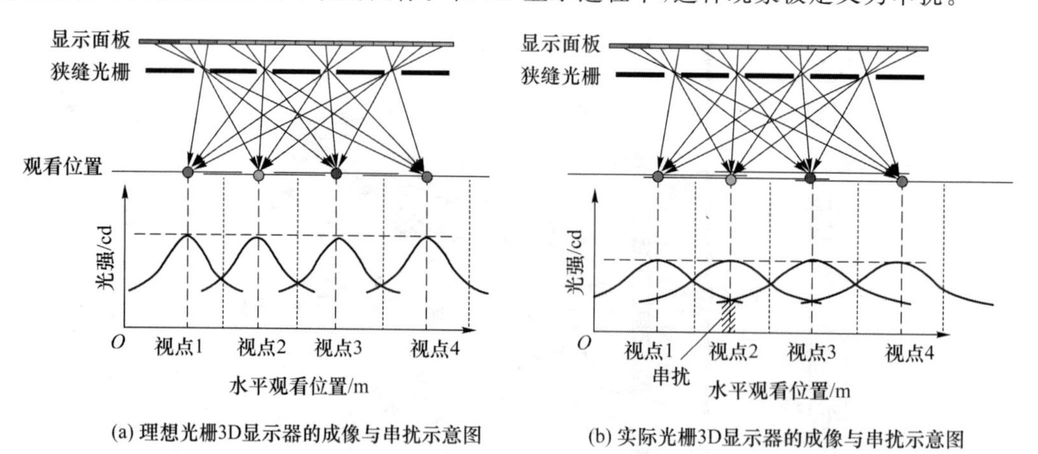

(a) 理想光栅3D显示器的成像与串扰示意图

(b) 实际光栅3D显示器的成像与串扰示意图

图 4-2-7 理想和实际光栅 3D 显示器的成像与串扰示意图

串扰是影响成像质量的一个主要因素，表示其他视点的光强对人眼所要观看视点光强的干扰程度。将串扰率作为评价光栅 3D 显示质量的指标来衡量串扰的大小。串扰率被定义为非主视点的串扰光强与主视点光强的比值：

$$\mathrm{crosstalk}=\frac{I_{\mathrm{other}}}{I_{\mathrm{major}}}\times 100\% \tag{4-7}$$

其中 I_{other} 为某一位置的串扰光强，I_{major} 为某一位置主视点光强。串扰率越小，光栅 3D 显示器的串扰光强越小，显示性能越好。

4.2.2 柱透镜光栅 3D 显示器

1. 柱透镜光栅

柱透镜光栅是由许多结构相同的柱面透镜平行排列组成的，光栅的一面是平面，另一面是周期性排布的柱面透镜。不同于狭缝光栅利用光栅的遮挡来实现对光线的控制，柱透镜光栅中的一个柱面透镜为一个控光单元，利用柱面透镜对光线的折射进行定向控光。图 4-2-8 是柱透镜光栅的示意图。

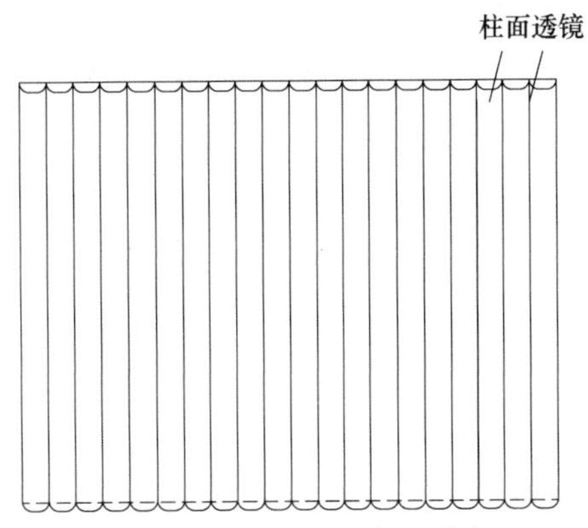

图 4-2-8 柱透镜光栅示意图

柱透镜通常采用透明介质材料制作，在调制时不会对光线造成遮挡，所以柱透镜光栅拥有高的透光率与光能利用率，可以实现高亮度的 3D 显示。但是柱透镜光栅基于折射原理的控光方式会产生像差，并且造价也远高于狭缝光栅。柱透镜光栅中一个柱透镜单元覆盖的子像素数目称为光栅的线数。当光栅的线数较小时，柱透镜的焦距较长且厚度较厚，适用于制作大尺寸远距离观看的 3D 显示设备；反之，当光栅线数较小时，柱透镜的焦距较短且厚度较薄，适用于制作小尺寸近距离观看的 3D 显示设备。

2. 柱透镜光栅 3D 显示器的结构

柱透镜光栅自由 3D 显示器的结构如图 4-2-9 所示，它由显示面板与柱透镜光栅两部分组成，利用柱透镜阵列对光线的折射作用，将不同视差图的光线折射到不同方向从而形成视点，并分别提供给观看者的左、右眼，光线经过大脑融合后产生具有纵深感的立体图像。

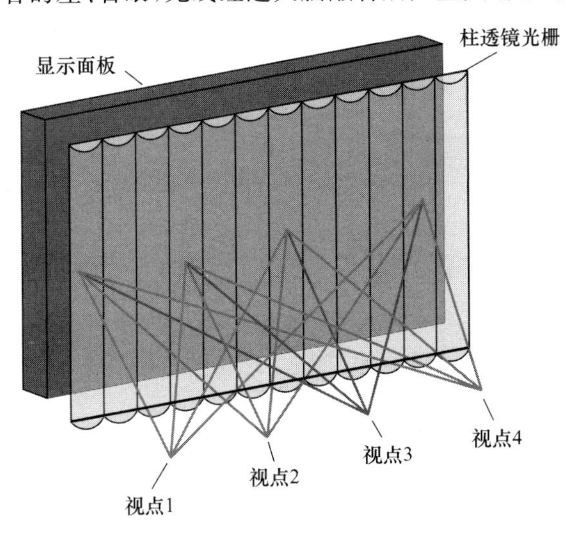

图 4-2-9 柱透镜光栅自由 3D 显示器的结构

在 3D 显示中，柱透镜的作用是将平面像素所呈现的 2D 信息转化为包含方向信息的 3D 信息，并形成具有特定强度、色彩和方向角的视点光线。因此，在设计柱透镜光栅 3D 显示器时，需

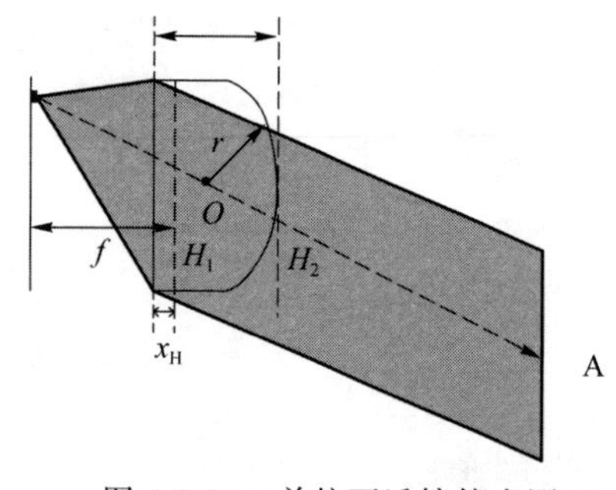

图 4-2-10　单柱面透镜控光原理

要考虑柱透镜本身的参数，包括材料折射率 n、光栅厚度 d、柱面透镜截距 p、透镜焦距 f 和曲率半径 r。图 4-2-10 为单个柱透镜控光原理的示意图，其中 H_1 表示柱透镜的第一主平面，H_2 表示柱透镜的第二主平面，F 表示柱透镜的物方焦平面。根据几何光学可以得到主平面与焦平面位置关系的数学关系：

$$f=\frac{r}{n-1} \tag{4-8}$$

$$x_{\mathrm{H}}=\frac{d}{n} \tag{4-9}$$

当显示面板放置于柱透镜的焦平面 F 上时，显示面板上的每个子像素发出的多条散射光线经过柱透镜后形成过透镜光心的平行光束。当人眼位于图 4-2-10 中的位置 A 时，只会接收到该位置子像素发出的光线，其他子像素发出的光线由于被折射到其他位置，因此不会被人眼接收到，此时人眼会观察到整个透镜都被该子像素占据，即整个透镜被该子像素点亮。由于显示面板上不同视差图像的像素相对于柱透镜光轴具有不同的相对位置，因此不同视差图像的像素所发出的光线通过柱透镜的折射后会形成向不同方向传播的平行光束，这些光线束在空间中汇聚形成不同的视点。

图 4-2-11 给出了柱透镜光栅 3D 显示器视点构建的过程（只画出每个像素过透镜光心的光线）。每个柱透镜控光单元覆盖了 4 个子像素，子像素的光线分别向空间中不同方向传播，而不同透镜下覆盖的同一视差图像的子像素发出的光线在 4 个位置交汇，构成了 4 个视点。柱透镜光栅 3D 显示器与狭缝光栅 3D 显示器类似，在视点 1 位置，人眼只能看到视差图像 1 的 4 个像素，当人的左、右眼分别位于 1、2 或 2、3 或 3、4 位置时，就可以感知到具有立体感的图像。

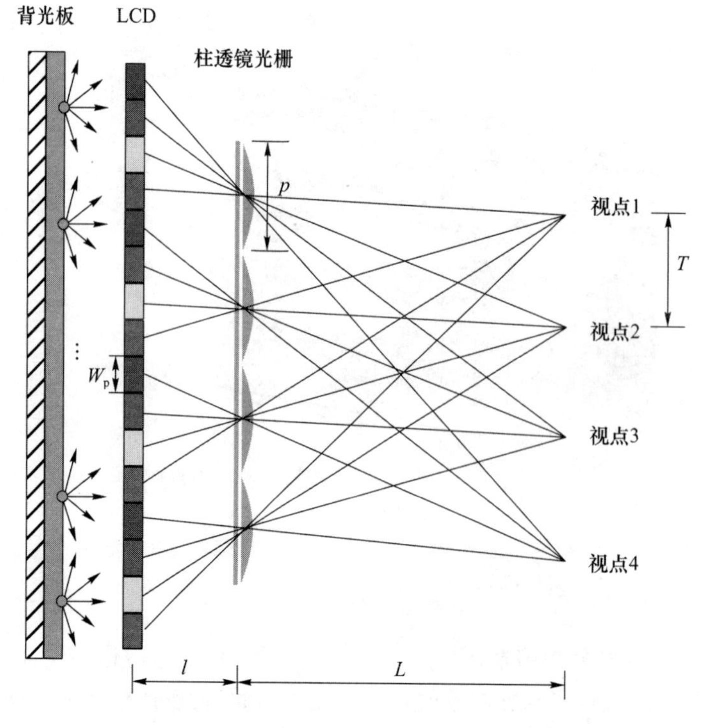

图 4-2-11　柱透镜光栅 3D 显示器视点的构建

图 4-2-11 中所示的柱透镜 3D 显示器最终形成的视点数目为 $N=4$。LCD 的子像素宽度为 W_{p}；LCD 与柱透镜光栅的间距为 l；柱透镜光栅的透镜截距为 p；构建的视点到柱透镜光栅的距离为 L；视点间距为 T。根据柱面透镜控光原理和相似三角形的几何关系可推导出参数公式：

$$\frac{W_{\mathrm{p}}}{T}=\frac{l}{L} \tag{4-10}$$

$$\frac{p}{NW_{\mathrm{p}}}=\frac{L}{L+l} \tag{4-11}$$

通过调整光栅厚度 d、透镜截距 p 和曲率半径 r 的取值，可以设计出满足柱透镜光栅 3D 显示器需求的柱透镜光栅；通过调整 LCD 与柱透镜光栅之间的距离，可以实现对最佳观看距离与视点间距等参数的控制，满足 3D 显示需求。

3. 柱透镜光栅 3D 显示器的串扰现象

不同于狭缝光栅，柱透镜光栅可以对像素发出的光线以特定折射角度出射，使光线在一定视角范围内汇聚形成视点，并且可以解决显示亮度低的问题。但是，柱透镜光栅 3D 显示和狭缝光栅 3D 显示一样面临串扰影响显示质量的问题。

柱透镜的像差会导致柱透镜光栅 3D 显示中相邻视点间的串扰加重，此外，倾斜放置的柱透镜光栅以及 LCD 与柱透镜光栅之间的装配误差也会使串扰更加严重。

在理想的柱透镜光栅 3D 显示器中，柱透镜光栅上每一个柱透镜单元都是理想的柱透镜，且 LCD 放置在柱透镜光栅的焦平面上，LCD 上像素发出的光线通过理想柱透镜光栅后被出射为平行光，人眼在水平方向观看到的 3D 图像光强如图 4-2-12(a)所示，不同视点之间不存在串扰。但是在实际的柱透镜光栅 3D 显示器中，柱透镜单元存在像差，并不是理想的光学结构。孔径角度 u 的增大会引起严重的球面像差现象。球面像差 δL 可以由式(4-12)表达：

$$\delta L=a_1u^2+a_2u^4+a_3u^6+\cdots \tag{4-12}$$

其中，a_1u^2 代表第一级球面像差，a_2u^4 和 a_3u^6 分别代表第二级球面像差和第三级球面像差。当孔径角度较小时，δL 可以用 a_1u^2 来表示。然而，当 u 值增大时，就需要用更高阶级次的球面像差来表示 δL，如 a_2u^4 和 a_3u^6。在式(4-12)中，$a_1\sim a_3$ 表示球面相差系数，可由透镜参数计算得到。

由于像差的影响，从透镜出射的光线会发散成一定角度，透过柱透镜光栅出射的光线是非平行光，各个视点光线在水平方向产生的可视范围变宽，如图 4-2-12(b)所示，在视点 2 处混入相邻视点 1 和 3 的光线会产生串扰。因此，像差是造成柱透镜光栅 3D 显示器产生串扰现象的主要原因。

为了解决柱透镜像差引起的串扰问题，可以采用反向光路进行分析。基于反向光路的优化设计可以更简便地确定像差的优化阈值。根据光学定义，先初步建立理想的光学系统，如图 4-2-13(a)所示，对单个理想柱透镜和该透镜覆盖的像素进行分析。在反向光路中，入射平行光穿过理想柱透镜汇聚在 LCD 上主像素一点。而在考虑柱透镜像差的反向光路中，如图 4-2-13(b)所示，入射的平行光经过柱透镜汇聚在 LCD 前方，光路继续传播在 LCD 上形成弥散斑。入射光线孔径角度 u 的增大会导致像差增大，因而透镜像差形成的弥散斑直径过大，覆盖了主像素及其相邻像素，即观看者在观看位置上会看到相邻视点的串扰光。通过模拟在系统中引入非球面透镜或复合透镜缩小反向光路像面的弥散斑，从而达到减小柱透镜像差并降低串扰的目的。若优化后弥散斑直径小于子像素尺寸，则该优化系统产生的串扰是可被人眼接受的。

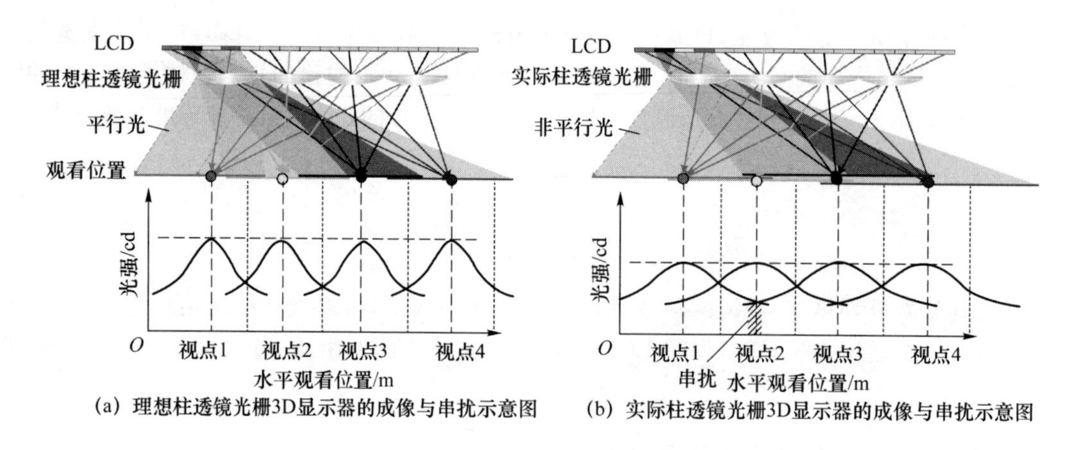

(a) 理想柱透镜光栅3D显示器的成像与串扰示意图　(b) 实际柱透镜光栅3D显示器的成像与串扰示意图

图 4-2-12　理想和实际柱透镜光栅 3D 显示器的成像与串扰示意图

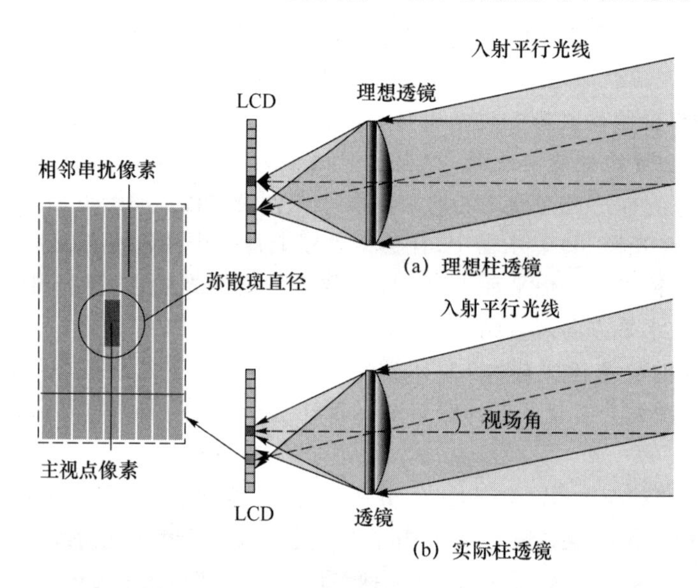

(a) 理想柱透镜

(b) 实际柱透镜

图 4-2-13　柱透镜光栅 3D 显示的反向光路

4.2.3 显示面板与摩尔纹

1. 显示面板与像素排布

显示面板是光栅 3D 显示器中加载合成图像的显示部件，由于不同视差图像的信息可能会被加载到相邻的像素上，因此，显示面板需要满足像素能被独立调控的条件，常见的 LCD、OLED 与 PDP 等都能满足该条件。

使用 LED 显示器作为显示单元的显示器，因为其具有自发光且亮度高的特点。但由于 LED 显示器的像素颗粒大、密度低，分辨率低，所以 LED 显示器适用于室外显示。图 4-2-14 为 LED 显示器上像素的不同排列方式。

与 LED 显示器屏幕类似但又存在不同的 OLED 屏幕通过电流驱动有机薄膜来发光，可以发出红、绿、蓝等单色光，也可以组合成全彩光。如图 4-2-15 所示，OLED 上常见子像素的

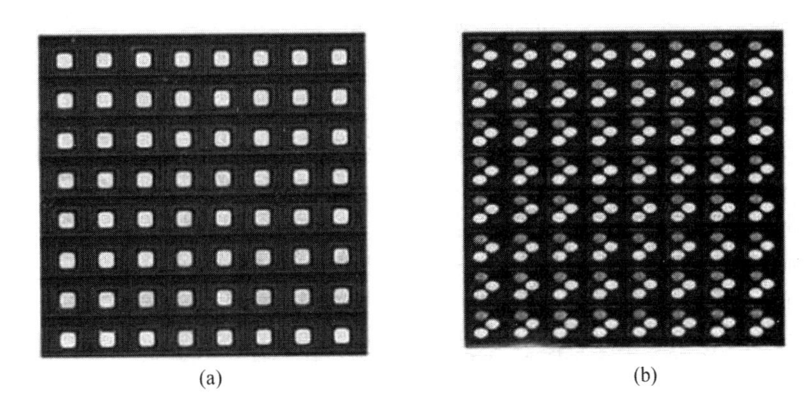

图 4-2-14　LED 显示器上像素的排列方式

排列方式一般有 Pentile 排列(简称 P 排)、钻石排列等,虽然样式有所差异,但它们都只有两个像素点,需要借助于临近像素点才能正常成像。这种借助于邻近像素的方法会为字体带来彩边锯齿问题,使观看者无法看见清晰的边缘细节。对比 RGB 的排列方式,OLED 的成像效果无疑要比 LCD 的成像效果差许多。

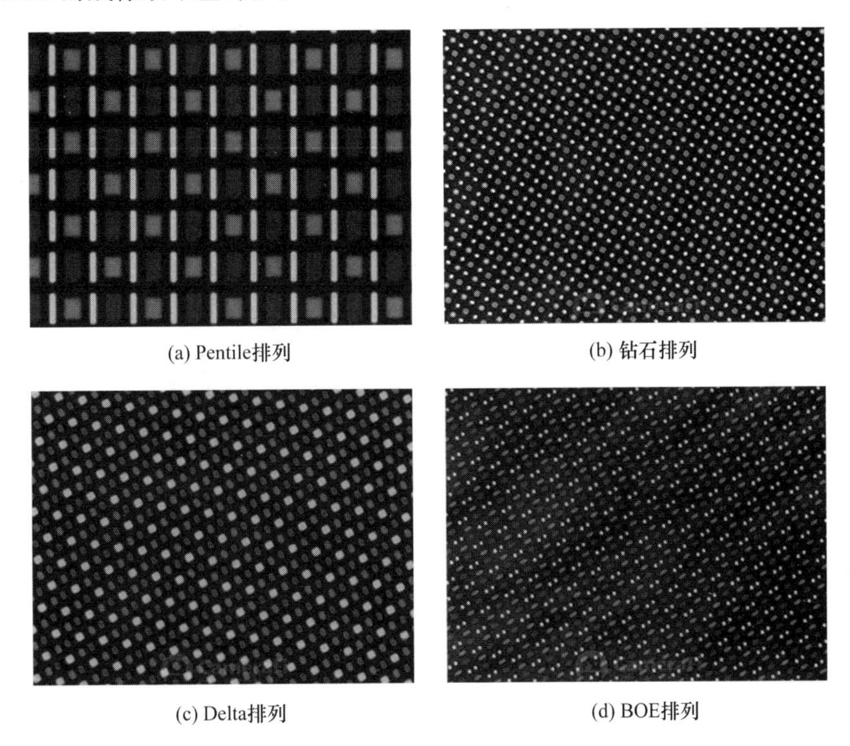

图 4-2-15　OLED 上常见子像素的排列方式

LCD 自身不发光,需要用专门的背光结构提供照明。不同于 LED 显示器,LCD 上的像素是显示器最基本的显示单元,子像素是最小的发光单元。其中子像素一般为宽高比为 1∶3 的长方形,3 个分别为红(R)、绿(G)、蓝(B)的子像素构成一个正方形的像素。背光穿过子像素时可以将子像素点亮,使其被人眼看到。因此,尽管 LCD 的亮度比 LED 显示器的低,但它的像素密度和分辨率高,使之更适用于室内小尺寸的显示。

LCD通过改变红(R)、绿(G)、蓝(B)3个子像素并利用它们之间的相互叠加来得到各种各样的颜色。图4-2-16展示了几种常见的子像素排列方式。用于光栅3D显示的LCD的像素排列方式大多采用带状排列方式,像素单元由R、G、B 3个子像素并排组成,在水平方向上子像素按R、G、B周期排布,垂直方向上每列子像素的R、G、B相同。

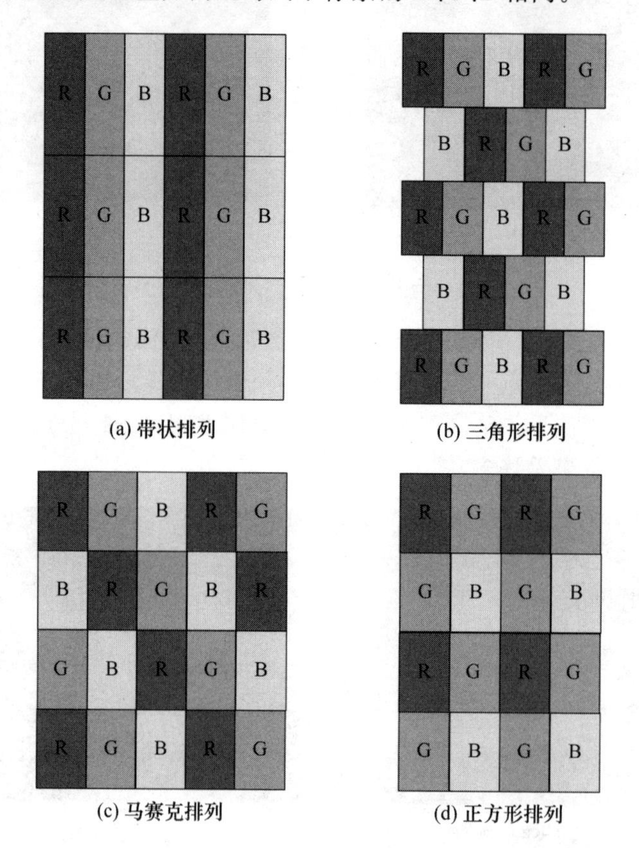

(a) 带状排列　(b) 三角形排列　(c) 马赛克排列　(d) 正方形排列

图4-2-16　LCD上子像素的排列方式

显示分辨率是在显示器像素的基础上衍生的概念,作为显示面板的重要性能参数,影响着3D显示的显示效果。显示分辨率(显示器的物理分辨率)描述的是显示器自身可用于显示的像素数目,是固定不可改变的。例如,3 840×2 160的显示分辨率代表显示器的水平方向有3 840个像素,垂直方向有2 160个像素。显示器上的像素可以构成任意的点、线、面,显示器可显示的像素越多,画面就越精细,同样的屏幕区域内能显示的信息也越多。

2. 摩尔纹

在日常生活中,使用数码设备(手机、相机)拍摄有密纹纹理的景物时,成像画面会存在一些不规则的水波纹状图案,这种现象被称为摩尔纹现象。

从波的干涉角度出发,频率相同的两列波叠加使某些区域的振动加强,某些区域的振动减弱,而且振动加强的区域和振动减弱的区域相互隔开。因此,摩尔纹是由两个周期性结构相互作用产生的周期性条纹,如图4-2-17所示。

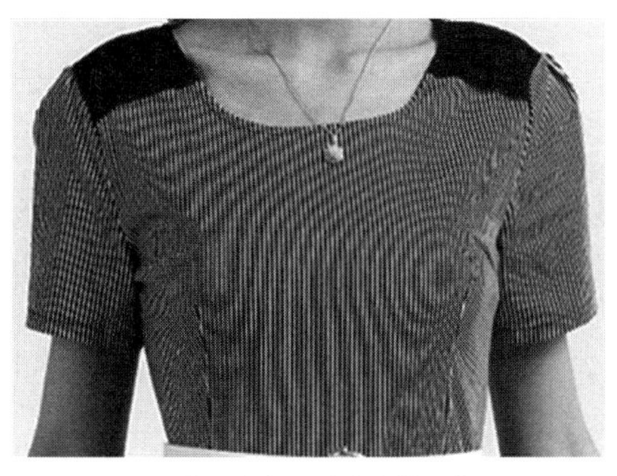

(a) 生活中常见的摩尔纹现象　　(b) 两个周期性图案产生的摩尔纹

图 4-2-17　摩尔纹现象

4.3　光栅 3D 显示器的合成图像生成方法

根据双目视差原理，可以模拟人眼立体视觉过程，用两个或多个具有一定间距的相机从不同角度拍摄同一个 3D 场景，可获得多幅有差异的图像。这个过程称为图像的采集过程，这些被采集到的图像称为视差图像。提取拍摄的视差图像序列中的特定子像素，以一定规律排列生成的新图像称为合成图像，图 4-3-1 展示了拍摄的视差图像和最后所得的合成图像。将合成图像显示在光栅 3D 显示器中的 2D 显示面板上，通过光栅的控光作用，子像素发出的光线会在空间中形成不同的视点显示区域，观看者左、右眼处在不同视点区域内时，将看到具有立体效果的图像，这个过程称之为立体图像的再现过程，如图 4-3-2 所示。

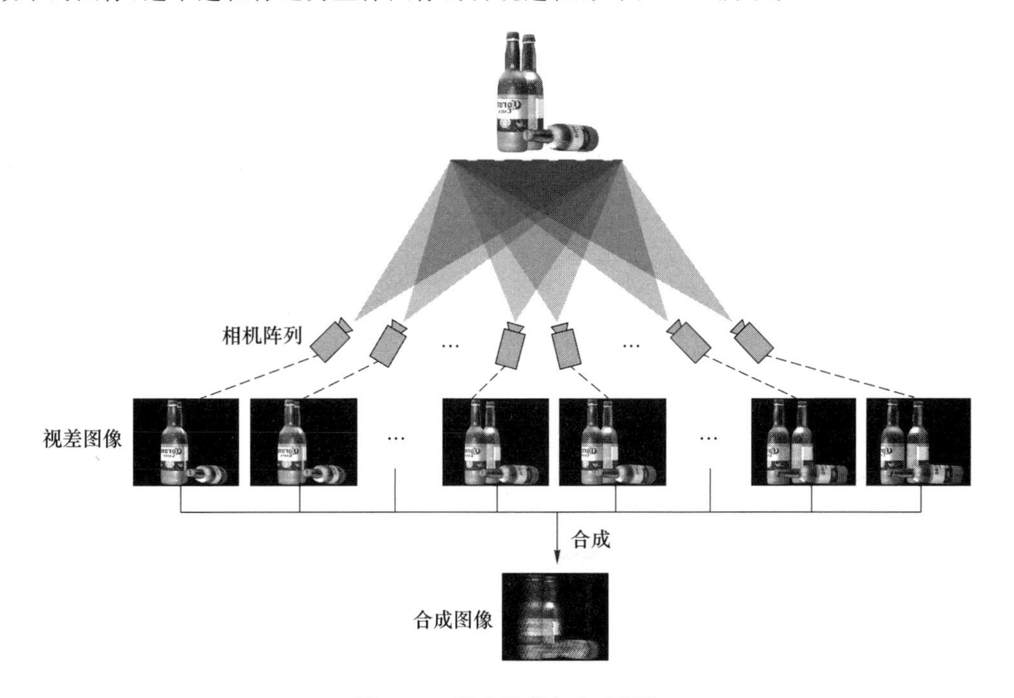

图 4-3-1　视差图像与合成图像

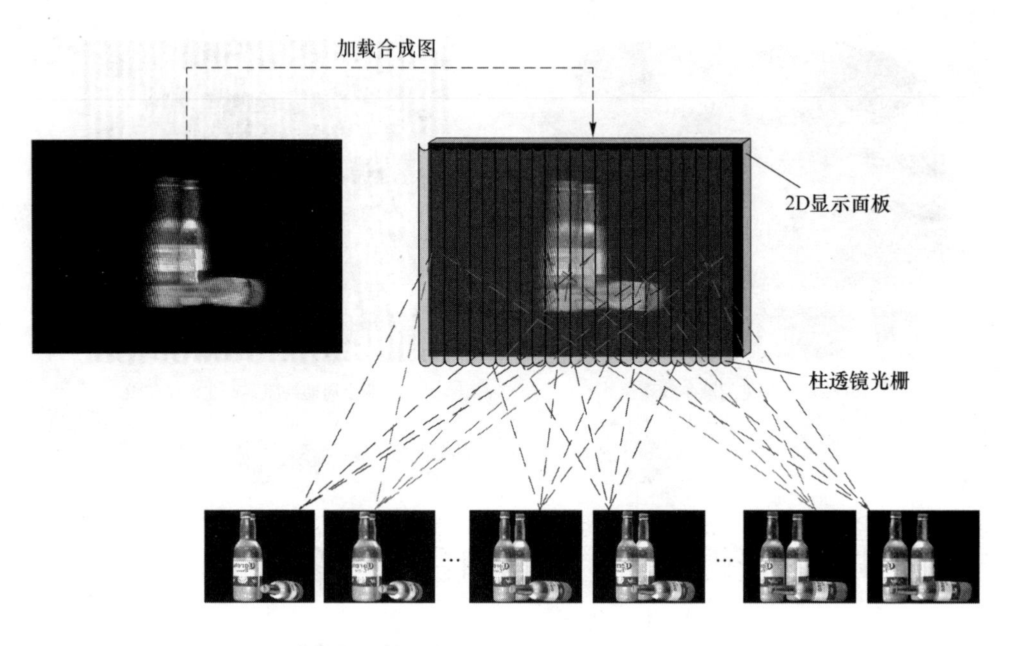

图 4-3-2　光栅 3D 显示器显示图片的过程

本节以柱透镜光栅为例，介绍合成图像的生成方法，即合成图像的编码规则。在开始介绍具体内容前，需要先明确和光栅相关的参数含义，相关参数已在图 4-3-3 中标明。

倾斜角 θ：光栅偏离垂直方向的倾斜角度，如图 4-3-3(a)所示。为了避免产生由光栅周期与子像素周期带来的摩尔纹与彩虹纹现象，在 2D 显示面板前装配柱透镜光栅时，通常让光栅单元的条纹与垂直方向存在一定的倾斜角度 θ。本书对 θ 的正负规定如下：当光栅相对于垂直方向按顺时针方向旋转一定角度放置时，θ 取正值；反之，θ 取负值。

节距 p：光栅单元横截面的宽度，也称为光栅周期，如图 4-3-3(a)所示。

水平节距 P_x：光栅单元在水平方向上的宽度，如图 4-3-3(a)所示。

线数 P_e：光栅单元在水平方向上覆盖的子像素区域宽度，如图 4-3-3(b)所示。

由图 4-3-3 中的几何关系可推出光栅节距 p 和光栅线数 P_e 的关系，推导过程如下：

$$P_x = \frac{p}{\cos\theta} \tag{4-13}$$

$$\frac{P_x}{P_e} = \frac{L}{L+L_g} \tag{4-14}$$

$$P_e = \frac{(L+L_g)p}{L\cos\theta} \tag{4-15}$$

其中，L 表示观看位置和柱透镜光栅平面的垂直距离，L_g 表示 2D 显示面板和柱透镜光栅的间距。

由几何光学知识可知，子像素发出的光线经过柱透镜的折射后会偏折到空间的不同区域形成视区，光线偏折角度和子像素中心与所在透镜光轴中心的距离有关。为了让观看者的左、右眼分别看到正确的视差图像信息，需要先确定 2D 显示面板上子像素所表达的视点信息，也就是确定合成图像中子像素与视差图像子像素间的关系，光栅 3D 显示中合成图像生成方法正是基于此映射关系。

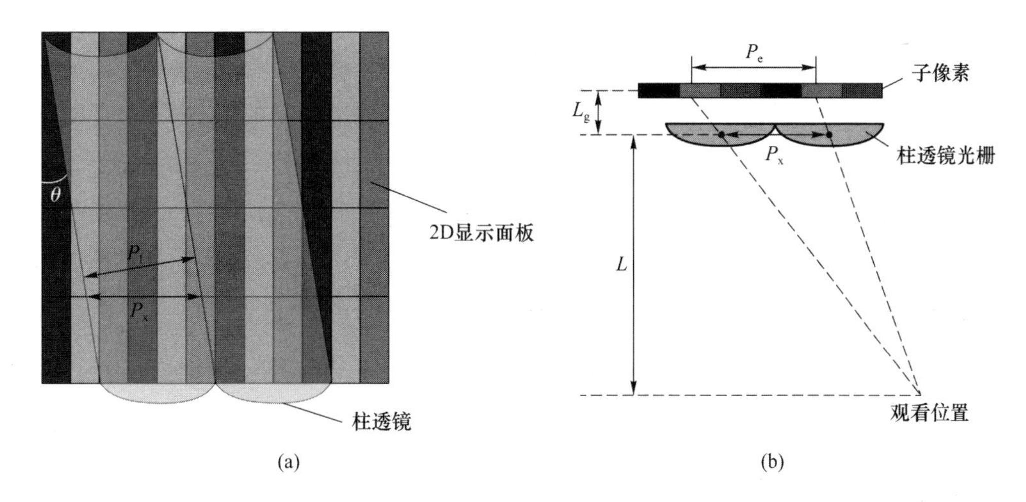

图 4-3-3　光栅相关参数图示

显示面板上与透镜单元光轴中心距离相同的子像素发出的光线经过透镜后会映射到空间中的同一区域，所以这些子像素应当填充同一幅视差图像信息，这样才能保证正确的观看效果。为方便提取视差图像中子像素的坐标，可将每幅视差图像缩放成与合成图像等大的分辨率。由于合成图像加载于 2D 显示面板上，因此合成图像的分辨率应和 2D 显示面板的分辨率一致。据上所述，图像的合成方法可归结为 3 个步骤：首先，确定视点数目 N，得到合成图像各子像素与各幅视差图像映射关系的视点数矩阵；其次，利用图像插值算法将各幅视差图像缩放，使之与合成图像具有相同分辨率；最后，根据视点数矩阵对各视差图像进行采样得到合成图像。

显然，光栅线数 P_e 和倾斜角 θ 不同，光栅 3D 显示器能够实现的视点数目 N 也将有不同的选择，相应的合成图像子像素的映射关系也将不同。本节将根据光栅线数和倾斜角的不同，对光栅 3D 显示器合成图像的生成方法进行详细说明，为方便说明，本节以下内容假设子像素宽度为 1。

首先考虑当光栅柱透镜单元覆盖整数个子像素，且光栅无倾角放置时的情况。在此以单个柱透镜覆盖 4 个子像素且光栅无倾角放置为例进行说明，如图 4-3-4 所示。由视点构建原理与光栅控光原理可知，子像素发出的光线在空间中所构建的视点位置和子像素中心与柱透镜光轴中心的距离密切相关，为方便分析，子像素与所在透镜的相对位置关系可以根据子像素左边缘到其所在透镜左边缘的距离来判断。此外，为方便说明，将图 4-3-4 中虚线框范围内所示的 4 个子像素与其所在的柱透镜定义为一个显示单元，显示单元内所有子像素与它们对应的透镜有着不同的相对位置关系。该显示单元中的 4 个子像素与其所在透镜左边缘的距离有 4 种，分别为 0，1，2，3 个子像素的单位长度，最多只能在空间中构建 4 个不同的视点。由此可确定视点数矩阵，如图 4-3-4 所示，图中子像素上的数字标号代表了该子像素信息来自哪幅视差图像，例如，与所在透镜左边缘距离

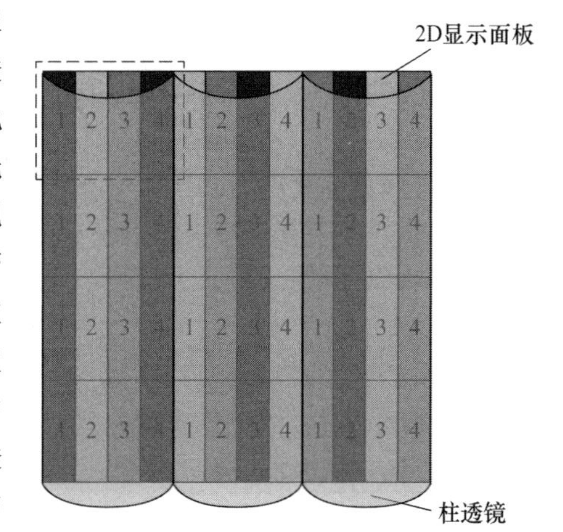

图 4-3-4　$\theta=0°$时子像素编码示意图

为 0 的子像素都应填充视差图像 1 的信息。

在上述情形中，要想实现更多视点，只能成比例地增大光栅节距，但光栅节距的增大又降低了视点观看区域的立体分辨率。为了解决视点数目与光栅节距间的矛盾关系，可以利用垂直方向的子像素在水平方向上构建视点，从而增加视点数目。

下面以光栅柱透镜单元覆盖 4 个子像素且光栅倾斜角 $\theta=\arctan\left(-\frac{1}{6}\right)$ 为例进行详细说明。如图 4-3-5 所示，第一行的子像素与其对应透镜左边缘的距离有 4 种，前面已经说明本节假设子像素宽度为 1，则这 4 种距离分别为 0，1，2，3，如图 4-3-5 中虚线框所标注的区域 1 所示。第二行的子像素与所在透镜左边缘的距离有 $\frac{1}{2}$，$\frac{3}{2}$，$\frac{5}{2}$，$\frac{7}{2}$ 这 4 种，如图 4-3-5 中虚线框所标注的区域 2 所示。当 $\theta=\arctan\left(-\frac{1}{6}\right)$ 时，显示面板上奇数行子像素与其所在透镜的相对位置关系与第一行子像素相同，偶数行子像素与其所在透镜的相对位置关系与第二行子像素相同，所以采用此光栅参数的 3D 显示器时，其子像素与所在透镜的相对位置关系总共有上述 8 种，可以构建 8 个视点，区域 1 内的 4 个子像素和区域 2 内的 4 个子像素与其对应柱透镜共同构建一个显示单元。这样，在不改变光栅节距的基础上，可通过改变光栅倾斜角来增加可构建的视点数目。

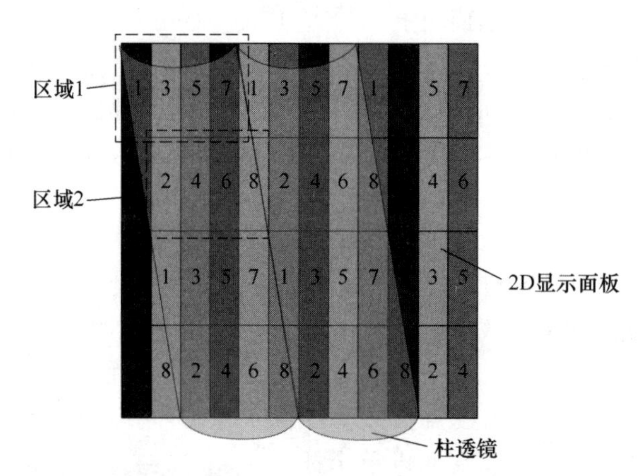

图 4-3-5 $\theta=\arctan\left(-\frac{1}{6}\right)$ 时子像素编码示意图

在确定视点数矩阵时，首先需要计算出合成图像任意子像素左边缘与其所在透镜左边缘的距离，判断该距离在上述 8 种相对位置关系中的序号，根据该序号选择所需要填充的视差图编号。例如，将区域 1 内的 4 种距离与区域 2 内的 4 种距离集合排序，区域 1 内 4 个子像素可分别标号为 1，3，5，7，区域 2 内 4 个子像素分别标号为 2，4，6，8，此标号同时也代表了合成图像中子像素信息来自哪幅视差图像。

除了利用垂直方向子像素构建视点外，也可以通过使光栅覆盖非整数个子像素来实现增加视点的目的，达到和小节距光栅一样的效果。例如，光栅线数 P_e 为 5.333，光栅倾斜角为 $\theta=\arctan\left(-\frac{1}{6}\right)$。此时由 3 个透镜覆盖的两行子像素形成了 6 个不同的区域，每个区域的标号如图 4-3-6(a)所示，虚线部分的 6 个区域形成一个显示单元。从子像素和所在透镜边缘距离来看，区域(1)的子像素组左端起始位置与其对应柱透镜左端的距离为 0；区域(2)的子像素组左端起始位置与其对应柱透镜左端的距离为$\frac{1}{2}$；区域(3)的子像素组左端起始位置与其对应柱透镜左端的距离为$\frac{2}{3}$；区域(4)的子像素组左端起始位置与其对应柱透镜左端的距离为$\frac{1}{6}$；区域(5)的子像素组左端起始位置与其对应柱透镜左端的距离为$\frac{1}{3}$；区域(6)的子像素组左端起始位置与其对应柱透镜左端的距离为$-\frac{1}{6}$。每个区域由一个透镜覆盖。

为了进一步观察 32 个子像素和 6 个区域的相对位置，在图 4-3-6(b)中给出了一个显示单元中 6 个区域及其相应子像素的布置。可以看到，对于前面的透镜阵列，这些子像素位于不同的相对位置。显示单元中的子像素和相应的透镜阵列由于具有相对位置偏差，因此在水平方向上的不同位置形成定向视点。由一个透镜覆盖的相邻子像素形成的视点之间的距离被设置为 w。假设区域(1)的第一视点在观察平面上的位置为参考位置，那么区域(1)、区域(2)、区域(3)、区域(4)、区域(5)和区域(6)的第一视点分别形成在 w，$\frac{1}{2}w$，$\frac{2}{3}w$，$\frac{1}{6}w$，$\frac{1}{3}w$ 和$-\frac{1}{6}w$ 的位置。根据空间位置，它们是显示系统的第二、第五、第六、第三、第四和第一视点，6 个区域的第二视点是第八、第十二、第十一、第九、第十和第七视点。一个显示单元中的 32 个子像素发出的光线被分布在观察平面上，形成了不同位置的视点，如图 4-3-6(c)所示。

上述立体图像合成方法只适用于具有特定线数和倾斜角的柱透镜光栅，而且一般只能合成具有固定视点个数的立体图像，这样的立体图像合成方法显然缺乏普适性。对此，通过总结上述各类不同光栅参数所确定的视点数矩阵，可以推导出一种光栅普适的多视点合成图像生成方法，下面将详细说明这种方法。

对光栅 3D 显示器而言，子像素左边缘到其所在透镜左边缘的距离是位于区间$[0, P_e)$内的。根据视点构建原理，子像素与所在透镜的相对位置关系决定了其所要填充的视差图信息，所以当确定了光栅 3D 显示器的视点数目 N 后，可将该区间均分为 n 个子区间，子区间宽度为 $d=\frac{P_e}{N}$，子像素应当填充的视差图像信息可根据子像素左边缘到其所在透镜左边缘的距离所处的子区间来决定。合成图像中任意子像素(i,j,k)左边缘到最左侧光栅单元左边缘的水平距离记为 D_p，该子像素左边缘到该对应光栅单元左边缘的距离记为 A_p，则

$$D_p = 3(j-1) + 3(i-1)\tan\theta + (k-1) \tag{4-16}$$

$$A_p = D_p \bmod P_e \tag{4-17}$$

其中，坐标(i,j,k)表示第 i 行第 j 列像素中的第 k 个子像素，mod 表示取余函数。

以图 4-3-7 标号为 1 的子像素为例进行说明，其左边缘与最左侧光栅单元左边缘的水平距离 D_p 以及其左边缘与其所在光栅单元左边缘的距离 A_p 如图 4-3-7 所示。

当子像素左边缘到其对应光栅单元左边缘的距离 A_p 满足 $0 \leqslant A_p < \frac{p}{N} \times 1$ 时，这些子像素应填充第 1 幅视差图像相应位置的子像素信息；当子像素左边缘到其对应光栅单元左边缘的距离 A_p 满足 $\frac{p}{N} \times 1 \leqslant A_p < \frac{p}{N} \times 2$ 时，这些子像素应填充第 2 幅视差图像相应位置的子像素信息；以此类推，当子像素左边缘与其所在光栅单元左边缘的距离 A_p 满足$\frac{p}{N} \times n \leqslant A_p < \frac{p}{N} \times (n+1)$ 时，这些子像素应填充第 n 幅视差图像相应位置的子像素信息，即任意子像素(i,j,k)在视点数矩阵中的视点编号 n 可由式(4-18)得出，其中符号"⌈ ⌉"表示向下取整。

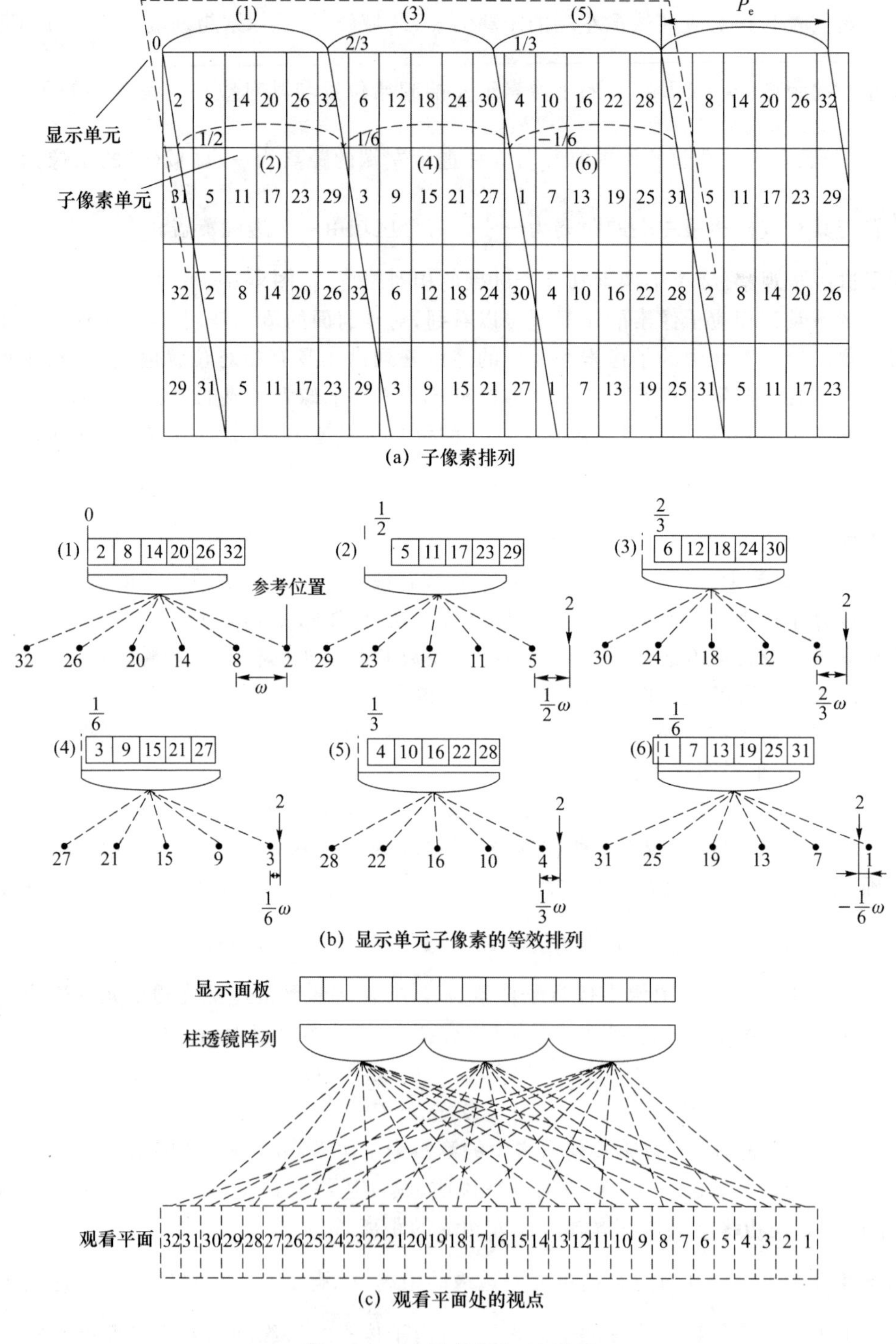

图 4-3-6　32 视点自由 3D 显示

$$n=\left\lceil\frac{A_p}{d}\right\rceil \tag{4-18}$$

按照这个方法，可以确定合成图像中子像素与视差图像子像素的映射关系，也就确定了视点数矩阵，这一步是立体合成图像生成方法的核心。之后，让各视差图像与合成图像大小一致。最后，根据视点数矩阵提取相应视差图像相同位置处的子像素并将其填充到合成图像中。

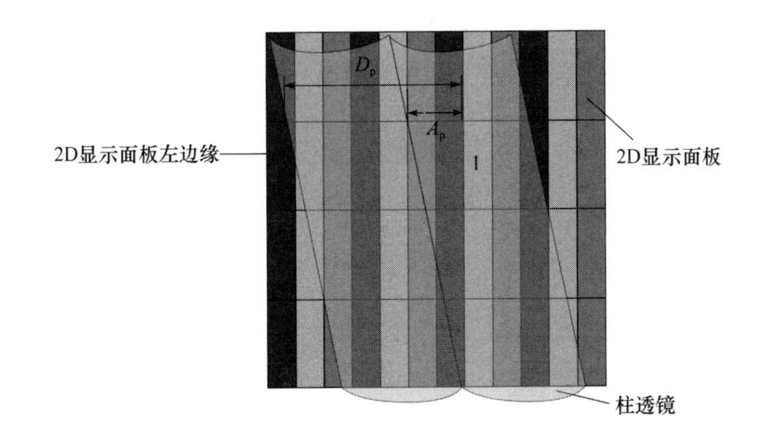

图 4-3-7　D_p 和 A_p 示意图

该方法具体实施过程是基于 Visual Studio 2019 平台与 OpenCV 软件库实现的，该过程的代码如图 4-3-8 所示。

```
//i, j控制像素的行列, k取0, 1, 2, 控制哪一个子像素
//ge_height,ge_width为合成图片的分辨率信息
for (i = 0; i < ge_height; i++)
    for (j = 0; j < ge_width; j++)
        for (k = 0; k < 3; k++)
        {
            D = 3 * j + k + 3 * i * tg_lens; //D为子像素离最左边透镜左边缘的距离,tg_lens为光栅倾斜角
            A = fmod(D, pitch); //A为子像素离所在透镜左边缘的距离

            //避免光栅倾斜时, 屏幕左边的子像素离透镜距离出现负值
            while (A < 0)
            {
                A = A + pitch;
            }
            viewp = cvFloor(A / (pitch / img_num)); //viewp指明了当前子像素应当取哪一幅视差图的信息
            if (viewp == img_num)
            {
                viewp = img_num - 1; //img_num为视差图数目
            }
            //ge_img为Mat对象, 存放合成后的图像。viewimg为Mat图像数组, 存放视差图图像
            ge_img.at<Vec3b>(i, j)[k] = viewimg[viewp].at<Vec3b>(i, j)[k];
        }
```

图 4-3-8　光栅普适的多视点合成图像生成方法的代码

以上为光栅普适的多视点合成图像生成方法，最后，扩展另一种合成图像生成方法——加权法。与光栅普适的多视点合成图像生成方法不同的是，该方法通过对光栅单元水平方向上覆盖的子像素数目取整获得视点数目 N。然后在水平方向上将柱透镜单元覆盖的子像素区域均分为 N 个子区域，得到的子区域宽度为 $d=\frac{P_e}{N}$，将每个子区域内的子像素填充相应的视差图像信息中。由合成图像中子像素的灰度值，由它所在的子区域落在该子像素上的部分占该子像素的面积比例作为权重，加权相应视差图像中子像素的灰度值来决定。如图 4-3-9 所示，图 4-3-9(b) 为图 4-3-9(a) 中虚线框选出的区域，光栅倾斜角为 $\theta=\arctan\left(-\frac{1}{3}\right)$，光栅单元水平方向上覆盖的子像素数目为 4.4，我们将其取整为 4，即实现 4 视点内容，那么子区域宽度 d 为 1.1。通过计算可知，图 4-3-9(a) 中标号为 2 的子像素有 0.59 的面积落在第一个子区域内，有 0.41 的面积落在第二个子区域内，如图 4-3-9(b) 所标注，其灰度值就等于第一幅视差图

像对应子像素的灰度值乘以 0.59 加上第二幅视差图像对应子像素的灰度值乘以 0.41，其余子像素灰度值以此类推。将合成图像第 i 行第 j 列第 k 个子像素的灰度值记为 P_{ijk}，其左侧部分所在子区间对应的视差图像子像素的灰度值为 PL_{ij}，分割该子像素的面积比例为 S_1，右侧部分所在子区间对应的视差图像子像素的灰度值为 PR_{ij}，分割该子像素的面积比例为 $1-S_1$，则该子像素的灰度值可由式(4-19)得出：

$$P_{ijk}=PL_{ij}\times S_1+PR_{ij}\times(1-S_1) \tag{4-19}$$

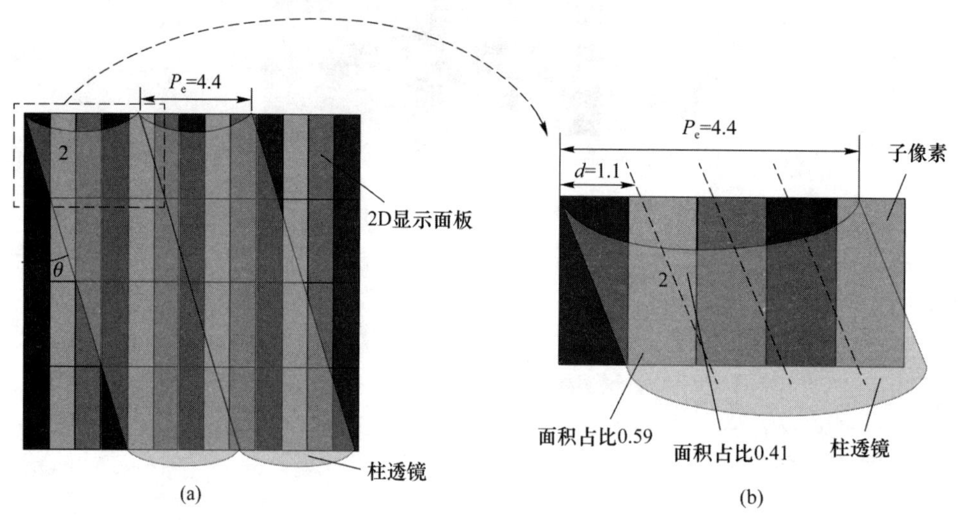

图 4-3-9　加权法示意图

4.4　光栅 3D 显示的线数与倾斜角

在 4.3 节的讨论中可以得出，光栅 3D 显示的线数 P_e 和倾斜角 θ(光栅倾斜角)与合成图像的生成密切相关，这两个参数直接影响了合成图像中视点的排布方式。只有根据正确的参数生成合成图像，观看者通过光栅 3D 显示器才能观看到正确的显示效果。因此在光栅 3D 显示中获得光栅线数 P_e 与倾斜角 θ 的精确值是实现正确显示效果的最基本一步。

光栅 3D 显示器在出厂时会提供所使用的光栅参数，但是有很多因素会影响参数的精准度。光栅在制造过程中存在生产误差，安装到 2D 液晶显示屏上时存在装配误差，种种误差导致光栅的理论设计参数与实际参数间存在偏差。对于同一个光栅，光栅 3D 显示器的最佳观看位置改变时，光栅线数也会随之改变。因此在将一台新的光栅 3D 显示器装配完毕后，首先应当准确测量光栅的参数。下面对准确测量参数的方法进行讨论。

由光栅 3D 显示器的实现原理可知，视点的形成过程是光栅对子像素发出光的方向进行控制的过程，单个柱透镜或狭缝单元覆盖子像素的个数即能被控制光线方向的子像素个数，原理图如图 4-4-1 所示。以柱透镜光栅为例，图 4-4-1 中的 W_p 表示子像素宽度，L 表示观看距离，g 表示光栅与 2D 液晶显示屏的距离，图中的几何线条为在柱透镜光栅控制下子像素发出的光线方向，子像素上方的数字标号与视点标号相对应。图 4-4-1 是在观看距离为 L 时单个柱透镜覆盖 4 个子像素形成视点排布的情况，根据图中的几何关系可得式(4-20)：

$$\frac{p}{P_e W_P}=\frac{L}{g+L} \tag{4-20}$$

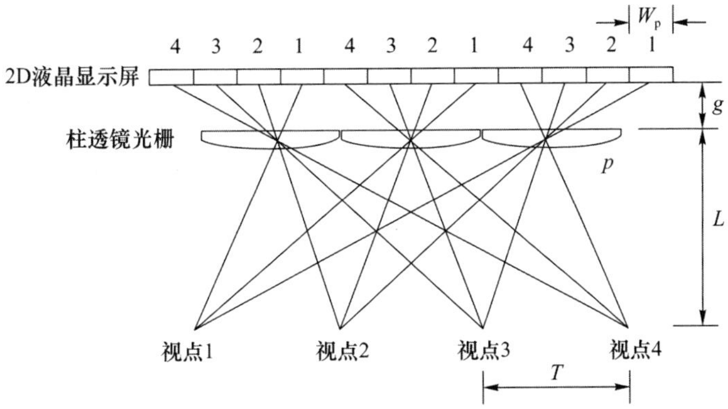

图 4-4-1　柱透镜覆盖子像素原理图

其中 p 是光栅节距，即相邻两个柱透镜中心的距离。由式(4-20)可得，当观看距离 L 改变时，光栅线数 P_e 也将随之改变。如图 4-4-2 所示，观看距离由 L 变成 L'时，单个柱透镜所覆盖的子像素数目由之前的 4 个变成图中粗实线覆盖的子像素数。观看距离 L 确定时，节距为 p 的光栅线数 P_e 也随之确定，在这种几何关系下，$P_e W_p$ 大于 p。光栅线数 P_e 和倾角 θ 与合成图像中的视点排布直接相关，因此想要得到准确的线数 P_e，可以利用视点形成原理，对 2D 液晶显示屏上加载的合成图像的子像素进行有规律的编码，使其在特定视点形成特殊的图像，便于直观地观察测量。合成图像的编码方式、最终视点排布的效果是光栅线数测量的关键。

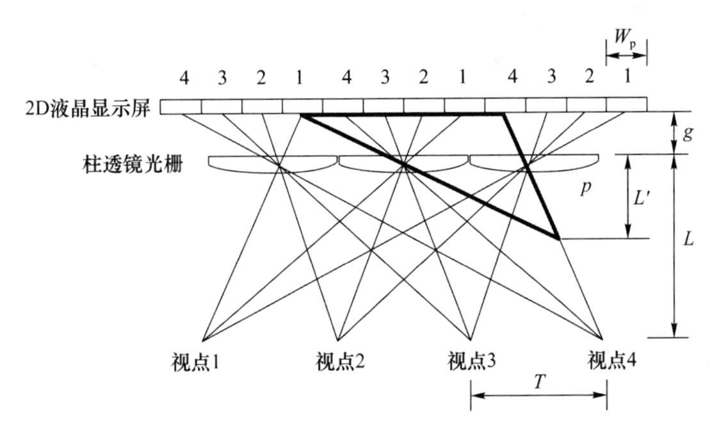

图 4-4-2　不同观看距离对光栅线数的影响

下面以无倾斜角并且单个柱透镜恰好覆盖 4 个子像素为例进行讨论。如图 4-4-3 所示，以 4 个子像素为周期，每隔 3 个子像素关闭一个子像素，即除了标号为视点 1 的子像素以外其他子像素全部点亮，代表视点 1 信息的所有子像素的灰度值为 0，其他 3 个视点子像素的灰度值全部为 255。这时观看者在视点 1 位置看到的图像为全黑图像。图 4-4-4 为关闭视点 1 子像素时的合成图像，在图中可以看出，除视点 1 以外的其他 3 个视点的 RGB 三色子像素全部被点亮，其光线混合在一起将会在对应的观看位置呈现全白图像。以这种方式对合成图像进行编码，线数 P_e 等于编码的视点数目，这时除了视点 1 为全黑图像外，其他任何位置都为全白图像，观看者可以通过观看屏幕来进行直观地判断。

当合成图像编码的视点数目等于线数 P_e 时，只关闭特定一个视点所有的子像素就可以

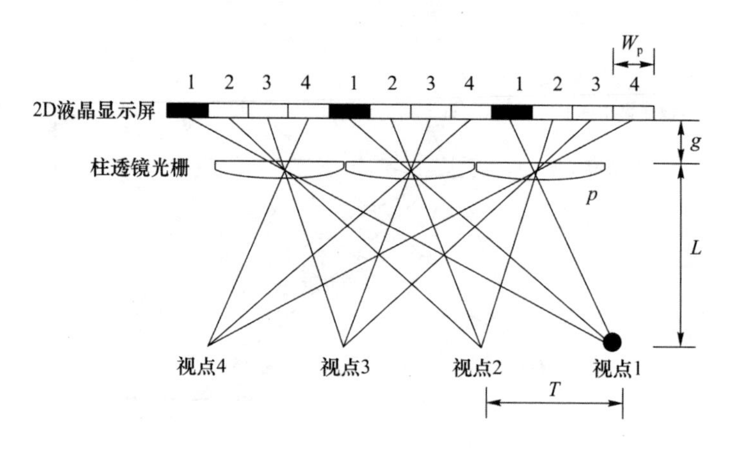

图 4-4-3　全黑图的生成过程

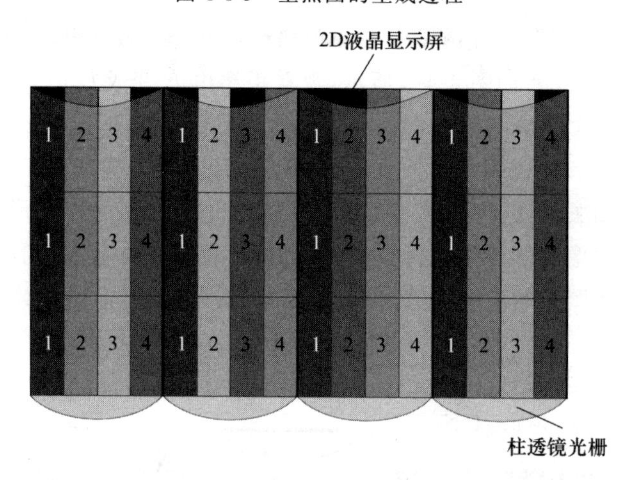

图 4-4-4　关闭视点 1 子像素时的合成图像

在对应视点的观看位置得到全黑图像,因此通过调整合成图像的视点数目并结合观察屏幕是否全黑可以对线数进行测量。但是在大多数情况下线数目并非简单的整数。如图 4-4-5 所示,柱透镜单元没有覆盖整数个子像素,而是覆盖 3～4 个子像素之间,如果依然按照之前的光栅参数生成合成图像,则得不到正确的观看效果。第三个柱透镜单元显示视点 4 的子像素将会与第一个柱透镜单元显示视点 1 的子像素映射到空间中的同一位置,这会形成极大的串扰。

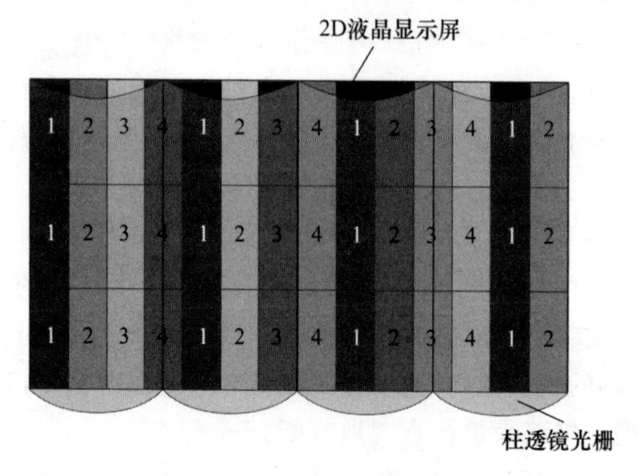

图 4-4-5　单个柱透镜覆盖非整数个子像素

想要通过观察全黑图像的方法确定线数 P_e，应该将2D液晶显示屏上子像素代表的视点信息重新排布，在空间中形成正确的视点分布。多视点算法能够在任意线数 P_e 与倾斜角 θ 的光栅参数下得到任意个数的视点分布，可以利用多视点算法对合成图像进行编码，以得到正确的观看效果。

图4-4-6是用以多视点算法为基础的光栅调试程序测量光栅参数的具体步骤，如该图所示，在将光栅装配到显示器上后，首先选定一个观看位置 L，然后使用测量工具（毫米尺等）粗略地测量光栅的线数 P_e 和倾斜角 θ，并记录下数值作为调试程序中预设的线数值和倾斜角值。在程序中设定视点数目 n 的值（一般设定两个或4个），将其中一个视点子像素的灰度值设置为0，其余子像素的灰度值设置为255。运行程序得到合成图像，且合成图像在光栅3D显示器上显示，此时将观看到黑白条纹图像。实时调整程序中线数 P_e 与倾斜角 θ 的值来调整合成图像的视点分布，同时观看者在当前观看位置附近的视区内观察屏幕图像变化。观看者可发现，黑色逐渐占满屏幕，条纹由倾斜变竖直，若观看者在某一视点位置上单眼观看到黑色完全占满屏幕，而在其他视点位置上观看到全白图像，则说明当前设定的线数 P_e 和倾斜角 θ 与实际的光栅参数相匹配，即测量出了光栅的参数。

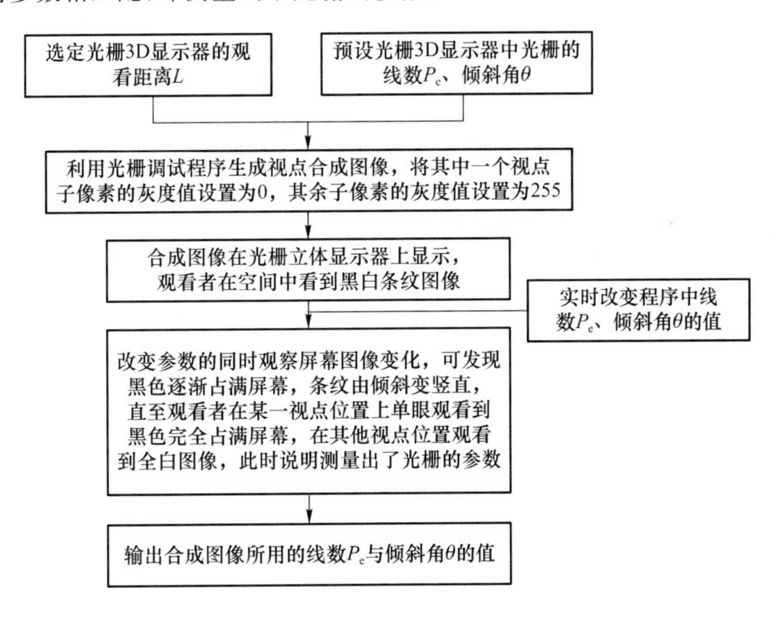

图4-4-6 测量光栅参数的具体步骤

如图4-4-7所示，以任意参数的光栅3D显示器为例对测量步骤进行具体的说明。观看者在不知道具体光栅参数的情况下，参照上文的步骤，粗略测量出线数 P_e 和倾斜角 θ。例如，经过测量得出线数 P_e 大概为7，倾斜角 θ 大概为 $\arctan\frac{1}{3}$，故在光栅调试程序中预设线数 $P_e=7$，倾斜角 $\theta=\arctan\frac{1}{3}$，视点数目设为两个。将视点1的全部子像素的灰度值设为0，其他子像素的灰度值设为255，生成的合成图像在2D显示屏上显示。由于开始测量时预设的参数与真实的参数不同，因此视点1的全部子像素不能映射到同一视区，观看者不能在某一视点位置上看到黑色完全占满屏幕。不断调整程序中线数 P_e 与倾斜角 θ 的值，按照测量步骤中的观察方法观察屏幕的变化。当程序中的参数与真实参数值吻合时会形成图4-4-7中正确的两视点分布，视点 1 的子像素与透镜左边缘的距离均小于真实线数的一半，在视点 1 的观看位置可以看到屏幕呈现全黑。此时记录程序中的数值，测量完成。

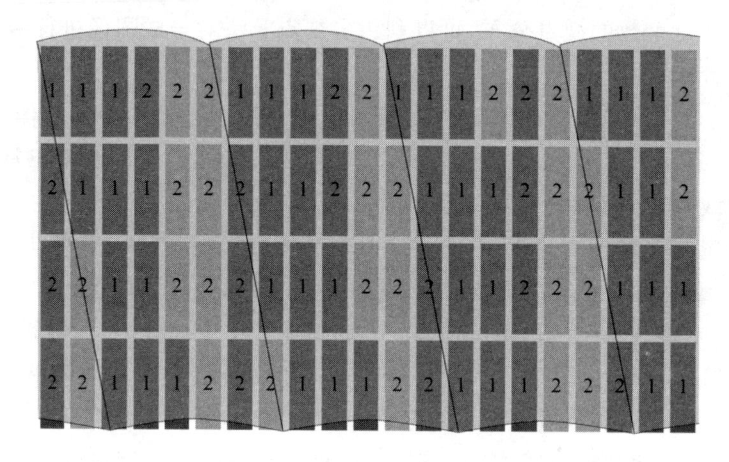

图 4-4-7　利用多视点算法对任意光栅进行测量的示意图

4.5　光栅 3D 显示器的参数

4.5.1　光栅 3D 显示器的分辨率

分辨率是用来表征屏幕显示图像精细度的指标，代表了显示设备所能显示的像素数目。由于屏幕上显示的任何图案都是由像素组成的，像素越多，画面就越精细，因此无论对于 2D 显示器还是 3D 显示器，分辨率都是评判其显示质量的重要标准之一。高分辨率的 3D 显示器可以为观看者提供更加真实的视觉感受。

光栅 3D 显示器的分辨率与 2D 显示器上覆盖的光栅数量有关。因为大部分光栅都存在一定的倾斜角，所以光栅 3D 显示器的分辨率与光栅倾斜角和子像素排布等因素都有关系。下面以柱透镜光栅举例（狭缝光栅与柱透镜光栅的原理基本相同），我们来讨论光栅 3D 显示器的分辨率大小。

图 4-5-1 为光栅 3D 显示器的光路图。LCD 位于柱透镜光栅阵列后方的焦平面处，LCD 上的子像素发出的光线被柱透镜转换为平行光入射到人眼中。在水平方向上，体像素点的尺寸等于单元柱透镜宽度，人眼在某个视点透过每个显示单元只能看到一个子像素的色彩信息。因此光栅 3D 显示的水平方向分辨率 R_l 与光栅覆盖的子像素数 N 成反比，即

$$R_l=\frac{1}{N} \tag{4-21}$$

除了式(4-21)给出的水平方向分辨率外，在实际计算中，我们要依据不同的子像素排布和光栅倾斜角来具体分析光栅 3D 显示的垂直方向分辨率。图 4-5-2 为两个不同子像素排布的 LCD 装配柱镜光栅的示例。如图 4-5-2(a)所示，柱透镜光栅的倾角为 $\arctan\frac{1}{3}$，柱透镜覆盖子像素的个数为 4，因此在水平方向上，透镜的个数和分辨率就为 LCD 分辨率的四分之三（一

个像素水平方向由 3 个子像素组成)。由于光栅存在 $\arctan\frac{1}{3}$ 的倾斜角,在垂直方向上,我们可以把 R、G、B 3 个子像素当作一个像素点来考虑,因此在这种情况下光栅 3D 显示器的垂直方向分辨率下降为 LCD 分辨率的三分之一。

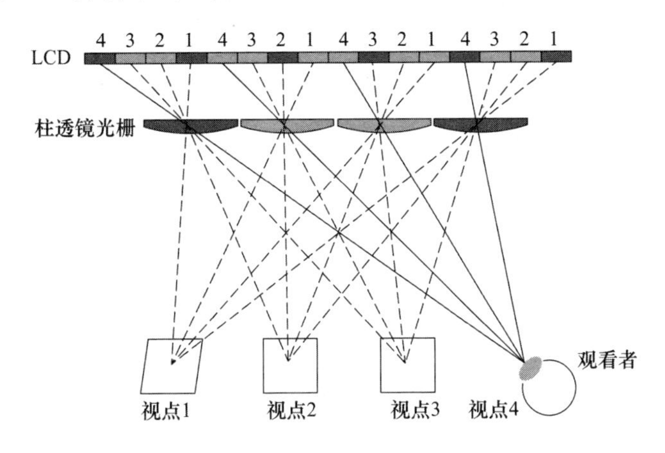

图 4-5-1 4 视点光栅 3D 显示器的观看示意图

图 4-5-2(b)所示是马赛克的 LCD 子像素排布方式,相同颜色的子像素呈阶梯状排布,这种子像素排布方式解决了传统基于 LCD 的光栅 3D 显示器会产生摩尔条纹的问题,因此基于这种子像素排布的光栅 3D 显示不需要将光栅倾斜一定的角度,可以将其垂直方向放置。这种 LCD 子像素排布的 3D 显示分辨率与图 4-5-2(a)所示的情况类似,水平方向分辨变为 LCD 分辨率的四分之三,垂直方向分辨率下降为 LCD 分辨率的三分之一。

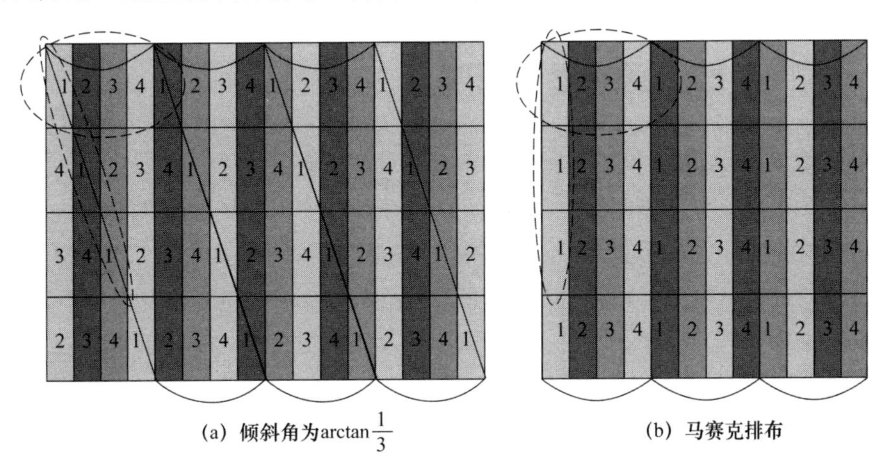

(a) 倾斜角为 $\arctan\frac{1}{3}$　　(b) 马赛克排布

图 4-5-2 LCD 子像素排布举例

4.5.2 光栅 3D 显示器的角分辨率

角分辨率是指一个体像素向不同方向发散光线的数目,体现了人眼对体像素的分辨能力,是一种专门用于 3D 显示的重要评价指标。角分辨率越大,观看者在单位角度内左右移动时所能看到的光线信息越多,视差越平滑,显示效果越好。

光栅 3D 显示器的体像素角分辨率如图 4-5-3 所示，柱透镜单元与 LCD 构成体像素，子像素通过柱透镜发出的不同方向的光线数量即光栅 3D 显示器的体像素角分辨率大小，即每个光栅显示单元下覆盖的子像素数。在图 4-5-3 中，单个柱透镜覆盖了 4 个子像素点，LCD 上以一定顺序排列的 4 个子像素透过单个透镜一共发出了 4 条不同方向的发散光线，即在该模式下 3D 物体的体像素角分辨率为 4。将其与光栅 3D 显示器的分辨率相比较，可以得出两者之间的关系：光栅 3D 显示器的显示分辨率和角分辨率成反比，角分辨率的增大必然会导致分辨率的降低。设计光栅 3D 显示器时要根据不同的显示场景进行不同的取舍。

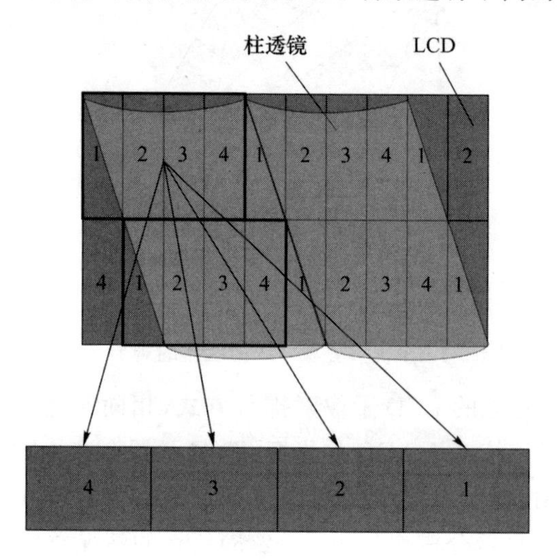

图 4-5-3　光栅 3D 显示器的体像素角分辨率示意图

4.5.3　光栅 3D 显示器的显示深度

在使用光栅 3D 显示器为观看者模拟一个真实的空间场景时，需要大量的视点图像信息。如果视点图像采集过程中采集间距充分小，并且再现过程中视点足够密集，那么观众将体验到具有平滑运动视差的 3D 效果，就如同观察真实的场景一样。反之，如果采集与再现的视点不够密集，则过大的立体感会导致视点间出现交叉混叠与重影的现象，这将严重地限制自由 3D 显示器的显示深度范围。光栅 3D 显示器的显示深度指的是光栅 3D 显示器能显示清晰的 3D 图像的出屏和入屏范围，是评价光栅 3D 显示器质量的重要性能指标。其代表了能为观看者营造立体感和沉浸感的程度，越大的显示深度带给观看者的沉浸感越强，且所展现的深度数据越丰富。

本节以一个出屏的单点为例，说明 3D 显示系统的景深计算方法。图 4-5-4 描述了在观看者的单目从一个视点范围进入相邻视点范围的过程中，不同深度的单点在人眼中的成像效果。对于空间中的一个真实物点，观看者希望可以在水平方向运动的过程中，获得连续无重影的视觉感受。图 4-5-4(a)中的 3D 物点显示深度较大，人眼将观察到重影的现象。图 4-5-4(b)通过减小显示深度，使得构成 3D 物点的光线来自显示平面上相邻的显示单元，此时在两邻近视点交界的位置将看到一个平滑连续的物点，消除了重影现象。跨视点观看时没有重影问题时的景深被定义为光栅 3D 显示器的显示深度，以下基于图 4-5-4 所示的情景推导出光栅 3D 显示器的显示深度。

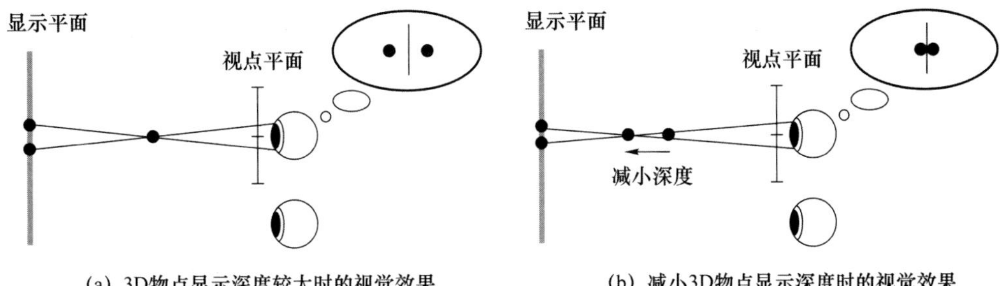

(a) 3D物点显示深度较大时的视觉效果　　(b) 减小3D物点显示深度时的视觉效果

图 4-5-4　人眼观察不同深度单点的视觉效果

假设透镜的直径为 p，焦距为 f，单个透镜下覆盖的子像素数为 N，两视点距离为 d，观看距离为 L。那么像素中心间距为$\frac{p}{N}$，记为 m，即图 4-5-5(a)中 A 和 B 的距离为$\frac{p}{N}$。图 4-5-5(a)中可得出三角形 ABO 和 EFO 是相似的，那么就有关系式$\frac{m}{d}=\frac{f}{L-f}$，因为焦距远小于观看距离，所以上述关系式可以近似为

$$\frac{m}{d}=\frac{f}{L} \tag{4-22}$$

即可得出 $L=\frac{d}{m}\times f$。

图 4-5-5(b)为光栅 3D 显示器出屏深度的计算图，可看出 A 和 B 的距离为 p，三角形 ABO 和 EFO 是相似的，那么有关系式$\frac{p}{d}=\frac{D}{L-D}$，所以光栅 3D 显示的出屏深度 D 可由式(4-23)得出，其中柱透镜节距 p 通常只有几毫米，远小于视点间距 d，所以式(4-23)可以简化为式(4-24)：

$$D=\frac{pL}{p+d}=\frac{p^2 f}{Nd(p+d)} \tag{4-23}$$

$$D=\frac{pL}{d}=Nf \tag{4-24}$$

图 4-5-5(c)为入屏深度的计算图，同样可根据相似三角形得出关系式$\frac{D'+f}{D'+L}=\frac{p}{d}$，所以光栅 3D 显示器的入屏深度 D'可由式(4-25)得出，同理，分母可以去掉节距 p，式(4-25)可以简化为式(4-26)：

$$D'=\frac{pL-df}{d-p} \tag{4-25}$$

$$D'=f(N-1)s \tag{4-26}$$

所以光栅 3D 显示器的显示深度 ΔD 可由式(4-27)得出：

$$\Delta D=D+D'=f(2N-1) \tag{4-27}$$

从式(4-27)可以看出，光栅 3D 显示器的显示深度与单个透镜下覆盖的子像素数 N 和焦距 f 成正比，即提升光栅 3D 显示器的角分辨率可以增加显示深度，从而增加光栅 3D 显示器的观看立体感。

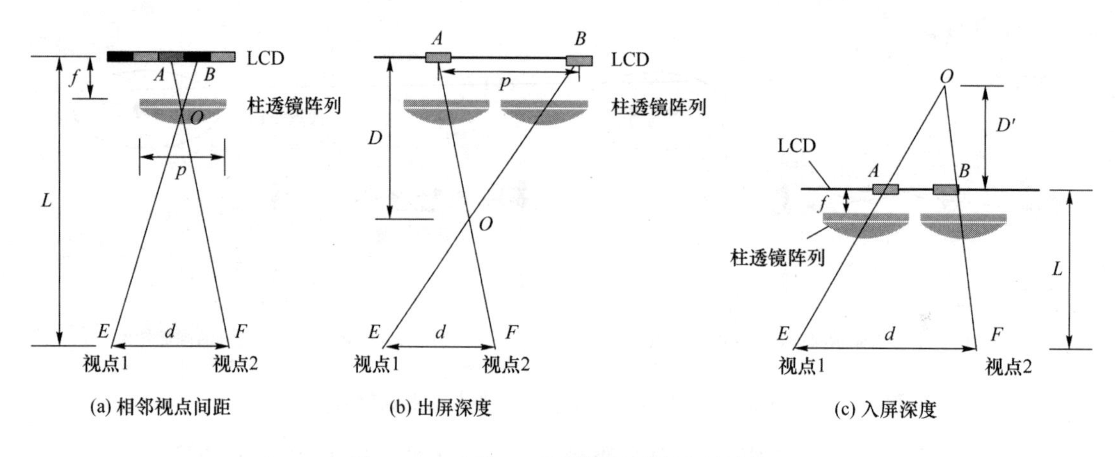

图 4-5-5　光栅 3D 显示器显示深度的计算

4.5.4　光栅 3D 显示器的观看视点数目

在 3D 显示中，显示设备将 3D 场景不同角度的信息分布到不同的视点处，可以给观看者提供正确立体图像的位置称为视点，在每个视点处会看到所显示 3D 场景不同角度的图像。观看视点数目指的就是在不同的空间位置能看到的不同视差图像数目。

在光栅 3D 显示中，光栅覆盖的子像素到所在透镜边缘的距离有多少种，出射光线的偏轴角度就会有多少种，就会在不同位置看到多少种不同的视差图像。下面以柱透镜为例，对水平方向上的观看视点数目进行分析。

如图 4-5-6 所示，柱透镜阵列以倾斜 $\arctan\frac{1}{3}$ 的角度覆盖在 2D 液晶显示屏上，单个柱透

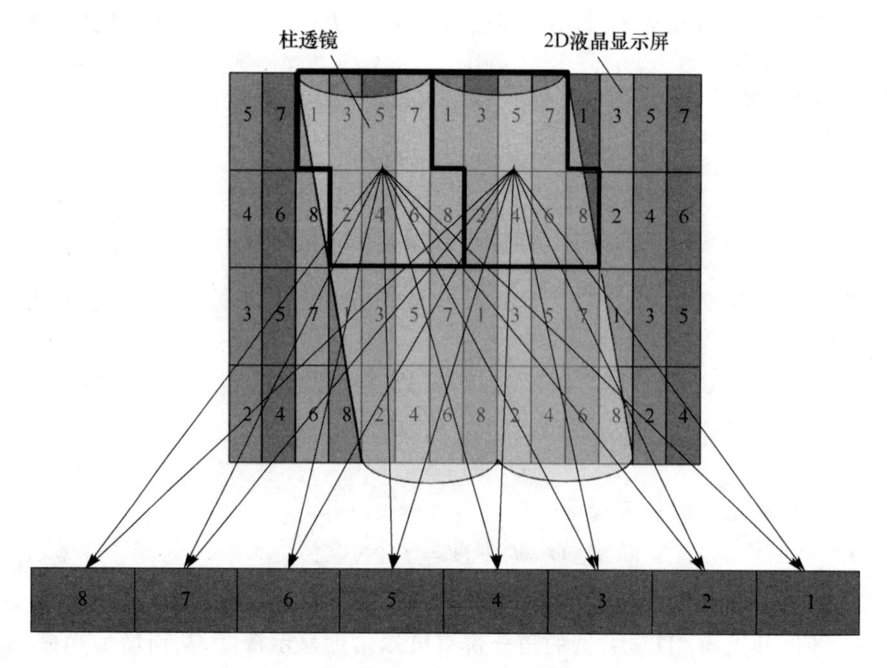

图 4-5-6　8 视点光栅 3D 显示系统示意图

镜覆盖的子像素数为 4 个，每个柱透镜覆盖的两行子像素用不同的数字标记，用黑色框选中的标号为 1 至 8 的 8 个子像素组成一个显示单元。假设子像素的宽度是单位长度，依照子像素与所在柱透镜边缘的距离来排序，1 号子像素距离柱透镜左侧边缘 0 个单位长度，2 号子像素距离柱透镜左侧边缘 0.5 个单位长度，3 号子像素距离柱透镜左侧边缘 1.5 个单位长度等等，以此类推。在每个显示单元中，子像素位于不同的相对位置，由于显示单元下覆盖的子像素和相应的柱透镜阵列具有相对位置偏差，会在水平方向上的不同位置形成定向视点，因此光栅 3D 显示器的观看视点数目等于每个显示单元下覆盖的子像素数。

依据不同的光栅倾斜角和宽度可以设计出不同子像素编码方式并生成显示单元。每个显示单元下覆盖的子像素数目越多，可以形成的观看视点数目越多，运动视差越平滑，3D 显示的观看效果越好。

4.5.5　光栅 3D 显示器的视区与最佳观看距离

来源于不同视差图像的光线经过狭缝光栅的遮挡作用或柱镜光栅的分光作用后，将向不同方向传播，在正面观看范围内形成周期性的视点。这些视点在空间中形成的立体观看区域简称视区。我们以传统的 4 视点裸眼 3D 显示器为例讨论光栅 3D 显示器的视区与最佳观看距离。4 视点光栅 3D 显示器的显示内容为 4 幅从不同角度拍摄的视差图像，如图 4-5-7 所示。

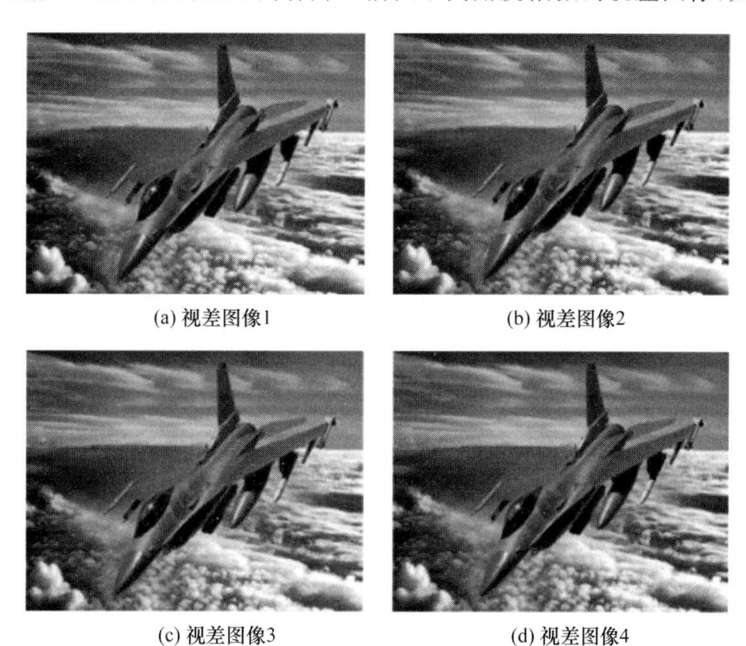

(a) 视差图像1　(b) 视差图像2

(c) 视差图像3　(d) 视差图像4

图 4-5-7　4 视点光栅 3D 显示器的视差图像

将图 4-5-7 中采集到的视差图像序列通过子像素编码的方式加载到光栅 3D 显示器中，可以使观看者获得一定的立体观看自由度，即在光栅 3D 显示器正面的一定范围内，观看者都可以看到 3D 效果。图 4-5-8 标注“√”的观看者将看到 3D 效果，标注“×”的观看者处在错误的观看区域无法获得正确的立体感。

根据柱透镜光栅 3D 显示器的原理与几何关系，不同位置的观看者的观看内容可以通过

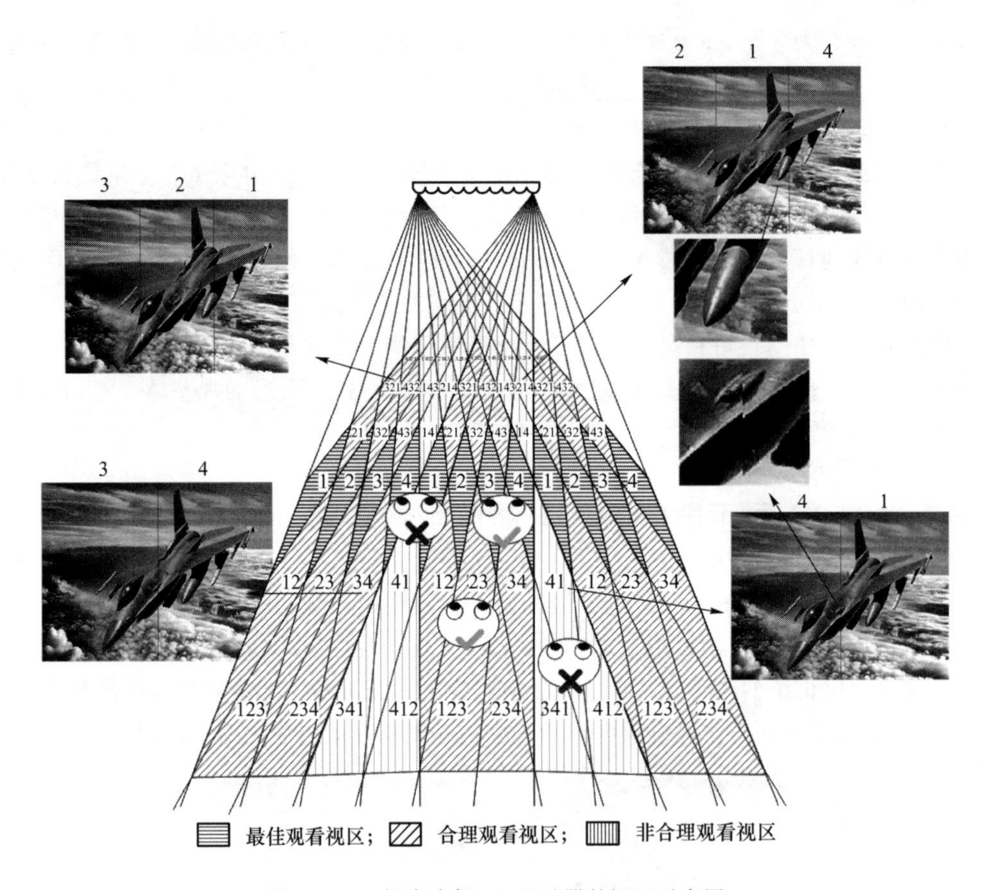

图 4-5-8 4 视点光栅 3D 显示器的视区示意图

分析获得。图 4-5-8 中将 3D 显示器正面不同的区域用不同的数字编号代表，数字编号代表了该区域可以观察到的所有视差图像序号。对于标记了 2 个及 2 个以上数字编号的区域，观看者可以同时看到多幅视差图像，编号的顺序代表了多幅视差图像进入人眼的方式。人眼在标号为 1 的区域可以观察到视差图像 1，在标号为 321 的位置可以同时观察到 3 幅视差图像，进入人眼的内容由视差图像 3 的左侧部分、视差图像 2 的中间部分与视差图像 1 的右侧部分共同组成。

根据观察到内容的不同，我们将正面的区域划分为最佳观看视区、合理观看视区与非合理观看视区 3 种，3 种视区分别用横条纹阴影、斜条纹阴影和竖条纹阴影代表。横条纹阴影区域表示的最佳观看视区内只标记了一个数字，因为在此观看区域内单眼只能看到一幅视差图像。最佳观看视区到光栅 3D 显示器的距离也被称为最佳观看距离，若观看者在最佳观看距离处水平移动，则可以看到正确、平滑的运动视差效果。

当观看者处于每个视区的最佳观看距离前、后的一段距离时，每个视区的最佳观看距离前、后一段距离内都为合理观看视区。合理观看视区内标记了多个连续的数字(如 123，12，23，34，…)，此时进入人眼的合成图像是由相邻的多个视差图像组合获得的，该区域内可以看到多幅视差图像组成的连续内容。

4.6 投影光栅 3D 显示技术

4.6.1 光栅背面投影 3D 显示技术

图 4-6-1 是基于单投影仪和单狭缝光栅的 3D 显示系统，该显示方式的显示原理与基于液晶面板的 3D 显示方式的类似，它利用投影仪将编码图像信息直接投影到漫反射屏幕上，光栅作为控光元件对漫反射屏幕上像素发出的光线进行调制，光栅的分光作用使不同视差图像的光线向不同方向传播，观看者的左、右眼便可观看到不同的视差图像。由于投影仪可以向任意角度投影图像，因此该系统具有显示范围十分自由的特点，在特定场合更具实用性。并且基于投影仪的 3D 显示方式的显示设备与屏幕是分离的，所以可以通过采用多个投影仪拼接一幅图像的方式增大显示尺寸。

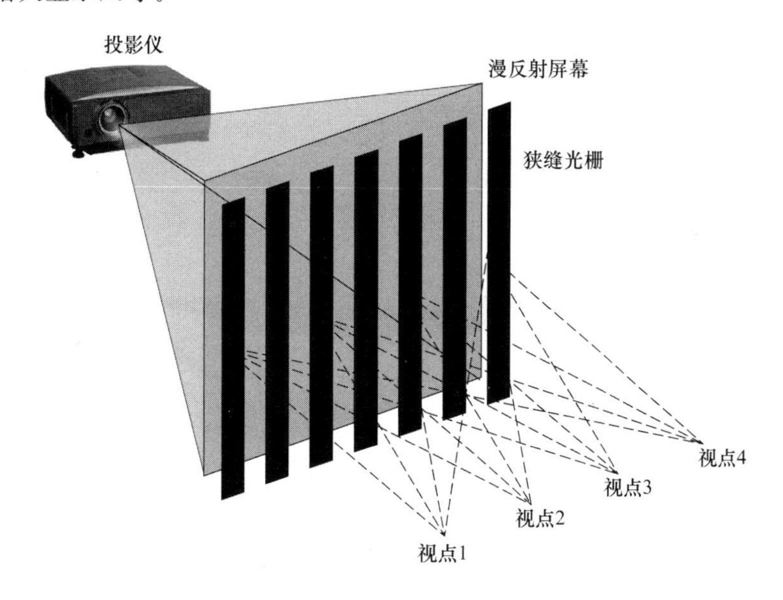

图 4-6-1 基于单投影仪与单狭缝光栅 3D 显示系统的结构示意图

在基于单投影仪与单狭缝光栅的 3D 显示系统中，单个视点的分辨率等于投影仪分辨率除以观看视点数目，以图 4-6-1 为例，与 2D 图像相比，其分辨率只有原来的四分之一。另外，投影仪在投影屏边缘经常出现像差，并且图像像素的大小不能与光栅的狭缝宽度精确匹配。为了解决这些问题，本章参考文献[1]～[3]提出可以采用多个投影仪作为信号输入源，两块光栅作为光学屏幕，实现具有高分辨率的背面投影 3D 显示系统。光学屏幕既可以由两个柱透镜光栅或者两个狭缝光栅组成，也可以由一个柱透镜光栅和一个狭缝光栅组成，4 种光学屏幕结构如图 4-6-2 所示。

如图 4-6-3 所示，多个投影仪水平排列形成投影仪阵列，将不同的视差图像投射到投影屏光栅 1 上，视差图像序列信息经过光栅 1 的调制后在漫射屏幕上形成编码图像，同时，左侧的光栅还可以起到对投影屏边缘有像差的图像进行准直的作用，并可以准确地将投影屏上的像素

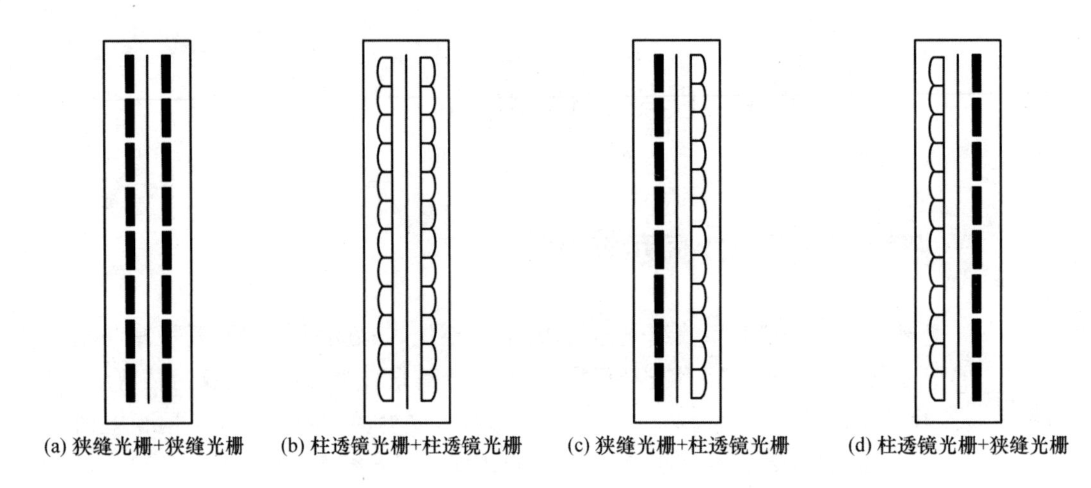

图 4-6-2　4 种光学屏幕结构

大小与右侧的光栅进行周期性匹配。而光栅 2 在投影屏和观看者中间，功能与普通光栅 3D 显示器的相同，用来解调编码图像以形成一组立体视点。该系统的 3D 成像过程与普通光栅 3D 显示系统的相同。

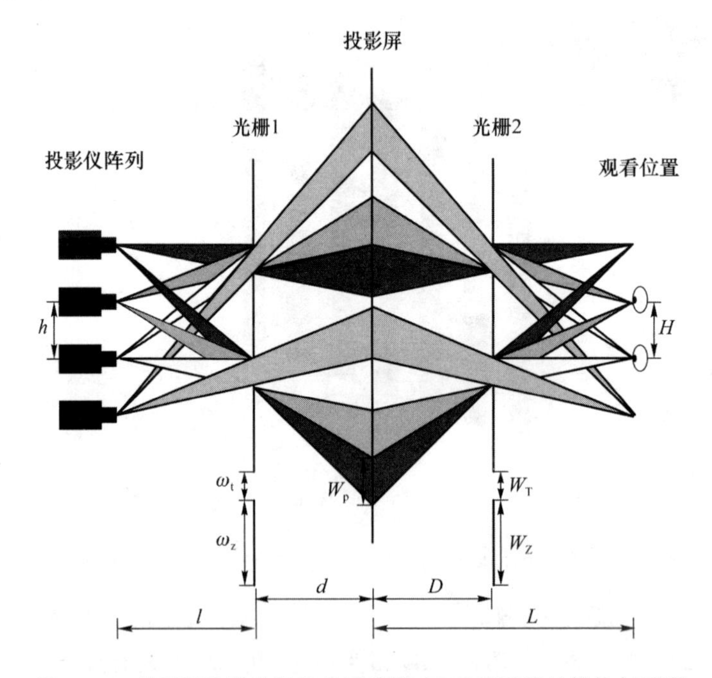

图 4-6-3　基于双狭缝光栅的投影光栅 3D 显示系统的结构与原理

以两个狭缝光栅为例，如图 4-6-3，二维投影仪的数量为 n，投影仪阵列与光栅 1 之间的距离为 l，相邻两个二维投影仪之间的距离为 h，光栅 1 的透光条宽度为 ω_t，遮光条宽度为 ω_z。光栅 1 与投影屏之间的距离为 d，投影屏上像素间隔为 W_p。投影屏与光栅 2 之间的距离为 D，光栅 2 的透光条宽度为 W_T，遮光条宽度为 W_Z。两个视点之间的距离为 H，与瞳孔间距相同，L 为最佳观看距离，观看视点数目与投影仪数量也相同，为 n。得到以下关系式：

$$\omega_t = \frac{hW_p}{h+W_p} \tag{4-28}$$

$$\omega_z=\omega_t(k-1) \tag{4-29}$$

$$d=\frac{W_p l}{h+W_p} \tag{4-30}$$

$$W_T=\frac{HW_p}{H+W_p} \tag{4-31}$$

$$W_Z=W_T(K-1) \tag{4-32}$$

$$D=\frac{W_p L}{H+W_p} \tag{4-33}$$

其中，调整 ω_t、ω_z 和 d 可以改变视点的空间位置。柱透镜光栅＋柱透镜光栅、狭缝光栅＋柱透镜光栅、柱透镜光栅＋狭缝光栅的结构与上述类似。在按照上述方法构建的基于背面投影仪阵列的 3D 显示系统中，观看视点数目与投影仪数目相同，单视点分辨率等于投影仪分辨率，因此显著提高了 3D 显示内容的信息量。

由于投影仪阵列被放置在水平方向的不同位置上，因此在从不同角度向光栅屏幕进行投影时，投影到屏幕上的内容就会发生明显的畸变，这种现象叫作梯形失真，它会让不同投影仪投影的图像无法精确地融合在一起。此外，还应根据式(4-28)和式(4-30)来限制相邻两个投影仪之间的距离。如果每台投影仪的宽度大于投影仪间距，则 4 个投影仪不能放在同一层上，否则就会造成垂直位移。为了消除梯形失真和垂直位移带来的影响，需要对视差图像进行校正处理，即将一个投影平面线性地转移到另一个平面上，该过程称为单应性变换。

设置投影屏幕、视差图像和目标的坐标系，如图 4-6-4 所示。坐标系统的原点位于投影屏幕的左上角，投影屏幕右下角被定义为(1,1)。在确定了目标顶点$(x1,y1)$,$(x2,y2)$,$(x3,y3)$和$(x4,y4)$后，就可以利用单应性变换方法将投影仪发出的内容投影到目标区域上。变换公式如下所示：

$$x'=\frac{ax+by+e}{ux+vy+1} \tag{4-34}$$

$$y'=\frac{cx+dy+f}{ux+vy+1} \tag{4-35}$$

其中，(x',y')与(x,y)分别代表了矫正前与矫正后的视差图像中某一点的坐标值，a,b,c,d,e,f,u,v 是变换系数。将矫正前与矫正后的视差图像所在的两个四边形的四对顶点坐标代入公式中，可以计算获得 8 个变换系数的值。再利用式(4-34)与式(4-35)可以将视差图像内所有的像素点映射到目标区域中。这种单应性变换方法可以很好地校正畸变，提升图像质量。

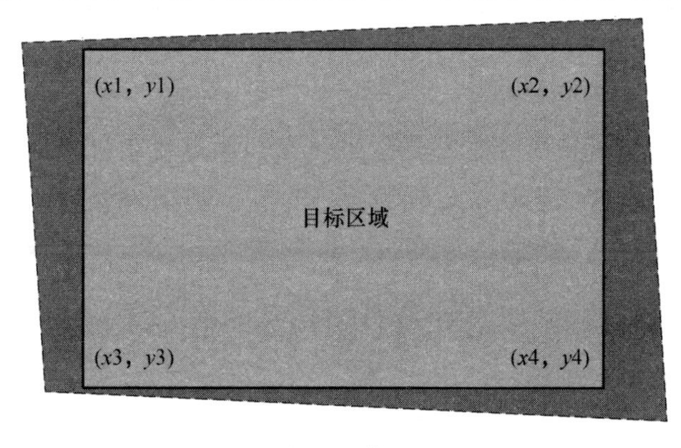

图 4-6-4 视差图像的矫正过程

4.6.2 密集视点正面投影 3D 显示技术

光栅背面投影 3D 显示技术有一个明显的问题，由于投影仪和观看位置在光学屏幕的两侧，观看位置到投影仪的距离相对较大，因此采用光栅背面投影 3D 显示系统进行观看时，占用空间会非常大。针对该问题，可以设计正面投影 3D 显示系统。该系统主要由相机采集阵列(可以是虚拟相机)、同步控制模块、投影仪阵列以及正面投影屏幕共同组成。系统的原理示意图如图 4-6-5 所示。首先由密集的相机采集阵列采集真实或者虚拟物体不同角度的信息，再由同步控制模块将不同角度的场景信息同步地传递给投影仪阵列，最后全部投影仪发出的信息经过正面投影屏幕的并行调制后可以在空间中构建密集的视点。相比于光栅背面投影 3D 显示系统，密集视点正面投影 3D 显示系统的投影仪与观看位置在同一侧，因此占用空间就会大大减小。正面投影 3D 显示系统的工作原理如图 4-6-6 所示。

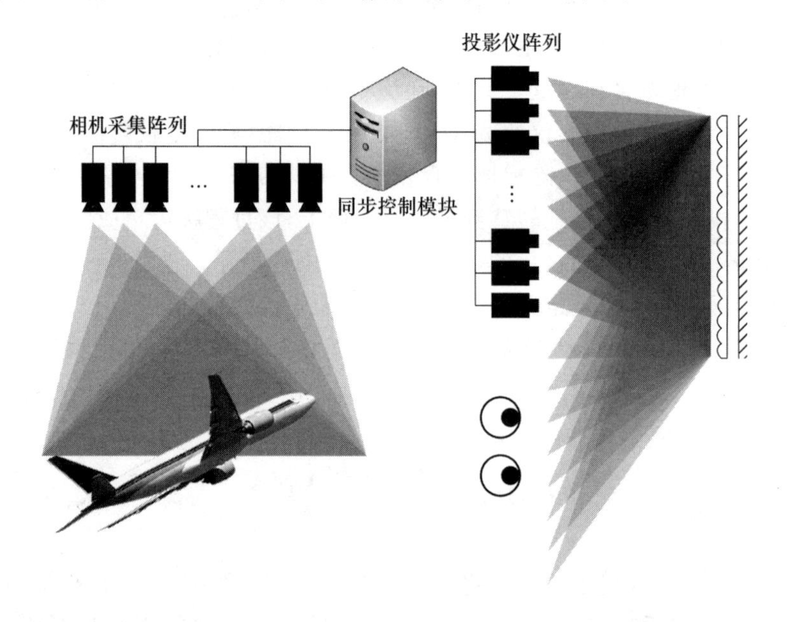

图 4-6-5　正面投影 3D 显示系统的原理示意图

投影仪安装在投影屏幕的前面，漫反射屏幕在柱透镜光栅的后面。漫反射屏与柱透镜光栅之间的距离为 f，即透镜的焦距。H_1 与 H_2 分别表示柱透镜光栅的第一主平面与第二主平面，p 是每一个柱透镜单元的节距。当投影仪从正面向屏幕投影图像信息时，由于透镜尺寸相对于投影仪到屏幕的距离非常小，因此可以将投影仪投射到每一个柱透镜上的光束看作平行光。因为漫反射屏幕被放置在柱透镜光栅的焦平面上，所以投影仪发出的光线经过每一个透镜后都将形成一个很小的像点。该像点在漫反射屏幕的作用下向不同角度发出漫射光，通过不同的透镜在与投影仪同一水平线上形成不同的视图。

对于传统的基于液晶显示器与柱透镜光栅的 3D 显示系统，柱透镜光栅的作用只是对 2D 液晶显示器上的编码图像信息进行解码处理，在空间中的不同位置形成具有视差关系的视点图像。而在该系统中柱透镜光栅同时起到编码不同位置投影仪的视差图像与解码显示不同角度视点信息的作用。

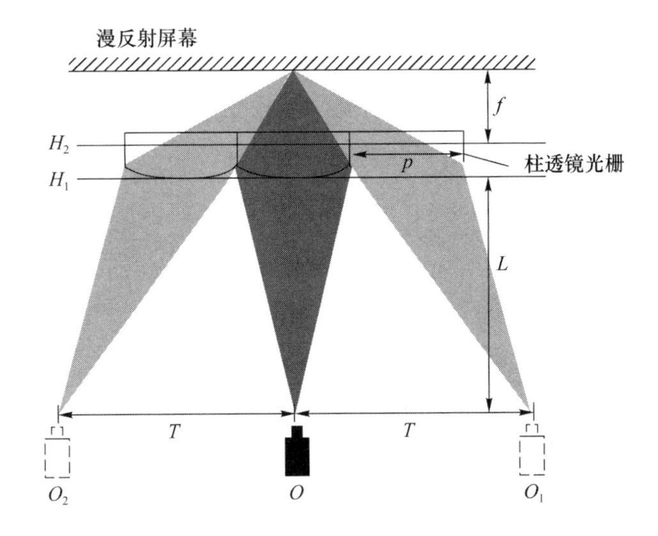

图 4-6-6 基于柱透镜光栅的正面投影 3D 显示系统视点形成原理图

如图 4-6-6 所示，投影仪发出的图像信息在经过柱透镜光栅与漫反射屏幕的作用后，将在 O、O_1 与 O_2 3 个位置形成 3 个视点。观看者从这 3 个视点的位置可以接收到投影仪发出的图像信息。相邻两个视点之间的距离（视区宽度）为 T，投影仪到柱透镜光栅的垂直距离为 L，通过几何分析可以得到如下公式：

$$T=\frac{(L+f)}{f\times p} \tag{4-36}$$

根据自由 3D 显示的原理，该系统中形成的视点到屏幕的距离与投影仪到柱透镜光栅的距离相同，为 L，T 可以看作 3D 显示的视区范围，即视区密度，视区宽度 T 由柱透镜光栅的节距 p、焦距 f 以及投影仪摆放距离 L 共同决定。

在视区宽度 T 的范围内摆放投影仪的密度越高，形成 3D 效果的视点密度越大。而提高视点密度可以提高角分辨率，从而增大显示深度。但受投影仪自身尺寸的限制，投影仪的摆放数量无法无限增加。为了尽可能提高角分辨率和视点密度，许多 3D 投影显示将投影仪多行排列，以提高投影仪的使用效率，摆放方式如图 4-6-7 所示。E 为不同行上投影仪的镜头在水平方向上的间距。为了保证 N 个投影仪形成的视点均匀填充整个视区，需要满足 $NE=T$。

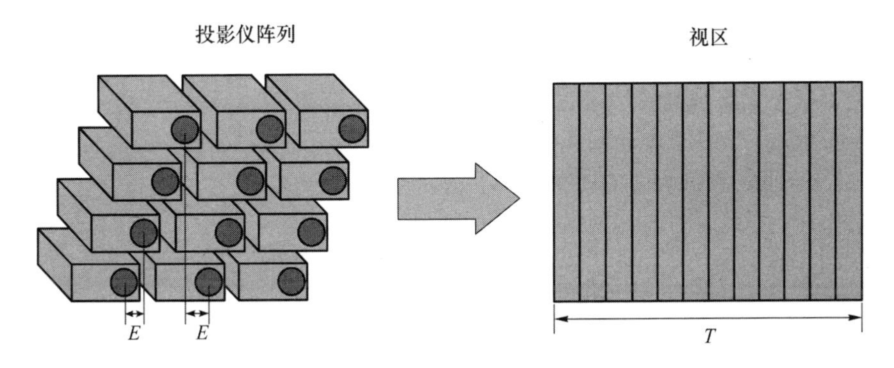

图 4-6-7 利用多行排列投影仪提高视点密度的方法

虽然采用多行排列投影仪的方式可以有效地提高摆放效率，但是阵列顶端与底端的投影仪距离屏幕中心的位置较远，这会导致严重的像差与畸变。也就是说，当投影仪阵列的行数增加时，显示效果会变差。为了进一步提高视点密度，该系统利用柱透镜光栅周期性的特点，将投影仪阵列的信息从不同周期以同时输入的方式进行摆放。在该方式中，所有的投影仪被摆放在两倍的视区宽度($2T$)范围内。投影仪的排列方式如图 4-6-8 所示。投影仪阵列 1 与投影仪阵列 2 中不同行上投影仪的镜头在水平方向上的间距都为 E，投影仪阵列 1 的第一个投影仪与投影仪阵列 2 的第一个投影仪之间的距离为 E_T。为了使 N 个投影仪从两个视区向屏幕同时投影时可以将视点均匀排布在视区宽度 T 的范围内，需要满足 $E=\frac{2T}{N}$，$E_T=T+\frac{T}{N}$。在这种布局下，视点密度将提高到原本的两倍。

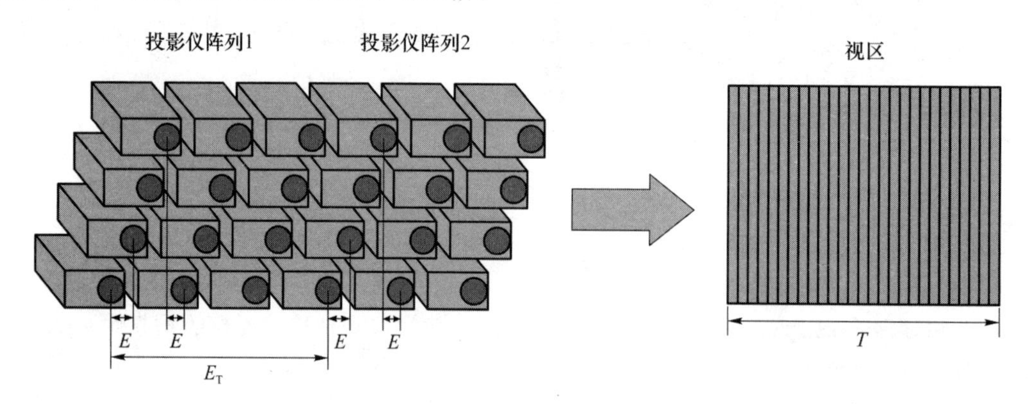

图 4-6-8　利用多周期同时输入方式提高视点密度的方法

密集视点正面投影 3D 显示系统虽然节省了部分空间，但其设备仍然十分庞大，并且与背面投影 3D 显示系统相同的是，其由于不同投影仪投影的角度不同，因此需要对每个投影仪进行图像校准和校正畸变，这需要很大的工作量。

本章参考文献

[1] Ives F E. A novel stereogram[J]. Journal of the Franklin Institute,1902,153(1): 51-52.

[2] Menzies A C. Dr. H. E. Ives[J]. Nature,1954,173:106-107.

[3] 王书路. 基于人眼视觉特性的三维显示研究[D]. 合肥:中国科学技术大学. 2016.

[4] Berkel C V,Parker D W,Franklin A R. Multiview 3D LCD[J]. Proceedings of SPIE-The International Society for Optical Engineering,1996,2653:32-39.

[5] Berkel C V,Clarke J A. Characterization and optimization of 3D-LCD module design [C]//Stereoscopic Displays and Virtual Reality Systems IV. [S. l.]: International Society for Optics and Photonics,1997:179-186.

[6] Lee H J,Nam H,Lee J D,et al. 8. 2: A high resolution autostereoscopic display employing a time division parallax barrier[J]. Sid Symposium Digest of Technical Papers,2012,37(1).

[7] Zhao W X,Wang Q H,Wang A H,et al. Autostereoscopic display based on two-layer

lenticular lenses[J]. Optics Letters,2010,35(24):4127-4129.
[8] Takaki Y,Nago N. Multi-projection of lenticular displays to construct a 256-view super multi-view display[J]. Optics Express,2010,18(9):8824-8835.
[9] 姜浩. 立体视频显示及编码相关技术研究[D]. 重庆:西南交通大学. 2009.
[10] 孙佳琛. 自动立体显示技术的专利状况分析[J]. 电视技术,2012,36(2):31-35.
[11] Hang F,Zhou Y G,et al. Full resolution,low crosstalk,and wide viewing angle auto-stereoscopic display with a hybrid spatial-temporal control using free-form surface backlight unit[J]. Journal of Display Technology,2015,11(7):620-654.
[12] 黄开成,王元庆,李鸣皋,等. 大动态宽幅度自由立体显示背光控制系统[J]. 电子器件,2016,39(5):1052-1058.
[13] Huang Y P,Chen C W,Huang Y C. Superzone Fresnel Liquid Crystal Lens for Temporal Scanning Auto-Stereoscopic Display[J]. Journal of Display Technology,2012,8(11):650-655.
[14] Lee K H,Park Y,Lee H,et al. Crosstalk reduction in auto-stereoscopic projection 3D display system[J]. Optics Express,2012,20(18):19757-19768.
[15] 陈德锋. 自由立体显示技术的专利状况分析[J]. 数字通信世界,2018,166(10):159.
[16] Ma X L,Zhao W X,Hu J Q,et al. Autostereoscopic three-dimensional display with high resolution and low cross talk using a time-multiplexed method[J]. Optical Engineering,2018,57(9):1.
[17] 杨兰,曾祥耀,邹卫东,等. 基于插值算法的立体显示的图像合成与嵌入式实现[J]. 发光学报,2016,37(10):1237-1244.
[18] 陈芳萍,张晓婷,刘楚嘉,等. 消除自由立体显示串扰的定向背光源设计[J]. 光子学报,2017(5):95-102.
[19] 谭艾英,尹韶云,夏厚胤,等. 基于棱镜反射光栅的低串扰自由立体投影显示方法[J]. 红外与激光工程,2019,48(6).
[20] Liang D,Luo J Y,Zhao W X,et al. 2D/3D switchable autostereoscopic display based on polymer-stabilized blue-phase liquid crystal lens[J]. Journal of Display Technology,2012,8(10):609-612.
[21] Liou J C,Yang C F,Chen F H. Dynamic LED backlight 2D/3D switchable autostereoscopic multi-view display[J]. Journal of Display Technology,2014,10(8):629-634.
[22] Jen T H,Chang Y C,Ting C H,et al. Locally controllable liquid crystal lens array for partially switchable 2D/3D display[J]. Journal of Display Technology,2015,11(10):839-844.
[23] 张晓媛. 裸眼立体显示技术的研究[D]. 天津:天津理工大学,2007.
[24] 王书路. 基于人眼视觉特性的三维显示研究[D]. 合肥:中国科学技术大学,2016.
[25] 胡素珍,姜立军,李哲林,等. 自由立体显示技术的研究综述[J]. 计算机系统应用,2014,23(12):1-8.
[26] 何赛军. 基于柱镜光栅的多视点自由立体显示技术研究[D]. 杭州:浙江大学,2009.
[27] Yu-Hong T,Qiong-Hua W,Jun G,et al. Autostereoscopic three-dimensional projector based on two parallax barriers[J]. Optics Letters,2009,34(20):3220-3222.

[28] Qi L,Wang Q H,Luo J Y,et al. An autostereoscopic 3D projection display based on a lenticular sheet and a parallax barrier[J]. Journal of Display Technology,2012,8(7):397-400.

[29] Qi L,Wang Q H,Luo J Y,et al. Autostereoscopic 3D projection display based on two lenticular sheets[J]. 中国光学快报(英文版),2012(1):32-34.

[30] Zhao T,Sang X,Yu X,et al. High dense views auto-stereoscopic three-dimensional display based on frontal projection with LLA and diffused screen[J]. Chinese Optics Letters,2015,13(1):46-48.

[31] Zhang B W,Li Y F. Homography-based method for calibrating an omnidirectional vision system[J]. Journal of the Optical Society of America. A,Optics,image science,and vision,2008,25(6):1389-1394.

第5章

光栅3D显示的优化方法

5.1 消除摩尔条纹与彩虹条纹的方法

在3D显示中,摩尔纹是由显示面板上像素之间黑间隙的周期性结构与光栅的周期性结构干涉作用产生的周期性条纹,在视觉上看起来是黑纹白纹的周期性结构。如果直接将光栅垂直放置在2D显示器之前,产生的摩尔纹会导致3D显示效果变差,严重影响观看者的视觉体验。为了消除3D显示中的摩尔纹,需要从摩尔纹形成的原理出发对其进行分析。

图5-1-1展示了摩尔纹形成的原理,图中所示为两个重叠光栅的局部视图,两个光栅交叉角度为θ,其中一个光栅的节距为a,另一个光栅的节距为b。将两个光栅之间产生的交叉点相连,在横向、纵向和斜向都会形成不同方向的条纹,这些有规律的条纹导致了摩尔纹的出现。通过沿不同方向连接交叉点,可以得到不同方向上摩尔纹的宽度:

$$W = \frac{ab}{\sqrt{(na)^2 + b^2 + 2nab\cos\theta}} \tag{5-1}$$

其中,n为正整数。假设人眼能分辨的最小摩尔纹宽度为P,根据式(5-1)可以推出,当a,b一定时,人眼看不到摩尔纹的角度范围θ为

$$\theta > \arccos\frac{P^2(n^2a^2 + b^2) - a^2b^2}{2nabP^2} \tag{5-2}$$

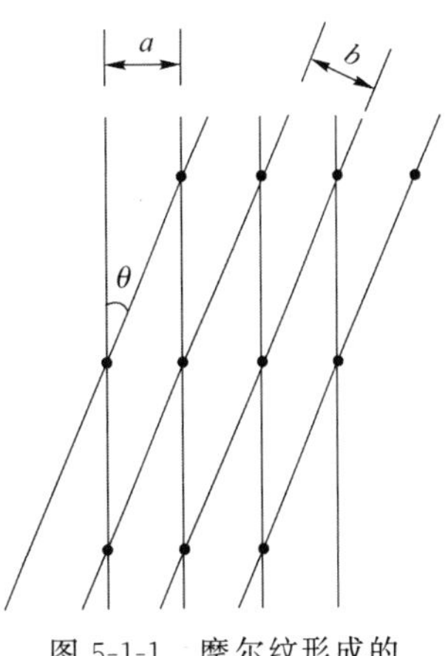

图5-1-1 摩尔纹形成的原理示意图

或

$$\theta < \arccos\frac{a^2b^2 - P^2(n^2a^2 + b^2)}{2nabP^2} \tag{5-3}$$

通常,a小于P,所以有

$$a^2b^2 - P^2(n^2a^2 + b^2) = b^2(a^2 - P^2) - n^2a^2P^2 < 0 \tag{5-4}$$

因此,由式(5-2)所求的θ值必定大于90°而且小于180°,两个光栅之间的夹角大于或等于0°且小于90°,从而只需要考虑式(5-3)所表示的范围。

在光栅3D显示器中,2D显示面板子像素间黑矩阵在3个方向上比较明显,分别为水平

方向、垂直方向和倾斜方向。其中,倾斜方向由子像素对角连线形成,倾斜方向与水平方向的夹角为 71.56°。这些黑矩阵形成规律性排列,与 2D 显示面板的光栅互相影响形成摩尔纹。设 2D 显示面板子像素的宽度为 A,光栅周期为 B,光栅方向与 2D 显示面板水平方向的夹角为 θ。根据式(5-1),光栅与水平方向、垂直方向和倾斜方向的黑矩阵形成的摩尔纹宽度分别为

$$W_1=\frac{3AB}{\sqrt{(n\times 3A)^2+B^2+(2n\times 3A)B\cos\theta}} \tag{5-5}$$

$$W_2=\frac{AB}{\sqrt{nA^2+B^2+2nAB\cos(90^\circ-\theta)}} \tag{5-6}$$

$$W_3=\frac{(A\sin 71.56^\circ)B}{\sqrt{[n(A\sin 71.56^\circ)]^2+B^2+2n(A\sin 71.56^\circ)BP^2}} \tag{5-7}$$

根据式(5-1)可知,若不希望人眼看到由光栅与水平方向、垂直方向和倾斜方向的黑矩阵形成的摩尔纹,光栅方向与 2D 显示面板水平方向的夹角 θ 应分别满足:

$$\theta>\arccos\frac{P^2(9n^2A^2+B^2)-9A^2B^2}{6nABP^2} \tag{5-8}$$

$$\theta<90^\circ-\arccos\frac{P^2(n^2A^2+B^2)-A^2B^2}{2nABP^2} \tag{5-9}$$

$$71.56^\circ-\theta>\arccos\frac{P^2[(n^2A\sin 71.56^\circ)^2+B^2]-(A\sin 71.56^\circ)^2B^2}{2n(A\sin 71.56^\circ)BP^2} \tag{5-10}$$

由此可知,光栅方向与 3D 显示器垂直方向的夹角 θ 会影响摩尔纹的宽度,当 θ 取公式的交集时,就能使摩尔纹的宽度很小,人眼无法分辨从而忽视摩尔纹。因此通过将光栅倾斜放置,即光栅与垂直方向的夹角在 θ 范围内时,就可以消除摩尔纹对 3D 显示的影响。

除摩尔纹之外,彩虹条纹也会影响 3D 显示的效果。与摩尔纹形成原理不同,彩虹条纹的形生是由于在某一位置上只能看到一种颜色的子像素。在图 5-1-2(a)中,LCD 上 RGB 子像素的排布方式为带状排列时,透过垂直放置的狭缝光栅透光条只能看到红色(R)或绿色(G)或蓝色(B)的一种子像素,因此,会产生以红绿蓝顺序排布的彩虹条纹。而在图 5-1-2(b)中,当 LCD 上 RGB 子像素的排布方式为马赛克排列时,透过垂直放置的狭缝光栅透光条可以看到不同颜色交替排布的子像素,因此,不会产生彩虹条纹。

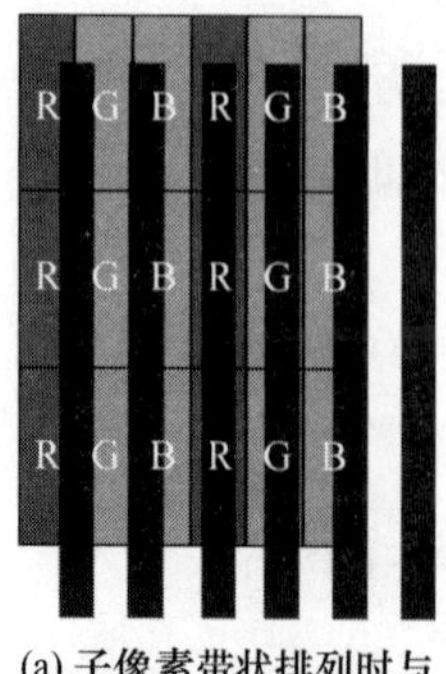

(a) 子像素带状排列时与光栅的相对位置关系

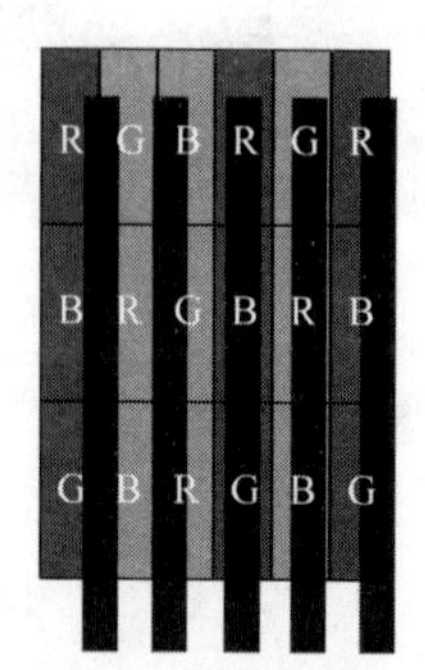

(b) 子像素马赛克排列时与光栅的相对位置关系

图 5-1-2 基元图像排列方式对彩虹条纹的影响

5.2 消除视区跳变现象的方法

在光栅3D显示技术中,观看者在非合理观看区域或跳变视区内将观看到跳跃、非连续的错误视差图像,产生明显的断裂感,经过大脑融合作用后会产生错误的立体视觉,这种现象也被称作视区跳变或视差翻转。视区跳变现象严重影响了3D显示的观看体验,因此消除视区跳变是3D显示领域需要重点解决的问题之一。

为了实现正确的3D显示位置关系并扩大视区范围,我们需要消除相邻视区之间的跳变。下面介绍几种消除视区跳变的方法。

5.2.1 视差图像填黑法

最简单的一种方法是视差图像填黑法。视差图像填黑法是将跳变区域边缘的视差图像对应的子像素在液晶显示面板上填为全黑。这种方法只适用于多视点光栅3D显示器,因为两视点光栅3D显示器在填黑一个视点后将不再具有运动视差。

图5-2-1所示为4视点柱透镜光栅3D显示器视差图像填黑法示意图,将4号视点对应的子像素全部填充成黑色,当观看者在中央视区的最佳观看距离附近水平方向移动时,可以正常看到视点1、2、3处的双目视差图像。当观看者继续向右侧移动,左眼移至3号视点,右眼移至4号视点时,左眼能够观察到3号视点的视差图像,而右眼只能看到全黑的图像,这样观看者的大脑就不会产生立体视觉,也就不会出现视区跳变。当观看者再次移动,左眼移动至4号视点看到全黑图像,右眼移动至下个正确视区的1号视点时也是如此。直到观看者左眼移动到下个视区的1号视点,右眼移动至2号视点时,才不会缺乏视差信息,再次产生立体视觉。这种方式虽然抹除了运动视差中的视区跳变,但是并没有将视角扩大,改善观看体验,反而会减少光栅3D显示的视点数目,因此还需要更完善的消除视区跳变的方案。

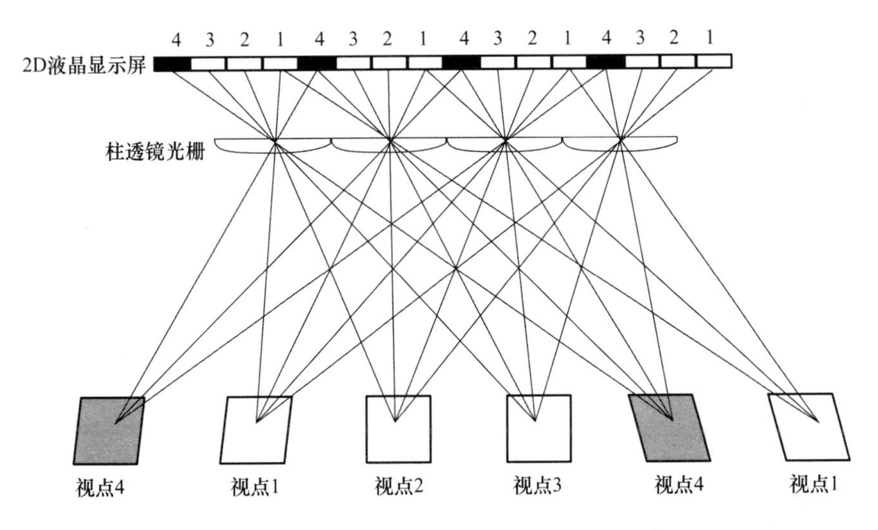

图5-2-1 4视点柱透镜光栅3D显示器视差图像填黑法示意图

5.2.2 人眼跟踪法

人眼跟踪法通过软件与硬件的配合，采用人眼跟踪设备，实时探测双目位置信息，同时改变裸眼光栅3D显示器上加载图像的子像素编码方式，将正确的3D图像信息传递给人的双眼，让观看者同时获得双目视差与运动视差，最终可以实现平滑运动视差的3D显示效果，解决了视差图像填黑法中出现纯黑视点的问题，可以极大改善观看效果。

基于人眼跟踪法的平滑运动视差3D显示系统结构如图5-2-2所示，此处采用的人眼跟踪设备为Kinect。该系统相当于在裸眼3D显示器的观看平面上构建了一组虚拟的观看狭缝视窗，每个狭缝视窗都对应一个预存的视点信息。该系统主要由计算机、人眼跟踪设备和柱透镜光栅3D显示器3部分组成。其中计算机的作用有3个：控制体感设备、预先存储大量视点数据和编码视点图像。

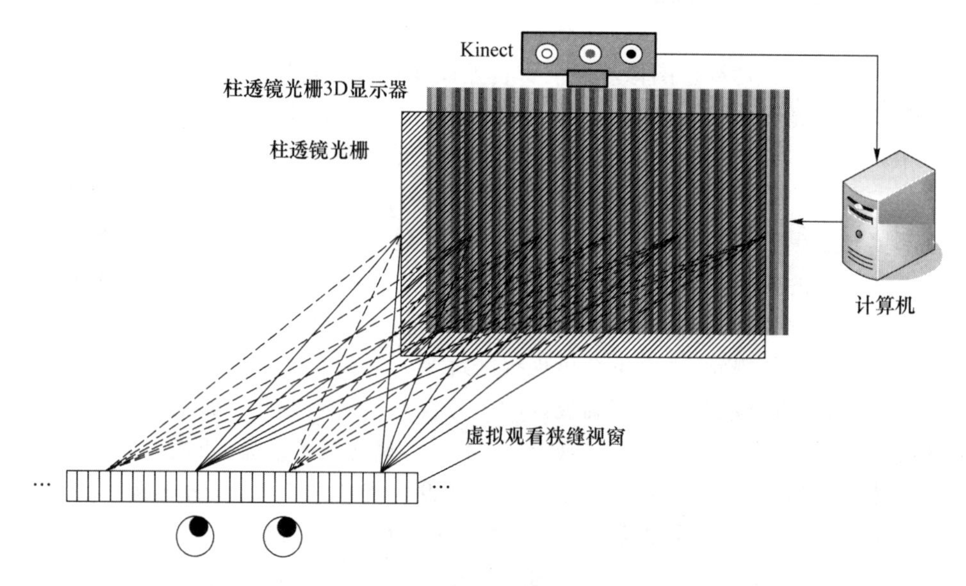

图5-2-2 基于人眼跟踪法的平滑运动视差3D显示系统结构示意图

该系统的核心是在提供运动视差的同时为观看者带来正确的双目视差关系，让观看者获得观看真实场景时的视觉体验。为了达到上述目的，实现过程共分为3步：第一步，控制人眼跟踪设备探测人眼双目的位置信息；第二步，根据当前位置信息，选择适合双目的3D图像对；第三步，利用双目位置信息，将视差图像对进行图像编码，编码后的3D图像对由3D显示器显示后，3D图像对中包含的信息被分别投射入观看者的双眼。其中的关键在于裸眼3D显示设备上液晶显示面板的子像素编码方法。

图5-2-3描述了利用部分子像素方法在液晶显示面板上编码3D图像对的原理。为了利用柱透镜光栅阵列将3D图像对中的右视差图像导入人的右眼，同时将左视差图像导入人的左眼，需要柱透镜光栅中每个柱透镜对应的子像素组有一半加载右图信息，另一半加载左图信息。但是，某些子像素位于左、右视差图像素组交界的位置(图5-2-3中标斜纹阴影的像素)，将同时被人的双眼看到，这些子像素无法单一地加载左图或者右图信息。为了形成良好的立体感，图中标斜纹阴影的子像素被分成部分子像素。举个例子，第i行第j列的子像素P_{ij}有70%的部分将被导入右眼所在的虚拟观看视窗，有30%的部分被导入左眼所在的虚拟观看视

窗。则最终编码在第 i 行第 j 列的子像素 P_{ij} 由 $P_{R_{ij}}$ 与 $P_{L_{ij}}$ 两个部分子像素构成($P_{R_{ij}}$ 是右视差图像在第 i 行第 j 列的子像素，$P_{L_{ij}}$ 是左视差图像在第 i 行第 j 列的子像素)，P_{ij} 的值等于 $P_{R_{ij}}\times 0.7$ 与 $P_{L_{ij}}\times 0.3$ 之和。

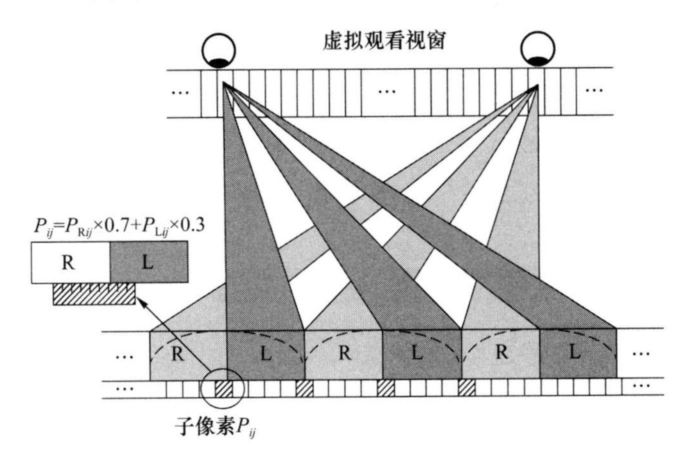

图 5-2-3 基于部分子像素法的 3D 图像对编码原理图

当观看者移动时，人眼跟踪设备定位观看者的具体位置，计算机根据这个位置计算新的视差图像对，并根据上述编码方法改变子像素排布，此时正确的编码图像加载到 3D 显示器上，就可以实现无视区跳变的平滑运动视差 3D 显示。

5.2.3 指向背光法

指向背光法通过多组指向背光板和高刷新率的 LCD，实现多路时分复用，为中央视区提供多视点、高分辨率的平滑运动视差，解决了光栅 3D 显示中的视区跳变等问题。

图 5-2-4 为基于指向背光法的 3D 显示系统示意图，该系统由两组指向背光板、菲涅尔透镜和高刷新率的 LCD 组成。图中的两组指向背光板以很高的频率轮流点亮，为系统提供不同方向的指向性背光。由图 5-2-4 中描述菲涅尔透镜的控光原理可知，当两个指向背光板相距一定宽度时，在观看区域会形成两个存在一定距离的光点，其成像公式为

$$\frac{1}{f}=\frac{1}{u}+\frac{1}{v} \tag{5-11}$$

其中，f 为焦距，u 为物距，v 为像距。

在每个指向背光板点亮时，发出的光线经过菲涅尔透镜汇聚调制后，穿过 LCD，携带了基元图像编码后的颜色和强度信息汇聚于屏幕前生成视差图像。

此时若将从原始 3D 图像中获取的左、右视差图像，根据指向背光板点亮顺序同步加载到 LCD 上，那么观看者的左、右眼就会分别看到两幅依次刷新的视差图像。若屏幕与指向背光板同步刷新的频率足够高，那么利用人眼的视觉暂留效应，两幅视差图就相当于同时进入人的双眼，可形成双目视差，产生立体效果。

采用这种方法的 3D 显示系统由于没有光栅 3D 显示器固有的光线溢出现象，因此不会产生多个观看视区，消除了循环视区间隙的视区跳变现象。同时这种方法由于可以将 LCD 上的子像素信息全部投射到人眼中，因此在消除视区跳变现象的同时，也能够提升 3D 显示的分辨

率。由于基于指向背光法的3D显示的视点数目与光源的数量成正比，指向背光板越多，视点数目就越多，因此这种方法对显示屏幕和背光板刷新频率的要求很高。

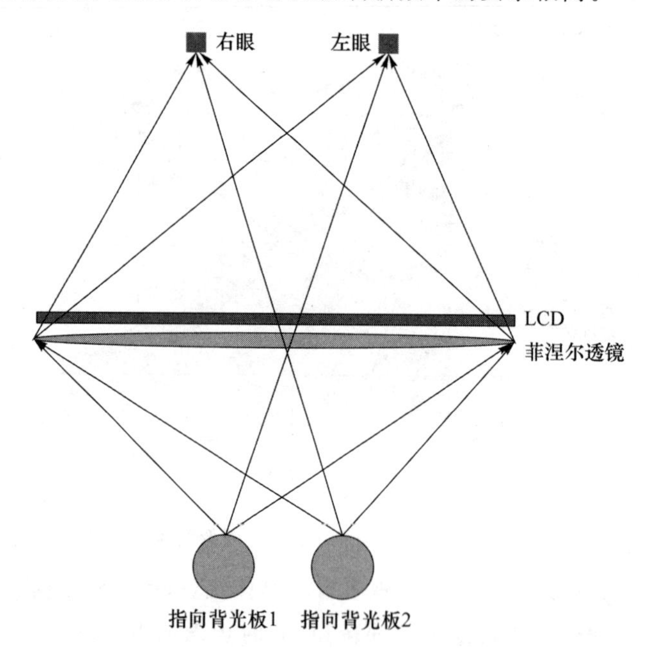

图 5-2-4　基于指向背光法的光栅 3D 显示系统示意图

5.2.4　数字断层法

本节以柱透镜光栅为例介绍一种全新的数字断层3D显示技术。该技术利用光栅裸眼3D显示器在空间中形成循环视区的特点对特殊的3D断层图像进行采集与重建，可以达到有效地消除不同视区间视点跳变的问题，使得视点数目与观看视角得到大幅度的提高。数字断层3D显示技术的最大特点是不需要跟踪设备，并且可以多人同时观看。

对于传统柱透镜光栅3D显示器，有两种原因会导致观看者无法获得正确的立体感，分别是单目视图不连续与双目视差翻转。为了提高传统3D显示设备的观看自由度，本节利用其具有循环视区的特点，设计了数字断层3D显示系统，并分别从角谱与图像两个方面对该系统的合理性与显示内容的结构特性进行分析。通过实验验证，数字断层3D显示技术在正面具有超过60°的观看视角并具有显著的立体效果。

根据柱透镜光栅3D显示器的显示原理可知，在其正面会形成周期性排布的视点。通过实践中的观察可以发现具有周期性延拓的空间结构也会出现循环的视觉周期。因此当我们设计显示器参数与周期延拓的空间结构匹配某种关系时，就可以实现无视区跳变现象的超大视角数字断层3D显示效果。在本节中，设定预构建的断层图像的延拓周期为 T，周期性延拓的单元图像为一片花瓣。观看者以固定距离 L 为零视差平面观察距离自身位置 z 的延拓图像时，在相邻间距为 W 的 P_1、P_2 和 P_3 3个位置处将分别看到3幅图像 I_1、I_2 和 I_3，3幅图像的内容可以通过图中的视景体关系获得。根据几何关系，如图5-2-5所示，当 W、T、L 和 z 之间满足式(5-12)时，I_1、I_2 和 I_3 3幅图像具有相同的内容。

$$\begin{cases} T=\left(1-\dfrac{L}{z}\right)W, & z>L \\ T=\left(\dfrac{L}{z}-1\right)W, & z<L \end{cases} \tag{5-12}$$

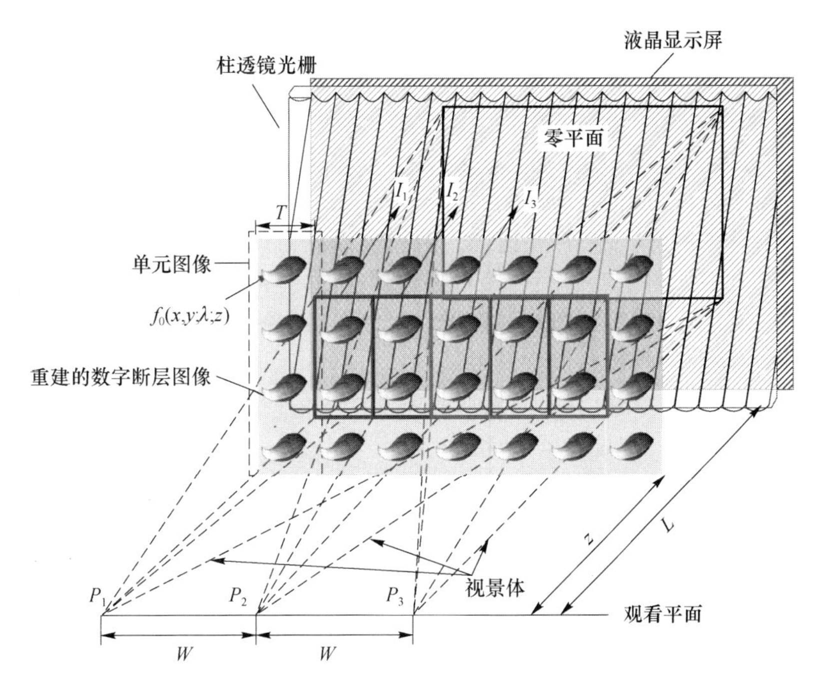

图 5-2-5 数字断层图像重建系统示意图

选择视点周期为 W，最佳观看距离为 L，视点数目为 N 的柱透镜光栅 3D 显示器作为显示设备。针对满足式(5-12)的周期性延拓结构，在 P_1 到 P_2 之间均匀地采集 N 个视差图像作为该 3D 显示器的显示内容便可以实现预设数字断层 3D 图像的构建。

从上述过程可以看出，数字断层是由 3D 显示器的参数及其本身的结构参数通过空间抽象的方式构建获得的，为了分析数字断层的空间结构与采集到的每一幅视差图像，本节中采用了角谱分析的方法。首先定义图 5-2-6 中一片花瓣单元图像的光场分布函数为 $f_0(x,y;\lambda;z)$，则整个周期延拓结构的数字断层 3D 光场分布为

$$f(x,y;\lambda;z)=\sum_n f_0(x,y;\lambda;z)\times\delta(x-nT(z)) \tag{5-13}$$

一片花瓣单元图像的角谱分布函数可以用式(5-14)表示：

$$F_0\left(\frac{\alpha}{\lambda},\frac{\beta}{\lambda};z\right)=\iint f_0(x,y;\lambda;z)\mathrm{e}^{-\mathrm{i}2\pi\left(\frac{\alpha}{\lambda}x+\frac{\beta}{\lambda}y\right)}\mathrm{d}\left(\frac{\alpha}{\lambda}\right)\mathrm{d}\left(\frac{\beta}{\lambda}\right) \tag{5-14}$$

其中，$\dfrac{\alpha}{\lambda}$、$\dfrac{\beta}{\lambda}$分别是水平方向与垂直方向上的连续角谱分量。在观看平面上该周期延拓结构的角谱可以用式(5-15)表示：

$$F\left(\frac{\alpha}{\lambda},\frac{\beta}{\lambda};z\right)=\frac{1}{T(z)}\sum_m F_0\left(\frac{\alpha}{\lambda},\frac{\beta}{\lambda};z\right)\delta\left(\frac{\alpha}{\lambda}-\frac{m}{T(z)}\right)\mathrm{e}^{\mathrm{i}\frac{2\pi}{\lambda}(1-\alpha^2-\beta^2)^{\frac{1}{2}}z} \tag{5-15}$$

其中，$\mathrm{e}^{\mathrm{i}\frac{2\pi}{\lambda}(1-\alpha^2-\beta^2)^{\frac{1}{2}}z}$ 是由断层平面到观看平面的距离 z 带来的相位因子。在 P_1 到 P_2 之间均匀地采集 N 个视差图像，用 $F\left(\dfrac{\alpha_1}{\lambda},\dfrac{\beta_0}{\lambda};z\right)\sim F\left(\dfrac{\alpha_N}{\lambda},\dfrac{\beta_0}{\lambda};z\right)$ 表示。利用柱透镜光栅 3D 显示器显示

具有上述角谱特征的 N 幅视差图像，将可以实现无视区跳变的 3D 数字断层图像重建。重建的断层图像距离观看平面的距离为 z。

本节第一部分利用角谱理论描述了数字断层 3D 显示的视差图像序列的结构特性，为了更加直观的阐述视差图像的生成过程与显示的合理性，下面将从显示图像的角度进行详细分析。

根据上述描述，为了解决视区循环跳变的现象与进入人眼合成图像不连续的问题，输入柱透镜光栅 3D 显示器的 N 幅视差图像需要具有循环的特性，即第 N 幅视差图像的下一个视差图像具有与第一幅视差图像相同的内容。这样的结构可以消除观看平面上视区跳变的现象，保证平滑的运动视差。如图 5-2-6 所示，以 $N=4$ 为例说明视差图像序列的生成过程。第一步，选择一片花瓣图像作为单元图像；第二步，将单元图像以 T 为周期在水平方向延拓，获得第一幅视差图像；第三步：通过将视差图像 1 的内容以固定的步长依次向右均匀移动，获得视差图像序列，移动方式如图 5-2-6 所示，当视差图像 4 的内容再次向右平移时得到视差图像 1。图 5-2-6 中 d_1、d_2、d_3、d_4 和 d_5 分别是每幅视差图像中固定的一片花瓣右边界到视差图像左边缘的距离。相邻视差图像的视差值可以用 d_2-d_1、d_3-d_2、d_4-d_3 和 d_5-d_4 表示。为了满足视差图像序列具有循环的特点，需要满足如下关系：

$$d_2 - d_1 = d_3 - d_2 = d_4 - d_3 = d_5 - d_4 = d \tag{5-16}$$

$$d_5 - d_1 = 4d = T \tag{5-17}$$

其中，d 为视差图像序列的视差值。为实现延拓周期为 T 的 3D 数字断层显示，对于 N 视点的 3D 显示设备，需要满足 $d=\frac{T}{N}$。

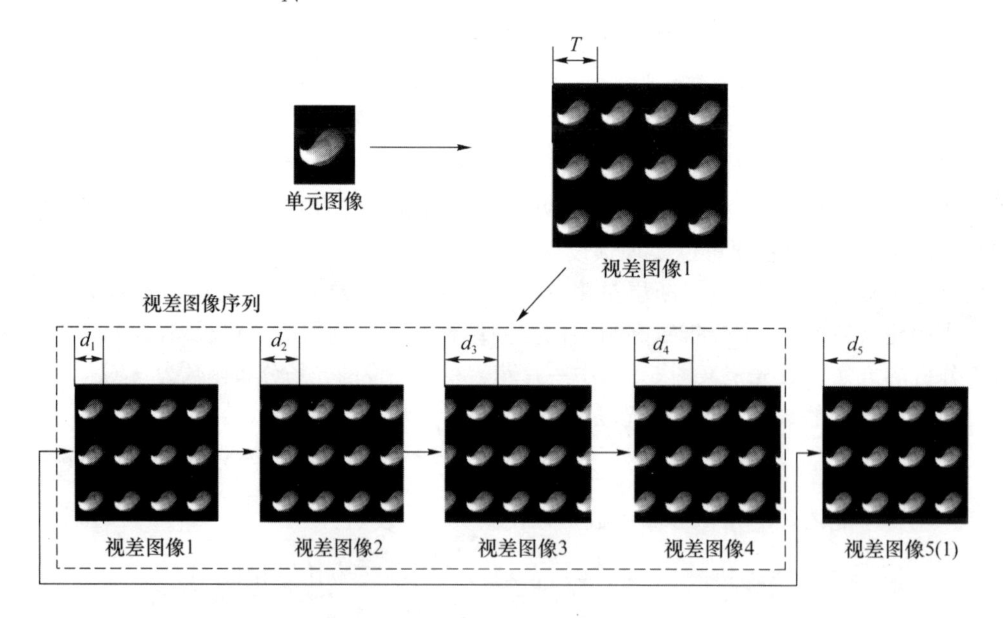

图 5-2-6　数字断层 3D 显示中视差图像序列的生成过程

基于本节中的方法所实现的 3D 数字断层图像的出屏距离（Z_{out}）和入屏距离（Z_{in}）与柱透镜光栅的视点周期 W 和单元图像的延拓周期 T 相关，可以利用几何关系与视觉原理通过计算获得 Z_{out} 与 Z_{in}：

$$Z_{\text{out}} = \frac{T}{W+T}L \tag{5-18}$$

$$Z_{\text{in}} = \frac{T}{W-T}L \tag{5-19}$$

根据数字断层 3D 显示的原理可知，提高柱透镜光栅 3D 显示器的视点数目可以提供平滑的运动视差，因此本节中采用 32 视点 3D 显示设备。其最佳观看距离为 2.5 m，视区宽度为 25 cm，3D 数字断层图像的延拓周期为 1.85 cm。将上述参数代入公式可得到花瓣的数字断层显示入屏深度为 20 cm。为了引入遮挡关系加强立体感的对比效果，我们在零视差平面上加入一个荷叶图案。从不同角度拍摄的效果如图 5-2-7 所示。利用本节中的实现方法，观看者可以在 3D 显示器正面 60°的范围内观察到显著的立体感，并且解决了传统 3D 显示中视区跳变的问题。

图 5-2-7 从不同角度拍摄的效果图

5.3 减小串扰的方法

在第 4 章中，定义了基于狭缝光栅和柱透镜光栅 3D 显示器的串扰现象。串扰现象会使得观看者在最佳观看点位置观看到其余视点的错误信息，造成不同视点信息混叠，严重降低 3D 图像质量，影响了 3D 显示的观看体验，因此消除串扰现象是 3D 显示领域需要重点解决的问题之一。

为了重构正确的 3D 图像，我们需要消除串扰，下面我们介绍一种基于狭缝光栅消除串扰现象的方法。

单个狭缝光栅通常很难将视差图像完全分离，由此导致不同的视差图像光线在空间中有不同程度的串扰。为了降低狭缝光栅 3D 显示器的串扰，我们介绍一种采用两层狭缝光栅的 3D 显示器，即双狭缝光栅 3D 显示器。

双狭缝光栅 3D 显示器由两层不同参数的狭缝光栅、背光板和显示面板构成。其中一个狭缝光栅放置于背光板和显示面板之间，另一个狭缝光栅放置于显示面板和观看者之间。双狭缝光栅 3D 显示器结构如图 5-3-1 所示。

与单狭缝光栅 3D 显示器中单层狭缝的作用相同，双狭缝光栅 3D 显示器中的狭缝光栅 1 起到一般的分光作用，而狭缝光栅 2 进一步对光线进行分光，经过两层狭缝光栅的分光作用可降低 3D 显示的串扰。图 5-3-2 展示了双狭缝光栅 3D 显示器消除串扰的原理，对于视区范围内任意一点 A，需反向追溯回背光板上，在图上 A 点与狭缝光栅 2 上所有透光条的连线中，只有 AB 连线可以反向追溯回背光板上，其他连线均被狭缝光栅 1 的遮光条拦截。显示面板上只有 C 点单个子像素位于 AB 的连线上，故在 A 点只能看到 C 点子像素的视差图像。改变 A 点的位置再对背光板进行反向追溯，均可以得到相似的结果，说明双狭缝光栅 3D 显示器的设计方案有效地降低了串扰。

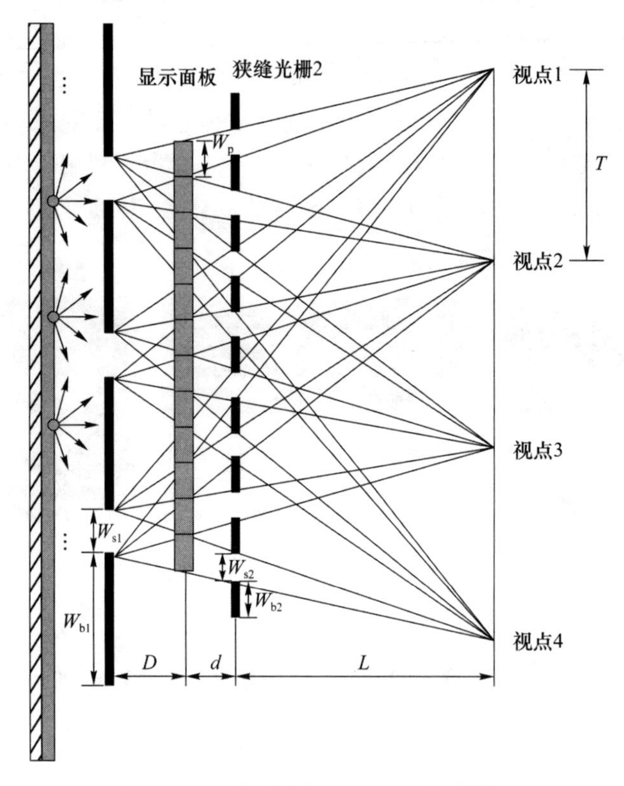

图 5-3-1　双狭缝光栅 3D 显示器的结构

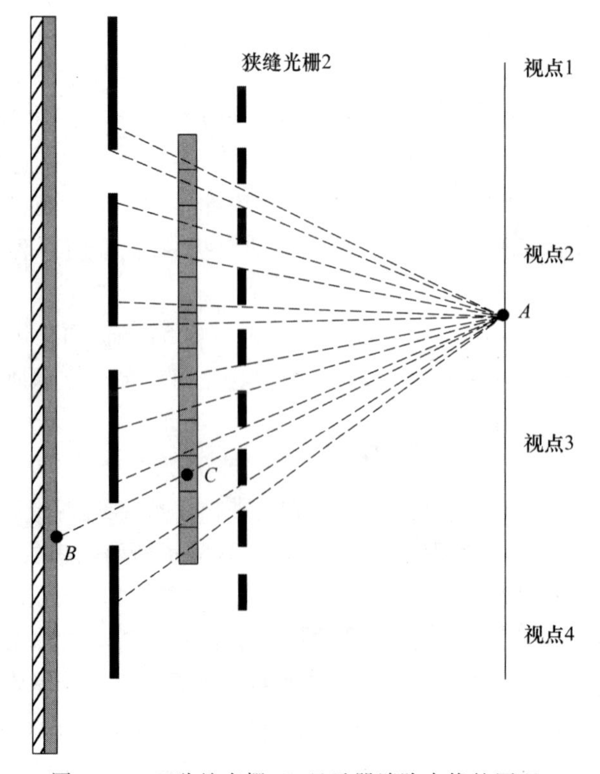

图 5-3-2　双狭缝光栅 3D 显示器消除串扰的原理

在图5-3-1中，W_{b1}与W_{s1}表示狭缝光栅1中遮光条与透光条的宽度，W_{b2}与W_{s2}表示狭缝光栅2中遮光条与透光条的宽度，W_p为子像素的宽度。D和d分别表示显示面板到狭缝光栅1与狭缝光栅2的距离，L为狭缝光栅2与观看者之间的距离，T表示两个视点的间距，N表示视点数。根据图中几何关系可以得到参数关系式：

$$W_{s1} = \frac{TW_p}{T - W_p} \tag{5-20}$$

$$W_{b1} = (N-1)W_s \tag{5-21}$$

$$\frac{W_p}{T} = \frac{D}{D+d+L} \tag{5-22}$$

$$\frac{W_{s2} + W_{b2}}{T} = \frac{D+d}{D+d+L} \tag{5-23}$$

$$W_{s2} = W_{b2} = W_p \times \frac{L}{d+L} = T \times \frac{d}{d+L} \tag{5-24}$$

在双狭缝光栅3D显示器中，T、W_p、L、N是可以提前设定的，根据式(5-20)～(5-24)，可以设计出更为理想的、可消除串扰的双狭缝光栅3D显示器。

5.4 提升光栅3D显示视角的方法

5.4.1 基于多投影仪提升光栅3D显示视角的方法

可以显示真实自然场景的大视角光栅3D显示设备一直备受期待，随着硬件和图形处理器(Graphics Processing Unit，GPU)的发展，利用多投影仪实现大视角3D显示成为可能。本节以大视角3D显示为目标，探究基于多投影仪的大视角动态光栅3D显示。光栅3D显示器由投影仪、柱透镜阵列以及定向扩散膜组成。本节提出的裸眼3D显示设备将信息输入方式从平面显示面板变为多个投影仪，增加了系统输入信息量，控光组件变为复合柱透镜阵列，减小了像差，定向扩散膜的应用确保了重构桌面光场的显示质量，设备实现了大视角的3D光栅显示，保证光场的正确几何遮挡关系及符合真实3D感官的视差和景深，平均每单位空间视角内都有大于一个的视点，显示性能明显提升。

图5-4-1展示了基于多投影仪的光栅3D显示器结构，3个投影仪用于提供3D内容，投影仪的亮度为2 200 lm。复合柱透镜阵列和定向扩散膜用于调制光分布。桌面3D光场的90°视角被分为3个部分：右30°、中心30°和左30°。为方便起见，3个投影仪被分别命名为A、B和C。投影仪A放置在左侧，用于提供右侧视图；投影仪B放置在中心，用于提供中心视图；投影仪C放置在右侧，用于提供左侧视图。编码后的3D图像分别由相应的投影仪加载并被投影到复合柱透镜阵列上。该投影仪的分辨率为3 840像素×2 160像素，复合柱透镜阵列的尺寸为1 296 mm×729 mm。为了确保3个编码图像精确地重叠在复合柱透镜阵列上(这可以保证编码的光线照射到相应透镜的位置)，投影仪采用了同调的方法。在本节实验装置中，通过定向扩散膜对波前进行重组，可以获得连续清晰的3D场景。

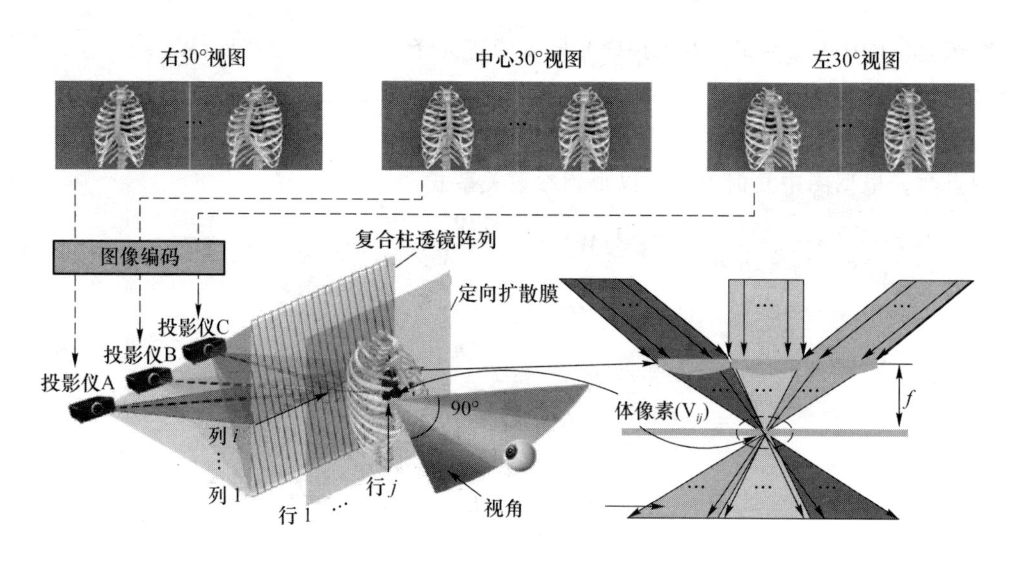

图 5-4-1　基于多投影仪的大视角光栅 3D 显示器的原理示意图

图 5-4-1 展示了体像素这一 3D 光场显示系统的基本单元。光线从投影仪出射，照射到复合柱透镜阵列上。定向扩散膜放置在复合柱透镜阵列的焦平面上。柱透镜的截距(2.7 mm)对投影仪来说非常小，来自投影仪且通过单一透镜的光线可以看作平行光束。根据透镜成像原理，不同投影仪从不同方向发射的光线可以汇聚到一个点。根据成像关系可知，复合柱透镜阵列的焦距为 5.8 mm，计算过程见式(5-25)：

$$f = \frac{y}{\tan\theta} \tag{5-25}$$

其中：y 是投影仪 C 的图片高度，等于透镜的截距；θ 是投影仪 C 出射光的角度。

如图 5-4-2 所示，3 部分光线通过复合柱透镜随后汇聚在具有扩散功能的定向扩散膜的一个点上。定向扩散膜通过光学变换将入射光以特定排列的几何形式分布。为了展示正确的视差，以正确的空间角度展开光束非常重要。体像素 V_{ij} 输出空间角由投影仪 A、投影仪 B 和投影仪 C 的出射光决定。在式(5-26)中给出了输出空间分布角的积分结果。投影仪 A、投影仪 B 和投影仪 C 所形成的空间角度同时为重建的 3D 场景提供了光线。因此，该光栅 3D 显示器可提供大的视角和连续视差。

$$\Omega_{ij} = \sum_{n=1}^{N}\omega_{An} + \sum_{n=1}^{N}\omega_{Bn} + \sum_{n=1}^{N}\omega_{Cn} \tag{5-26}$$

对复合柱透镜发出的光线来说，定向扩散膜的扩散作用至关重要。定向扩散膜是通过定向激光散斑来实现的。当尺寸为 $a\times b$ 的扩散板被激光照射时，散斑图案暴露在扩散板后面的光刻胶版上。本节所介绍的方法是在距离为 z_0 的地方记录散斑图案。散斑的平均大小是 $\delta x = \frac{\lambda z_0}{a}$，$\delta y = \frac{\lambda z_0}{b}$。采用紫外固化和拼接的方法将重复的散斑图案组成定向扩散膜。当散斑被光波照亮时，它扩散并限制光在一个特定的角度 $\omega_{\text{horizontal}} = \frac{\lambda}{\delta x} = \frac{a}{z_0}$ 和 $\omega_{\text{vertical}} = \frac{\lambda}{\delta y} = \frac{b}{z_0}$。通过对定向扩散膜散斑图案的控制，实现了具有扩散角 ω_{An}、ω_{Bn} 和 ω_{Cn} 的光束角分布。

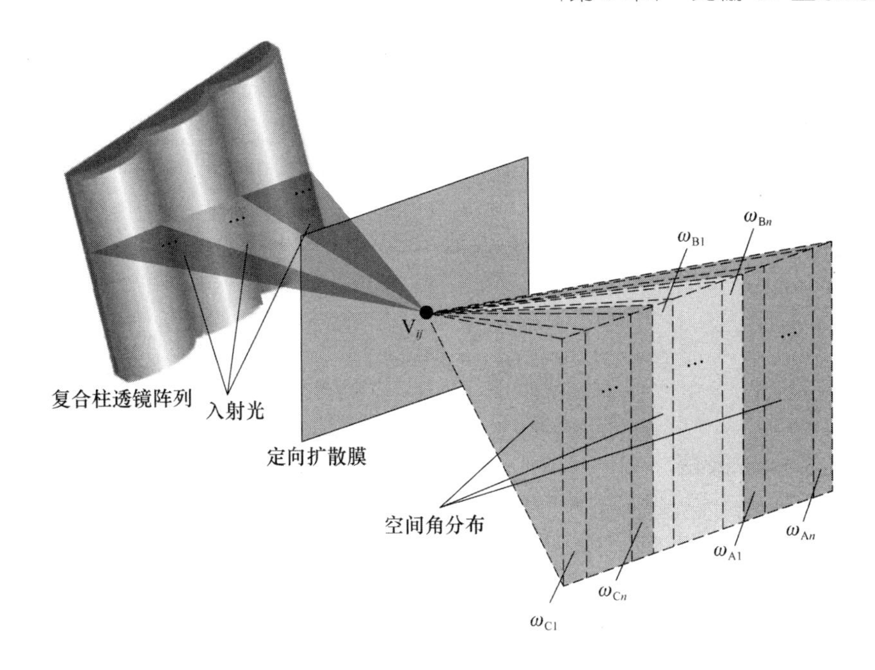

图 5-4-2 定向扩散膜调制空间角度分布的原理

在控光结构模块中，柱透镜光栅的应用带来高亮度的优势，但随之而来的是透镜像差会对 3D 光场显示系统的显示效果造成不良影响。优化控光模块以弥散斑的均方根为评价参数，在一定工艺制造条件的约束下，通过寻找最小弥散斑均方根的最优透镜设计得到参数良好的复合非球面柱透镜阵列，以解构控制光场光线。

透镜阵列的像差降低了图 5-4-2 中绘制的光束精度，这将降低 3D 成像质量。为了抑制像差，本节设计了两种非球面和两种不同折射率的非球面透镜。在式(5-27)中给出了非球面公式：

$$z=\frac{cr^2}{1+\sqrt{1-(1+k)c^2r^2}}+a_2r^2+a_4r^4+a_6r^6+\cdots \tag{5-27}$$

其中 r 为径向坐标，k 为二次曲线常数，c 为顶点曲率，$a_2,a_4,a_6,\cdots$ 为非球面系数。阻尼最小二乘法用于优化主像差和高阶像差。通过优化像差，优化的结构和相应的参数如图 5-4-3(a) 所示，由图 5-4-3(b) 和图 5-4-3(c) 可以看出像差被抑制，图像质量提高。图中 R_1、R_2 为两个曲面的曲率半径，N_1、N_2 为两种介质的折射率，RMS 为均方根半径。

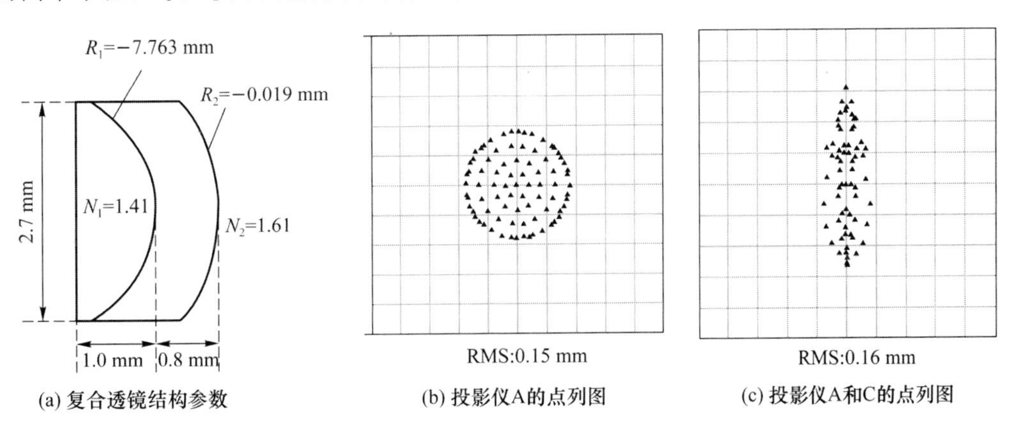

(a) 复合透镜结构参数 (b) 投影仪A的点列图 (c) 投影仪A和C的点列图

图 5-4-3 复合透镜结构及其点列图

图 5-4-4 展示了两个具有相同 3D 内容的不同光学结构产生的图像。传统透镜阵列的 3D 图像是模糊的，引入复合透镜阵列后，图像质量明显提高，胸骨和心脏的细节更加清晰。

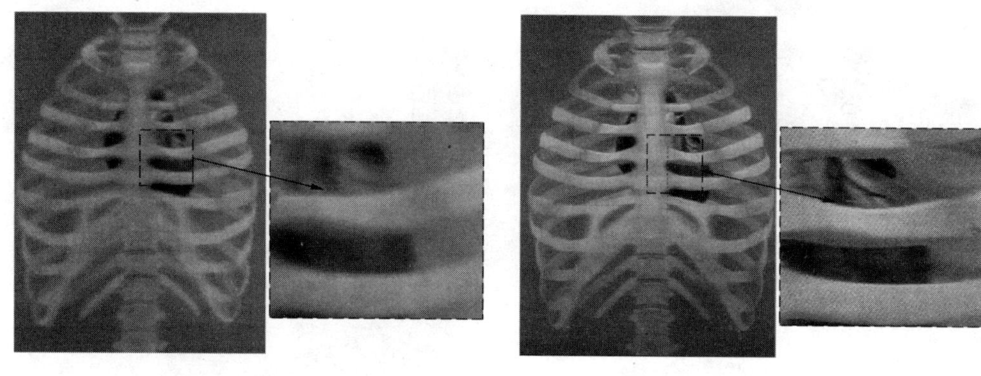

(a) 传统透镜阵列的3D图像　　(b) 复合透镜阵列的3D图像

图 5-4-4　两个不同光学结构产生的图像

在本节所介绍的大视角光栅 3D 显示器中，优化过的复合透镜阵列和定向扩散膜对投影仪发出的光束进行调制重组。如果要模拟自然的 3D 视觉，则需要大量的视差图像来实现平滑的运动视差。投影仪的分辨率为 3 840 像素×2 160 像素，投影面积为 1 296 mm^2 或 729 mm^2，与复合柱透镜阵列的尺寸相同。8 个像素投射在一个截距为 2.7 mm 的复合柱透镜上。为了增加视图的数量，将复合柱透镜阵列的倾斜角设置为 14.036°。这种倾斜的光学结构可以在平衡水平、垂直分辨率的同时提供更多的视点数目。通过光场并行加载和处理对 3D 光栅显示进行设计和优化，使其达到实时渲染的理想 3D 显示效果。构建多个水平摆设的投影仪可以提高大视角水平和 3D 光场的信息量，并根据相邻视差图像拍摄位置的间距及不同投影仪的位置，选取不同视差图像集合。投影仪 C、投影仪 B 和投影仪 A 用左 32 视图、中心 32 视图和右 32 视图编码。根据通过复合透镜的像素和中心轴之间的相对位置，得到 3 个投影仪 3D 图像的编码图，由于不同位置的投影平面与投影仪之间的间距有较大差异，投影平面会发生图像畸变，且在后续的线性系统光学调制作用下会产生很严重的图像变形，因此本节介绍的方法运用并行光场图像处理实现单幅视图的畸变校正，并将多幅 2D 视图分别合成 3 幅蕴含深度信息的合成图。通过定向扩散膜实现高亮度、连续运动视差、大视角的桌面式 3D 光场显示，具体参数如表 5-4-1 所示。

表 5-4-1　基于多投影仪的 3D 光场数据并行加载及处理联合单元的相关参数

参数	数值
分辨率	480 像素×540 像素
视点数目	96
视角	90°

在本节所介绍的系统中，一个复合透镜覆盖 8 个像素。计算出 3D 图像的水平分辨率为 480 像素$\left(投影仪的水平分辨率\frac{3\ 840}{8}像素\right)$，采用倾斜透镜后，水平分辨率和垂直分辨率达到平衡。如图 5-4-6 所示，计算出 3D 图像的垂直分辨率为 540 像素(投影仪的垂直分辨率 $\frac{2\ 160}{4}$

像素）。胸骨和心脏的 3D 编码图像在光场中的显示结果如图 5-4-5 所示。

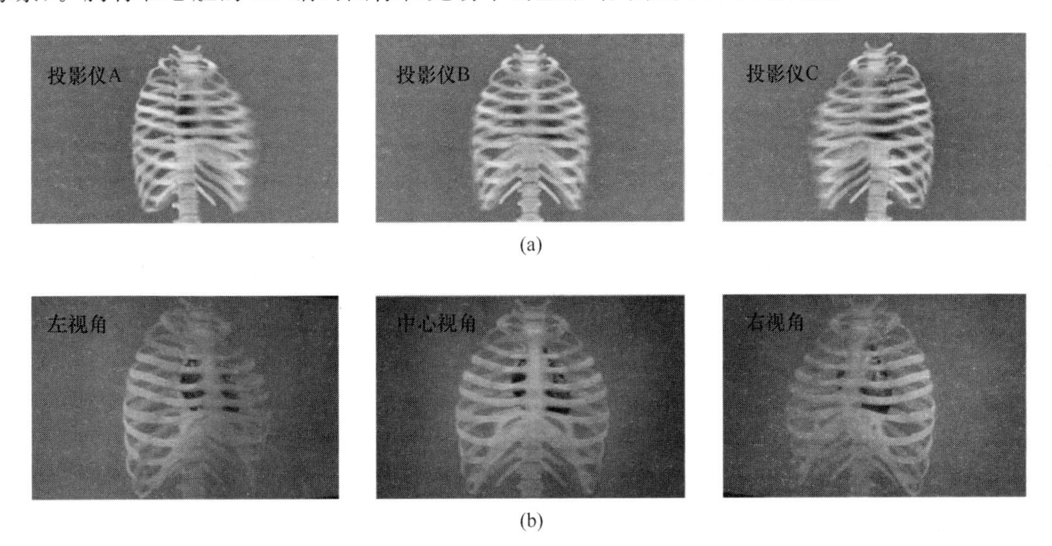

(a)

(b)

图 5-4-5 桌面式 3D 光场显示的实验效果图

对于本节介绍的 90°视角的动态光栅 3D 显示方法，每度可提供一个以上的视图且可在视场范围内实现平滑视差和正确的几何遮挡。96 个视图被分成 3 组并进行编码，编码后的 3D 图像分别由 3 台分辨率为 3 840 像素×2 160 像素的投影仪从不同方向进行投影。为了提高图像质量，设计并制作了复合柱透镜阵列来抑制像差。光线定向扩散膜和复合柱透镜阵列对光束进行重组，实现了逼真的 3D 光场显示。本节所介绍的方法通过对投影仪的 3D 图像按操作进行渲染和同步，得到交互式动态 3D 光栅显示系统，最终实现了图 5-4-6 所示的大视角 3D 光场显示系统。

(a) (b) (c)

图 5-4-6 城市地形在大视角 3D 光场显示系统中的显示效果

5.4.2 基于多向时序准直背光提升光栅 3D 显示视角的方法

图 5-4-7(a)所示为时分复用型光场显示系统结构。该系统由多向时序准直背光模组、LCD 面板、柱透镜阵列、定向扩散膜以及基于 FGPA 的时间同步控制模组组成。其中，背光模组由多个结构相同、并排排列的背光单元组成，负责为 LCD 面板提供时序准直背光光源。如图 5-4-7(b)所示，每个多向时序准直背光单元由 3 个指向性 LED 光源和一个线性菲涅尔透镜组成。LED 光源呈圆弧状对称分布，圆弧的半径与菲涅尔透镜的焦距相等〔即图 5-4-7(b)中的 f_L〕。所有 LED 光源的中线汇聚在线性菲涅尔透镜的中点位置，两侧 LED 光源的中线与

中央 LED 光源的中线夹角分别设置为 θ 和 $-\theta$。上述的结构可以保证 LED 各光源依次出射的光束在经过菲涅尔透镜时被分别准直为具有 0°、θ 和 $-\theta$ 传播方向的 3 组平行光束出射，且场曲像差的程度最小。另外，在每个背光单元的两侧分别安装了遮光板，从而防止各背光单元的光线溢出到相邻背光单元中引起不必要的光线干扰；LCD 面板放置在背光模组的前方，当不同方向的准直光束经过液晶面板时，LCD 面板将加载对应方向的合成图像，为不同的对应视区提供构建光场的视点信息。在原型系统中，所采用 LCD 面板的分辨率为 3 840 像素×2 160像素，尺寸为 32 英寸，刷新率为 120 Hz；时间同步控制模组与背光模组和 LCD 面板相连接，负责同步合成图像的刷新与对应准直背光光束的形成；柱透镜阵列位于 LCD 面板的前方，负责对来自 LCD 面板的多向准直光束在水平方向进行汇聚从而形成体像素阵列。为了消除彩虹纹对 3D 图像的影响，柱透镜阵列需要相对 LCD 面板以一定的角度倾斜排布。此系统采用柱透镜阵列而非圆透镜阵列作为控光元件，这是因为人眼在观看真实世界 3D 物体时，主要是通过水平视差来获取立体感的，采用柱透镜阵列可以实现将像素信息全部转化为水平方向的视角信息，提升视点构建密度，达到像素资源的最大化利用。另外，定向扩散膜被放置在柱透镜阵列的焦平面上〔图 5-4-7(a)中 f_A 表示柱透镜的焦距〕，其作用是对体像素出射的光线实现波前调制，最终为观看者呈现自然、真实的 3D 影像。

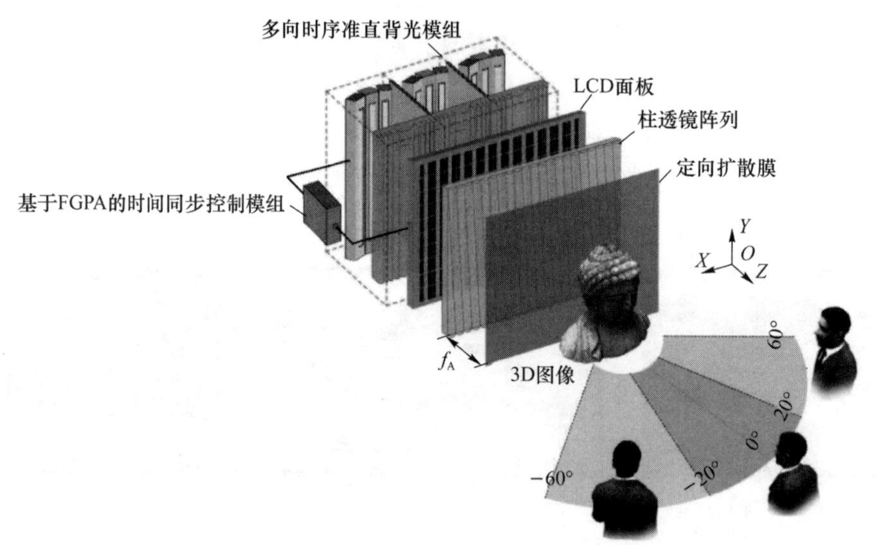

(a) 时分复用型光场显示系统结构

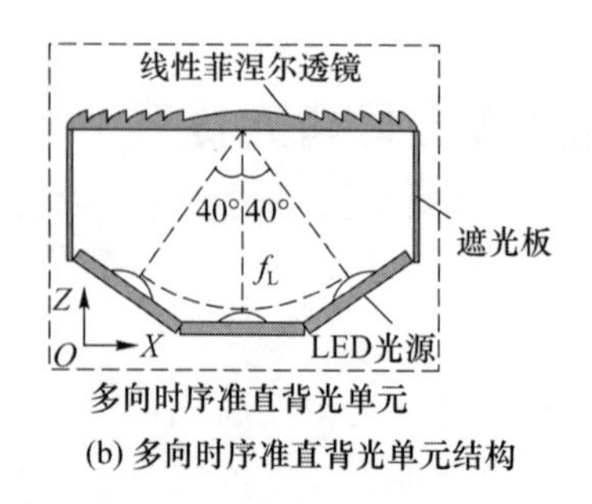

(b) 多向时序准直背光单元结构

图 5-4-7　时分复用型光场显示系统

如图 5-4-8 所示，在多向时序准直背光单元的一个工作周期内，3 个指向性 LED 光源 B_C、B_R 和 B_L 按照时间顺序轮流被点亮，各光源出射光线在经过线性菲涅尔透镜后被准直为平行光束，最终背光模组将向 LCD 面板提供 3 组不同传播方向分别为 0°、θ 和 $-\theta$ 的时序准直光源。在每个指向性 LED 光源的工作期间，LCD 面板将加载一幅 3D 场景对应方向的光场信息编码图像。例如，当中央 LED 光源 B_C 被点亮时(其他光源熄灭)，LCD 面板将加载由 3D 场景中央 40°光场信息合成的编码图像，即图 5-4-8(a)中所示的 Image-C。同理，图 5-4-8(b)和图 5-4-8(c)中的 Image-R 和 Image-L 分别为由 3D 场景右侧 40°和左侧 40°光场信息合成的编码图像，它们分别在 B_R 和 B_L 被点亮时被加载到 LCD 面板中。当各方向准直背光经过液晶面板时，将携带编码图像中的光场颜色、光强信息并继续以平行光束形式传播并达到柱透镜阵列。在柱透镜的折射作用下，这些平行光束将被汇聚在透镜的焦点位置，从而实现密集体像素的构建。在本系统中，透镜单元的视角被设置为 40°，即每个体像素将形成角度为 40°的视区。如图 5-4-8(d)所示，通过设计透镜单元的口径 p、焦距 f_A 的参数，使 p、f_A 与两侧准直光源出射角 θ 满足成像公式 $f_A=\dfrac{p}{\tan\theta}$，3 组光源在分别被点亮时经过透镜单元后形成的汇聚点(体像素)将交于同一点，这样就可以实现不同时刻下形成的 3 个视区在空间中的精确拼接，每个体像素所形成的视区角度将提升至 120°。

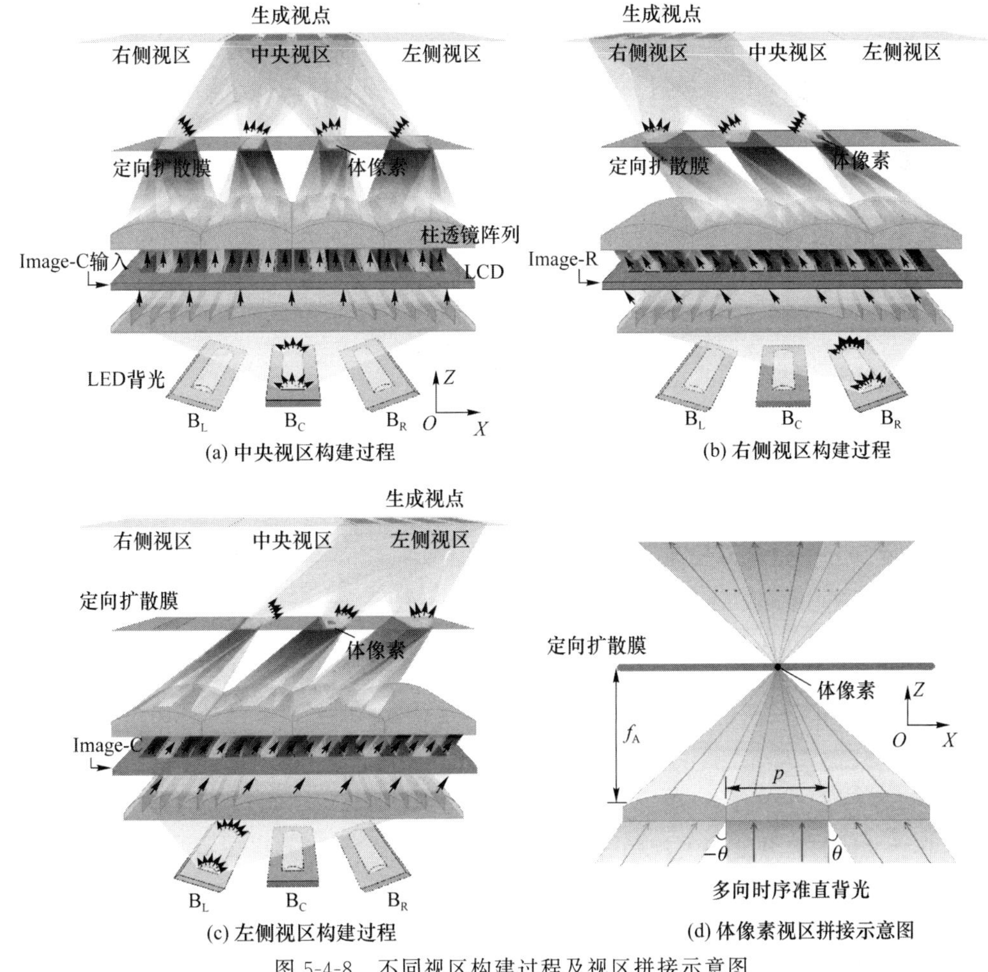

图 5-4-8　不同视区构建过程及视区拼接示意图

以上描述了时序准直背光单元在一个工作周期内交替点亮各 LED 光源实现体像素视区拼接的过程。如图 5-4-9 所示，当快速周期切换时序准直背光单元内各 LED 光源的点亮和熄灭状态，并且在 LCD 面板上同步刷新 3 组对应视区的编码图像时，基于人眼的视觉暂留效应，每个体像素在不同时刻形成的 3 个视区将在视觉上融合成为一个连续的整体，最终以时分复用的方式为观看者呈现出具有 120°大视角的 3D 图像。

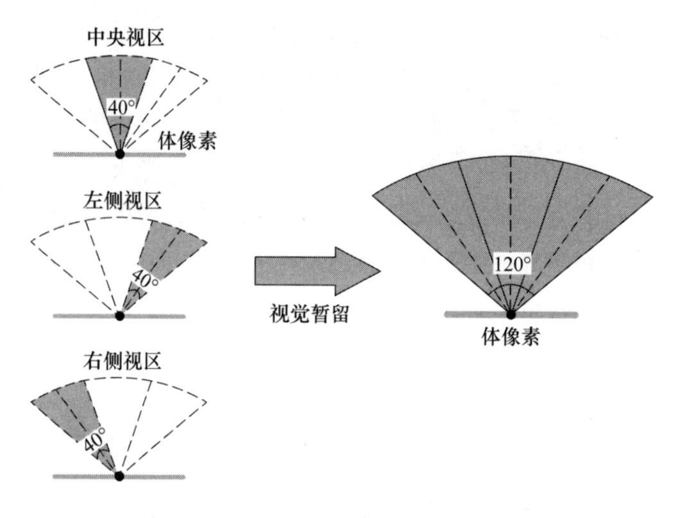

图 5-4-9　基于人眼视觉暂留效应的体像素视区融合

为了实现上述的多视区时域复用拼接过程，时间同步控制模组用于同步背光单元中 LED 光源的点亮时刻以及对应光场编码图像加载在 LCD 面板上的时刻。图 5-4-10 所示为原型系统中 LED 光源一个完整工作周期的时序控制图。LCD 面板将在时间同步控制模组同步信号的触发下完成一次光场编码图像的刷新，其中 $T_D = \dfrac{1}{120\ \text{Hz}} = 8.33\ \text{ms}$ 为相邻时序同步触发信号的时间间隔，$T=4$ ms 为在 LCD 面板完成一次编码图像刷新期间 LED 光源的点亮持续时间，$T_W=4$ ms 为 LED 光源接收到同步信号后的响应时间。

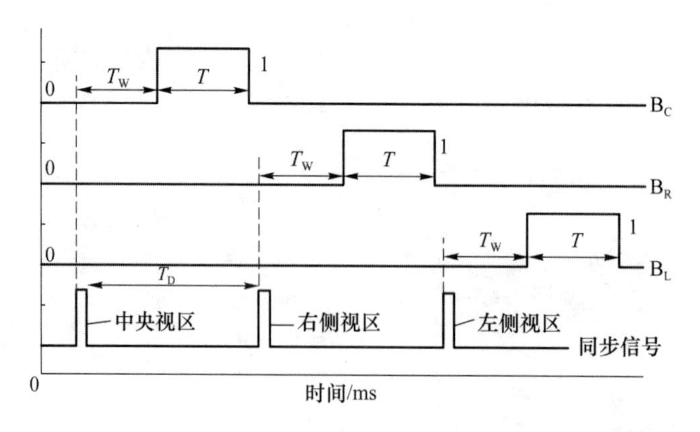

图 5-4-10　原型系统的时序控制图

在本节所设计的时分复用大视角 3D 光场显示系统中，LCD 面板用来加载由多视角光场信息合成的编码图像，图像中的子像素记录着 3D 场景各角度的光线强度、颜色信息。当携带这些光场信息的光束经过柱透镜阵列时，由于不同坐标的子像素相对透镜单元具有不同的位置关系，这些光束将被透镜单元偏折到空间中的不同位置，从而构建出对应角度的视点。观看者在每个视点位置即可接收到恢复的光场角度信息，形成3D视觉。在3D显示技术中，构建的视点数量是衡量显示质量的重要参数之一，在一定视角范围内构建的视点数量越多，意味着显示系统所还原的光场信息越精确，为观看者提供的3D图像运动视差更平滑。因此，在提升光场显示观看视角的同时，还需要保证密集的空间视点构建。

在基于柱透镜阵列的显示系统中，视点的数量是由柱透镜单元覆盖的子像素数目和阵列倾斜角共同决定的。如图5-4-11所示，为了在实现120°大视角的同时构建密集的空间视点，本节介绍的方法所采用的柱透镜阵列中每个透镜单元在水平方向上覆盖5.333个子像素。另外，为了充分利用垂直方向的子像素来提升水平方向的视点数量，柱透镜阵列的倾斜角设置为14.04°$\left(\arctan\frac{1}{4}\right)$。在这种结构下，LCD面板可以被划分为很多个相同的图像单元，其中每个图像单元包含64个子像素（图5-4-11中虚线框所示为一个图像单元），这些子像素与它们对应的透镜单元具有不同的相对位置关系。当一组准直光束穿过LCD面板并达到透镜阵列时，这些子像素对应的光束将被偏折到40°视角范围内64个不同的位置上，负责构建对应的64个空间视点。其中，每个图像单元中第l行、第k个子像素与其对应的视点序号N之间的映射关系可以表示为

$$N=\left\lceil\frac{\left[(l-1)-3(l-1)\tan\varphi+(k-1)\bmod w\right]}{\frac{w}{N_t}}\right\rceil \tag{5-28}$$

其中：$\varphi=14.04°$代表柱透镜阵列的倾斜角；$w=5.333$代表透镜单元在水平方向覆盖的子像素数；$N_t=64$代表一个图像单元对应的总视点数目；mod表示取余运算；符号"⌈ ⌉"表示向上取整运算。图5-4-11中每个子像素被标注的数字为该子像素最终对应的视点序号映射结果。

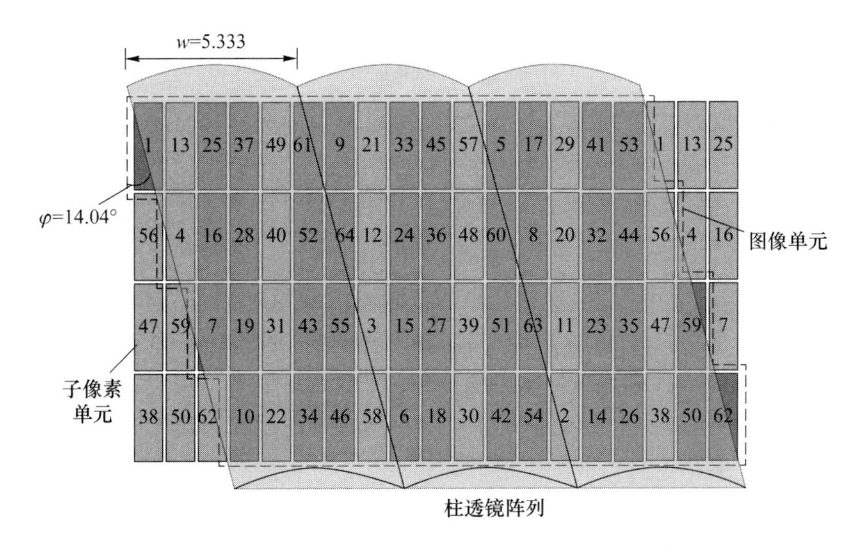

图5-4-11 一个图像单元中的视点排布示意图

图5-4-11所示为一组准直光束经过LCD面板和柱透镜阵列时的视点构建情况，当3组时序准直光源经过LCD面板时，图像单元中的64个子像素将以时分复用的方式在形成的每一个观看视区中实现64视点的构建。最终，显示系统将在120°视角范围内构建出64×3=192

个空间视点，即平均每一度视角构建 1.6 个视点，这样的视点密度可以保证为观看者提供平滑的运动视差以及精确的空间遮挡关系，实现高质量的 3D 图像还原。

图 5-4-12 所示为对应的相机阵列 192 视点光场采集过程及图像合成过程。本节所介绍的方法采用 192 路相机以离轴排布的方式在水平方向上对 3D 物体进行光场信息采集，每个相机将获取一幅 3D 物体不同角度的视差图像。按照图 5-4-11 所示的子像素和视点序号映射关系，将左 64 幅视差图像、中 64 幅视差图像以及右 64 幅视差图像分别合成为一幅光场编码图像，即图 5-4-12 所示的 Image-L、Image-C 和 Image-R。当 3 组时序指向性光源快速被依次点亮、LCD 面板同步刷新加载这 3 幅编码图像时，即可实现大视角、密集视点的 3D 显示效果。

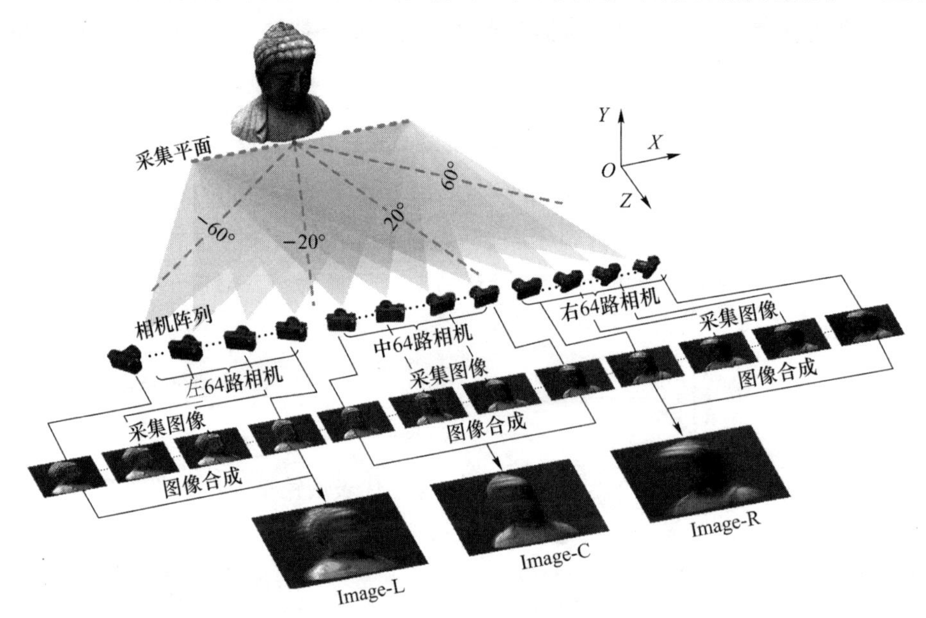

图 5-4-12 192 视点光场采集及图像合成过程

为了给观看者提供真实、自然的 3D 视觉，系统所重构的光场信息应该尽可能地接近原始物体发出的光场分布。在本节所设计系统中，利用 192 个相机在水平方向上的不同位置对原始物体进行离散光场信息采集，并在光场再现阶段利用透镜的成像作用将所采集的光场信息以构建空间视点的形式还原出来。此时所还原的光场信息仍然是离散分布的，并不能实现自然的 3D 效果。根据上文内容可知，定向扩散膜具有在特定方向实现光场角谱扩展、使离散光场信息连续平滑的作用。因此，在本系统中，将利用定向扩散膜在视点构建过程中对光线进行波前调制，从而还原出连续、完整的物体光场分布。

如图 5-4-13(a)所示，定向扩散膜被放置在体像素平面(即柱透镜阵列焦平面)上，当来自透镜单元的细光束汇聚在定向扩散膜上形成体像素时，定向扩散膜会将每一条细光束在水平方向上以特定的空间角 ω_n 扩散，使体像素在各方向出射的光束集成为一个平滑连续的整体，以此来拟合原始物体上各物点的光场分布。图中的 Ω_L、Ω_C 和 Ω_R 分别代表在不同方向准直光源下每个体像素形成的集成视角，在时分复用工作模式下，它们就可以拼接为一个更大的连续视角 Ω，该过程由式(5-29)表示：

$$\Omega = \Omega_C + \Omega_L + \Omega_R = \sum_{n=1}^{N} \omega_n^C + \sum_{n=1}^{N} \omega_n^L + \sum_{n=1}^{N} \omega_n^R \tag{5-29}$$

其中，N 表示每个视区内光线的数量。各体像素向不同方向出射的调制光束在空间中相交形成视点，就可以再现出原始物体连续、完整的水平光场分布，最终实现真实、自然的 3D 效果。另外，定向扩散膜还可以对入射光线实现垂直方向上的扩散，从而保证观看者在垂直方向上同样具有较大的观看视角。在本节所设计的系统中，垂直方向上的扩散角度设为 150°。图 5-4-13(b)所示为同一模型在定向扩散膜波前调制前后的 3D 效果对比，可以看出，在经定向扩散膜调制后，3D 图像的均匀度得到了明显提升，视觉效果更加自然。本节所设计的系统采用的定向扩散膜由激光散斑法制作，为了保证不同角度入射光线在水平方向 −60°到 +60°范围内的扩散角尽可能一致，本节所介绍的方法选取多组不同方向的激光光束(−60°、−30°、0°、30°、60°)作为参考光束，并在记录平面上进行多次曝光，从而获得散斑图案。图 5-4-13(c)示出了最终得到的定向扩散膜散斑图案。

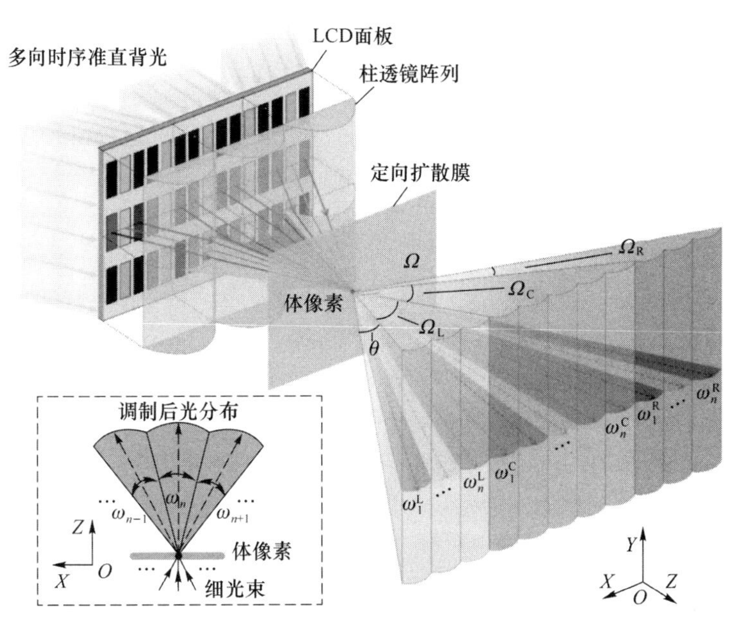

(a) 定向扩散膜的波前调制作用

(b) 波前调制前后3D图像对比

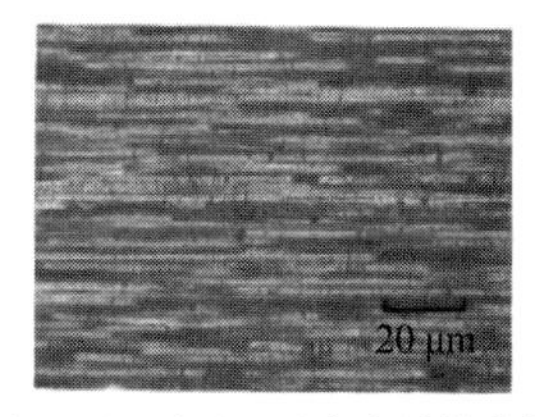

(c) 扫描电子显微镜拍摄的定向扩散膜散斑图案

图 5-4-13　多向时序准直背光 3D 显示系统示意图

在本节所设计的系统中，柱透镜阵列负责将来自 LCD 面板的多向时序准直光束汇聚为一点，形成体像素，进而实现密集视点的构建，还原光场信息。然而，由光学成像基本原理可知，在像差的影响下，当准直光束在经过透镜时，所形成的体像素并不会是一个理想的像点，而是一个弥散斑。一方面，这会导致体像素多视区拼接过程的精度降低，造成视区边界的重叠进而引起图像串扰问题；另一方面，当人眼在通过各体像素获取光场信息时将观看到模糊的 3D 图像，造成图像质量下降。

为了保证 3D 图像的显示质量，本节进行了非球面复合透镜设计，采用偶次非球面结构进行透镜优化。式(5-30)给出了非球面结构对应的初级像差方程组，其中 δT 代表子午垂轴球差，K_T 代表子午彗差，X_T 代表子午场曲。由式(5-30)可知，非球面结构的像差中包含了多个像差种类，无法通过完全消除其中一种像差就达到提升显示质量的目的。这里采用像差平衡算法来实现各类像差的均衡，从而达到降低整体像差的目的。经过多次迭代计算后，最终优化的复合透镜结构以及非球面参数如图 5-4-14(a)所示。

$$\begin{cases} \delta Y = -\dfrac{1}{2}\left[\sum S_1 + 3\sum S_2 + 3\sum S_3 + \sum S_4\right] \\ \delta T = -\dfrac{1}{2}\sum S_1 \\ K_T = -\dfrac{3}{2}\sum S_2 \\ X_T = -\dfrac{1}{2}\left(3\sum S_3 + \sum S_4\right) \end{cases} \tag{5-30}$$

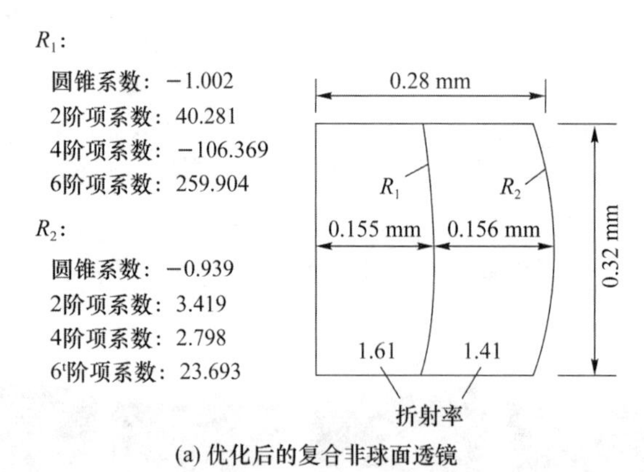

(a) 优化后的复合非球面透镜

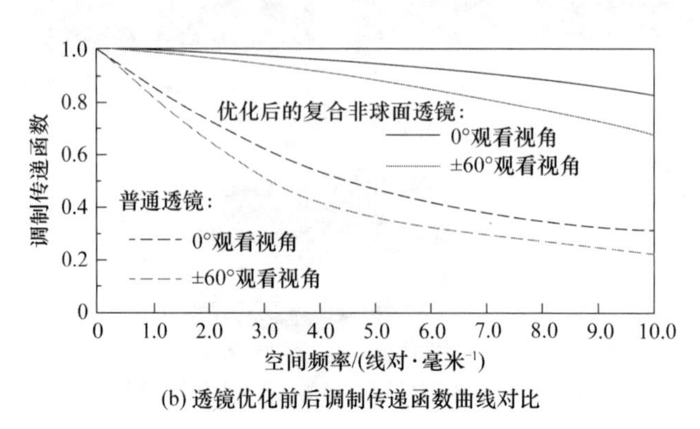

(b) 透镜优化前后调制传递函数曲线对比

图 5-4-14 优化后的复合非球面透镜和透镜优化前后调制传递函数曲线对比

调制传递函数是光学系统像质评价的重要方法，为了验证本节所介绍的透镜优化工作的有效性，绘制了透镜优化前后所对应的调制传递函数曲线并进行对比，如图 5-4-14(b)所示。从图中可以看出，在整个 120°观看视角内，相较于没有进行非球面结构优化的普通透镜，优化后的非球面复合透镜成像质量得到了明显的提升。图 5-4-15 所示为同一佛像 3D 模型在透镜优化前后的实际再现效果对比，可以看出，透镜优化前再现的图像较模糊，难以精确还原物体的细节信息。当对透镜优化后，再现图像的显示质量得到了明显提升，可以清晰辨别佛像的面部轮廓和细节信息。

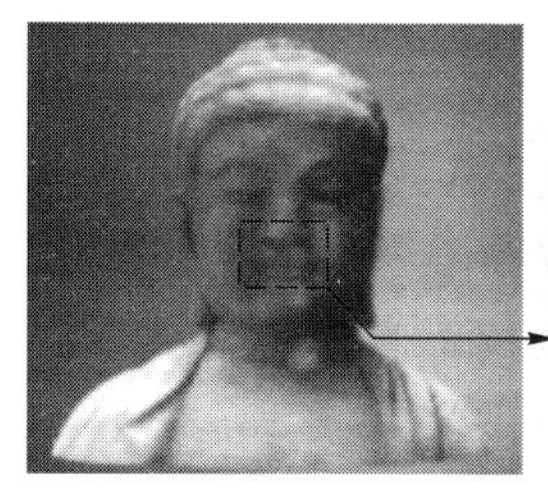
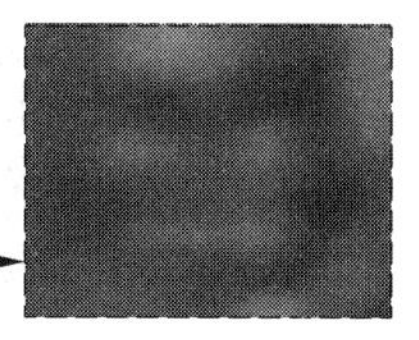

(a) 透镜优化前的佛像3D模型再现像

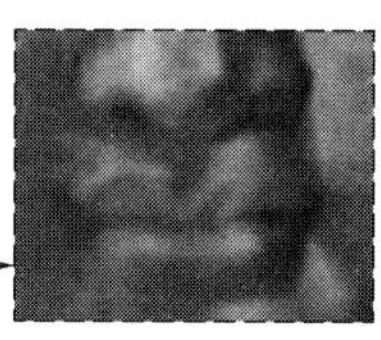

(b) 透镜优化后的佛像3D模型再现像

图 5-4-15 透镜优化前后的佛像 3D 模型再现像

在实验中搭建了 32 英寸时分复用型大视角 3D 光场显示原型系统以进行原理验证。系统所采用 LCD 面板的分辨率为 3 840 像素×2 160 像素，刷新率为 120 Hz。本节所介绍的系统利用 23 组背光模组为 LCD 面板提供时序准直光源。为了实现显示系统的轻薄化，每个背光模组总厚度仅为 35 mm，其中线性菲涅尔透镜厚度为 2 mm，焦距设计为 30 mm。透镜阵列紧贴于液晶面板正面，其口径为 0.32 mm，从而保证每个透镜单元在水平方向上覆盖子像素数目为 5.333，另外，透镜阵列倾斜角设定为 14.04°，透镜的焦距为 0.44 mm。定向扩散膜放置于透镜阵列的焦平面位置，对入射光线进行波前调制。实验的更多具体参数见表 4-5-2。

表 4-5-2 时分复用型大视角 3D 光场显示原型系统的主要参数

<table>
<tr><th colspan="2">参数</th><th>数值</th></tr>
<tr><td rowspan="5">多向准直背光模组</td><td>模组数量</td><td>23</td></tr>
<tr><td>线性菲涅尔透镜口径</td><td>30 mm</td></tr>
<tr><td>线性菲涅尔透镜厚度</td><td>2 mm</td></tr>
<tr><td>线性菲涅尔透镜厚度 f_L</td><td>30 mm</td></tr>
<tr><td>模组厚度</td><td>35 mm</td></tr>
<tr><td rowspan="4">透镜阵列</td><td>透镜焦距 f_A</td><td>0.44 mm</td></tr>
<tr><td>阵列与 LCD 面板的间距</td><td>0 mm</td></tr>
<tr><td>阵列倾斜角</td><td>14.04°</td></tr>
<tr><td>透镜单元在水平方向覆盖的子像素数</td><td>5.333</td></tr>
<tr><td rowspan="4">相机采集阵列</td><td>相机数量</td><td>192</td></tr>
<tr><td>采集距离</td><td>1 000 mm</td></tr>
<tr><td>相机间距</td><td>18.04 mm</td></tr>
<tr><td>相机 FOV</td><td>39.0°(H)×22.5°(V)</td></tr>
</table>

续 表

参数		数值
液晶面板	分辨率	3 840 像素×2 160 像素
	尺寸	32 寸
	刷新率	120 Hz
光场再现	3D 图像分辨率	720×540
	视点数	192
	水平视角	120°
	垂直视角	150°

在实验阶段，首先在计算机软件中对一个佛头 3D 模型进行虚拟相机阵列离轴采集，虚拟相机阵列位于模型前方 1 000 mm 处，相机数量为 192，采集间隔为 18.04 mm。在采集得到的 192 幅视差图像中，将第 1～64 幅分为一组，第 65～128 幅分为一组，第 129～192 幅分为一组，按照图 5-4-11 所示的视点映射关系对这 3 组图像进行光场信息合成，最终得到对应的 3 幅光场编码图像。在时间同步控制模组的控制下，多向时序准直背光模组中的各 LED 光源快速依次点亮，LCD 面板同步刷新对应的 3 幅光场编码图像，最终得到该模型的光场显示效果。利用佳能 60D 相机在距原型系统 1 000 mm 不同位置上对显示的 3D 图像进行了拍摄，结果如图 5-4-16 所示。实验结果显示，观看者可以在该系统正面 120°范围内观看到完整清晰、连续平滑的 3D 图像，而且在视角边缘也不存在视差翻转现象。图 5-4-17 所示为按照上述实验流程得到的一组唐三彩雕塑的光场显示效果，可以看出再现图像颜色信息被生动还原，而且在移动过程中可以精确感知不同雕塑之间的空间遮挡关系，相比传统基于柱透镜阵列的 3D 显示，本节所设计系统的显示质量得到了极大的提升。

图 5-4-16　在不同位置拍摄的佛头光场再现图像

图 5-4-17 在不同位置拍摄的唐三彩雕塑光场再现图像

5.5 提升光栅 3D 显示分辨率的方法

5.5.1 基于空间复用提升光栅 3D 显示分辨率的方法

图 5-5-1 所示为基于视差偏光屏的投影 3D 显示系统的结构原理,该系统由两个投影仪、部分半波屏、漫射屏和偏光条栅屏组成。两台投影仪要求出射光的偏振方向相互垂直;部分半波屏中黑色部分有条状半波片,白色部分没有条状半波片;漫射屏只在垂直方向上具有漫射特性;偏光条栅屏由两种偏振方向互相正交的条状偏光片相互排列构成。图 5-5-1 中已画出左、右视差图像光经过各个光学元件后的光线路径。由此可见,入射左视差图像光经部分半波屏时,透过黑色半波片的光的偏振态变为与之垂直的另一偏振态,而透过白色无半波片的光的偏振态不变,这样,两种偏振态的光在经过相间排列的偏振态垂直的偏光条栅时,正好都通过并聚集在 L 处。同理,入射右视差图像光与左视差图像光类似,在通过偏光条栅后,聚集在 R 处。由于投影仪所投影的视差图像中所有像素光线在传播过程中都没有被遮挡,因此实现了高分辨率 3D 显示。

基于视差偏光屏的投影 3D 显示系统的本质是狭缝光栅 3D 显示系统,其中,偏光条栅屏起到狭缝光栅的作用,偏光条栅屏的节距由狭缝光栅节距的计算公式求得。

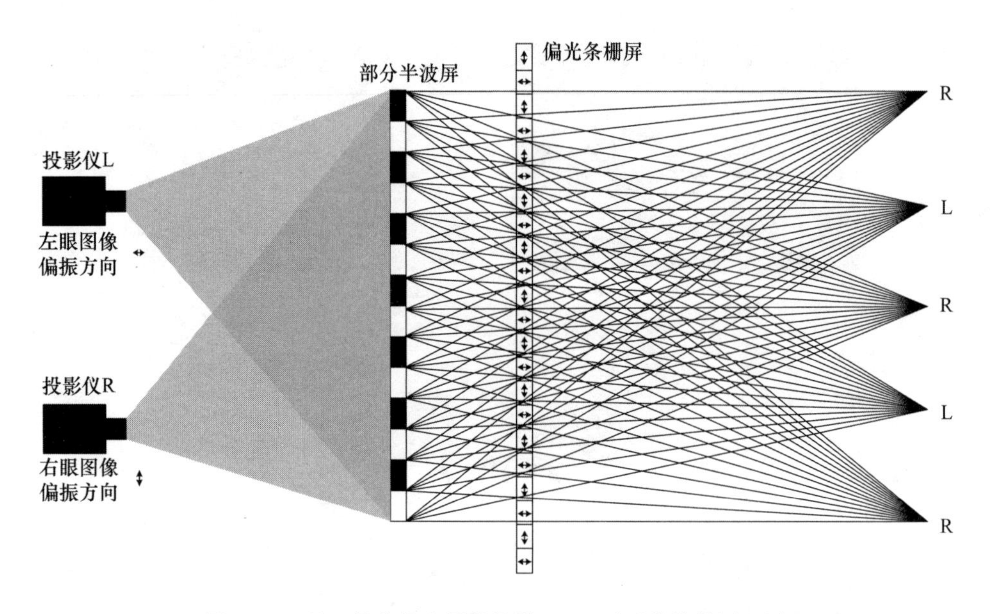

图 5-5-1　基于视差偏光屏的投影 3D 显示系统结构原理图

5.5.2　基于高帧频提升光栅 3D 显示分辨率的方法

图 5-5-2 所示为两视点高分辨率时分液晶狭缝光栅 3D 显示器的原理。如图 5-5-2(a)所示，在一个时刻，显示屏的奇列像素显示右视差图像，而偶列像素显示左视差图像，此时，液晶狭缝光栅的 A 部分透光，B 部分不透光，因此，透过液晶狭缝光栅，观看者右眼看到位于偶列的右视差图像，而左眼看到位于奇列的左视差图像。如图 5-5-2(b)所示，在下一时刻，显示屏的偶列像素显示右视差图，而奇列像素显示左视差图，此时，液晶狭缝光栅的 B 部分透光，A 部分不透光，观看者左眼看到位于偶列的左视差图像，右眼看到位于奇列的左视差图像。在这样两个不同时刻，观看者左、右眼看到的图像分辨率只有显示屏的一半，然而当液晶狭缝光栅的切换频率高于 120 Hz 时，由于视觉暂留效应，观看者将不能察觉到这两个时刻的交替，从而每只眼睛所观察到的 3D 图像分辨率等于 2D 显示面板的分辨率。同理，随着液晶显示狭缝光栅及 2D 显示面板响应速度的进一步提高，多视点的高分辨率 3D 显示也能实现。

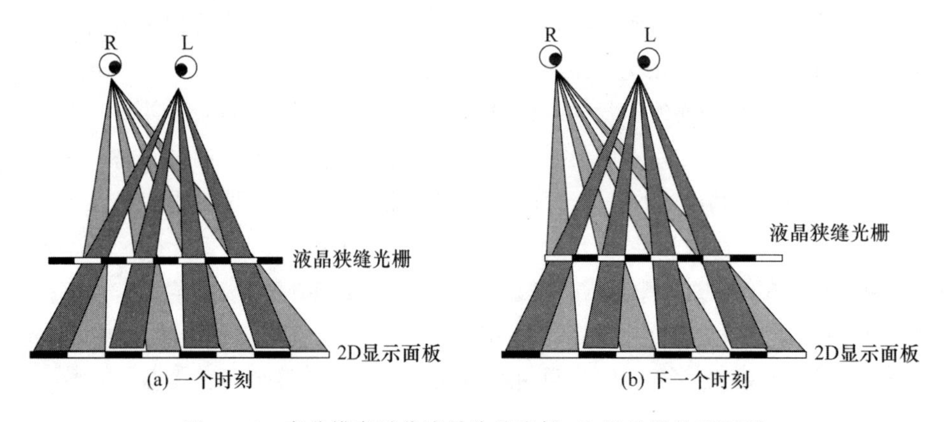

图 5-5-2　高分辨率时分液晶狭缝光栅 3D 显示器的原理图

由于采用多条形电极驱动可实现液晶透镜,因此在此基础上,需要介绍多条形电极驱动结构,图 5-5-3 分别给出了常规条形电极结构和多条形电极驱动液晶透镜的结构示意图。在图 5-5-3 中,下方的小正方形表示多条形电极在水平方向上的排布,当在不同时刻按一定序列在电极上施加电压时就可等效实现液晶透镜在水平方向上的移动,如图 5-5-4 所示。因此,可结合多条形电极驱动液晶透镜及快速响应的 2D 显示面板实现高分辨率 3D 显示。当液晶透镜在水平方向上移动时,2D 显示面板上显示出不同的合成图像,使观看者在透镜移动时可观看到完整的单幅视差图像,从而实现高分辨率的柱透镜光栅 3D 显示。

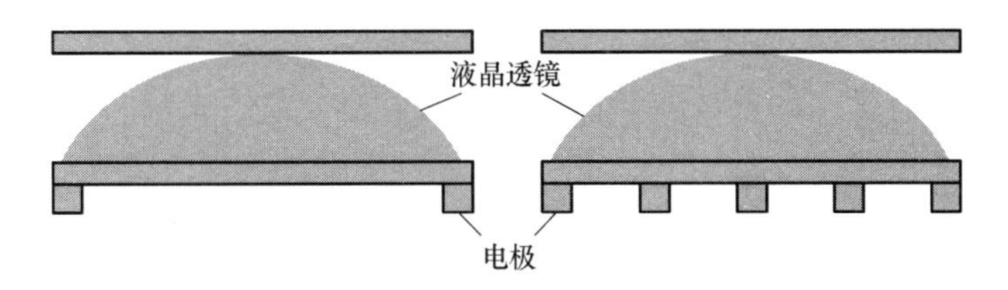

图 5-5-3 常规条形电极和多条形电极驱动液晶透镜的结构示意图

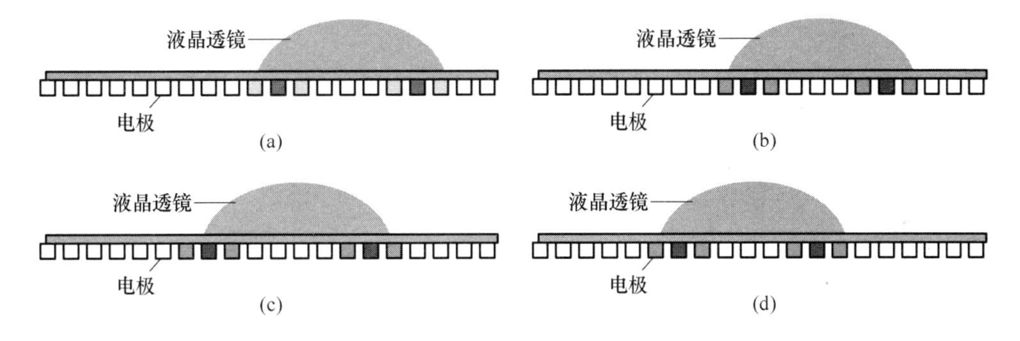

图 5-5-4 液晶透镜随多条形电极序列驱动水平移动示意图

5.6 提升光栅 3D 显示视点数目的方法

在同样大小的观看视角下,光栅 3D 显示器的视点数目越多,视差过渡越平滑,3D 场景观看体验越好。为此本节提出能提升光栅 3D 显示视点数目的两种方法,分别为基于人眼跟踪法和基于小截距柱透镜光栅提升观看视点数目的优化方法。

5.6.1 基于人眼跟踪法提升光栅 3D 显示视点数目的方法

本节中采用人眼跟踪设备实时探测双目位置信息,通过改变基于柱透镜光栅 3D 显示器上加载图像的像素编码方式,可以将正确的 3D 信息传递给人的双眼,让观看者同时获得双目视差与运动视差。采用的人眼跟踪设备是由微软公司推出的 Kinect,采用的图像编码合成算法是基于部分子像素蒙版的编码方法,通过软件与硬件的配合,最终可以实现大视点数目、平滑运动视差的 3D 显示效果。

基于部分子像素蒙版的平滑运动视差 3D 显示系统的结构如图 5-6-1 所示。利用该系统相当于在 3D 显示器的观看平面上构建了一组虚拟的观看狭缝视窗，每个狭缝视窗都对应一个预存的视点信息。人眼跟踪 3D 显示系统主要由计算机、人眼跟踪设备和柱透镜光栅 3D 显示器 3 部分组成。其中计算机的作用有 3 个：控制人眼跟踪设备、预先存储大量视点数据和编码视点图像。

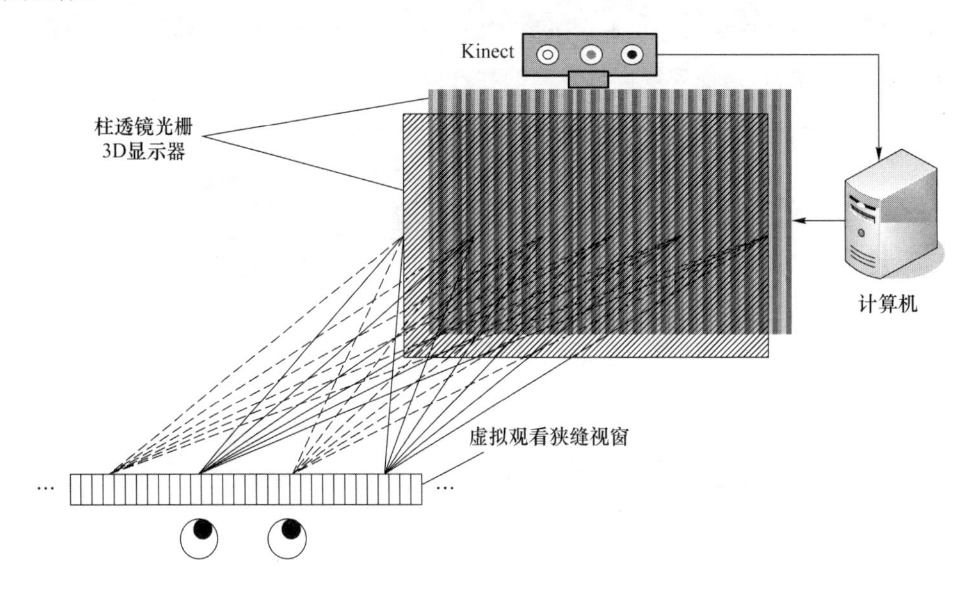

图 5-6-1　平滑运动视差 3D 显示系统的结构

人眼跟踪 3D 显示系统的核心是在提供运动视差的同时为观看者带来正确的双目视差关系，让人们获得观看真实场景时的视觉体验。为了达到上述目的，实现过程共分为 3 步：第一步，控制人眼跟踪设备探测人眼双目的位置信息；第二步，根据当前位置信息，选择适合双目的 3D 图像对；第三步，利用双目位置信息，将视差图像对进行图像编码，使其通过 3D 显示器显示的内容可以将正确的 3D 图像对信息分别投射入人的双眼。综上所述，完成本系统的关键包括精确的双目定位方法、正确的视点图像的获取方法以及合理的图像编码方法。

人眼跟踪技术在安全监测、医疗诊断、军事视觉制导等领域有着重要的应用。因此，目前国内外的科学家对该项技术有着大量的研究，并且取得了良好的实验成果。为了方便开发者的使用，很多优秀的人眼跟踪算法都被封装成函数。OpenCV 中集成了 Viola-Jones 人脸检测方法，该算法可快速计算 Haar-like 特征，并可利用 Adaboost 学习算法进行特征选择和分类器训练，把弱分类器组合成强分类器，最终可以实现 90%以上的人眼检测准确性。但是针对裸眼 3D 显示技术这个特殊的应用场合，OpenCV 中跟踪算法的精度难以达到要求，需要更加精确与更加稳定的人眼定位工具。为此，本节所介绍的方法中选用了 Kinect 作为人眼跟踪设备。

如图 5-6-2 所示，Kinect 有 3 个镜头，中间的镜头是 RGB 彩色摄影机，用来采集彩色图像；左、右两边的镜头则是由红外线发射器和红外线 CMOS 摄影机构成的 3D 结构光深度感应器，它是用来采集深度数据（场景中物体到摄像头的距离）的。彩色摄像头最大支持 1 280 像素×960 像素分辨率成像，红外摄像头最大支持 640 像素×480 像素分辨率成像。

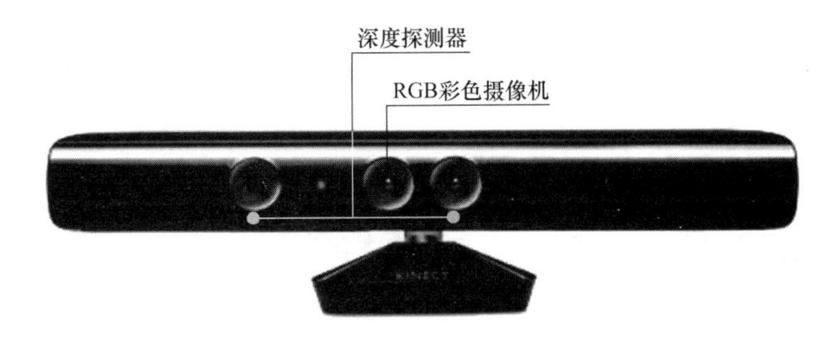

图 5-6-2 Kinect 硬件设备图

2012 年 2 月 1 日，微软正式发布面向 Windows 系统的 Kinect 版本“Kinect for Windows”。“Kinect for Windows”的 SDK 主要是针对 Windows7 设计的，内含驱动程序、丰富的原始感测数据流程式开发接口、自然用户接口、安装文件以及参考例程。“Kinect for Windows”的 SDK 可让使用 C＋＋、C＃或 Visual Basic 语言搭配 Microsoft Visual Studio 2010 工具的程序设计师轻易开发使用。

在使用 Kinect 进行人脸跟踪时，它可以捕捉大量的特征点，进而确定人眼的位置坐标。探测流程如图 5-6-3 所示。

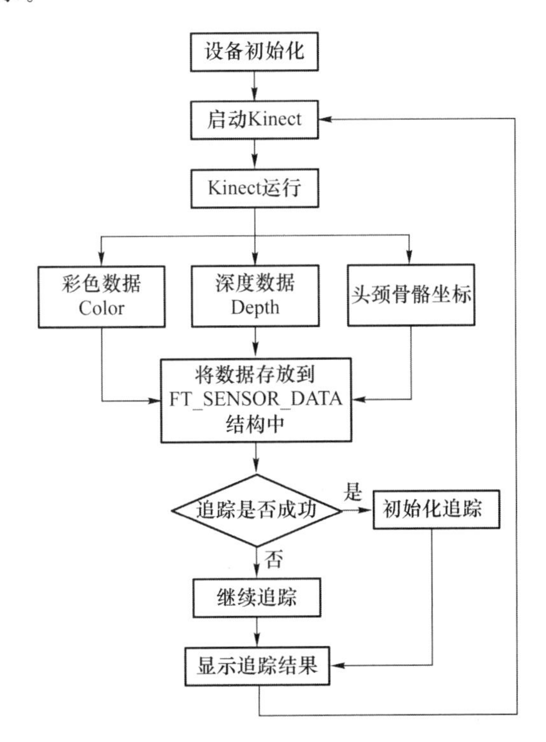

图 5-6-3 Kinect 进行人脸探测的流程

按照图 5-6-3 中的流程可以对人脸特征点进行精确的捕获与追踪，这里对具体的编程实现代码不做过多的介绍。使用 Kinect 采集到的人脸特征点信息标注结果如图 5-6-4 所示。

从图 5-6-4 中可以看出使用 Kinect 进行人眼定位具有极高的精度，且当被跟踪者的头部向不同角度倾斜时，跟踪系统仍然具备良好的鲁棒性。通过实验证明，Kinect 可以满足所设计的平滑运动视差 3D 显示系统对人眼跟踪精度与稳定性的需求。

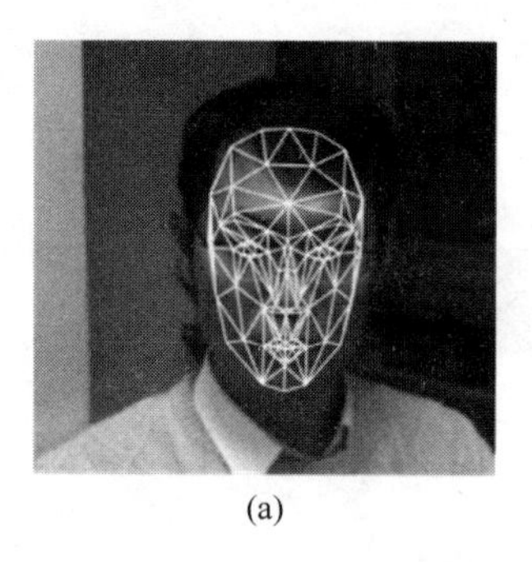
(a)
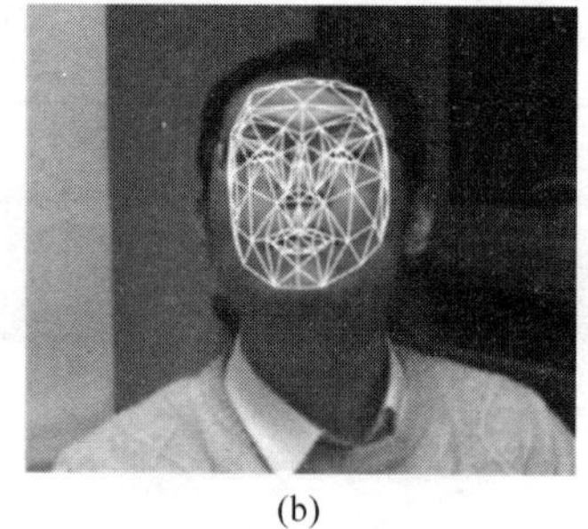
(b)
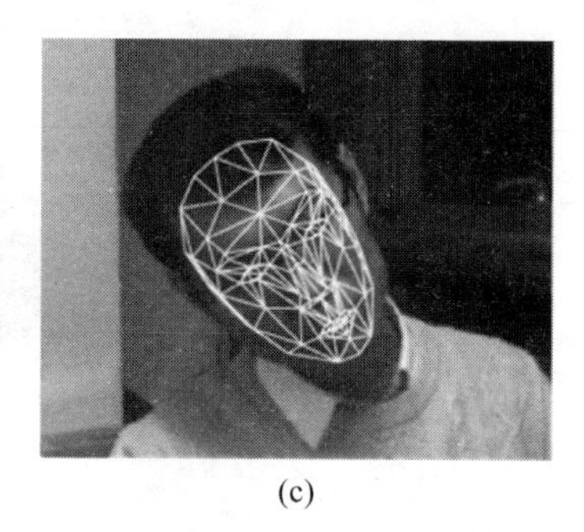
(c)

图 5-6-4　使用 Kinect 采集到的人脸特征点信息标注

本节中为了实现具有平滑运动视差的超多视点 3D 显示，需要对真实的空间信息进行稠密采样，再根据人双眼的位置信息将相应的一组相机采集到的 3D 图像经主机处理后在 3D 显示终端显示。对观看者而言，这个过程相当于在观看平面形成密集的观看视窗，具体实现如图 5-6-5 所示。

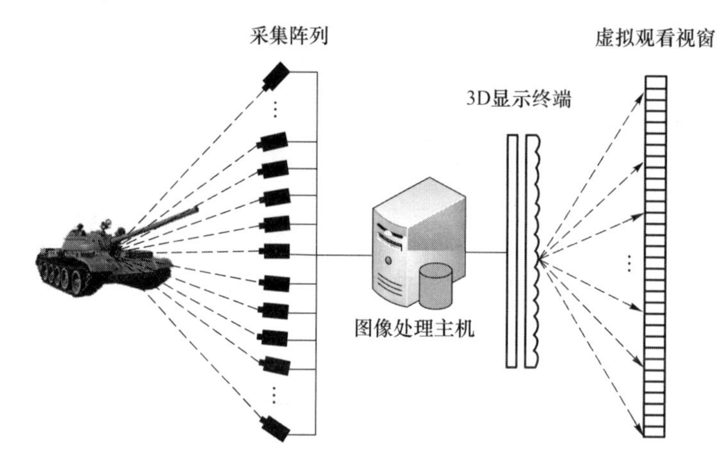

图 5-6-5　密集视点采集重建示意图

然而传统的相机阵列受到相机尺寸的限制，无法保证足够小的相机间距，因此本节所介绍的方法利用相机扫描导轨将密集采集对空域的需求转移到时域上实现。相机扫描导轨拍摄装置由高分辨率相机、导轨、步进电机、滑块和旋转台组成，通过步进电机与旋转台的控制可以使得在导轨上移动的过程中，保持相机镜头的中心光轴始终对准待采集物体从而进行汇聚式拍摄，如图 5-6-6(a)所示。相机扫描导轨如图 5-6-6(b)所示。

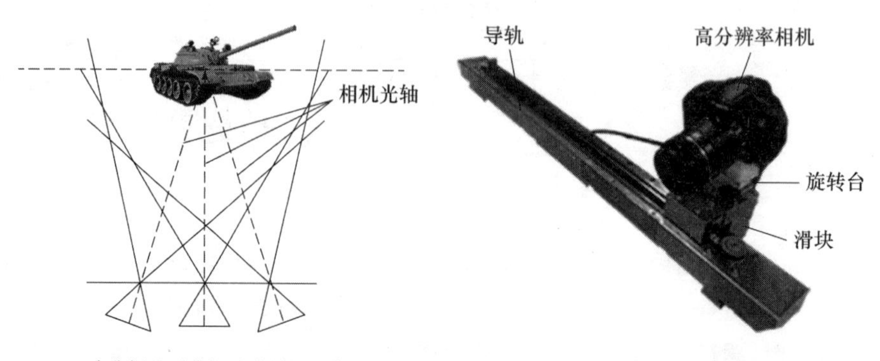

(a) 密集视点采集汇聚式拍摄示意图　　(b) 密集视点相机扫描导轨结构示意图

图 5-6-6　密集视点采集原理及设备

利用图5-6-6中的采集设备与拍摄方法获得的密集视差图像序列同时具备正视差、负视差与零视差。利用这些视差图像进行3D显示时，可以实现部分内容出屏、部分内容入屏的效果。但是由于相机从不同角度拍摄时，各个位置的相机光轴之间存在一定的夹角，因此采集到的内容会有梯形失真。梯形失真给3D显示带来的影响主要有两点：一是在垂直方向上引入垂直视差，造成严重的视觉干扰，给观看者带来视觉疲劳的感受；二是使得在水平方向上与拍摄平面相同距离的物体具有不同的水平视差，从而带来深度失真。为了消除汇聚式拍摄过程中的梯形失真问题，采用图像处理的方法，并通过对视差图像序列进行极线约束或几何投影变换实现采集内容的矫正。矫正后的密集视差图像序列便可以用于后面的显示过程。

人眼跟踪设备与密集视点采集设备可以根据前文叙述的方式加以控制。实现具有平滑运动视差的3D显示技术的关键在于裸眼3D显示设备上液晶显示面板的子像素编码方法。图5-6-7描述了利用部分子像素方法在液晶显示面板上编码3D图像对的原理。为了利用柱透镜光栅阵列将3D图像对中的右视差图像导入人的右眼，同时将左视差图像导入人的左眼，需要柱镜光栅中每个柱透镜对应的子像素组有一半加载右图信息，另一半加载左图信息。但是，由于某些子像素位于左、右视差图像素组交界的位置〔图5-6-8中标记红色(R)的像素〕，它们将同时被双目看到，这些子像素无法单一地加载左图或者右图信息。为了形成良好的立体感，图5-6-8中标红(R)的子像素被分成部分子像素。举个例子，第i行第j列的子像素P_{ij}有70%的部分将被导入右眼所在的虚拟观看视窗，有30%的部分被导入左眼所在的虚拟观看视窗。最终编码在第i行第j列的子像素P_{ij}是由$P_{R_{ij}}$与$P_{L_{ij}}$两个部分子像素构成的($P_{R_{ij}}$是右视差图像在第i行第j列的子像素，$P_{L_{ij}}$是左视差图像在第i行第j列的子像素)，P_{ij}的值等于0.7倍的$P_{R_{ij}}$与0.3倍的$P_{L_{ij}}$之和。当观看者移动时，新的视差图像对会被加载到3D显示器上，同时部分子像素的分布也会发生变化。

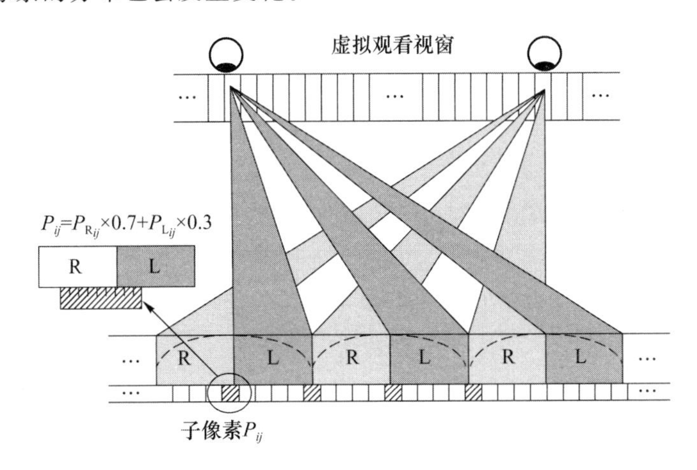

图5-6-7 基于部分子像素方法的3D图像对编码原理

在显示过程中，为了均衡水平与垂直方向的分辨率，并且消除摩尔纹，柱透镜光栅3D显示设备的柱透镜阵列需要在垂直方向上有一定的倾斜角。根据液晶显示面板上子像素的间距与实验测试可知，应采用12.869°的光栅倾斜角。为了达到方便控制像素排布，实现视差图像对显示位置自由调整的目的，本节配合柱透镜光栅显示器介绍了数字蒙版。数字蒙版有两条特性：一是在3D显示器上加载单张数字蒙版时，可以在一个角度上看到3D显示器显示全白，在其他角度上3D显示器显示全黑；二是所有数字蒙版之和为一张全白的2D图像。根据数字蒙版的特性可知数字蒙版编码像素的倾斜角与柱透镜光栅的倾斜角相同，如图5-6-8所示。在显示系统中，光栅的每一个截距覆盖子像素的数目为10.234个。为了实现良好的立体效果，并且确保每一对3D图像对都可以精确地导入虚拟观看视窗，本节介绍的方法中设计了18路部分子像素数字蒙版图像（如图5-6-8所示），它们被预存在缓存中，代表了编码3D图像对左、右视差图像的权重信息。在使用这些部分子像素蒙版时，它们就像图像的滤片一样将自己包含的权重信息加载到图像的像素上，再将这些具有权重信息的图像加到一起即得到需要的编码图像。

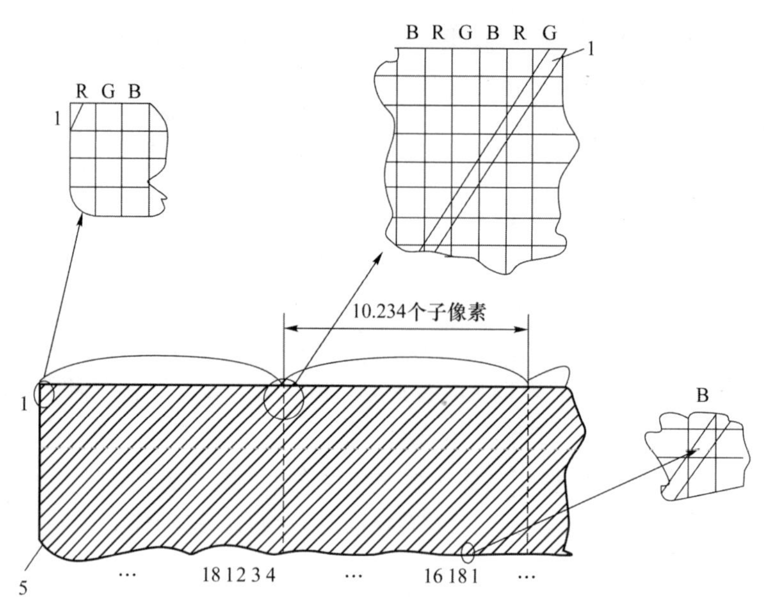

图5-6-8　18路部分子像素蒙版原理示意图

为了达到精确调整视点位置的目的（根据蒙版控制像素的原理可知，蒙版数目越多，控制精度越高），部分子像素数字蒙版的数目要高于柱透镜光栅的截距覆盖子像素的数目，因此每个蒙版的宽度应该小于子像素的宽度。而子像素是液晶显示面板上最小的显示单元，因此部分子像素蒙版覆盖宽度的大小需要利用权重的大小进行表示，权重值由部分子像素蒙版覆盖子像素的面积与子像素自身面积之比获得。举个例子，在图5-6-9中，第一行第一列的子像素被第一路蒙版覆盖的面积为36%，该子像素对第一路蒙版的权重值也为36%。第一路蒙版其他位置的子像素的权重值如图5-6-10所示。部分子像素蒙版图像上子像素的值可以用权重值乘以255获得。通过计算，18路蒙版图像子像素的灰度分布如图5-6-9所示。

在3D图像对合成过程中，根据人眼的位置坐标，需要选择9路部分子像素蒙版和右图进行与运算，其余的9路部分子像素蒙版和左图进行与运算（将视差图像的子像素乘以蒙版对应位置的权重值），再对这18路运算后的图像进行加和处理，可以获得最终的编码图像。按照上述的方式，可以实现将3D图像对中的右视差图像导入一个虚拟视窗中，3D图像对中的左视差图像导入另一个虚拟视窗中的目的。

Mask 1

	R	G	B	R	G	B	R	G	B	R	G	B	R	G	B	R	G	B	…
1	93	0	0	0	0	0	0	0	0	0	116	0	0	0	0	0	0	0	…
2	0	0	0	0	0	0	0	0	0	93	70	0	0	0	0	0	0	0	…
3	0	0	0	0	0	0	0	0	23	139	0	0	0	0	0	0	0	0	…
4	0	0	0	0	0	0	0	0	139	0	0	0	0	0	0	0	0	0	…
5	0	0	0	0	0	0	0	116	46	0	0	0	0	0	0	0	0	0	…
6	0	0	0	0	0	0	46	116	0	0	0	0	0	0	0	0	0	139	…
⋮	⋮	⋮	⋮	⋮	⋮	⋮	⋮	⋮	⋮	⋮	⋮	⋮	⋮	⋮	⋮	⋮	⋮	⋮	

Mask 2

	R	G	B	R	G	B	R	G	B	R	G	B	R	G	B	R	G	B	
1	139	0	0	0	0	0	0	0	0	0	46	116	0	0	0	0	0	0	…
2	70	0	0	0	0	0	0	0	0	0	116	0	0	0	0	0	0	0	…
3	0	0	0	0	0	0	0	0	0	116	46	0	0	0	0	0	0	0	…
4	0	0	0	0	0	0	0	0	46	116	0	0	0	0	0	0	0	0	…
5	0	0	0	0	0	0	0	0	139	0	0	0	0	0	0	0	0	0	…
6	0	0	0	0	0	0	0	139	23	0	0	0	0	0	0	0	0	23	…
⋮	⋮	⋮	⋮	⋮	⋮	⋮	⋮	⋮	⋮	⋮	⋮	⋮	⋮	⋮	⋮	⋮	⋮	⋮	

Mask3

	R	G	B	R	G	B	R	G	B	R	G	B	R	G	B	R	G	B	…
1	23	139	0	0	0	0	0	0	0	0	0	139	23	0	0	0	0	0	…
2	139	0	0	0	0	0	0	0	0	0	70	93	0	0	0	0	0	0	…
3	46	0	0	0	0	0	0	0	0	0	116	0	0	0	0	0	0	0	…
4	0	0	0	0	0	0	0	0	0	139	23	0	0	0	0	0	0	0	…
5	0	0	0	0	0	0	0	0	70	93	0	0	0	0	0	0	0	0	…
6	0	0	0	0	0	0	0	0	139	0	0	0	0	0	0	0	0	0	…
⋮	⋮	⋮	⋮	⋮	⋮	⋮	⋮	⋮	⋮	⋮	⋮	⋮	⋮	⋮	⋮	⋮	⋮	⋮	

Mask 4

	R	G	B	R	G	B	R	G	B	R	G	B	R	G	B	R	G	B	…
1	0	116	46	0	0	0	0	0	0	0	0	0	139	0	0	0	0	0	…
2	46	116	0	0	0	0	0	0	0	0	0	139	0	0	0	0	0	0	…
3	139	0	0	0	0	0	0	0	0	0	93	70	0	0	0	0	0	0	…
4	23	0	0	0	0	0	0	0	0	0	116	0	0	0	0	0	0	0	…
5	0	0	0	0	0	0	0	0	0	139	0	0	0	0	0	0	0	0	…
6	0	0	0	0	0	0	0	0	93	70	0	0	0	0	0	0	0	0	…
⋮	⋮	⋮	⋮	⋮	⋮	⋮	⋮	⋮	⋮	⋮	⋮	⋮	⋮	⋮	⋮	⋮	⋮	⋮	

Mask 5

	R	G	B	R	G	B	R	G	B	R	G	B	R	G	B	R	G	B	…
1	0	0	139	0	0	0	0	0	0	0	0	0	93	70	0	0	0	0	…
2	0	139	23	0	0	0	0	0	0	0	0	23	139	0	0	0	0	0	…
3	70	93	0	0	0	0	0	0	0	0	0	139	0	0	0	0	0	0	…
4	139	0	0	0	0	0	0	0	0	0	116	46	0	0	0	0	0	0	…
5	0	0	0	0	0	0	0	0	0	23	116	0	0	0	0	0	0	0	…
6	0	0	0	0	0	0	0	0	0	139	0	0	0	0	0	0	0	0	…
⋮	⋮	⋮	⋮	⋮	⋮	⋮	⋮	⋮	⋮	⋮	⋮	⋮	⋮	⋮	⋮	⋮	⋮	⋮	

Mask 6

	R	G	B	R	G	B	R	G	B	R	G	B	R	G	B	R	G	B	…
1	0	0	70	93	0	0	0	0	0	0	0	0	0	139	0	0	0	0	…
2	0	0	139	0	0	0	0	0	0	0	0	0	116	46	0	0	0	0	…
3	0	139	0	0	0	0	0	0	0	0	0	46	116	0	0	0	0	0	…
4	93	70	0	0	0	0	0	0	0	0	0	139	0	0	0	0	0	0	…
5	139	0	0	0	0	0	0	0	0	0	139	23	0	0	0	0	0	0	…
6	0	0	0	0	0	0	0	0	0	46	93	0	0	0	0	0	0	0	…
⋮	⋮	⋮	⋮	⋮	⋮	⋮	⋮	⋮	⋮	⋮	⋮	⋮	⋮	⋮	⋮	⋮	⋮	⋮	

Mask7

	R	G	B	R	G	B	R	G	B	R	G	B	R	G	B	R	G	B	…
1	0	0	0	116	0	0	0	0	0	0	0	0	0	46	93	0	0	0	…
2	0	0	93	70	0	0	0	0	0	0	0	0	0	139	0	0	0	0	…
3	0	23	139	0	0	0	0	0	0	0	0	0	139	23	0	0	0	0	…
4	0	139	0	0	0	0	0	0	0	0	0	70	93	0	0	0	0	0	…
5	116	46	0	0	0	0	0	0	0	0	0	139	0	0	0	0	0	0	…
6	116	0	0	0	0	0	0	0	0	0	139	0	0	0	0	0	0	0	…
⋮	⋮	⋮	⋮	⋮	⋮	⋮	⋮	⋮	⋮	⋮	⋮	⋮	⋮	⋮	⋮	⋮	⋮	⋮	

Mask 8

	R	G	B	R	G	B	R	G	B	R	G	B	R	G	B	R	G	B	…
1	0	0	0	46	116	0	0	0	0	0	0	0	0	0	139	0	0	0	…
2	0	0	0	116	0	0	0	0	0	0	0	0	0	70	70	0	0	0	…
3	0	0	116	46	0	0	0	0	0	0	0	0	0	139	0	0	0	0	…
4	0	46	116	0	0	0	0	0	0	0	0	0	139	0	0	0	0	0	…
5	0	139	0	0	0	0	0	0	0	0	0	93	70	0	0	0	0	0	…
6	139	23	0	0	0	0	0	0	0	0	23	139	0	0	0	0	0	0	…
⋮	⋮	⋮	⋮	⋮	⋮	⋮	⋮	⋮	⋮	⋮	⋮	⋮	⋮	⋮	⋮	⋮	⋮	⋮	

Mask 9

	R	G	B	R	G	B	R	G	B	R	G	B	R	G	B	R	G	B	…
1	0	0	0	0	139	23	0	0	0	0	0	0	0	0	23	139	0	0	…
2	0	0	0	70	93	0	0	0	0	0	0	0	0	0	139	0	0	0	…
3	0	0	0	116	0	0	0	0	0	0	0	0	0	93	46	0	0	0	…
4	0	0	139	23	0	0	0	0	0	0	0	0	23	139	0	0	0	0	…
5	0	70	93	0	0	0	0	0	0	0	0	0	139	0	0	0	0	0	…
6	0	139	0	0	0	0	0	0	0	0	0	116	46	0	0	0	0	0	…
⋮	⋮	⋮	⋮	⋮	⋮	⋮	⋮	⋮	⋮	⋮	⋮	⋮	⋮	⋮	⋮	⋮	⋮	⋮	

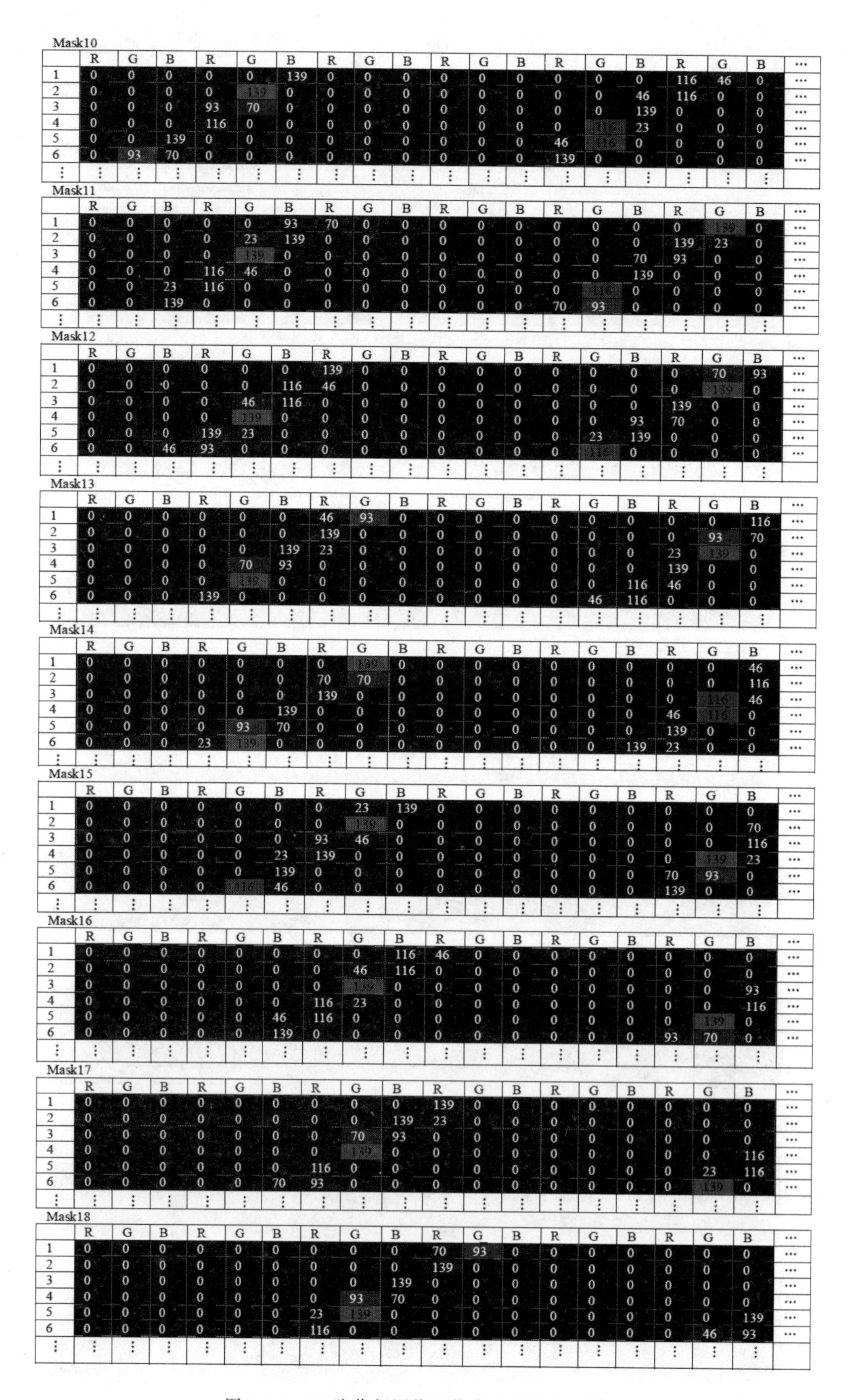

Mask10

	R	G	B	R	G	B	R	G	B	R	G	B	R	G	B	R	G	B	…
1	0	0	0	0	0	139	0	0	0	0	0	0	0	0	0	116	46	0	…
2	0	0	0	0	139	0	0	0	0	0	0	0	0	0	46	116	0	0	…
3	0	0	0	93	70	0	0	0	0	0	0	0	0	0	139	0	0	0	…
4	0	0	0	116	0	0	0	0	0	0	0	0	0	116	23	0	0	0	…
5	0	0	139	0	0	0	0	0	0	0	0	0	46	116	0	0	0	0	…
6	0	93	70	0	0	0	0	0	0	0	0	0	139	0	0	0	0	0	…
⋮	⋮	⋮	⋮	⋮	⋮	⋮	⋮	⋮	⋮	⋮	⋮	⋮	⋮	⋮	⋮	⋮	⋮	⋮	

Mask11

	R	G	B	R	G	B	R	G	B	R	G	B	R	G	B	R	G	B	…
1	0	0	0	0	0	93	70	0	0	0	0	0	0	0	0	0	139	0	…
2	0	0	0	0	23	139	0	0	0	0	0	0	0	0	0	139	23	0	…
3	0	0	0	0	139	0	0	0	0	0	0	0	0	0	70	93	0	0	…
4	0	0	0	116	46	0	0	0	0	0	0	0	0	0	139	0	0	0	…
5	0	0	23	116	0	0	0	0	0	0	0	0	0	116	0	0	0	0	…
6	0	0	139	0	0	0	0	0	0	0	0	0	70	93	0	0	0	0	…
⋮	⋮	⋮	⋮	⋮	⋮	⋮	⋮	⋮	⋮	⋮	⋮	⋮	⋮	⋮	⋮	⋮	⋮	⋮	

Mask12

	R	G	B	R	G	B	R	G	B	R	G	B	R	G	B	R	G	B	…
1	0	0	0	0	0	0	139	0	0	0	0	0	0	0	0	0	70	93	…
2	0	0	0	0	0	116	46	0	0	0	0	0	0	0	0	0	139	0	…
3	0	0	0	0	46	116	0	0	0	0	0	0	0	0	0	139	0	0	…
4	0	0	0	0	139	0	0	0	0	0	0	0	0	0	93	70	0	0	…
5	0	0	0	139	23	0	0	0	0	0	0	0	0	23	139	0	0	0	…
6	0	0	46	93	0	0	0	0	0	0	0	0	0	116	0	0	0	0	…
⋮	⋮	⋮	⋮	⋮	⋮	⋮	⋮	⋮	⋮	⋮	⋮	⋮	⋮	⋮	⋮	⋮	⋮	⋮	

Mask13

	R	G	B	R	G	B	R	G	B	R	G	B	R	G	B	R	G	B	…
1	0	0	0	0	0	0	46	93	0	0	0	0	0	0	0	0	0	116	…
2	0	0	0	0	0	0	139	0	0	0	0	0	0	0	0	0	93	70	…
3	0	0	0	0	0	139	23	0	0	0	0	0	0	0	0	23	139	0	…
4	0	0	0	0	70	93	0	0	0	0	0	0	0	0	0	139	0	0	…
5	0	0	0	0	139	0	0	0	0	0	0	0	0	0	116	46	0	0	…
6	0	0	0	139	0	0	0	0	0	0	0	0	0	46	116	0	0	0	…
⋮	⋮	⋮	⋮	⋮	⋮	⋮	⋮	⋮	⋮	⋮	⋮	⋮	⋮	⋮	⋮	⋮	⋮	⋮	

Mask14

	R	G	B	R	G	B	R	G	B	R	G	B	R	G	B	R	G	B	…
1	0	0	0	0	0	0	0	139	0	0	0	0	0	0	0	0	0	46	…
2	0	0	0	0	0	0	70	70	0	0	0	0	0	0	0	0	0	116	…
3	0	0	0	0	0	0	139	0	0	0	0	0	0	0	0	0	116	46	…
4	0	0	0	0	0	139	0	0	0	0	0	0	0	0	0	46	116	0	…
5	0	0	0	0	93	70	0	0	0	0	0	0	0	0	0	139	0	0	…
6	0	0	0	23	139	0	0	0	0	0	0	0	0	0	139	23	0	0	…
⋮	⋮	⋮	⋮	⋮	⋮	⋮	⋮	⋮	⋮	⋮	⋮	⋮	⋮	⋮	⋮	⋮	⋮	⋮	

Mask15

	R	G	B	R	G	B	R	G	B	R	G	B	R	G	B	R	G	B	…
1	0	0	0	0	0	0	0	23	139	0	0	0	0	0	0	0	0	0	…
2	0	0	0	0	0	0	0	139	0	0	0	0	0	0	0	0	0	70	…
3	0	0	0	0	0	0	93	46	0	0	0	0	0	0	0	0	0	116	…
4	0	0	0	0	0	23	139	0	0	0	0	0	0	0	0	0	139	23	…
5	0	0	0	0	0	139	0	0	0	0	0	0	0	0	0	70	93	0	…
6	0	0	0	0	116	46	0	0	0	0	0	0	0	0	0	139	0	0	…
⋮	⋮	⋮	⋮	⋮	⋮	⋮	⋮	⋮	⋮	⋮	⋮	⋮	⋮	⋮	⋮	⋮	⋮	⋮	

Mask16

	R	G	B	R	G	B	R	G	B	R	G	B	R	G	B	R	G	B	…
1	0	0	0	0	0	0	0	0	116	46	0	0	0	0	0	0	0	0	…
2	0	0	0	0	0	0	0	46	116	0	0	0	0	0	0	0	0	0	…
3	0	0	0	0	0	0	0	139	0	0	0	0	0	0	0	0	0	93	…
4	0	0	0	0	0	0	116	23	0	0	0	0	0	0	0	0	0	116	…
5	0	0	0	0	0	46	116	0	0	0	0	0	0	0	0	0	139	0	…
6	0	0	0	0	0	139	0	0	0	0	0	0	0	0	0	93	70	0	…
⋮	⋮	⋮	⋮	⋮	⋮	⋮	⋮	⋮	⋮	⋮	⋮	⋮	⋮	⋮	⋮	⋮	⋮	⋮	

Mask17

	R	G	B	R	G	B	R	G	B	R	G	B	R	G	B	R	G	B	…
1	0	0	0	0	0	0	0	0	0	139	0	0	0	0	0	0	0	0	…
2	0	0	0	0	0	0	0	0	139	23	0	0	0	0	0	0	0	0	…
3	0	0	0	0	0	0	0	70	93	0	0	0	0	0	0	0	0	0	…
4	0	0	0	0	0	0	0	139	0	0	0	0	0	0	0	0	0	116	…
5	0	0	0	0	0	0	116	0	0	0	0	0	0	0	0	0	23	116	…
6	0	0	0	0	0	70	93	0	0	0	0	0	0	0	0	0	139	0	…
⋮	⋮	⋮	⋮	⋮	⋮	⋮	⋮	⋮	⋮	⋮	⋮	⋮	⋮	⋮	⋮	⋮	⋮	⋮	

Mask18

	R	G	B	R	G	B	R	G	B	R	G	B	R	G	B	R	G	B	…
1	0	0	0	0	0	0	0	0	0	70	93	0	0	0	0	0	0	0	…
2	0	0	0	0	0	0	0	0	0	139	0	0	0	0	0	0	0	0	…
3	0	0	0	0	0	0	0	0	139	0	0	0	0	0	0	0	0	0	…
4	0	0	0	0	0	0	0	93	70	0	0	0	0	0	0	0	0	0	…
5	0	0	0	0	0	0	23	139	0	0	0	0	0	0	0	0	0	139	…
6	0	0	0	0	0	0	116	0	0	0	0	0	0	0	0	0	46	93	…
⋮	⋮	⋮	⋮	⋮	⋮	⋮	⋮	⋮	⋮	⋮	⋮	⋮	⋮	⋮	⋮	⋮	⋮	⋮	

图 5-6-9　18 路蒙版图像子像素的灰度分布图

	R	G	B	R	G	B	R	G	B	R	G	B	R	G	B	R	G	B	…
1	36%	0%	0%	0%	0%	0%	0%	0%	0%	0%	45%	0%	0%	0%	0%	0%	0%	0%	…
2	0%	0%	0%	0%	0%	0%	0%	0%	0%	36%	27%	0%	0%	0%	0%	0%	0%	0%	…
3	0%	0%	0%	0%	0%	0%	0%	0%	9%	55%	0%	0%	0%	0%	0%	0%	0%	0%	…
4	0%	0%	0%	0%	0%	0%	0%	0%	55%	0%	0%	0%	0%	0%	0%	0%	0%	0%	…
5	0%	0%	0%	0%	0%	0%	0%	45%	18%	0%	0%	0%	0%	0%	0%	0%	0%	0%	…
6	0%	0%	0%	0%	0%	0%	18%	48%	0%	0%	0%	0%	0%	0%	0%	0%	0%	55%	…
⋮	⋮	⋮	⋮	⋮	⋮	⋮	⋮	⋮	⋮	⋮	⋮	⋮	⋮	⋮	⋮	⋮	⋮	⋮	

图 5-6-10 第一路蒙版子像素权重分布示意图

为了获得最佳的 3D 观看效果，希望观看者的双眼始终分别位于左、右视差图像显示区域的中心位置，这要求 18 路蒙版在空间中共同形成显示区域的宽度 D 等于人眼瞳孔间距的两倍。根据人眼位置坐标的改变，需要及时地调整蒙版与 3D 图像对的组合方式。利用图形图像处理单元，可以大幅度提高运算速度，实现实时的子像素信息运算，达到在不同的观看虚拟视窗内显示正确视差图像对的目的。假设观看者初始在 3D 显示器正面水平坐标为 X_0 的位置，第 n_0 路蒙版与第(n_0+9) mod 18 路蒙版显示内容的位置分别是观看者左、右眼的位置（这里 n_0 是初始蒙版的序号，X mod Y 表示 X 除以 Y 的余数）。此时，第(n_0-4) mod 18 路～(n_0+4) mod 18 路蒙版用于和左视差图像进行与运算，第(n_0+5) mod 18～(n_0+13) mod 18 路蒙版用于和右视差图像进行与运算。当观看者移动到 X_1 位置时，第 n_1 路蒙版与第(n_1+9) mod 18路蒙版显示内容的位置分别是观看者左、右眼的位置。此时，n_1 的值可以通过式(5-31)计算得到：

$$n_1=\frac{(X_1-X_0)\bmod D}{\dfrac{D}{18}}+n_0 \tag{5-31}$$

根据 n_1 的值，可以将第(n_1-4) mod 18 路～第(n_1+4) mod 18 路蒙版与左图进行与运算，将第(n_1+5) mod 18 路～第(n_1+13) mod 18 路蒙版与右图进行与运算。利用这种选择蒙版的方式，可以实现 3D 图像对的精确控制。

通过上述过程，可以看出 18 路部分子像素蒙版的一半用于将右视差图像导入右眼的虚拟观看视窗，另一半用于将左视差图像导入左眼的虚拟观看视窗。根据人眼位置的变化，它们共同动态组合，负责将不同的 3D 图像对导入空间中不同位置，并形成全部的虚拟观看视窗。图 5-6-11 中描述了两种不同的组合方式。

为了分析 18 路部分子像素蒙版的显示效果，测量人眼单目在水平方向上移动时，从 3D 显示器接收到的单幅视差图像的光强分布。并且将 18 路部分子像蒙版的显示效果同 6 路部分子像素蒙版的进行对比。从图 5-6-12 中可以看出，光强的波动从 10%降低到了 0.9%。

为了模拟真实自然的 3D 视觉，需要显示设备同时为观看者提供双目视差与运动视差。对传统的柱透镜光栅 3D 显示器而言，观看者只能在一定范围内获得双目立体，在相邻两个视区之间会出现视区跳变的现象，严重影响 3D 观看效果。为了弥补传统显示设备的不足，需要采集充足的视点信息，提供平滑的运动视差。本节所介绍的方法中的实验系统使用 Kinect 作为人眼跟踪设备；采用尺寸为 50.7 cm ×28.5 cm、分辨率为 1 920 像素×1 080 像素的液晶显示面板；采用倾斜角为 12.869°、截距为 0. 904 7 mm 的柱透镜光栅。针对上述的硬件设备，本

图 5-6-11　基于 18 路部分子像素蒙版的两种不同组合方式

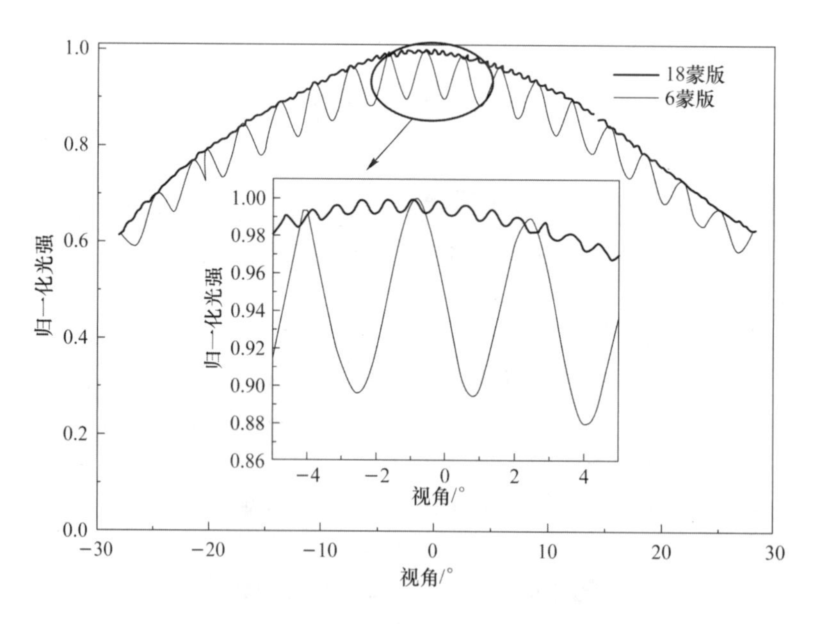

图 5-6-12　基于 6 路部分子像素蒙版与 18 路部分子像素蒙版 3D 显示系统单目接收到的视差图像光强分布情况对比

节选用普适性较强的部分子像素蒙版的图像编码方法进行实验，最终实现视点数目多、运动视差平滑的 3D 显示。计算机根据 Kinect 探测到的人双目位置坐标，实时地为观看者提供正确的 3D 图像对。同时，调整部分子像素的蒙版排列，使得观看者眼睛位于左、右视差图像显示区域的中心位置。当观看者在 3D 显示器正面移动时，可以始终体验到正确的立体感与平滑的运动视差。本实验利用扫描相机以 0.12°的步长对一名同学从 500 个不同角度采集视差图像信息并用于显示，显示效果如图 5-6-13(a)所示。对于计算机数字坦克模型，采用虚拟相机以 0.047°的步长采集 1 200 张图片并用于显示，显示效果如图 5-6-13(b)所示。

(a) 利用相机扫描导轨采集生成的3D图像

(b) 利用计算机模型生成的3D图像

图 5-6-13　从不同角度拍摄到的所介绍 3D 显示器的照片

5.6.2　基于小截距柱透镜光栅提升光栅 3D 显示视点数目的方法

根据前文所介绍的利用柱透镜光栅实现 3D 显示的设计原理可知，光栅栅柱覆盖的子像素数目为整数，提升视点数目必然会导致光栅截距的增大与显示颗粒感的增强。为了达到增加视点数目的同时减小光栅截距的目的，改进传统柱镜光栅 3D 显示系统的结构，提出非整数倍结构的柱镜光栅 3D 显示系统。下面将通过对比光栅截距是子像素宽度的两倍与光栅截距是子像素宽度的 1.5 倍两种情况来说明非整数倍结构光栅形成视点的原理，如图 5-6-14 所示。

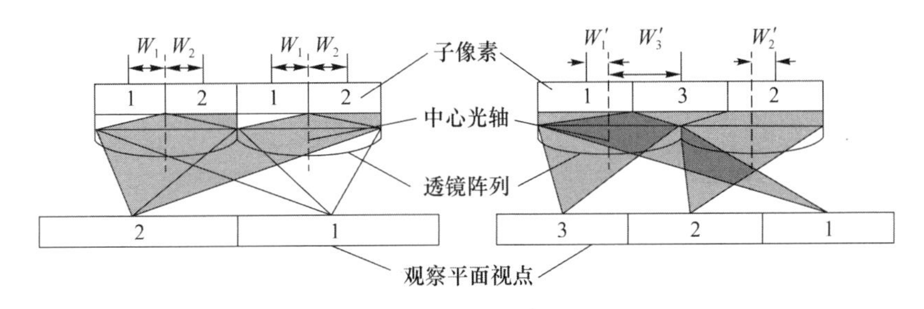

图 5-6-14　柱镜光栅栅柱截距为子像素宽度小数倍的 3D 视点设计原理图

从图 5-6-14 中可以看出，当柱透镜光栅的截距是子像素宽度的两倍时，4 个子像素共对应两个柱透镜，标号为 1 的两个子像素在它们对应透镜的中心光轴左侧 W_1 的位置；标号为 2 的两个子像素在它们对应透镜的中心光轴右侧 W_2 的位置。由于标号为 1 与标号为 2 的像素相对中心光轴的位置不同，因此他们将形成两个不同的视点。当柱透镜光栅的截距是子像素宽度的 1.5 倍时，两个柱透镜对应 3 个子像素。标号为 1 的子像素在其对应透镜的中心光轴左

侧 W_1' 的位置;标号为 2 的子像素在其对应透镜中心光轴右侧 W_2' 的位置;标号为 3 的子像素在其对应透镜中心光轴左侧(右侧)W_3' 的位置。由于标号为 1、2、3 的 3 个子像素到它们各自对应透镜的中心光轴的距离均不相同,因此它们将分别形成 3 个不同的视点。

以上述分析为基础,适当选择光栅的截距,使其宽度是子像素的非整数倍。再根据子像素与其对应透镜的相对位置关系设计视差图像的像素排布,便可以利用小截距光栅实现超多视点的 3D 显示系统。本节介绍的柱透镜光栅中每一个光栅栅柱覆盖 $5\frac{1}{3}$个子像素宽度,为了利用垂直方向的分辨率提升水平方向上的视点数目,光栅倾斜角采用 9.46°,即 $\arctan\frac{1}{6}$。该参数与前文介绍的覆盖非整数子像素的光栅参数一致,此处便不进行赘述。根据本节介绍的方法中所设计的 3D 显示系统的光栅截距与光栅倾斜角的结构,将虚线框范围内的 32 个子像素与 3 个光栅栅柱定义为一个显示单元,显示单元内所有子像素与它们对应的柱透镜有着不同的相对位置关系。根据每个像素对于透镜的相对位置关系设计像素排布方式,可以实现具有 32 个视点的 3D 效果,即可以在每个显示单元内加载 32 个不同方向的光强信息。对于分辨率为 1 920 像素×1 080 像素的液晶显示面板,利用倾斜角为 9.46°、光栅截距为 $5\frac{1}{3}$个子像素宽度的光栅可以构建 360×540 个显示单元,实现 32 幅视差图像或者 32 路 3D 视频的显示。

上述的超多视点显示原理可以推广到光栅截距覆盖的子像素数目为正整奇数个、光栅倾斜角为 9.46°($\arctan\frac{1}{6}$)的柱透镜光栅 3D 显示器上。基于这种参数的 3D 显示器可以将水平方向上柱透镜在垂直方向上覆盖的两行子像素作为一个显示单元。每个显示单元内由 2 个子像素组成,它可以被划分为 2 个小区域。按照本节中介绍的分析方法,根据不同子像素与其对应透镜的相对位置关系进行图像编码,可以实现具有 $N=2$ 个视点的 3D 显示。这种利用小截距柱透镜光栅实现超多密集视点的做法可以在 3D 显示领域广泛应用。

为了说明本节介绍的方法中设计的密集视点 3D 显示方法相对于传统柱透镜光栅 3D 显示方法有明显的提升,用光栅截距是子像素宽度 $5\frac{1}{3}$ 倍与 6 倍两种不同的结构分别制作了 32 视点 3D 显示系统与 6 视点 3D 显示系统,并对它们的显示效果进行对比。这两种 3D 显示系统采用的液晶显示面板的分辨率相同,光栅截距接近。具体的设计参数如表 5-6-1 所示。

表 5-6-1 两种 3D 显示系统的主要参数

参数	32 视点 3D 显示器	6 视点 3D 显示器
屏幕尺寸/英寸	27	27
屏幕分辨率	1 920 像素×1 080 像素	1 920 像素×1 080 像素
子像素宽度/mm	0.103 8	0.103 8
一个柱透镜覆盖的子像素数目 N_p	5.333	6
柱透镜光栅节距 W_p/mm	0.552	0.621
柱透镜光栅焦距/mm	5.52	6.21
显示系统的视点数目 N_s	32	6
视区总宽度 W_z/cm	25	25
最佳观看距离/m	2.5	2.5

利用光照度计分别对上述两种具有不同参数的 3D 显示系统进行测量。一个视区内各个

视点的归一化光强分布如图 5-6-15 所示。图 5-6-15(a)中表示的是传统的 6 视点 3D 显示系统的视点光强分布，图 5-6-15(b)表示的是 32 视点 3D 显示系统的视点光强分布，两套系统的视点光强分布包络线分别在两幅图中用实线描出。通过对比可以看出，图 5-6-15(b)中视点光强分布包络曲线的波动明显减弱了。由此可以得出结论，本节所介绍的 3D 显示系统相对于传统的 3D 显示系统具有更加平滑的运动视差，观看者可以在观看平面获得更加舒适的 3D 效果。

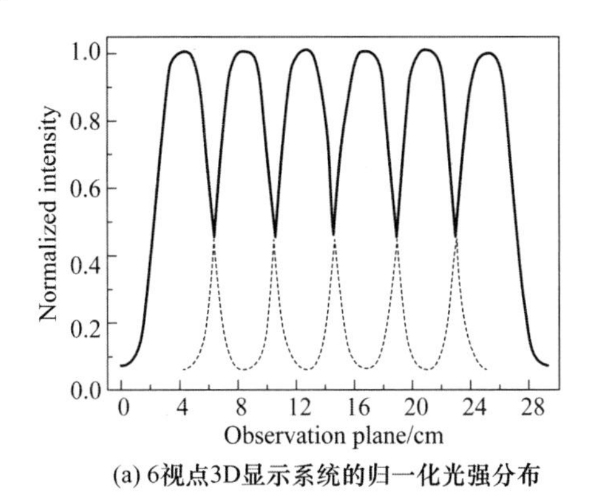

(a) 6视点3D显示系统的归一化光强分布

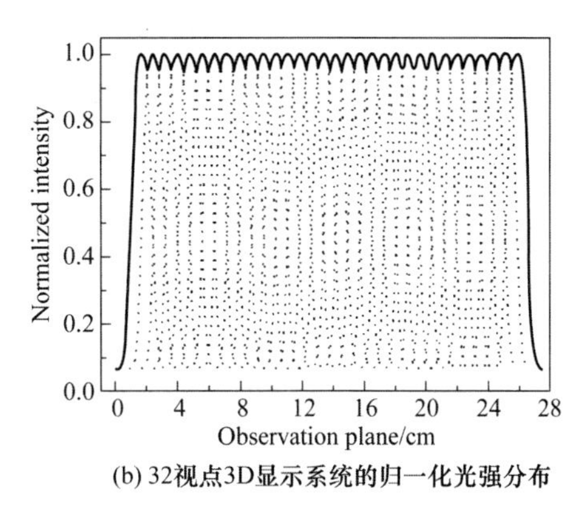

(b) 32视点3D显示系统的归一化光强分布

图 5-6-15 单个视区内观看平面上的视点光强分布及包络曲线

评价 3D 显示系统的一个重要标准是其显示的角频率显示带宽，为了实现高质量的 3D 效果，往往需要依靠提高角频率显示带宽的方式来消除混叠重影现象。构成相邻视点的子像素间距可以被当作 3D 显示系统的角分辨率 Δv，根据角分辨率的原理可以得到如下定义公式：

$$\Delta v = \frac{N_p W_s}{N_s} \tag{5-32}$$

系统的角频率显示带宽 ϕ 可以用式(5-33)表示：

$$|\phi| = \frac{\pi}{\Delta v} \tag{5-33}$$

根据式(5-33)可知，Δv 的值越小，3D 系统的角频率显示带宽就越大。将上述两系统的参数分别代入式(5-32)与式(5-33)中，可以得出结论：利用本节介绍的方法设计的 32 视点 3D 显示系统的角频率显示带宽相对于传统 6 视点 3D 显示系统的角频率显示带宽提高了 6 倍。超大的角分辨显示带宽可以让 3D 系统在实现大景深 3D 图像的同时保持较高的清晰度。

在使用 3D 显示设备为观看者模拟一个真实的空间场景时，需要大量的视点图像信息。如果视差图像采集过程中采集间距充分小，并且再现过程中视点足够密集，那么观众将体验到具有平滑运动视差的 3D 效果，就如同观察真实的场景一样。反之，如果采集与再现的视点不够密集，则过大的立体感会导致视点间出现交叉混叠与重影的现象，这将严重限制 3D 显示系统的景深范围。3D 显示系统的景深被定义为可以看到清晰 3D 图像时的最大出屏距离。以一个出屏的单点为例说明 3D 显示系统的景深计算方法。图 5-6-16 中描述了在观看者的单目从一个视点范围进入相邻视点范围的过程中，不同深度的单点在人眼中的成像效果。对于空间中的一个真实物点，观看者希望可以在水平方向运动的过程中，获得连续无重影的视觉感受。图 5-6-16(a)中的 3D 物点再现深度较大，人眼将观察到重影现象。图 5-6-16(b)通过减小显示深度，使得构成 3D 物点的光线来自 2D 显示平面上相邻的显示单元，此时在两临近视点交界的位置将看到一个平滑连续的物点。

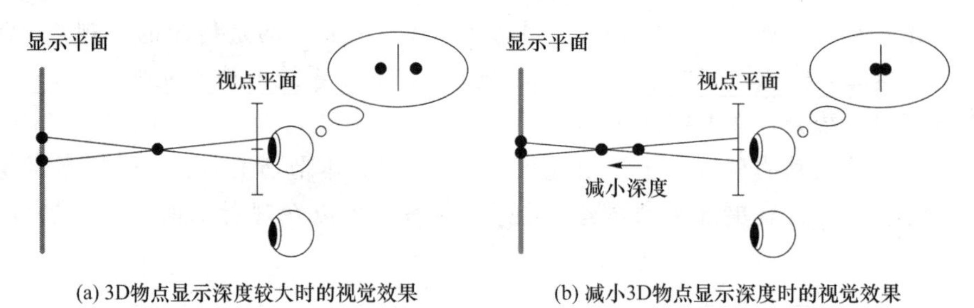

图 5-6-16　人眼观察不同深度单点的视觉效果

通过以上分析可以看出,3D 显示系统的景深 z_0 可以用下述公式进行计算:

$$z_0 = \frac{z_s}{\frac{W_s}{W_i} + 1} \tag{5-34}$$

其中最小显示单元的尺寸 W_i 等于柱透镜光栅的节距 W_p,视点宽度 W_s 等于视区宽度 W_b 除以视点数目 N_s。将上述两系统的参数分别代入式(5-34)后可以得出,32 视点 3D 显示系统的景深为 16.5 cm,6 视点 3D 显示系统的景深为 3.67 cm。很明显本节介绍的 3D 显示系统的显示能力有显著的提高。图 5-6-17 为分别使用两套不同显示系统展示同一场景的效果图,该场景的最大出屏距离为 15 cm。从图 5-6-17(a)中可以看到用圆标记的建筑物边缘位置有明显的模糊。在图 5-6-17(b)中,利用 32 视点 3D 显示系统显示同样场景可以有效地消除重影现象,使得成像质量大大提高。

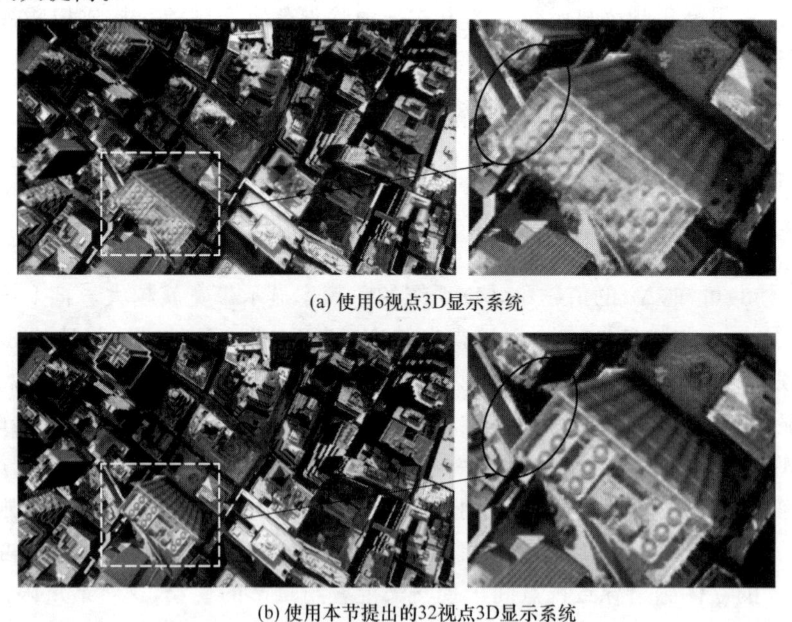

图 5-6-17　在 3D 显示系统的观看平面拍摄到的曼哈顿街区场景 3D 图像

5.7　均衡光栅 3D 显示分辨率的方法

基于狭缝光栅的 3D 显示系统是将水平方向上不同的像素调制到空间中,并在水平方向上构成多个不同角度的视点,因此,传统的狭缝光栅 3D 显示中视点数目与每个视点水平方向上的分辨率成反比。对于有 N 个视点的狭缝光栅 3D 显示器,需要将 N 幅视差图像编码成一幅合成图像。由于 2D 显示面板的显示分辨率为固定值,因此单幅视差图像所显示的视点分辨率为显示面板分辨率的 $\frac{1}{N}$。根据传统狭缝光栅 3D 显示器构成的视点只分布在水平方向上,故分辨率的损失也来自水平方向。若用分辨率为 1 920 像素×1 080 像素的 2D 显示面板实现 4 视点 3D 显示器,则单幅视差图像的分辨率为 480 像素×1 080 像素,水平方向的分辨率降低非常严重,这将严重的影响观看者观看 3D 图像的视觉感受。

图 5-7-1 对比了在水平与垂直方向上同时降低一半分辨率与仅在水平方向上降低到 $\frac{1}{4}$ 分辨率的单幅图像显示效果。通过对比可以明显看出,均衡水平与垂直方向分辨率对显示效果的提升有明显的作用。均衡分辨率可以缓解由视点数目的增加所带来的显示内容质量下降的问题,并对增加视点数目具有重要意义。

(a) 均衡水平与垂直方向分辨率的视点图像

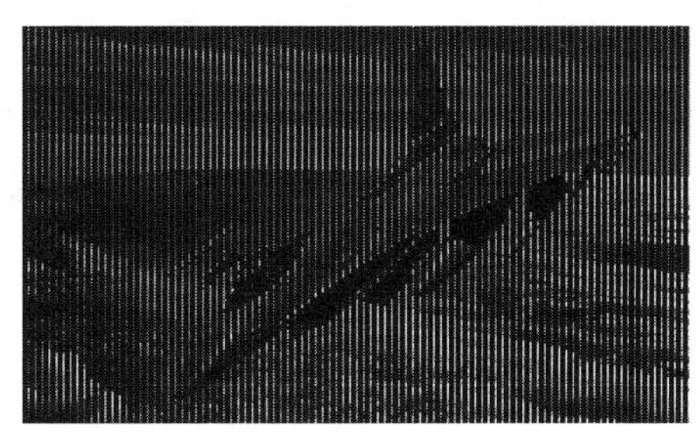
(b) 未均衡水平与垂直方向分辨率的视点图像

图 5-7-1 两种不同 4 视点 3D 显示效果对比图

为了达到均衡分辨率的目的,我们对传统的狭缝光栅提出改进,将其设计为具有交错式结构的交错式狭缝光栅,如图 5-7-2 所示。

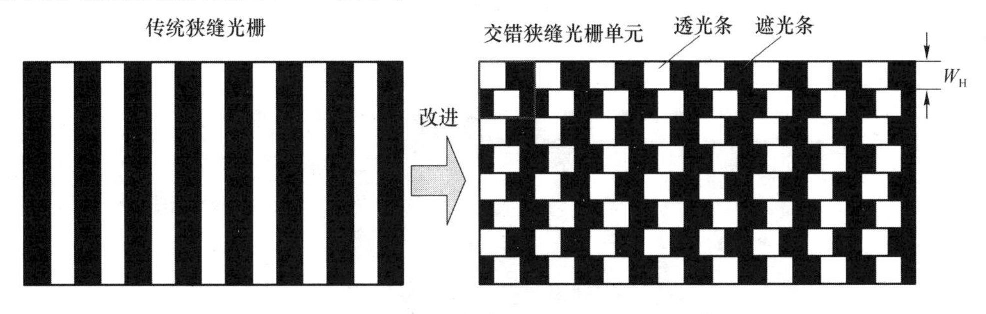

图 5-7-2 交错式狭缝光栅结构

从图 5-7-2 中可以看出,传统的狭缝光栅经过改进后,遮光条与透光条不再是在垂直方向上均匀排布,而是每间隔(显示面板上的像素高度)进行一次光栅错位。每一行中透光条与遮光条在水平方向上的宽度都接近一个像素的尺寸,光栅错位的距离为透光条宽度的一半,这种设计的目的是为了实现显示器上奇数行与偶数行的像素分别可以在空间中不同位置进行观看。这种交错式的光栅结构可以使狭缝光栅 3D 显示系统在利用水平方向上的像素构建视点的同时,垂直方向上的像素也可以被用来构建视点,从而达到均衡分辨率的目的。图 5-7-3 是交错式狭缝光栅实现均衡分辨率的示意图。图中 3D 显示系统利用偶数行上的像素构成了视点 1 与视点 3;利用奇数行上的像素构成了视点 2 与视点 4。

这种交错式狭缝光栅虽然有效地均衡了水平与垂直方向上的显示分辨率，但是相邻视点间的串扰依然非常严重。

为了进一步实现交错式狭缝光栅 3D 显示系统在均衡分辨率的同时达到减小串扰的目的，将平面显示器的背光板与液晶显示面板进行了分离，采用两层交错式狭缝光栅共同实现控制光的方向与约束光能的目的。双交错式狭缝光栅 3D 显示系统的器件组成与排列结构如图 5-7-4 所示。交错式狭缝光栅 1 放置在背光板与液晶显示面板之间，交错式狭缝光栅 2 放置在液晶显示面板与观看者之间。液晶显示面板上的内容通过背光的照明与两层交错式狭缝光栅的共同调制，可以在适合的观看平面上形成视点，这里我们用 4 视点 3D 显示系统为例进行说明。

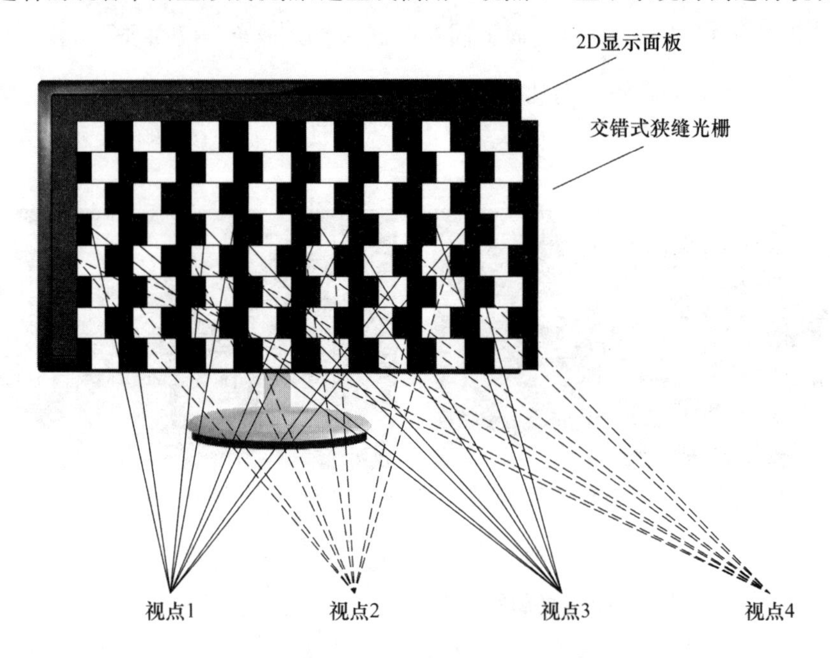

图 5-7-3　交错式狭缝光栅均衡分辨率示意图

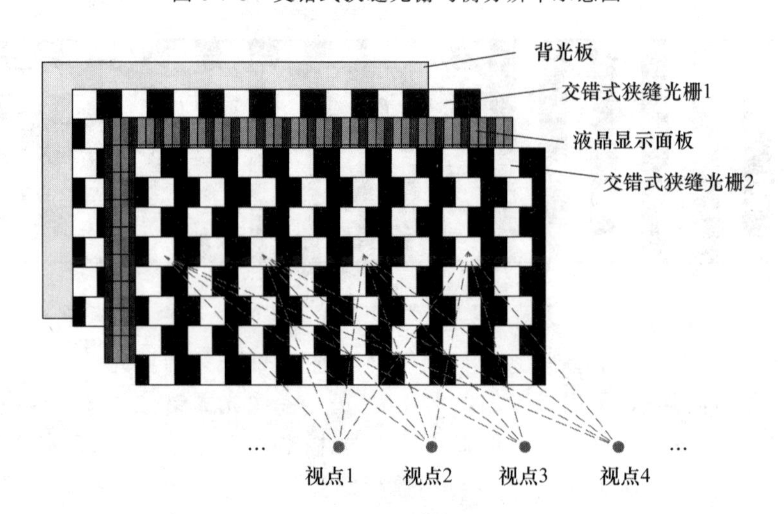

图 5-7-4　双交错式狭缝光栅 3D 显示系统

两层交错式狭缝光栅都具有图 5-7-4 所示的交错式结构，两者仅在结构参数上有细微的差距。两层交错式狭缝光栅单元用于调制液晶显示面板上的像素，并遮挡不必要的光线。液晶显示面板上的像素排布如图 5-7-5(a)所示，方形区域内的 4 个像素组成了一个像素单元，数字编号 1、2、3、4 所在的区域分别代表了来自 4 幅不同视差图像的像素。这个像素单元与两层交错式狭缝光栅单元共同构成了一个显示单元，如图 5-7-5(b)所示。每一个显示单元就是一个多视点像素，利用这种结构实现 4 视点 3D 显示效果时，每个视点相对于原有的 2D 显示面板将在水平与垂直方向同时降低一半的分辨率，因此该方法具有均衡分辨率的作用。

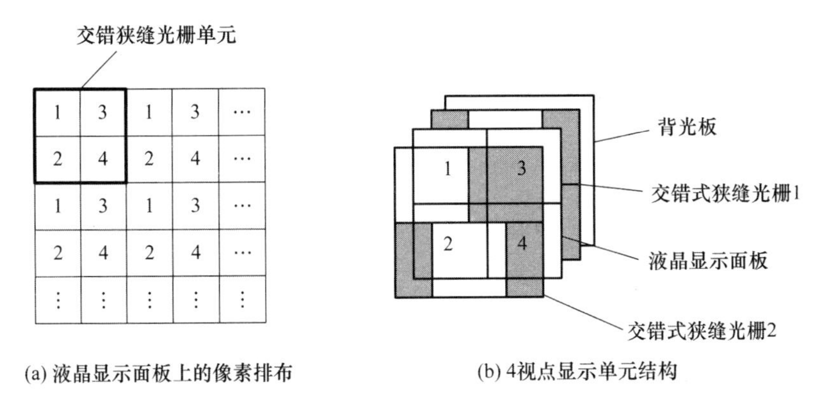

图 5-7-5 基于双交错式狭缝光栅均衡分辨率的 3D 显示系统分析

图 5-7-6 展示了利用双交错式狭缝光栅均衡 3D 显示系统分辨率的具体实现原理。为了说明均衡分辨率与降低串扰的方法，需要同时分析奇数行与偶数行上像素形成视点的过程。W_1 与 W_{b1} 分别是交错式狭缝光栅 1 的透光条与遮光条的宽度，W_2 与 W_{b2} 则分别是交错式狭缝光栅 2 的透光条与遮光条的宽度。交错式狭缝光栅 1 在距液晶显示面板后方 D 处的位置，交错式狭缝光栅 2 在距液晶显示面板前方 d 处的位置。W_p 是液晶显示面板上像素的宽度。观看者适合的观看距离为 L。ΔQ 是整个显示系统相邻视点间距，Q 是同一行上像素所形成的视点间距。奇数行上的像素显示视差图像 1 与视差图像 3，偶数行上的像素显示视差图像 2 与视差图像 4。根据三角形的几何关系分析可以得到以下公式：

$$\frac{W_p}{Q} = \frac{D}{L + D + d} \tag{5-35}$$

$$\frac{W_1}{Q} = \frac{D}{L + d} \tag{5-36}$$

依据式(5-35)和(5-36)可以进一步推导出 Q,W_p 与 W_1 之间的数学关系如下：

$$W_1 = \frac{Q \times W_p}{Q - W_p} \tag{5-37}$$

其他参数可以由下面公式计算得到：

$$d = \frac{W_p}{Q} \times L \tag{5-38}$$

$$W_2 = \frac{L}{L + d} \times W_p \tag{5-39}$$

$$D = \frac{W_1}{W_2} \times d \tag{5-40}$$

$$\begin{cases} W_{b1} = W_1 \\ W_{b2} = W_2 \end{cases} \tag{5-41}$$

使用后双交错式狭缝光栅均衡分辨率的 3D 显示系统为了使得偶数行上像素形成的视点

2和视点4与奇数行上像素形成的视点1和视点3的位置不同，两层交错式狭缝光栅在偶数行上的透光条需要相对于奇数行上的透光条的位置进行偏移，本节中设交错式狭缝光栅1的透光条向左偏移的距离为ΔW_1，交错式狭缝光栅2的透光条向右偏移的距离为ΔW_2。偏移距离需要满足下面的关系公式：

$$\begin{cases} W_1 = \dfrac{d}{L+d} \times Q \\ \Delta W_1 = \dfrac{d}{L+d} \times \Delta Q \end{cases} \tag{5-42}$$

$$\begin{cases} W_2 = \dfrac{d}{L+d} \times Q \\ \Delta W_2 = \dfrac{d}{L+d} \times \Delta Q \end{cases} \tag{5-43}$$

如图5-7-6所示，ΔQ是视点1与视点2的间距，Q是视点1与视点3的间距。很明显，为了让视点在空间中均匀排布，ΔQ的值应该是Q值的一半，再根据式(5-42)与式(5-43)，可以得出ΔW_1与ΔW_2的计算方法：

$$\Delta W_1 = \frac{1}{2} W_1 \tag{5-44}$$

$$\Delta W_2 = \frac{1}{2} W_2 \tag{5-45}$$

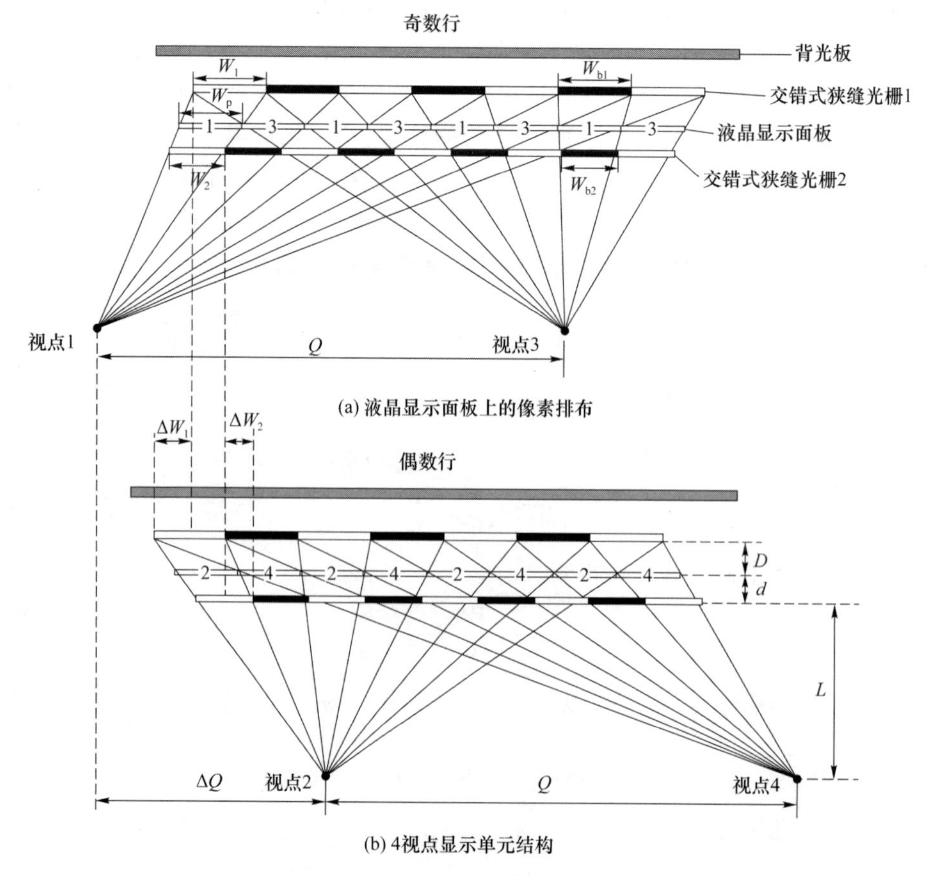

图5-7-6　基于双交错式狭缝光栅均衡分辨率的3D显示系统分析

本章参考文献

[1] 孔令胜,刘春雨,张元,等.视差自由立体显示中莫尔条纹消除的研究进展[J].液晶与显示,2014,29(03):441-449.

[2] 李小方,王琼华,李大海,等.一种消除柱透镜光栅自由立体显示图像串扰的方法[J].四川大学学报:工程科学版,2011,43(6):115-118.

[3] 戴特长,郑文庭,夏新星,等.基于 LED 柱面屏的全景三维显示系统的数据生成方法[J].系统仿真学报,2013,25(10):2304-2307.

[4] 马金伟,唐远炎,房斌. 基于 Mean-Shift 和 NMI 特征的人眼跟踪[J]. 计算机应用研究,2009(11):4398-4400.

[5] 郭君斌,郭晓松,雷磊,等. 基于改进粒子滤波算法的人眼跟踪方法[J]. 仪器仪表学报,2010,8(8):1720-1725.

[6] 李郝,董秀成. 一种快速人眼定位与跟踪算法的实现[J]. 计算机应用研究,2010,1(1):377-379.

[7] Takada H,Suyama S,Date M,et al. A compact depth-Fused 3-D display using a stack of two LCDs [J]. Journal of the Institute of Image Information & Television Engineers,2004,58(6):807-810.

[8] Ishigure Y, Suyama S, Takada H, et al. Evaluation of relative visual fatigue in the viewing of a depth-fused 3D display and 2D display[J]. Ite Technical Report,2004,28:25-28.

[9] 曹雪梅,桑新柱,陈志东,等. Fresnel hologram reconstruction of complex three-dimensional object based on compressive sensing[J]. 中国光学快报(英文版),2014,8(8):28-31.

[10] Liu Y Z, Dong J W, Pu Y Y, et al. Fraunhofer computer-generated hologram for diffused 3D scene in Fresnel region[J]. Optics Letters,2011,36(11):2128-2130.

[11] Nordin G P, Kulick J H, Jones M, et al. Demonstration of novel three-dimensional autostereoscopic display[J]. Optics Letters,1994,19(12):901-903.

[12] Luo J Y, Wang Q H, Zhao W X, et al. Autostereoscopic three-dimensional display based on two parallax barriers[J]. Applied Optics,2011,50(18):2911-2915.

[13] van Berkel C. Image preparation for 3D LCD [J]. Proceedings of SPIE-The International Society for Optical Engineering,1999,3639(2):84-91.

[14] Matusik W,Pfister H. 3D TV:a scalable system for real-time acquisition,transmission,and autostereoscopic display of dynamic scenes[C]. ACM SIGGRAPH,2004:814-824.

[15] Daniell S. Correction of aberrations in lens-based 3D displays[J]. Proceedings of SPIE-The International Society for Optical Engineering,2005,5664:175-185.

[16] Johnson R B. Advances in lenticular lens arrays for visual display [C]. Optics & Photonics,2005,5874:587406-1-587406-11.

[17] Visser D,Gijsbers T G,Jorna R A. Molds and measurements for replicated aspheric

lenses for optical recording[J]. Applied Optics,1985,24(12):1848-1852.

[18] Zwiers R J, Dortant G C. Aspherical lenses produced by a fast high-precision replication process using UV-curable coatings[J]. Applied Optics,1985,24(24):4483-4488.

[19] Wu D,Chen Q D,Niu L G,et al. 100% Fill-factor aspheric microlens arrays(AMLA) with sub-20-nm precision[J]. IEEE Photonics Technology Letters,2009,21(20):1535-1537.

[20] Yu X,Sang X,Gao X,et al. Dynamic three-dimensional light-field display with large viewing angle based on compound lenticular lens array and multi-projectors[J]. Optics Express,2019,27(11):16024-16031.

[21] Zwicker M, Matusik W, Pfister H. Antialiasing for automultiscopic 3D displays[C]// Proceeding of the 17th Eurographics Conference on Rendering Techniques Eurographics Association,2006:73-82.

[22] Rehder B,Hoffman A B. Eyetracking and selective attention in category learning[J]. Cognitive Psychology,2005,51(1):1-41.

[23] Andrew Duchowskic P. Eye Tracking Methodology[M]// Springer London,2007.

[24] Holmqvist K,Nyström M,Andersson R,et al. Eye tracking:a comprehensive guide to methods and measures[J]. Eye tracking: A comprehensive guide to methods and measures-ResearchGate,2011.

[25] Paul V, Michael J J. Robust real-time face detection[J]. International Journal of Computer Vision,2004,57(2):137-154.

[26] Zwicker M,Matusik W,Durand F,et al. Antialiasing for automultiscopic 3D displays [J]. Eurographics Association,2006:73-82.

[27] Moller C N, Travis A R. Correcting interperspective aliasing in autostereoscopic displays[J]. IEEE Transactions on Visualization & Computer Graphics,2005,11(2):228-236.

第6章

集成成像3D显示技术

6.1 集成成像的发展历史与研究现状

6.1.1 发展历史

1908年G. Lippmann首次提出了集成摄影术的概念，为实现3D立体显示增加了新途径。它的原理是利用一个透镜阵列对3D场景进行记录并再现。记录过程是通过透镜阵列对3D物体进行一次拍摄，形成记录在胶片上的二维图像阵列，每个图像包含不同的视角信息。再现过程是通过对这些信息进行分析和重建，还原出被拍摄物体的3D图像。

1931年H. E. Ives通过实验首次提出集成成像再现的是一个与原物体存在深度反转关系的3D幻视像，即赝像。为了解决这个问题，他提出二次拍摄法，然而经过二次拍摄后的重建图像十分模糊。1968年，在此基础上，A. Chutjian设计利用等高线表示法记录数据并通过计算机生成物体的赝像，通过对赝像进行拍摄，得到具有正确深度关系的3D图像。然而若要重建3D图像，则必须在与拍摄过程类似的镜头后面重新记录，而当时的感光底片和透镜阵列质量不佳，不能重建出清晰的图像，限制了该技术的实用性。直到20世纪80年代，透镜阵列的加工工艺大幅进步，高质量的新型液晶显示器逐渐占据市场，计算机图像储存和处理能力也不断增强，集成成像才迎来了复苏。

1997年Fumio Okano等人使用数码相机直接拍摄由透镜阵列产生的大量真实动态图像，并利用液晶显示面板和针孔阵列相结合的显示设备生成了自由立体图像。这是首次使用光电系统对传统的集成摄影系统进行改进，从而使利用集成摄影拍摄运动的物体并对其进行实时处理、储存和显示成为可能，也使集成成像焕发出更大的活力。至此，集成成像已初具雏形。

1998年，H. Hoshino等人分析了集成成像的分辨率限制。通过对视点处测得的集成成像分辨率的估计，得到了孔径或透镜的最佳宽度。2002年Ju-Seog Jang等人提出了一种新型实时全光3D投影仪，它采用非平稳透镜阵列技术，克服了透镜间距对观测分辨率的限制，提高了观看分辨率。同年，Byoungho Lee等人提出利用双器件系统可以增大集成成像的图像深度、视角和尺寸。2004年，Martinez-Corral等人提出通过对相位单元阵列的振幅进行调制可以大幅度提高焦距深度与平方分辨率乘积的优值，从而提高景深。2005年，Sung-Wook

Min 等人首次将图像悬浮应用于集成成像中，利用悬浮透镜产生集成成像，重建图像的悬浮实像，增加 3D 深度感。2007 年，R. Martinez-Cuenca 等人第一次对集成成像系统产生的 3D 图像严重失真的现象进行了严格的解释，并将这种现象称为错切现象。

随着集成成像的快速发展，除了全光学集成成像之外，人们还提出了计算集成成像技术。计算集成成像技术是通过计算机系统实现数字记录和数字再现过程的集成成像技术。记录过程是利用计算机系统建立虚拟场景物体，并用虚拟光学系统对物体深度信息进行记录。再现过程同样是利用计算机数字模拟的方法重构 3D 物体图像。这种基于计算机的图像检索可以通过数字技术提高图像的对比度、亮度和分辨率等参数，重建出更完美的 3D 图像。

2001 年，Hidenobu Arimoto 等人提出一种自由视点集成成像数字重建方法。利用微透镜阵列得到单元图像阵列后，通过视差计算，选择单元图像上具体位置处的像素组成该视点处的视点图像。在此基础上，2007 年，Yong Seok Hwang 等人为了获得高分辨率、低聚焦误差的图像，提出将单元图像倾斜以提取视点信息，得到符合视点位置的新单元图像，然后用新单元图像进行视点图像的重构。2009 年，Myungjin Cho 等人对上述方法进一步改进，将重构面也进行倾斜，与平行重构平面相比，倾斜重构平面的 3D 重建图像可以获得更多 3D 物体的聚焦面。2004 年，Seung-Hyun Hong 等人提出了一种集成成像体计算重构方法，通过将单元图像放大重叠来重建出目标在空间不同深度的一系列切片图像。随着计算集成成像的发展，它被应用于场景的重聚焦、生物医学、水下物体成像等。此外，由于计算集成成像具有能还原被遮挡场景的特点，因此人们提出可以利用集成成像采集的多视点图像结合不同视角的光线信息还原出被遮挡的物体，因此，计算集成成像还可以用于对被遮挡物体的识别和跟踪。

6.1.2 研究现状

近年来，集成成像进入快速发展的阶段。为了有效提高集成成像系统的性能，优化显示效果，国内外学者对此进行了大量的实验和研究，研究内容主要包含增大 3D 观看视角、提高 3D 显示分辨率、增加 3D 显示深度和解决实像模式下的深度反转问题 4 个方面。

1. 增大 3D 观看视角

2011 年 Jae-Young Jang 等人通过在像面和透镜阵列之间采用高折射率介质来增大观看视角。2014 年，谢伟等人提出采用基于柯克透镜(包含两个凸透镜阵列和一个凹透镜阵列的 3 种透镜阵列)的集成成像系统来增大观看视角。2015 年，张建磊等人提出用单中心透镜阵列与光纤束耦合来增大观看视角。2016 年，SeungJae Lee 等人提出利用全息光学元件的布拉格不匹配重建来增大集成成像显示器的观看视角。2019 年，杨乐等人提出利用定向时序背光和复合透镜阵列来增大基于时间复用透镜拼接的集成成像的观看视角。

2. 提高 3D 显示分辨率

2012 年，Md. Ashraful Alam 等人提出利用定向单元图像投影提高 3D 显示分辨率。2014 年，Yongseok Oh 等人提出用时分复用的电子掩模阵列提高聚焦模式下的 3D 显示分辨率。2015 年，王梓等人提出可以利用两种不同焦距的微透镜阵列(MLA)分别用于捕获和显示以提高 3D 显示分辨率。2018 年，Anabel Llavador 等人提出了一种新的 3D 无源图像传感和可视化技术，以提高集成成像的横向分辨率。

3. 增加 3D 显示深度

2006 年 Yunhee Kim 等人利用多层显示设备，提出了一种多中心深度平面的深度增加集成成像方法。2013 年，程灏波等人提出了利用三次相板来增加集成成像系统的 3D 显示深度。2014 年，杨勇等人在无扩散膜的负透镜阵列投影式集成成像系统中，通过减小边缘深度平面上的光斑尺寸达到了增加 3D 显示深度的目的。2016 年，罗成高等人提出了一种梯度振幅调制(GAM)的方法，其可以增加数据采集系统的 3D 显示深度，记录大深度 3D 场景。2017 年，张森等人利用多焦点单元图像增加了集成成像的 3D 显示深度。2018 年，Yongri Piao 等人通过采用多焦点融合技术增加了 3D 显示深度。

4. 解决实像模式下的深度反转问题

2010 年，H. Navarro 等人提出了智能深度反转模型(SPOC)，通过直接采集来形成具有正确深度的 3D 图像。2014 年，他们又将算法进行了改进，新的算法比之前的算法简单很多，生成的基元图像没有黑色像素，并且允许在一定的限制范围内随意固定参考平面和显示的三维场景的视场。2012 年，Jae-Hyun Jung 等人基于多视点显示(MVD)中的交织过程，利用简单的变换矩阵形式，实现了基于集成成像的采集图像到显示图像的实时转换。2017 年，Junkyu Yim 等人提出了一种可解决深度反转问题的集成成像系统，该系统利用偏移透镜阵列采集图像。

近年来，国内外各个高校与研究所，如美国康涅狄格大学、韩国首尔大学、日本广播公司 NHK、北京邮电大学、四川大学、浙江大学、西安电子科技大学、天津大学、北京航空航天大学、吉林大学等，都对集成成像技术进行了大量的研究。目前，集成成像技术已经可以应用于水下物体的 3D 可视化、对被遮挡物体的 3D 跟踪、3D 显微镜的可视化和细胞的识别等。它的优点是结构简单和设备廉价，因此它是目前最有可能走出实验室，走进千家万户的真三维显示技术。

6.2 集成成像的基础原理

6.2.1 集成成像显示原理与分类

集成成像技术利用微透镜阵列对 3D 物体进行拍摄，记录空间中向不同方向传播的光。根据光路可逆原理，重建原始光场的过程为采集的逆过程。

图 6-2-1 展示了基于微透镜阵列的实像模式集成成像原理。微透镜阵列由一组在水平方向和垂直方向上紧密排布的微透镜构成。透镜作为位相元件，仅改变光线的传播方向，并不阻挡光线的传播，具有较高的光效率。图 6-2-1(a)展示了基于微透镜阵列的集成成像采集过程，根据透镜成像原理，每个透镜相当于一个相机，从不同方向对 3D 物体进行采集，在每个透镜后面的底片上生成一幅对应于该方位视角的图像，称为基元图像(Elemental Image，EI)。因此，微透镜阵列对 3D 物体进行采集成像，可得到一组包含视差信息的基元图像，称为基元图像阵列。

体像素是 2D 空间中像素概念在 3D 空间的延伸，是组成 3D 图像的基本单元。集成成像

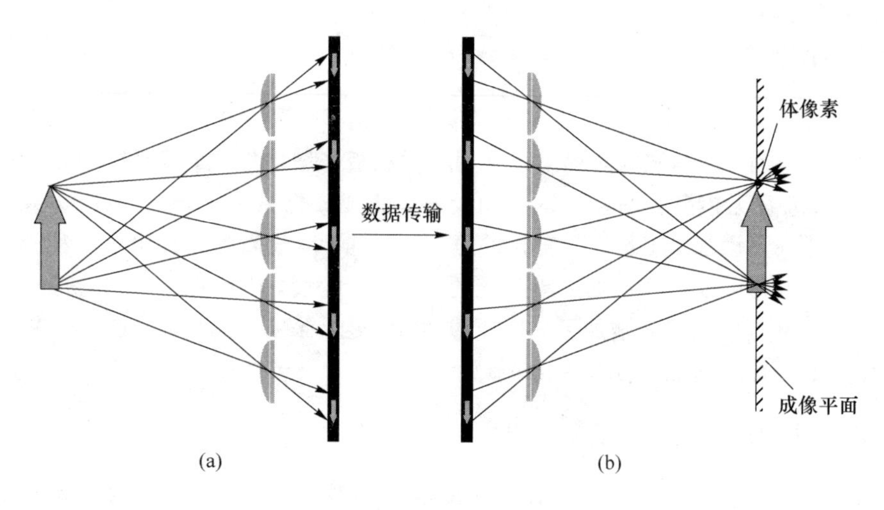

图 6-2-1　集成成像示意图(实像模式)

的显示过程即生成体像素的过程,3D 图像由成像平面上的体像素构成,成像平面上的体像素能向不同方向投射不同的空间信息。图 6-2-1(b)是实像模式的集成成像显示过程,展示了生成体像素的光线通过成像平面后可以继续向不同方向传播空间信息。在显示过程中,采集获得的基元图像阵列加载到 2D 显示器上,将与采集时相同的微透镜阵列放置在显示器的前方,其与显示器之间的距离保持和采集时相同的间距,即可还原原始 3D 场景的图像,得到全视差的 3D 显示。

通过集成成像技术重建的 3D 图像具有全色彩、全角度、平滑运动视差等优点,观看者不需要借助于辅助工具即可观看到真实的 3D 画面。正因为集成成像技术重建的 3D 图像有如上优点,该技术被应用于 3D 显示相关的计算机图形学领域。集成成像中透镜的成像关系可由高斯公式表示:

$$\frac{1}{f}=\frac{1}{L_g}+\frac{1}{L_c} \tag{6-1}$$

其中 L_g 表示透镜阵列与显示器的距离,L_c 表示成像平面与透镜阵列的距离,f 表示透镜的焦距。

根据 L_g 与 f 的大小关系,可以将集成成像技术分为 3 种显示模式:实像模式、虚像模式和聚焦模式,下面将通过 3 种模式的实例对这 3 种模式进行阐述。

1. 实像模式的集成成像

当 $L_g>f$ 时,集成成像系统为实像模式。如图 6-2-2 所示,当透镜阵列与显示器之间的距离 L_g 大于透镜焦距 f 时,根据透镜的成像特性,显示器上的像素发出的光线通过透镜后将汇聚在透镜前方的一个平面上,称为像平面。因此,实像模式生成的 3D 图像呈实像,显示在透镜阵列的前方,能呈现出屏的立体效果。

为了显示高分辨率的 3D 图像,通常将集成成像系统设置为实像模式。光线汇聚平面是成像清晰度最佳的平面,呈现的重建 3D 图像最为清晰,该平面称为零平面或零视差面。在实像模式和虚像模式下,像平面和零平面为同一平面,是 3D 图像体像素生成平面。图 6-2-3 中,生成体像素的光线在通过像平面后继续传播,向不同方向投射空间信息。显示屏上的 A、B 点子像素为基元图像 2 中的像素,即被同一个透镜 L_2 覆盖,A、B 点子像素发出的光线分别与基元图

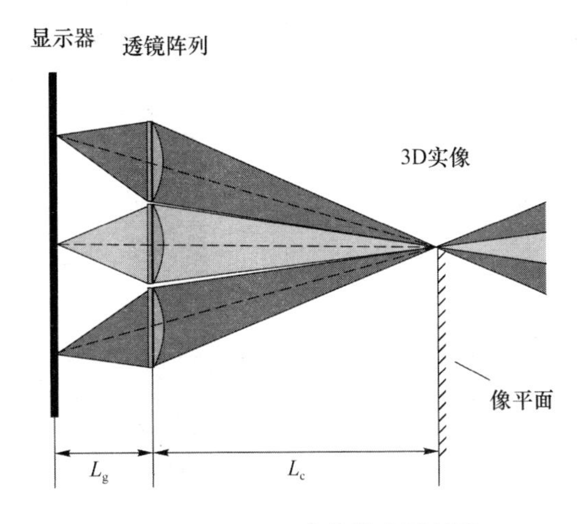

图 6-2-2 $L_g > f$,实像模式原理图

像 1 和基元图像 3 中相同物点像素发出的光线汇聚,在像平面上生成体像素点 C、D。假设人眼与透镜 L_2 的视角连线与像平面也相交于 C、D 两点,人眼可观察到的 CD 区域中,也包含了显示屏 A 点子像素与 B 点子像素之间的其他像素。因此,在实像模式下,人眼通过一个透镜可以看到多个像素。

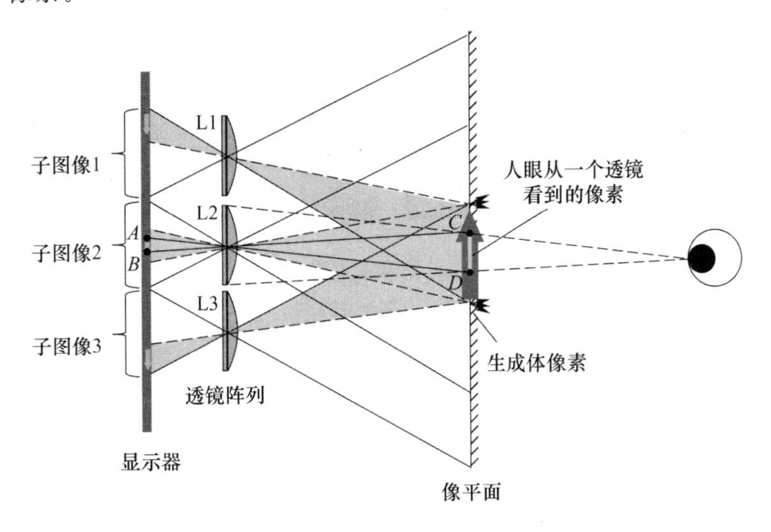

图 6-2-3 人眼通过透镜看显示屏上的像素

北京邮电大学设计的全视差 3D 光场显示系统是集成成像实像模式的典型案例。在该系统中,微透镜阵列与 LCD 之间的距离 L_g 大于透镜的焦距 f,可以看到 LCD 发射的光线通过透镜后在空间中汇聚,像平面位于透镜阵列前方。该系统引入扩散膜以消除透镜产生的畸变,扩散膜放置于零平面,扩散膜消除畸变的原理见 6.4 节。图 6-2-4 展示了这种全视差 3D 光场显示系统的结构,基元图像阵列被显示在 LCD 上,LCD 的每个像素通过透镜阵列产生圆锥形的光束,所有像素发射的光束交点处产生 3D 光学重建,呈现出人眼可见的 3D 图像。图 6-2-4(a)展示的是没有引入扩散膜消除畸变的成像,通过扩散膜调制,成像结果如图 6-2-4(b)所示。

这种实像模式下的系统可以在 45°视角下,获得清晰自然的 3D 光场图像,清楚地看到不同高度的结构和相对三维位置关系。图 6-2-5 显示了在扩散膜消除畸变后,集成成像实像模式系统的 3D 显示效果。

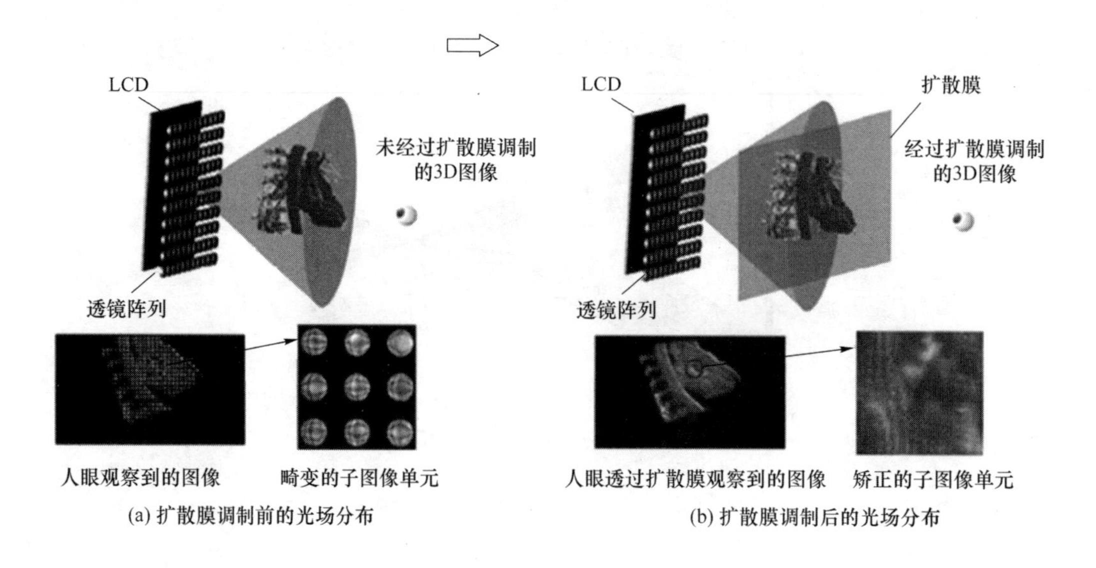

图 6-2-4　全视差 3D 光场显示系统的结构

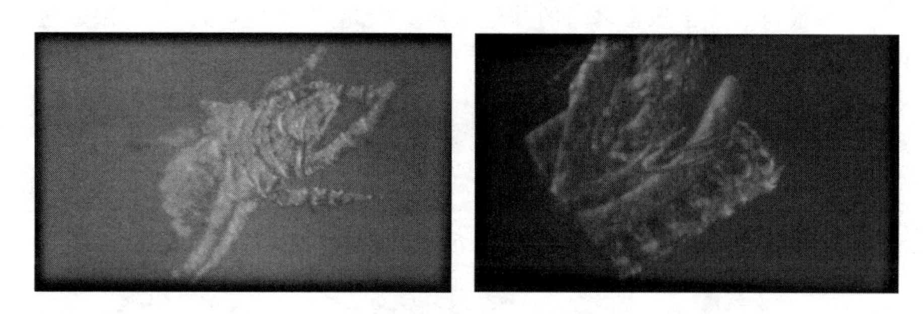

图 6-2-5　集成成像实像模式系统的 3D 显示效果图

实像模式下的集成成像重建光场可以逼真地还原物体或场景的原始 3D 信息，为多用户提供自然舒适的 3D 显示体验，同时实像模式下的 3D 显示系统在医学、教育、军事等领域都有许多潜在的应用。

2. 虚像模式的集成成像

当 $L_g < f$ 时，集成成像系统为虚像模式。如图 6-2-6 所示，透镜阵列与显示器的距离 L_g 小于焦距 f 时，显示器上像素发出光线的延长线汇聚于透镜阵列后方的一个平面上，像平面位于显示器后面，显示的 3D 图像呈虚像位于透镜阵列后方，能实现入屏的立体效果。与实像模式类似，在这种模式下，人眼通过一个透镜同样可以和实像模式一样看到多个像素。

NVIDIA 公司于 2013 年提出的近眼 3D 光场显示系统是集成成像虚像模式的实用案例，他们利用微透镜阵列和头戴式显示器实现了沉浸式的近眼 3D 光场显示，并构建了完整的原型显示系统，包含对系统的分辨率、视场和景深的定量分析，系统的结构设计和光场图的渲染方法。在这种近眼 3D 光场显示系统中，一个焦距为 f 的透镜阵列被放置在距离显示器 $L_g(0 < L_g < f)$ 的位置上。显示屏上的每个像素通过透镜阵列产生的光束反向汇聚，像平面位于透镜阵列后方，人眼可在显示屏内观察到 3D 光学重建结果。如图 6-2-7 所示，透镜起着简单的放大镜的作用，可以产生虚拟的正像。

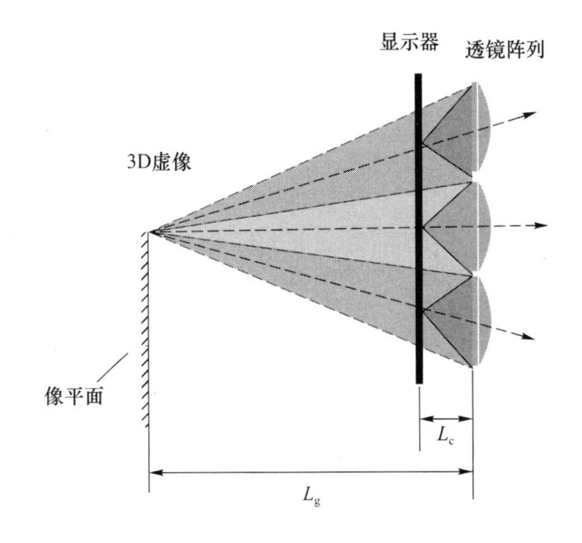

图 6-2-6 $L_g<f$,虚像模式原理图

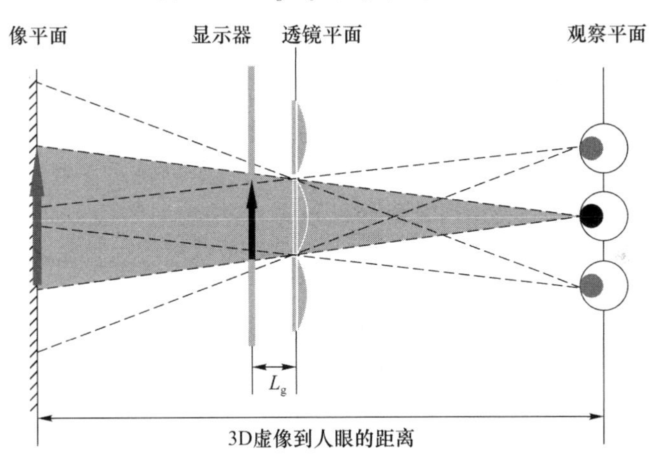

图 6-2-7 近眼三维光场显示原理

由于使用近眼 3D 光场显示设备时,显示器被放置在离眼睛很近的地方,而人眼的调节范围有限,因此辐辏调节的矛盾成为近眼 3D 光场显示亟待解决的问题。虚像模式下的集成成像技术能够提供正确的单目深度信息,解决双目视觉中辐辏调节的冲突,实现宽视场以及紧凑、舒适的沉浸式体验,为实用的头戴式 3D 显示器提供了一条新途径。

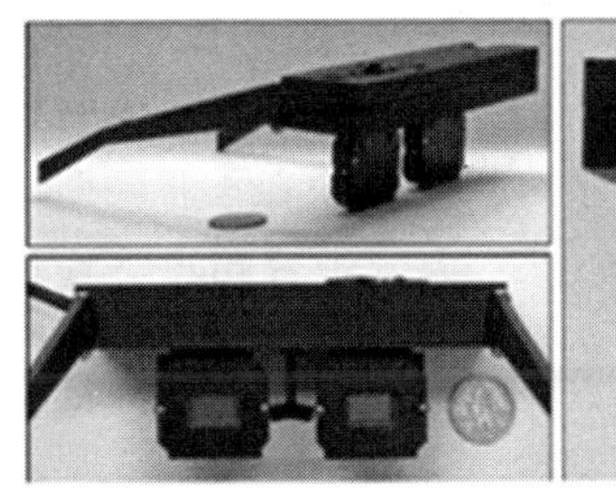
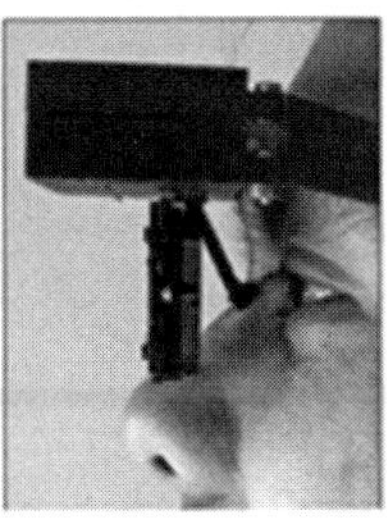
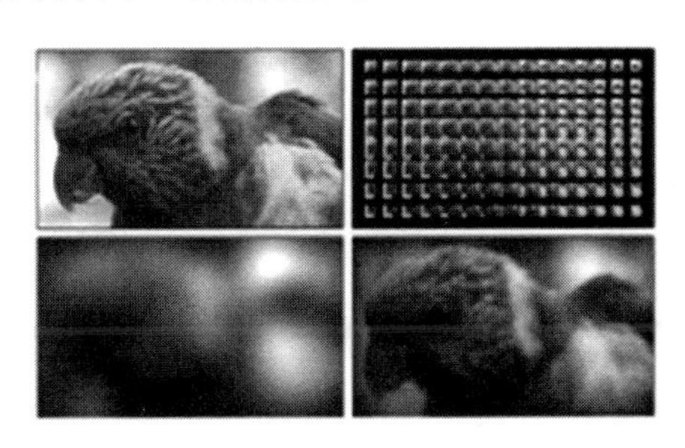

图 6-2-8 沉浸式近眼光场

3. 聚焦模式的集成成像

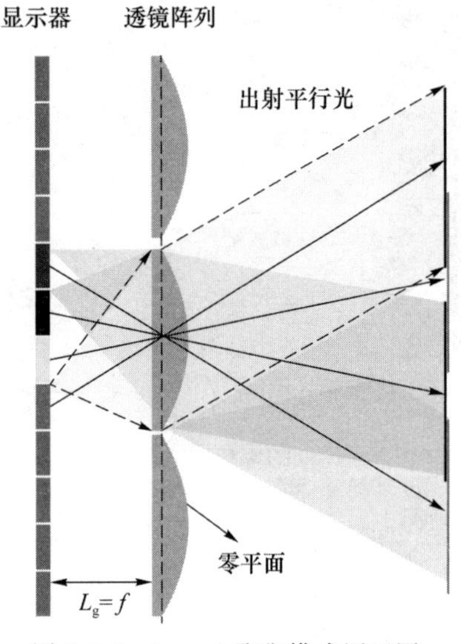

图 6-2-9 $L_g=f$，聚焦模式原理图

当 $L_g=f$ 时，集成成像系统为聚焦模式。如图 6-2-9 所示，当透镜阵列离显示器的距离 L_g 等于焦距 f 时，由式(6-1)可知，显示器上的像素发出的散射光通过透镜后将变成平行光，像平面位于无穷远处。

在聚焦模式下，由于像素发出的光线通过透镜折射后变为平行光，因此从某一角度观察时，人眼从一个透镜中只能看到一个发光像素，从每一个透镜中也只能看到一个视点，体像素点尺寸等于透镜的孔径。同时，3D显示效果既能实现入屏的立体效果，也能实现出屏的立体效果。由于其入屏深度与出屏深度一致，人眼看到的体像素生成平面位于透镜平面上，且一个透镜对应一个体像素，因此聚焦模式的透镜数越多，体像素数越多。

作者提出了一种可以提高 3D 显示系统视角、实现具有平滑运动视差和精确深度的超大视角集成成像 3D 显示系统。在该系统中，微透镜阵列与显示器之间的距离 L_g 等于透镜的焦距 f，此时为集成成像聚焦模式。在聚焦模式下可以看到，显示器上像素点发射的光线通过每个透镜的光轴后变为平行光线，这些出射的平行光线可以形成具有运动视差的 3D 图像，图 6-2-10 是超大视角集成成像 3D 显示系统原理示意图。

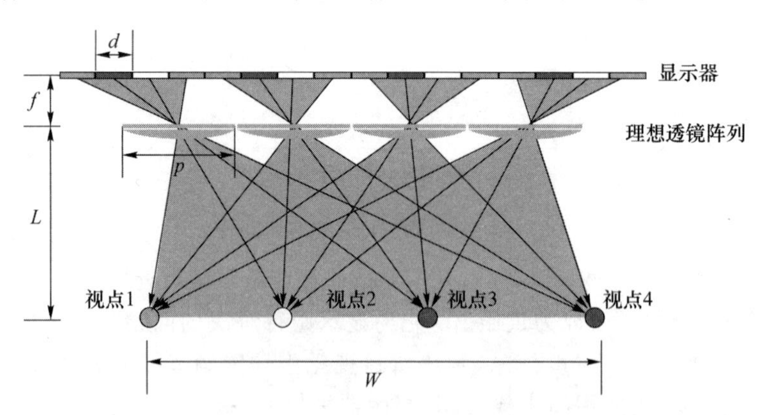

图 6-2-10 超大视角集成成像 3D 显示系统原理示意图

假设一个透镜下覆盖的基元图像包含 4 个水平分布的子像素，4 个子像素发出的光线通过透镜阵列折射后，汇聚到不同方向形成 4 个不同的视点。图中 d 表示显示屏上一个子像素的宽度，p 表示透镜的节距，f 表示透镜的焦距，W 表示视区宽度，L 表示观看距离。根据图上几何关系，可以推导出显示系统的参数关系式：

$$\frac{p}{4d}=\frac{L}{L+f} \tag{6-2}$$

$$\frac{d}{W}=\frac{f}{L} \tag{6-3}$$

在柱透镜光栅 3D 显示系统中，显示屏与柱透镜光栅的距离等于柱透镜焦距。随着观看者的移动,观看者看到的3D图像有连续的变化,可以实现平滑的运动视差。与柱透镜光栅3D显示系统类似,在聚焦模式下的集成成像系统中,显示器与透镜阵列的距离也等于透镜的焦距,因此,聚焦模式下的集成成像显示可以看作柱透镜光栅3D显示的二维实例,能为观看者提供平滑的运动视差。平滑的运动视差让聚焦模式下的集成成像可以应用于各类终端设备的3D显示以及印刷防伪等方面。

6.2.2 基元图像阵列的生成方法

根据像素的映射关系合成基元图像阵列是集成成像3D显示中十分重要的环节。在探究基元图像阵列的合成时,从不同的角度分析可以得到不同的合成方法,最终都能得到正确的3D图像。根据合成原理和具体操作的不同本章提供了4种不同的方法。

1. 二次拍摄法

拍摄法是一种传统的集成成像信息采集方法,如图6-2-11所示,深色箭头表示一个3D场景,采集透镜阵列和电荷耦合器件(Charge-Coupled Device,CCD)记录设备对3D场景进行图像采集,得到基元图像阵列。基元图像阵列经过数据传输在LCD上显示,观众通过显示透镜阵列观看到3D图像。

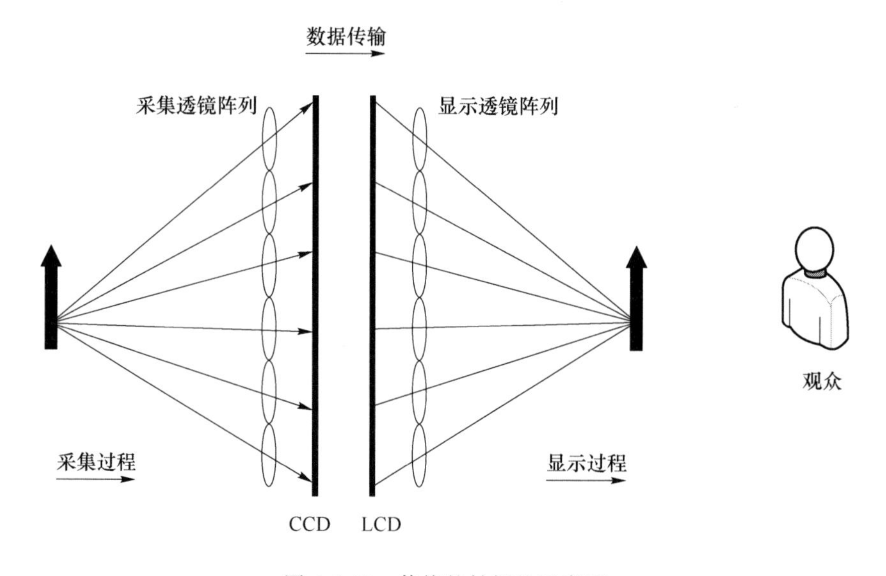

图6-2-11 传统的拍摄法示意图

由于要采集的场景是三维立体的,从不同角度采集会有不同的遮挡效果。例如,图6-2-12中立方体和棱柱的空间位置不同,每组透镜下拍摄的遮挡效果也不同。用传统的拍摄法得到的基元图像阵列在实像模式显示过程中会出现深度反转的问题,也就是说,得到的3D图像深度关系和所观察到的实际深度关系是颠倒的。如图6-2-12所示,在采集过程中,设备拍摄到的图像即观众所观察到的图像,其中立方体离采集设备较近,是3D场景中的前景,而棱柱离采集设备较远,是3D场景中的后景。在实像模式显示的过程中,根据光路可逆原理,3D图像立方体和棱柱会在其原来的位置被构建出来,其尺寸和深度位置与原场景一致。但此时棱柱的位置离观众最近,而立方体的位置离观众最远,两者的深度关系与采集时所观察到的深度关系恰恰相反。在设备采集时记录下来的3D场景遮挡关系在显示的过程中依然存在，但显示的效果却表现为后景遮住了前景，这与实际情况相矛盾，此时再现的是深度反转的图像。

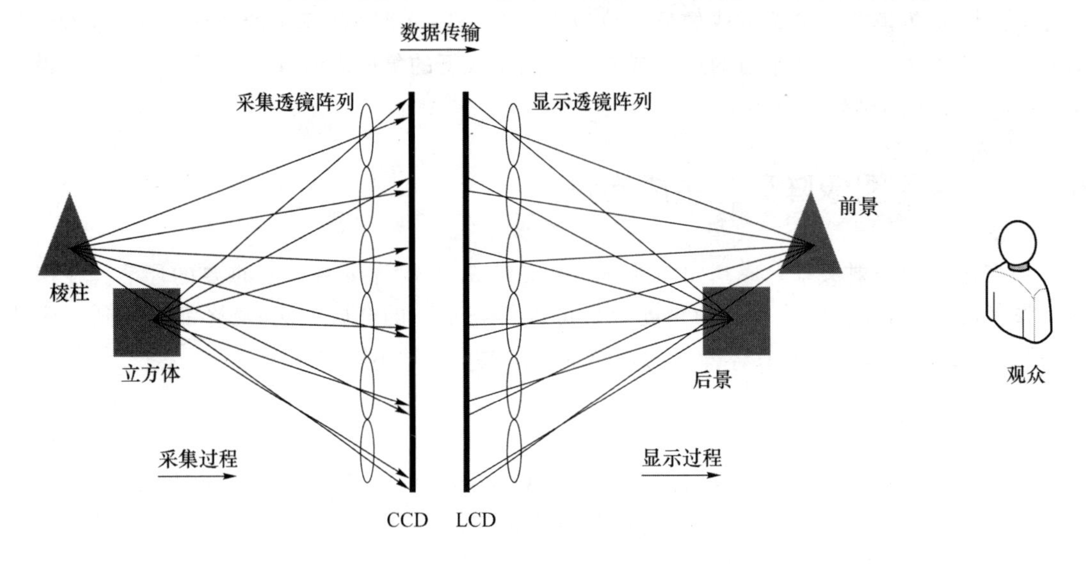

图6-2-12　集成成像深度反转示意图

二次拍摄法是针对集成成像实像模式提出的，解决了显示3D图像时深度反转的问题。如图6-2-13所示，由透镜阵列和CCD第一次拍摄得到的图像经过数据传输后，在集成成像系统的显示设备上得到显示，此时显示的3D图像是深度反转的立体图像。然后将深度反转的图像当作物体进行二次拍摄，经过二次拍摄后，再现3D图像的深度关系得到纠正，跟所观察到的原场景一致。

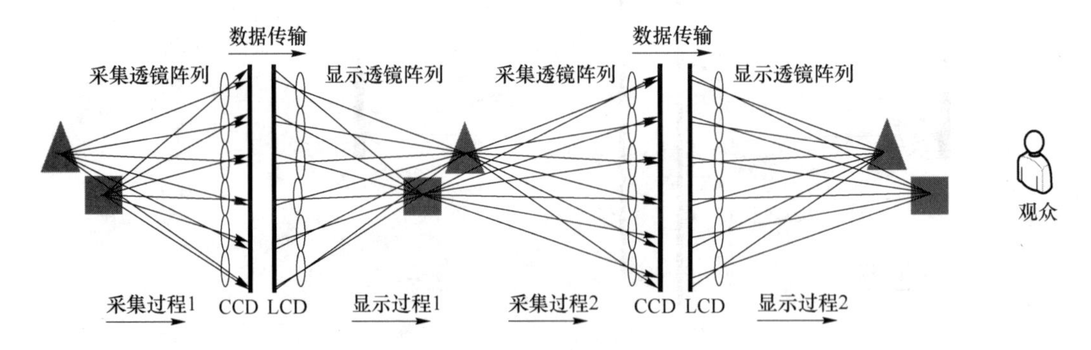

图6-2-13　集成成像2次采集和显示过程示意图

总结来说，深度反转问题仅存在于集成成像实像模式中，二次拍摄法也是针对实像模式提出的。对于集成成像虚像模式，在采集和显示过程中，显示系统再现的3D图像和原3D场景是完全相同的，不存在深度反转的问题，一次拍摄得到的基元图像阵列能够显示出正确的3D图像。

2. 多层合成法

实像模式下之所以存在深度反转的问题，是因为所拍摄的3D场景是有深度的。换言之，如果拍摄的场景没有深度，即拍摄一个二维的场景，那么在显示过程中就不会出现深度反转的问题。从这个角度出发，本节介绍了多层合成法。

多层合成法，顾名思义，就是将要拍摄的 3D 场景分层，每层分别采集，最后按一定的规则合成。上述过程中的 3D 场景是计算机中的模型，采集是指使用虚拟相机进行拍摄。当分层达到一定数量，每层的深度小到一定程度时，可以视为没有深度的一个单位。分层的过程如图 6-2-14 所示，此时一个完整的 3D 场景“箭头”已经被分割为相互独立的 n 层。

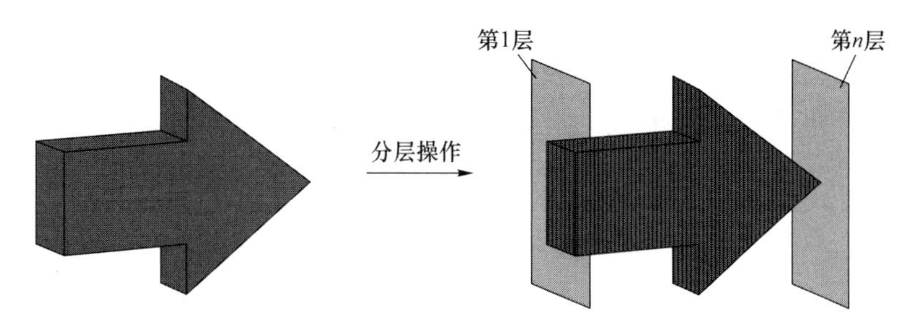

图 6-2-14 3D 场景分层过程

在观看者的角度，由于存在深度反转，因此若想通过一次拍摄在集成成像系统中看到的前景是“箭头”的头部，则要将“箭头”的尾部放在前景位置进行拍摄。但是因为“箭头”是三维立体的，拍摄过程中尾部会遮挡头部的信息，所以经过系统显示后并不能得到正确的效果。

分层操作有效解决了上述问题。经过分层后，每层作为没有深度的二维平面，在拍摄和显示的过程中就不需要考虑深度反转，每层记录下的信息没有遮挡关系。分层的顺序如图 6-2-14 所示。

如图 6-2-15 所示，先对第一层场景进行拍摄，采集透镜阵列下的 CCD 记录下第一层的内容，生成第一层的基元图像阵列，然后对第二层进行拍摄，生成第二层的基元图像阵列。此时用第二层的基元图像阵列覆盖第一层的基元图像阵列，这样保证了第二层的信息优先于第一层的信息显示。同理，按照上述顺序依次对其他层场景进行拍摄，同时按照上述顺序将得到的不同层场景的基元图像阵列依次覆盖前一层。拍摄到最后一层（即第 n 层）时，整个拍摄过程结束，将最终得到的基元图像阵列放置于集成成像系统中显示。显示出的 3D 图像的前景是“箭头”的头部，后景是“箭头”的尾部，头部的信息遮挡尾部的信息。所以通过多层合成法，可以得到正确的 3D 图像。

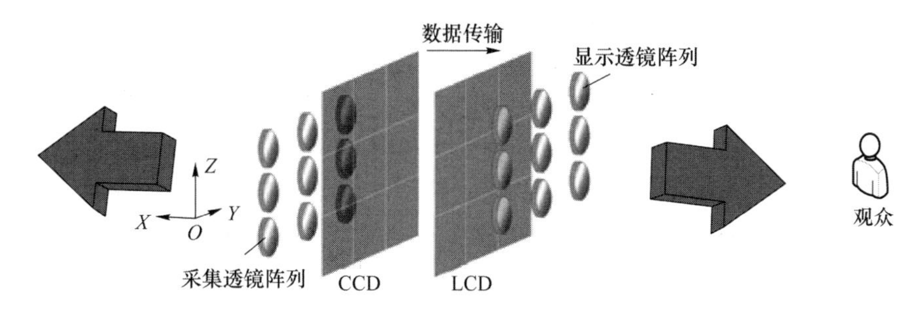

图 6-2-15 分层拍摄和显示的过程

3. 视点合成法

二次拍摄法解决了深度反转的问题，但是它本身也存在一定的缺陷。由于透镜像差和 CCD 记录单元尺寸的影响，这种方法会降低图像的质量。从观看视角出发，本节介绍了利用虚拟相机进行拍摄的视点合成法，该方法解决了二次拍摄法存在的问题。

视点合成法的思路是从每个观看视点出发，分别对 3D 场景进行拍摄，根据不同像素发出的光线到达不同视角的几何关系，推导出拍摄得到的基元图像阵列和最终要合成的基元图像阵列之间像素映射的关系。在这种映射关系已知的情况下，通过对拍摄得到的基元图像阵列像素进行重新编码，就可以得到正确的合成图像，即显示正确深度关系的 3D 图像。

由于需要推导的采集图像阵列与合成图像阵列之间的映射关系是精确的点对点关系，因此首先要得到的是集成成像显示系统的参数，即拍摄过程中设备的参数和显示过程中设备的参数。如图 6-2-16 所示，相机阵列中的相机数目用 X 表示，相邻相机的间距用 d 表示，相机的拍摄角度用 ω 表示，每个相机采集到的图像的分辨率用 R 表示。零平面(焦平面)的宽度可表示为 $(N-1)p$，其中 N 和 p 分别表示透镜的数目和节距。相机阵列离透镜阵列的距离可表示为 L。

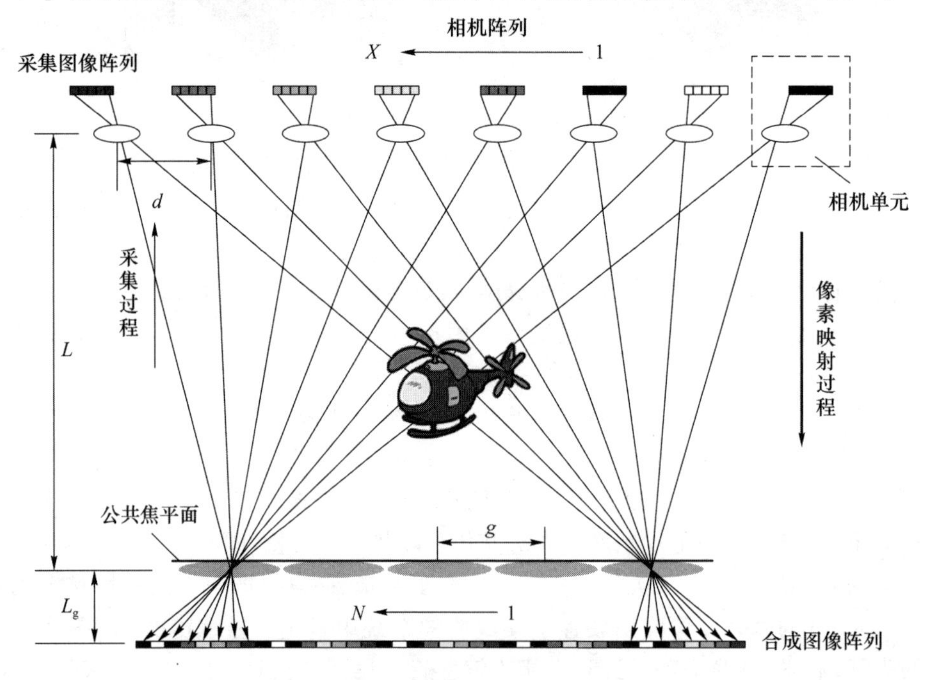

图 6-2-16　视角合成法过程示意图

相机阵列的拍摄参数是由集成成像显示系统的参数决定的，在一个参数确定的集成成像显示系统中，相机阵列的拍摄参数可由几何关系推导得出。如图 6-2-16 所示，假设对于一个参数确定的集成成像显示系统，其透镜阵列与平面显示器的间距为 L_g，透镜阵列的数目为 N，每个基元图像包含的像素数为 r。在只考虑一维像素映射的情况下，根据图中光线映射的几何关系可知，各视角拍摄得到的图像阵列中每个基元图像的分辨率 R 与集成成像显示系统中透镜的数目 N 相等，相机的数目 X 与合成图像阵列中每个基元图像的分辨率 r 相等。相邻相机的间距可表示为 $d=\frac{gL}{(rL_g)}$，相机的拍摄角度可表示为 $\omega=2\arctan\frac{(N-1)g}{2L}$。因此，根据确定的集成成像显示系统，可以推导出相机阵列的采集参数为

$$\begin{pmatrix} X \\ d \\ \omega \\ R \end{pmatrix}=\begin{pmatrix} r \\ \dfrac{gL}{rL_g} \\ 2\arctan\dfrac{(N-1)g}{2L} \\ N \end{pmatrix} \tag{6-4}$$

使用上述的相机阵列采集场景的 3D 信息之后，下一步要进行的是图像编码中像素映射的步骤，即把采集图像阵列的像素按照正确的方式一一对应地映射到合成图像阵列中。图 6-2-16 所示为像素映射的光路图。一一对应体现在任意一个采集图像阵列的像素都可以在合成图像阵列中找到一个像素与之对应，两个像素的信息完全相同。为了精确表示出任意像素，将图像阵列中像素坐标化。采集图像阵列中第 m 个基元图像中的第 i 个像素可表示为 $O(m,i)$，这个像素发出的光线向前传播，然后相交于合成图像阵列中第 m'个基元图像中的第 i'个像素，该像素可表示为 $O'(m',i')$。

根据图 6-2-16 中光线的几何关系，采集图像阵列中的像素与合成图像阵列中像素的映射关系可表示为

$$O'(m',i')=O(m,i),\quad m=X-i'+1,\quad i=R-m'+1 \tag{6-5}$$

其中，m'的取值范围为 $1\sim N$，i'的取值范围为 $1\sim r$。采用式(6-5)所示的像素映射方法可以简洁高效地生成合成图像阵列，其包含 N 个基元图像，每个基元图像的分辨率为 r。采集图像阵列到合成图像阵列的像素映射过程是点对点映射，保证了最终生成的合成图像阵列中对应各视角信息像素排布的精确度。上述讨论的是视点合成法在一维情况下的像素映射关系，同理，该方法在二维的集成成像显示系统中依然适用。

4. 反向追踪合成法

通常视点合成法是从拍摄 3D 场景的角度出发，即对采集图像阵列上的像素进行操作，进而得到合成图像阵列。在处理虚拟的 3D 模型时，根据几何光学中光路可逆的原理，本节从 3D 场景本身的角度出发介绍了反向追踪合成法，通过逆向追踪光线传播的路径确定像素的位置，合成基元图像阵列。

对于图 6-2-17 所示的一个 3D 模型，正向处理的步骤是先用虚拟相机进行拍摄，然后对采集到的基元图像阵列进行图像编码从而得到合成图像阵列，最后在显示透镜阵列下进行显示。图 6-2-17 中的圆点是显示的 3D 图像中的某一个物点，通过图中的虚线可以看到，这个物点由来自不同透镜下的像素发出的光线构成，指向右侧的箭头既代表物点发出的光线，又代表透镜下像素发出的光线。每个透镜下光线的传播路径都过透镜的中心。从图 6-2-17 中的几何关系可知，如果 3D 图像与透镜阵列及 LCD 的相对位置已知，那么可以得到每个物点与透镜中心的连线。集成成像显示系统再现的 3D 图像与要拍摄的 3D 模型完全相同。因此从 3D 模型的物点出发，根据光路可逆原理，按照光线本来传播的路线反向推导，就可以得到提供此物点光线的像素位置。如图 6-2-17 所示，指向左侧的箭头表示反向追踪的光线，物点与透镜阵列中每个透镜中心的连线的延长线与 CCD 所在的平面交于一点，交点就是提供物点光线的像素在合成图像阵列中的具体位置，这些像素在图 6-2-17 中由 CCD 上的小方块表示。用计算机遍历 3D 模型上所有的物点，就可以合成完整的基元图像阵列。

在使用反向追踪合成法合成基元图像阵列时，依然要考虑模型深度的问题。如图 6-2-17 所示，以图中飞机上取两个物点为例，其中深色物点是飞机尾部的一个物点，观众要观看的前景如果是飞机的尾部，那么尾部一侧的信息应当优先显示，即在反向追踪像素的过程中，尾部一侧的物点应当最后遍历。这时，提供尾部一侧物点光线的像素在合成图像阵列上优先覆盖之前的像素。如图 6-2-17 所示，指向左侧的深色箭头表示尾部深色物点反向追踪的光线，深色小方块表示深色物点反向追踪得到的像素。从图中可以看到深色物点有一条反向追踪光线在 CCD 上得到的像素与之前浅色物点反向追踪得到的像素相同(在图中表示为指向左侧的浅

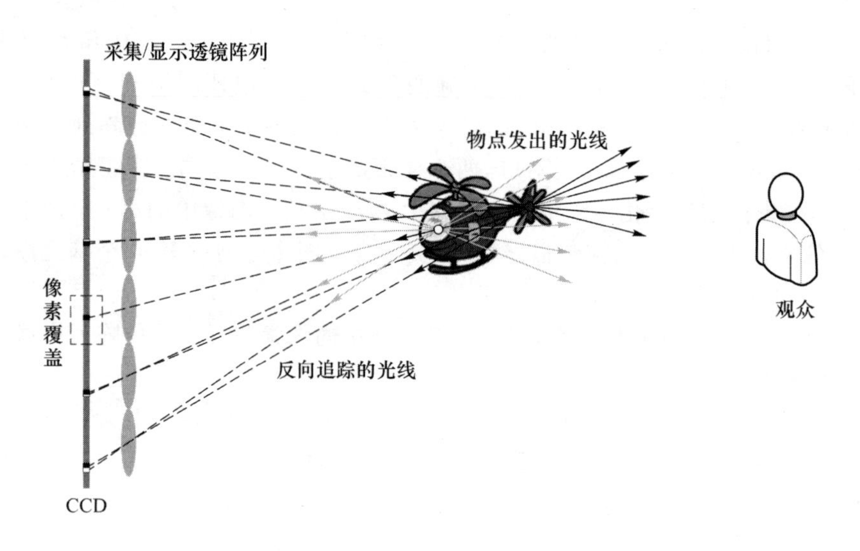

图 6-2-17　反向追踪合成法过程示意图

色箭头与其中一条指向左侧的深色箭头重合，虚线框内深色小方块与浅色小方块重合)，由于先遍历浅色物点后遍历深色物点，因此该像素之前记录的浅色物点信息被深色物点信息覆盖(在图中表示为深色箭头覆盖浅色箭头，虚线框内深色小方块覆盖浅色小方块)。遍历过程中的顺序与分层合成法相似，最终合成的基元图像阵列能够显示出具有正确遮挡关系的 3D 图像。

6.3　集成成像的光学评价方法

6.3.1　聚焦模式下集成成像的光学评价

串扰是影响三维感知的重要因素，串扰率是评价聚焦模式下集成成像质量的重要光学指标。本节将先分析和量化聚焦模式的串扰，再描述降低串扰的优化原理，确定串扰优化阈值。

聚焦模式下集成成像的光学系统由 2D 显示面板和透镜阵列组成。基于聚焦模式成像特点，2D 显示面板位于透镜阵列后方焦平面处，面板上像素发出的发散光穿过透镜产生多束平行光，光线根据几何关系汇聚在不同最佳观看点(sweet spots)处形成 3D 图像，如图 6-3-1(a)所示。通过计算观看点与可见像素的映射关系，该系统将产生全视差的聚焦模式集成图像。

在理想光学系统中，系统采用的理想透镜没有像差，人眼在水平方向上观看到的 3D 图像光强如图 6-3-1(a)所示，不同视点光线覆盖的视区如图中观看位置上的黑色线条所示，不同视区相接形成完整 3D 图像观看区域，观看者沿着观看区域移动可以观察到运动视差，不同视区最佳观看点的光强只由单个视区光线产生，没有串扰。但是实际光学系统是存在像差的，孔径角度 u 的增大会引起严重的球面像差现象。球面像差 δL 可以由以下公式表达：

$$\delta L = a_1 u^2 + a_2 u^4 + a_3 u^6 + \cdots \tag{6-6}$$

其中，$a_1 u^2$ 代表一级球面像差，$a_2 u^4$ 和 $a_3 u^6$ 分别代表次级球面像差和第三级球面像差。当孔径角度较小时，δL 可以用 $a_1 u^2$ 来表示。然而，当 u 值增大时，就需要用更高阶级次的球面像

差来表示 δL，如 a_2u^4 和 a_3u^6。在式(6-6)中，$a_1 \sim a_3$ 表示球面相差系数，由透镜参数计算得到。

由于像差的影响，因此从透镜出射的光线会发散成一定角度，如图 6-3-1(b)所示。因为观看位置到透镜的观看距离相对透镜宽度而言过大，小角度发散光经过大观看距离后被放大，各个视点光线在水平方向产生的可视范围变宽，如图 6-3-1(b)所示，视点 2 的最佳观看点处会混入相邻视点 1 和 3 的光线。此时，来自同一体像素的多幅视图光线同时进入同一只眼睛，产生视野竞争，观看者看到的是一幅带有重影的图像，较高的串扰将会导致观看者难以将观察到的图像融合成正确的立体图像。图 6-3-1(c)为低串扰效果图，图 6-3-1(d)为高串扰效果图，两者对比可以看出，高串扰的 3D 图像重影更严重。随着 3D 图像的立体感增大，串扰致使重影增大，3D 图像质量会更加糟糕。

将串扰定义为同一体像素内非主视点光线的干扰。聚焦模式的集成成像将透镜视为发光体像素单元，如图 6-3-1(a)所示，体像素 V_1 和 V_2 分别由左侧相邻两透镜下的像素产生。当 R_1 为主像素时，相邻体像素光线 R_3 与 R_1 同时被人眼观察到不会被定义为串扰，因为人眼可以区分该两条光线来自不同发光点(体像素)。与 R_1 同一体像素下的光线 R_2 被观察到会被定义为串扰，因为当人眼同时观察到来自同一体像素的两条光线时，两条光线会形成重影，影响成像质量。由于透镜结构是旋转对称的，因此由水平方向串扰原理可得垂直方向串扰原理。串扰率作为聚焦模式下集成成像的重要光学评价指标，可由下述公式定义：

$$\text{crosstalk} = \frac{L}{R} \times 100\% \tag{6-7}$$

其中，R 为某一位置主视点光强，L 为某一位置串扰光强，通过降低串扰光强可以得到重影更小的再现 3D 场景。

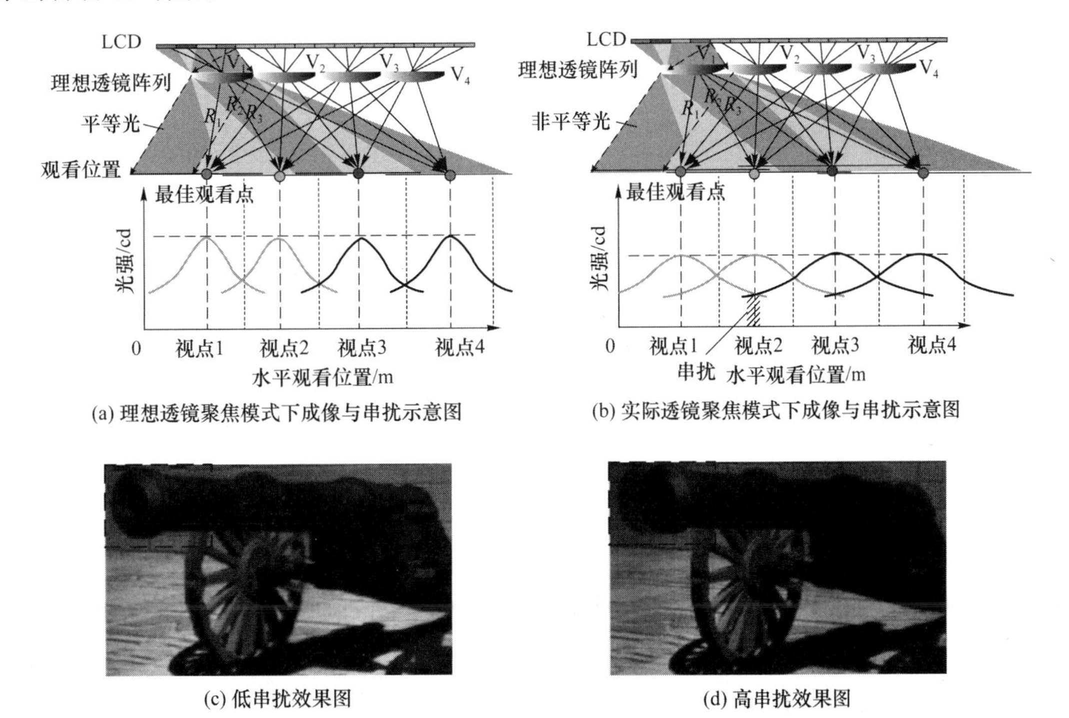

图 6-3-1 高低串扰下的成像示意图和效果图对比情况

为了解决透镜像差引起的聚焦模式下集成成像串扰问题，采用反向光路进行分析。基于反向光路的优化设计可以更简便地确定优化阈值，减小计算量。根据光学定义，先初步建立理想光学系统，如图 6-3-2(a)所示，对单个理想透镜和其覆盖的基元图像进行分析。在反向光路中，入射的平行光穿过理想透镜汇聚在 LCD 平面为像点。在考虑透镜像差的反向光路中，如图 6-3-2(b)所示，入射的平行光经过透镜汇聚在 LCD 上形成弥散斑。入射光线孔径角度 u 的增大会导致像差增大，因而透镜像差形成的弥散斑直径过大，覆盖了主像素及其相邻像素，即观看者在最佳观看点处会看到同一体像素下相邻视点的串扰光。利用光学优化工具可以模拟在系统中引入非球面透镜或复合透镜，缩小反向光路像面的弥散斑，从而达到减小像差的目的。若优化后弥散斑直径小于子像素尺寸，则该优化系统产生的串扰是人眼可接受的。

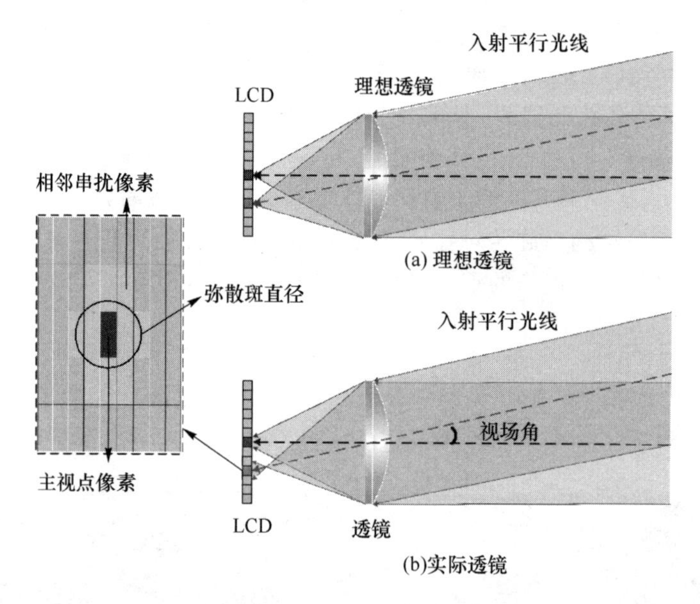

图 6-3-2 聚焦模式下集成成像反向光路

6.3.2 成像模式下集成成像的光学评价

成像模式下集成成像的光学评价指标由串扰率和锐度两部分组成。串扰率为评价同一体像素内相邻光线对主视点光线干扰程度的指标。串扰率增大将导致观看者单眼观察到过多非主视点的图像信息，主视点与串扰视点之间产生视野竞争，严重影响 3D 图像质量。利用几何关系精确计算扩散膜的扩散角度可以减小串扰率。锐度是评价不同(相邻)体像素之间光线边缘过渡快慢的指标。锐度过低会导致体像素边缘不够清晰，无法观察到足够的图像细节。通过优化透镜面型减小弥散斑半径可以提高图像锐度。本节主要分析实像模式下集成成像的串扰率和锐度，并确定串扰率和锐度优化阈值。虚像模式与实像模式类似，同理可得虚像模式下的光学评价分析过程。

1. 成像模式下集成成像的畸变矫正

传统成像模式下的集成成像系统包括透镜阵列和 LCD 两部分组成，如图 6-3-3(a)所示。

LCD 用来加载编码后的基元图像。透镜阵列的每一个透镜将对应的基元图像在透镜阵列前方成像，成像面的位置可以通过高斯公式得到：

$$\frac{1}{l_g}+\frac{1}{l_c}=\frac{1}{f} \tag{6-8}$$

其中，f 代表透镜阵列的焦距，l_g 代表透镜阵列到 LCD 的间距，l_c 代表成像面到透镜阵列主平面的距离。根据人眼自然视觉特性，当在观看集成成像系统时，人眼会自动调节，使基元图像的光线经透镜阵列后汇聚在视网膜处。

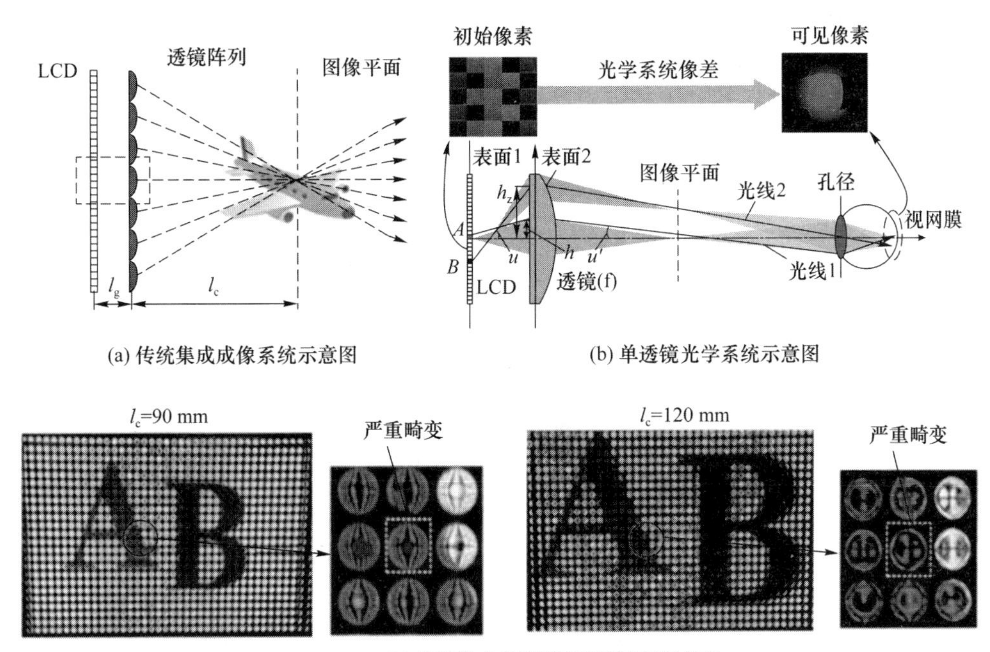

图 6-3-3 传统集成成像系统

当观看者观察集成成像系统时，由每个透镜提供一部分图像信息并拼凑重构出完整的 3D 图像，而被观察到的像素是组成基元图像的基本单元。由于存在像差，因此像素在被人眼观察到时会产生严重的畸变。为了对由透镜像差引起的畸变进行直观的了解，对集成成像系统中单透镜的成像过程进行分析，如图 6-3-3(b)所示。此时单透镜的光学成像系统由一个透镜、其对应的像素和人眼共同组成。由光学的定义可知，此时人眼的瞳孔大小为孔径光阑。图 6-3-3(b)中的虚线代表光学系统的光轴方向，点 A 为光轴上一点，点 B 为离轴上一点，R_1 为从点 A 发出并最终经过孔径边缘的一条光线，R_2 为从点 B 发出并最终经过孔径中心的一条光线。h 代表 R_1 在透镜上的高度，h_z 代表 R_2 在透镜上的高度，u 和 u' 为孔径角度。此时，赛德像差理论可以表示为下式：

$$S=\sum\frac{h_z^3}{h^2}P-3J\sum\frac{h_z^2}{h^2}W+J^2\sum\frac{h_z}{h}\varphi(3+\mu) \tag{6-9}$$

$$P=\sum\left(\frac{u-u'}{\frac{1}{n}-\frac{1}{n'}}\right)^2\left(\frac{u}{n}-\frac{u'}{n'}\right) \tag{6-10}$$

$$W=\sum\left(\frac{u-u'}{\frac{1}{n}-\frac{1}{n'}}\right)\left(\frac{u}{n}-\frac{u'}{n'}\right) \tag{6-11}$$

在以上等式中，J 代表拉格朗日-赫姆霍兹公式中的常量；φ 代表透镜的光焦度；μ 的值一般取0.7；n 和 n' 分别代表透镜和空气的折射率。为了分析透镜像差导致的图像畸变对重构3D图像质量的影响，本节利用透镜阵列和LCD搭建了集成成像系统以进行实验。实验系统中透镜的焦距长度为16 mm，宽度为10 mm，LCD的尺寸大小为23英寸，分辨率大小为3 840像素×2 160像素。在实验过程中，将字母A和字母B分别放在距离透镜阵列90 mm和120 mm处距离显示，系统效果图如图6-3-3(c)所示，字母A和字母B可以观察到明显的畸变。

引入扩散膜可以对上述光学系统实现畸变校正。扩散膜位于集成成像系统的成像面位置，如图6-3-4(a)所示。为了分析消除透镜畸变的过程，图6-3-4(b)为改进后的集成成像系统中的单透镜光学系统。此时，基元图像和对应的透镜可以组成为一个投影仪系统。基元图像的每一个像素点都将成像在扩散膜上。扩散膜可以实现将入射的光线以特定的扩散角出射，人眼将会从扩散膜上观看到体像素点。

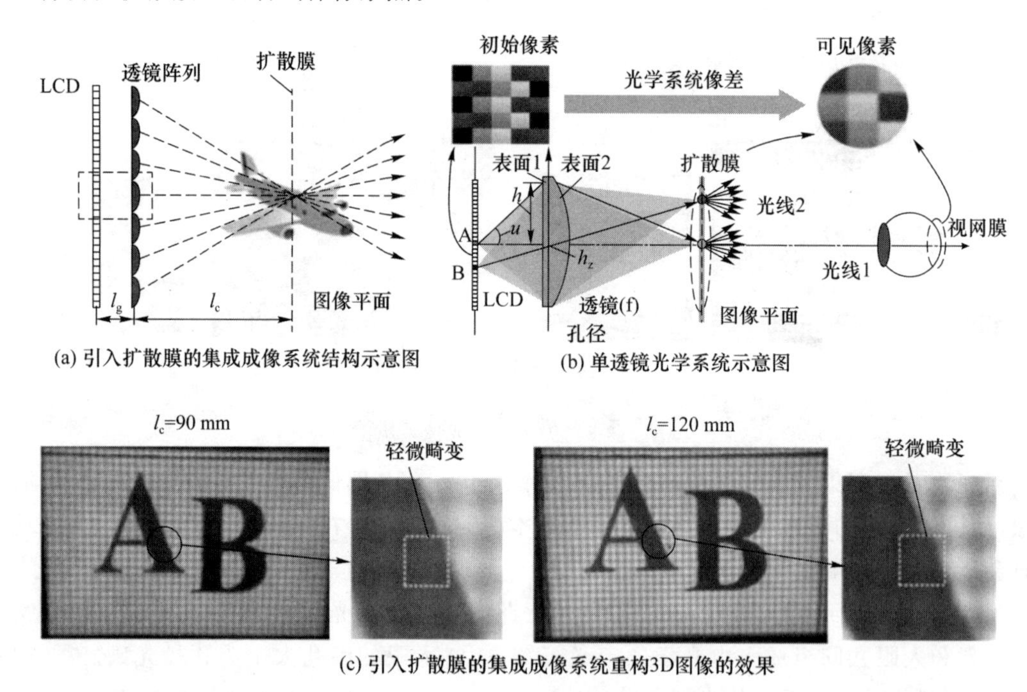

图 6-3-4　引入扩散膜的集成成像系统

由光学定义可知，在引入扩散膜的单透镜集成成像系统中，此时透镜为孔径光阑。由于集成成像系统的改进，因此式(6-9)中 h 和 h_z 的值也随之发生了改变。如图6-3-4所示，h_z 的值将减小为0，h 的值将变为透镜曲率半径的大小。由式(6-9)可知，在引入了扩散膜后，系统的光阑由人眼变为透镜，集成成像系统的畸变得到了明显的改善，具体实验效果如图6-3-4(c)所示，其中字母A和字母B与图6-3-3(c)中的相比畸变明显减小。

由于引入扩散膜，成像模式的串扰需要被重新定义。串扰定义为单个体像素内光线的干扰，因而先分析成像模式下扩散膜上的体像素特性是有必要的。扩散膜除了具有上述校正透镜畸变的功能外，还有填补相邻圆透镜之间空隙的作用，如图 6-3-5(a)所示。相邻透镜发出的光线汇聚在扩散膜上，根据透镜相对于汇聚像点的位置关系，来自不同透镜的光线形成体像素。大量体像素在空间中形成 3D 光场，重构真实、平滑的 3D 图像，观看者站在不同角度可以观察到不同的 3D 图像。为了形成可以填补透镜空隙的体像素，扩散屏的扩散角度需要基于系统其他部分参数进行设计。水平方向的扩散屏扩散角度 q 由几何关系可得

$$q = 2\arctan\frac{p}{2L_c} - 2\arctan\frac{g}{2L_c} \tag{6-12}$$

其中，g 是透镜的截距，p 为相邻透镜中心点间距，L_c 为透镜阵列到扩散膜距离。从透镜入射的狭窄光线经过扩散膜的水平扩散填补了透镜之间的空隙。由于圆透镜为二维结构，因此从透镜垂直方向入射的光线经过扩散膜出射也需要无缝隙匹配体像素，垂直方向的扩散角度与水平方向的相同。

当扩散膜实际扩散角度小于设计的扩散角度 q 时，如图 6-3-5(b)所示。同一体像素相邻光线之间出现空隙，观看者将会看见透镜之间网格状的黑色缝隙。

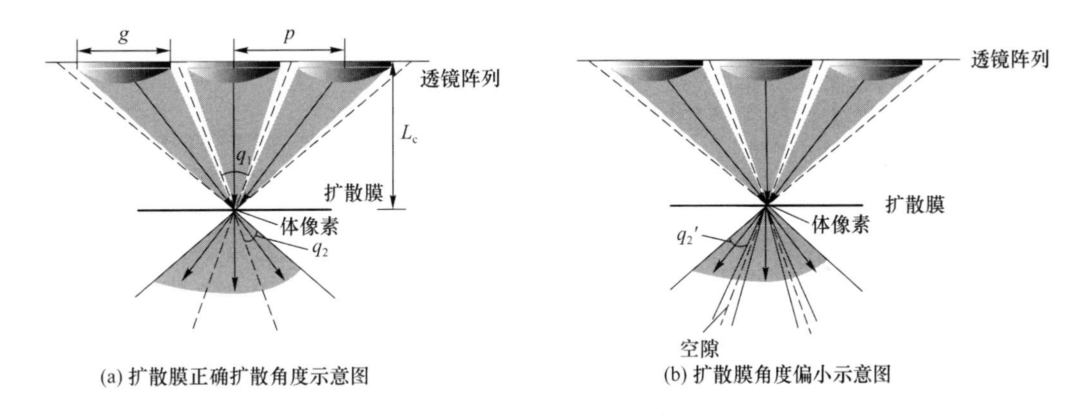

(a) 扩散膜正确扩散角度示意图　　(b) 扩散膜角度偏小示意图

图 6-3-5　扩散膜不同扩散角度示意图

成像模式下的串扰依然定义为同一体像素内相邻光线对主视点光线的干扰，成像模式下集成成像的串扰来源如图 6-3-6(a)所示。在水平方向上，光线从透镜出射汇聚在位于像平面的扩散膜上，扩散膜出射的主光线(扩散膜下方的黑色箭头线条)角度不变，当实际扩散角度 q' 大于设计扩散角度 q 时，图中左、右两相邻光线对主视点光线产生串扰。由于透镜阵列为对称结构，因此来自水平方向、垂直方向以及斜对角方向相邻透镜的光线会同时对主视点光线产生串扰，如图 6-3-6(b)所示。设定离扩散膜单位距离的体像素横截面为计算面，计算成像模式集成成像的串扰率。体像素中单条扩散光在计算面上的宽度设为 b，由正确扩散角求得的扩散光宽度设为 a。则两个水平方向和垂直方向上的邻近像素串扰光强为 $\frac{a(b-a)}{2}$，4 个对角方向的串扰像素光强为 $\frac{(b-a)^2}{4}$。根据式(6-8)，可得成像模式的串扰率：

$$\text{crosstalk} = \frac{b^2 - ab}{a^2} \times 100\% \tag{6-13}$$

随着扩散角度匹配误差 $|q_2' - q|$ 的增大，串扰率也同时增大，人眼观看到的有效信息越少，3D 图像效果越差。

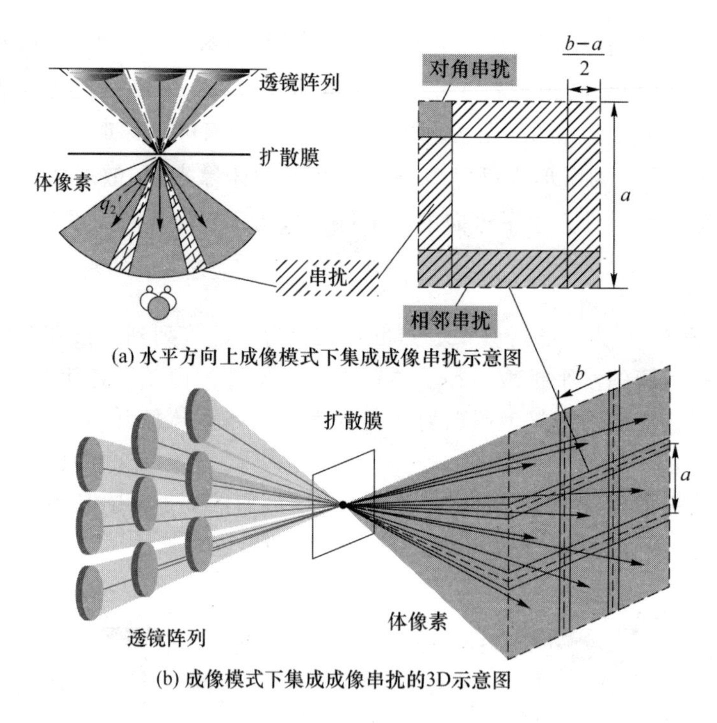

图 6-3-6　成像模式下集成成像串扰示意图

2. 成像模式下集成成像的锐度

锐度用来描述 3D 图像不同体像素边缘处信息过渡的快慢，即影像上各细部影纹及其边界的清晰程度，高锐度会使体像素之间的信息迅速过渡。在相同分辨率的情况下，锐度越高，3D 图像细节越清晰；反之，3D 图像越模糊不清，细节表现越不足。

引入扩散膜校正成像模式下集成成像的畸变之后，显示系统的孔径由瞳孔变成透镜，由图 6-3-3 和图 6-3-4 可知，孔径的角度 u 显然会增大。由式(6-8)可知，孔径角度的增大会引起严重的球面像差现象，导致在像面形成弥散斑，体像素边缘过渡缓慢，显示锐度降低。由空间几何关系可以看出，当成像面与透镜阵列的距离越远时，孔径角度 u 越大，图像锐度下降得越多。如图 6-3-7(a)所示，图中来自 3 个透镜 L1、L2 和 L3 的光线在扩散膜上形成体像素。人眼通过 3 个透镜可以看见虚线对应体像素 V_1、V_2、V_3 和 V_4 的部分光线，通过 L2 透镜可以看见相邻体像素 V_2 和 V_3 中来自像素 A 和 B 的光线，若系统锐度过低，来自相邻体像素的光线产生的弥散斑过大，V_2 和 V_3 的边缘发生混叠，其体像素边缘过于模糊无法分辨，则产生的 3D 图像无法达到观看要求。因此，透镜像差是成像模式下 3D 图像锐度降低的主要原因，像差将会导致人眼观察到的相邻体像素光线边缘模糊，细节无法分辨。

采用反向光路分析成像模式下的锐度问题，反向光路具有简化的优化判断阈值，具体光路如图 6-3-7(b)所示。在待优化光学系统的反向光路中，扩散膜位置的点光源发出的光线经过透镜调制在像平面(LCD 所在平面)产生弥散斑。通过采用非球面透镜或复合透镜减小弥散斑半径，在系统优化过程中通过反复迭代计算优化透镜面型，当反向光路的弥散斑半径小于 LCD 像素尺寸时，体像素之间过渡快速，符合该条件的优化透镜可以应用于成像模式下的光学系统，优化后的系统图像锐度满足人眼观看需求。优化后的弥散斑均方根半径(RMS)如图 6-3-7(c)所示，视角越大，弥散斑半径越大，当所有视角下的弥散斑都小于像素大小则判定为优化成功。

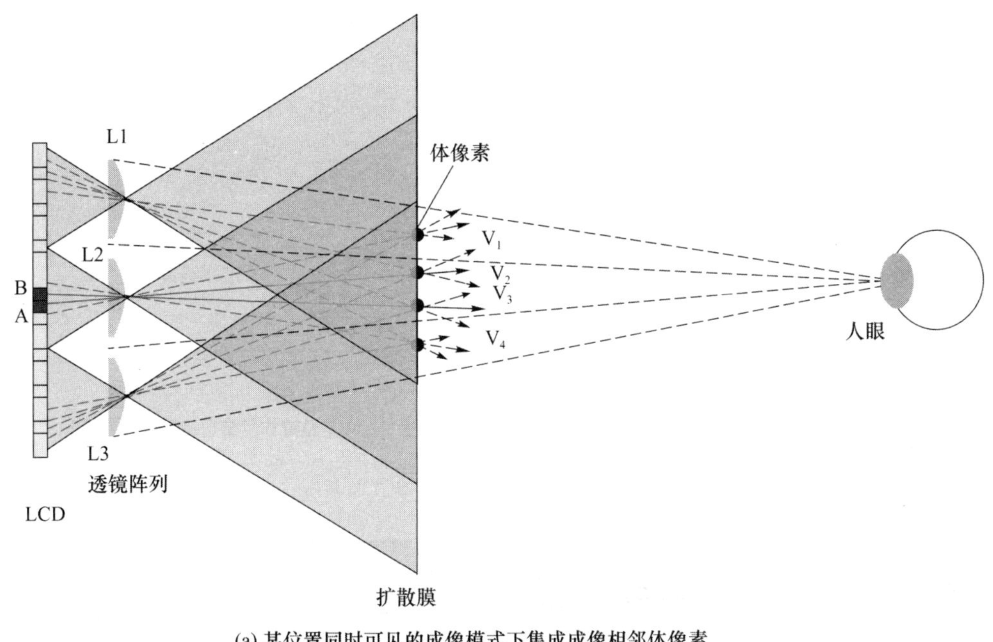

(a) 某位置同时可见的成像模式下集成成像相邻体像素

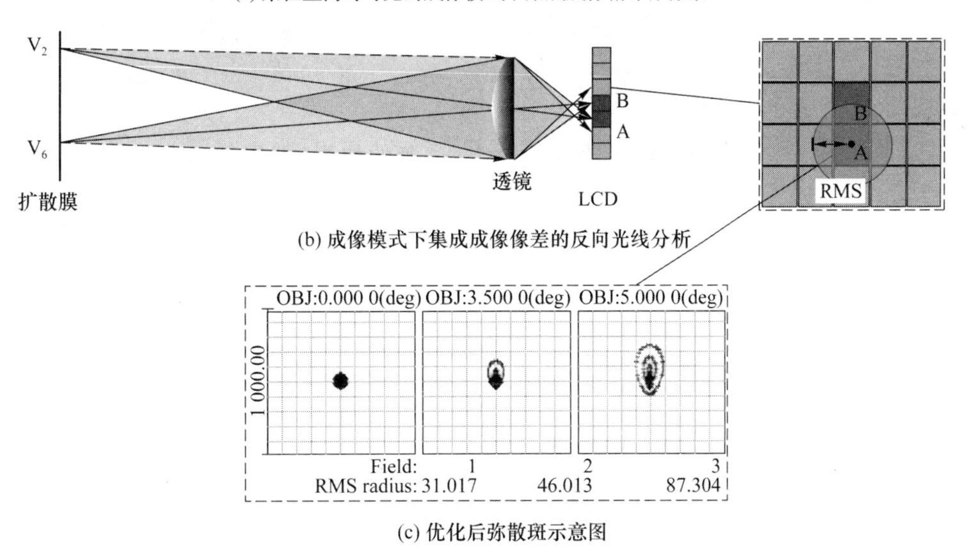

(b) 成像模式下集成成像像差的反向光线分析

(c) 优化后弥散斑示意图

图 6-3-7 成像模式下锐度示意图

通过建立成像模式集成成像系统对上述分析进行实验验证，通过光学优化工具，将传统单透镜替换为复合透镜，参数如图 6-3-8(a)所示。引入复合透镜的集成成像系统的 MTF 曲线如图 6-3-8(b)所示。MTF 曲线和弥散斑点列图是量化评价透镜优化效果的两种方式，MTF 曲线值越接近 1，弥散斑越小，透镜优化效果越好，3D 图像细节越清晰。引入复合透镜后集成成像系统的锐度大幅上升，图 6-3-9(a)为单透镜集成成像系统产生的图像边缘模糊现象，图 6-3-9(b)为引入复合透镜后集成成像系统产生的高锐度 3D 图像。

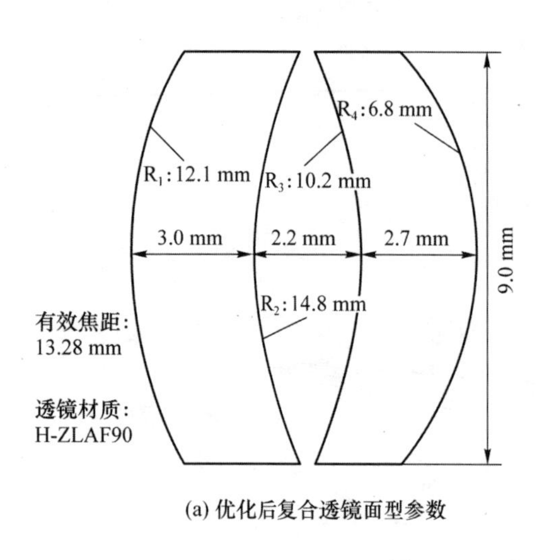

(a) 优化后复合透镜面型参数

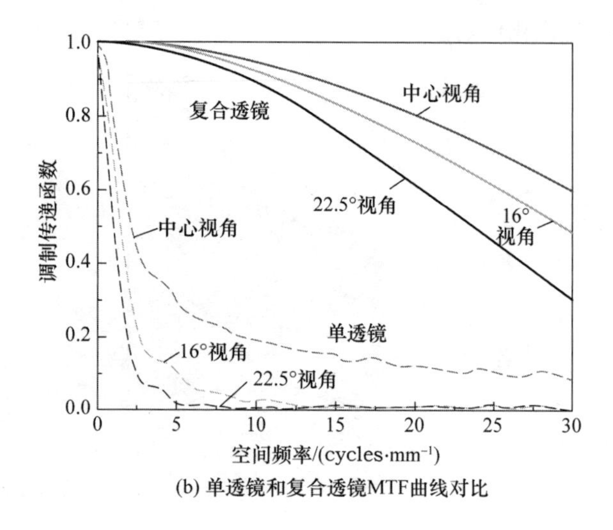

(b) 单透镜和复合透镜MTF曲线对比

图 6-3-8　引入复合透镜的集成成像系统

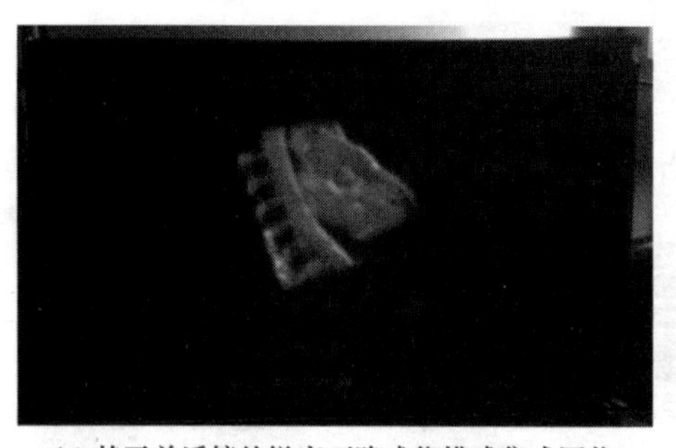

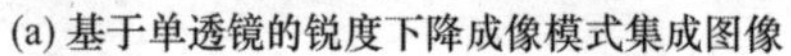

(a) 基于单透镜的锐度下降成像模式集成图像

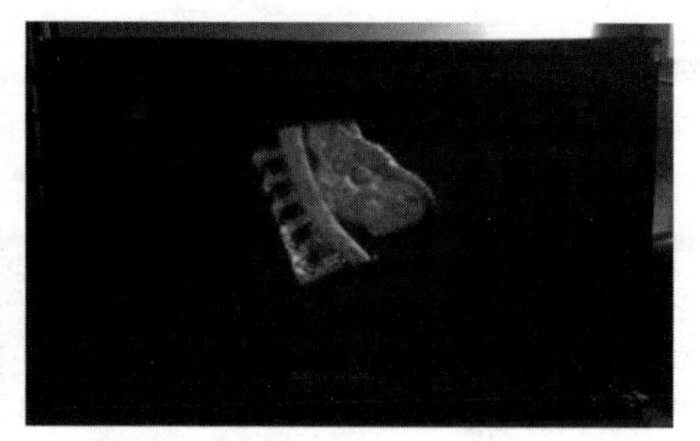

(b) 基于复合透镜的锐度提高成像模式集成图像

图 6-3-9　基于单透镜和复合透镜的集成成像系统

6.4　集成成像的主要参数

6.4.1　集成成像的显示分辨率

显示分辨率是人眼能够看到显示的 3D 图像体像素数量，决定了 3D 显示的清晰度，直接反映了 3D 显示性能的高低。集成成像的显示分辨率与显示屏幕的分辨率、透镜阵列到 LCD 的距离、扩散膜（或中心深度平面）到透镜阵列距离、透镜单元的孔径等参数有关。下面从聚焦模式和成像模式两个方面来计算集成成像的分辨率大小。

1. 聚焦模式下集成成像的显示分辨率

在聚焦模式下，显示屏幕位于透镜阵列后方的焦平面处，面板上的像素发出的光线被透镜转换为平行光入射到人眼中，中心深度平面位于无穷远处，体像素点的尺寸等于透镜单元的孔径，透镜阵列的数量为 $M \times N$。如图 6-4-1 所示，在显示的 3D 图像中，人眼在同一角度透过每个透镜只能看到一个子像素的色彩信息。

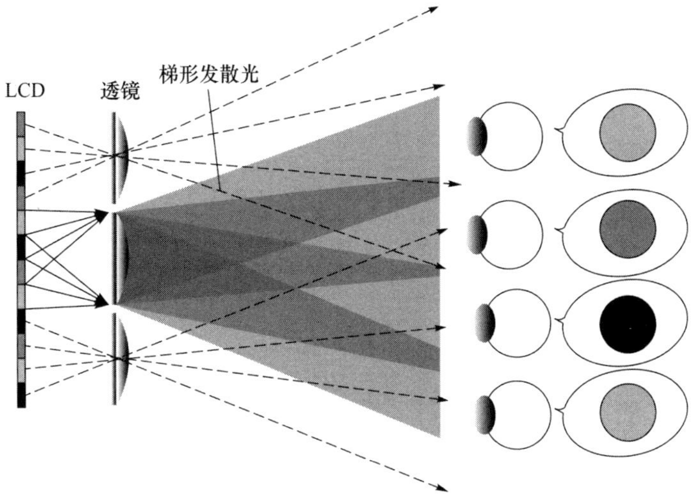

图 6-4-1　聚焦模式下集成成像的系统结构图

以像素为 RGB 排列顺序为例，在 $M\times N$ 个透镜下人眼可以看到 $M\times N$ 个子像素的色彩信息。因此在聚焦模式下，3D 图像的显示分辨率 R_d 等于透镜数，即 $R_d=M\times N$。透镜单元的孔径越小，能够放置的透镜数就越多，集成成像的显示分辨率就越高。

2. 成像模式下集成成像的显示分辨率

在实像模式下的观看结构如图 6-4-2 所示。其中，每个透镜映射在扩散膜上的人眼能够看到的覆盖的横向像素数为 x_0（纵向为 y_0），基元图像的宽度为 P_e，单个透镜下映射到扩散膜平面上的基元图像宽度为 w_2，人眼通过透镜在扩散膜上能看到的体像素宽度为 w_1，透镜阵列到 LCD 的距离为 L_g，扩散膜到透镜阵列的距离为 L_c，透镜阵列到人眼的距离为 L，透镜周期为 g。

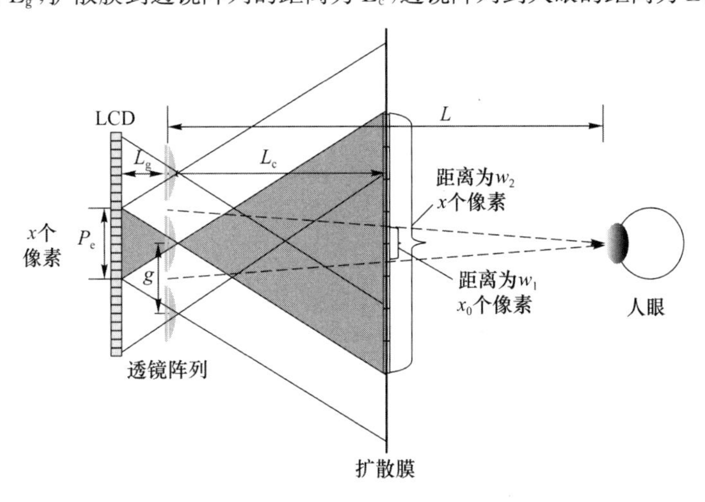

图 6-4-2　实像模式下集成成像的系统结构图

每个透镜映射在扩散膜上的人眼能够看到的覆盖的像素数 x_0（y_0）和透镜阵列的数量 $M\times N$ 决定了显示分辨率 $R_d=R_x\cdot R_y$，其中 R_x、R_y 分别为

$$\begin{cases} R_x = x_0 \cdot M \\ R_y = y_0 \cdot N \end{cases} \tag{6-14}$$

单个透镜下映射到扩散膜平面上的基元图像宽度 w_2、微透镜阵列和 LCD 的距离 L_g、扩散膜到透镜阵列的距离 L_c、基元图像的宽度 P_e 之间的关系为

$$\frac{L_c}{L_g}=\frac{w_2}{P_e} \tag{6-15}$$

人眼通过透镜在扩散膜上能看到的像素宽度 w_1、扩散膜到透镜阵列的距离 L_c、扩散膜到人眼的距离 $L-L_c$、透镜周期 g 之间的关系为

$$\frac{L-L_c}{L}=\frac{w_1}{g} \tag{6-16}$$

由式(6-15)和式(6-16)可得

$$\frac{w_1}{w_2}=\frac{L_g(L-L_c)}{L_cL}\cdot\frac{P_e}{g}=\frac{L_g(L-L_c)}{L_cL}\cdot\frac{L_g+L}{L} \tag{6-17}$$

其中，$\frac{P_e}{g}=\frac{L_g+L}{L}\approx 1$ 可忽略不计。根据图 6-4-2 描述的成像关系可知，扩散膜上人眼能够看到的每个透镜覆盖的像素数 $x_0(y_0)$ 以及透镜下覆盖的显示屏幕上的像素数目 $x(y)$ 有如下关系：

$$\frac{x_0}{x}=\frac{y_0}{y}=\frac{w_1}{w_2} \tag{6-18}$$

由式(6-14)、式(6-17)、式(6-18)得

$$\begin{cases}R_x=\dfrac{L_g(L-L_c)}{L_cL}\cdot x\cdot M\\[2ex] R_y=\dfrac{L_g(L-L_c)}{L_cL}\cdot y\cdot N\end{cases} \tag{6-19}$$

同理，因为在虚像模式下没有扩散膜的作用，所以重构平面到人眼的距离变为 $L+L_c$，式(6-16)变为

$$\frac{L+L_c}{L}=\frac{w_1}{g} \tag{6-20}$$

对于虚像模式下集成成像的显示分辨率 $R_d=R_x\cdot R_y$，R_x、R_y 变为

$$\begin{cases}R_x=\dfrac{L_g(L+L_c)}{L_cL}\cdot x\cdot M\\[2ex] R_y=\dfrac{L_g(L+L_c)}{L_cL}\cdot y\cdot N\end{cases} \tag{6-21}$$

由此可见，在成像模式下，透镜阵列到 LCD 的距离变大、显示屏幕分辨率的提高或成像面到透镜阵列的距离减小，都将使显示分辨率逐步提高。

6.4.2 集成成像的体像素角分辨率

集成成像的体像素角分辨率是指一个体像素向不同方向发射不同光线的数目，体现了人眼对体像素的分辨能力。角分辨率密度则表示单位角度下体像素向不同方向发射光线的密度。角分辨率的大小是由每个体像素能够发出信息光的数目决定的。在聚焦模式下，单个透镜下覆盖的子像素数越多，体像素角分辨率就越大；在成像模式下，单个体像素下能够收纳的透镜数越多，体像素角分辨率就越大。下面从聚焦模式和成像模式两个方面来解释集成成像体像素角分辨率的计算方法。

1. 聚焦模式下集成成像的体像素角分辨率

聚焦模式下集成成像的体像素角分辨率如图 6-4-3 所示，透镜单元与其覆盖的子像素构成体像素，LCD 上的子像素通过透镜发出不同方向的光线数量即聚焦模式下集成成像的体像素角分辨率大小。如图 6-4-3 所示，在单个透镜下一共覆盖了 4 个子像素点，LCD 上的 4 个子像素透过单个透镜一共发出了 4 条不同方向的梯形发散光线，即该模式下 3D 物体的体像素角分辨率为 4。

2. 成像模式下集成成像的体像素角分辨率

在成像模式下的体像素角分辨率如图 6-4-4 所示，人眼观察到的 3D 图像的体像素呈现于扩散膜表面。成像模式下集成成像的体像素角分辨率等于一个体像素下能够收纳的透镜数，下面来介绍每个体像素下收纳的透镜数的计算方法。

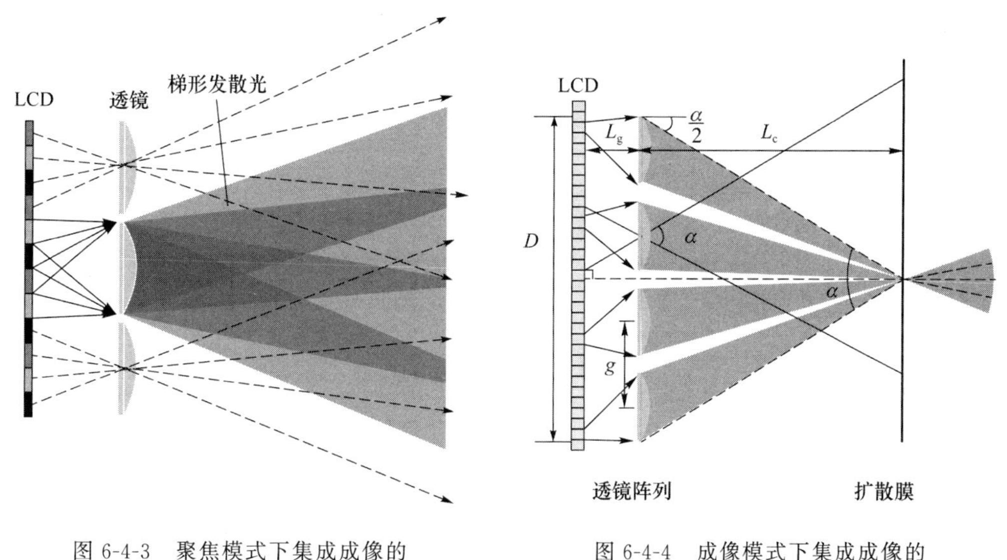

图 6-4-3 聚焦模式下集成成像的体像素角分辨率示意图

图 6-4-4 成像模式下集成成像的体像素角分辨率示意图

根据图 6-4-4 所展示的体像素收纳透镜的关系可知，单个透镜能够发散的光线角度 α、单个体像素能够覆盖的 LCD 上的像素宽度 D、透镜周期 g、扩散膜到微透镜阵列的距离 L_c 之间的关系为

$$\tan\frac{\alpha}{2}=\frac{D}{2L_c} \tag{6-22}$$

因此，成像模式下集成成像的体像素角分辨率为

$$R_\alpha=\frac{D}{g}=\frac{2L_c\tan\frac{\alpha}{2}}{g} \tag{6-23}$$

以上解释了集成成像 3D 显示中聚焦模式和成像模式下集成成像的显示分辨率以及体像素角分辨率的定义和计算方法。值得注意的是，集成成像的显示分辨率以及体像素角分辨率是相互制约的。

在聚焦模式下，在显示器尺寸以及显示器上的像素点大小不变的情况下，透镜的孔径越大(即每个透镜下覆盖的子像素数目越多)，体像素角分辨率越大。然而，随着透镜孔径的增大，显示屏上能够放置的透镜阵列的数量就会减少，从而导致3D图像显示分辨率降低。无论是水平方向还是垂直方向，每个透镜下覆盖的像素数量与透镜数量的乘积都等于显示器在水平方向或垂直方向的像素数，而每个透镜下覆盖的像素数又等于体像素角分辨率，因此在聚焦模式下3D图像的显示分辨率 R_d 与体像素角分辨率 R_α 的乘积等于显示器的分辨率 R_c，即

$$R_d \cdot R_\alpha = R_c \tag{6-24}$$

在成像模式下，根据式(6-23)和式(6-24)可以看出，透镜的周期 g 越大(即每个透镜下覆盖的像素数目 x 越大)，显示分辨率 R_d 越大，而体像素角分辨率 R_α 越小，两者存在相互制约的关系。而透镜的发散角度 α 和人眼到扩散膜的距离 L 也会对这两个数值产生影响。

6.4.3 集成成像的观看视点数目

3D显示中，显示设备将3D场景不同角度的信息分布到不同的视点处，可以给观看者提供正确立体图像的位置称为视点。如图6-4-5所示，从上到下的3个观看位置就是3个不同的视点，在这3个视点处会看到所显示的3D场景不同角度的图像。观看视点数目指的就是在不同空间位置能看到的不同视差图像数目。

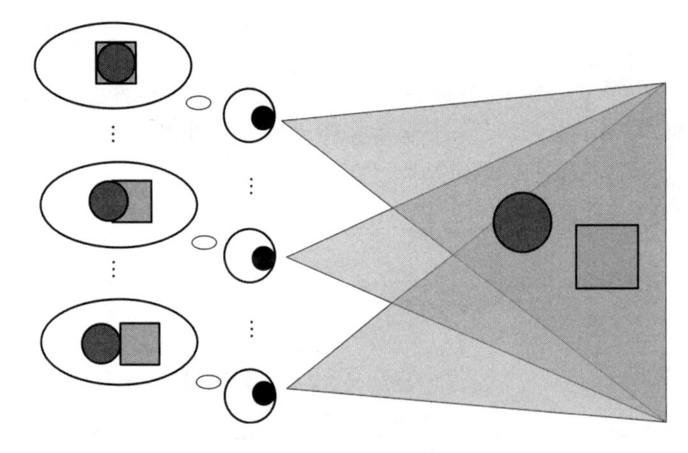

图6-4-5　3D显示观看图

1. 聚焦模式下集成成像的观看视点数目

聚焦模式下，透镜覆盖的子像素与所在透镜边缘的距离有多少种，出射光线的偏轴角度就会有多少种，就会在不同位置看到多少种不同的视差图像。为了更清楚地解释，下面以柱透镜为例，对水平方向上的情况进行分析。

如图6-4-6(a)所示，柱透镜阵列倾斜地覆盖在LCD上，单个柱透镜覆盖的子像素数为5.33个，由3个透镜覆盖的两行子像素用不同的数字标记。假设子像素的宽度是单位长度，从子像素与所在透镜边缘的距离来看，区域(1)的子像素从0单位长度开始；区域(2)的子像素从$\frac{1}{2}$单位长度开始；区域(3)的子像素从$\frac{2}{3}$单位长度开始；区域(4)的子像素从$\frac{1}{6}$单位长度开始；区域(5)的子像素从$\frac{1}{3}$单位长度开始；区域(6)的子像素从负$\frac{1}{6}$单位长度开始。每个区域由一个透镜覆盖。为了进一步观察32个子像素和6个区域的相对位置，在图6-4-6(b)中给出了在一个显示单元中6个区域及其相应子像素的布置。可以看到，对于前面的透镜阵列，这些子

像素位于不同的相对位置。由于显示单元中的子像素和相应的透镜阵列具有相对位置偏差，因此在水平方向上的不同位置形成定向视点。由一个透镜覆盖的相邻子像素形成的视点之间的距离被设置为 w。假设区域(1)的第一视点在观看平面上的位置为参考位置，那么区域(1)、区域(2)、区域(3)、区域(4)、区域(5)和区域(6)的第一视点分别形成在 w、$\frac{1}{2}w$、$\frac{2}{3}w$、$\frac{1}{6}w$、$\frac{1}{3}w$ 和 $-\frac{1}{6}w$ 的位置。根据空间位置，它们是显示系统的第二、第五、第六、第三、第四和第一视点，6 个区域的第二视点是第八、第十二、第十一、第九、第十和第七视点。一个显示单元中的 32 个子像素发出的光线被分布在观看平面上形成了不同位置的视点，如图 6-4-6(c)所示。

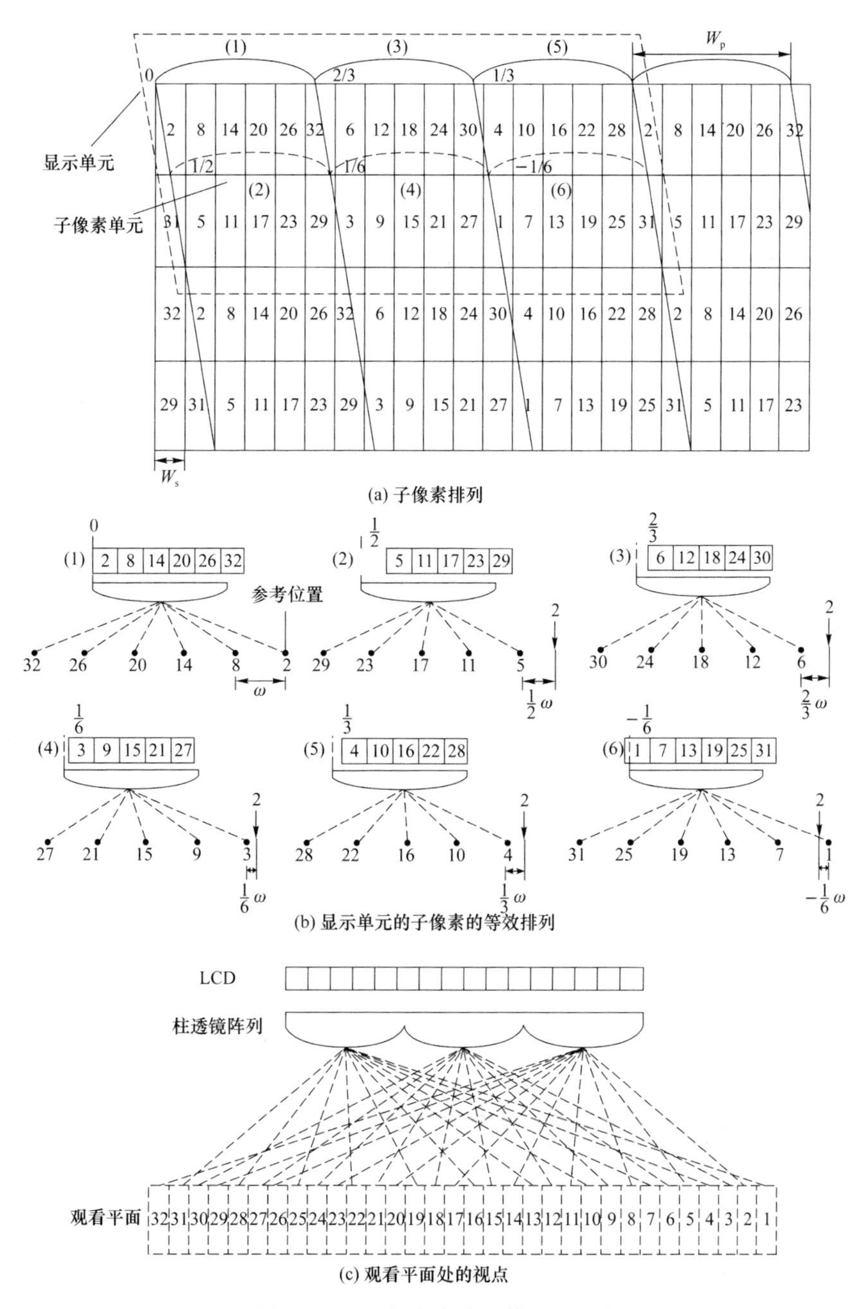

图 6-4-6　32 视点自由立体 3D 显示

集成成像技术所用的透镜为圆透镜，所以在空间的水平方向和垂直方向均会形成不同角度的光线分布，集成成像的视点分布扩展成了二维。二维视点分布的分析与柱透镜下一维情况的分析过程类似，需要注意的是子像素的高度是其宽度的 3 倍。如图 6-4-7 所示，假设子像素的宽度为 d，高度为 h，透镜的线数为 8.5d，那么水平方向上的透镜会覆盖 8.5 个子像素，而垂直方向上的透镜会覆盖$\frac{17}{6}$个子像素。容易得出水平方向上的子像素点与所在透镜边缘的距离有 17 种，两者之间的相对位置以两个透镜为周期重复排列，在水平方向上形成 17 个定向视点；垂直方向上的子像素点与所在透镜边缘的距离有 17 种，两者之间的相对位置以 6 个透镜为周期重复排列，在垂直方向上形成 17 个定向视点。图 5-7 中虚线所标出的 12 个透镜与其覆盖的子像素点组成一个显示单元，形成 17×17＝289 个观看视点。所以聚焦模式下如果水平方向上形成的视点数为 M 个，垂直方向上形成的视点数为 N 个，那么观看视点数目就是 $M \times N$ 个。

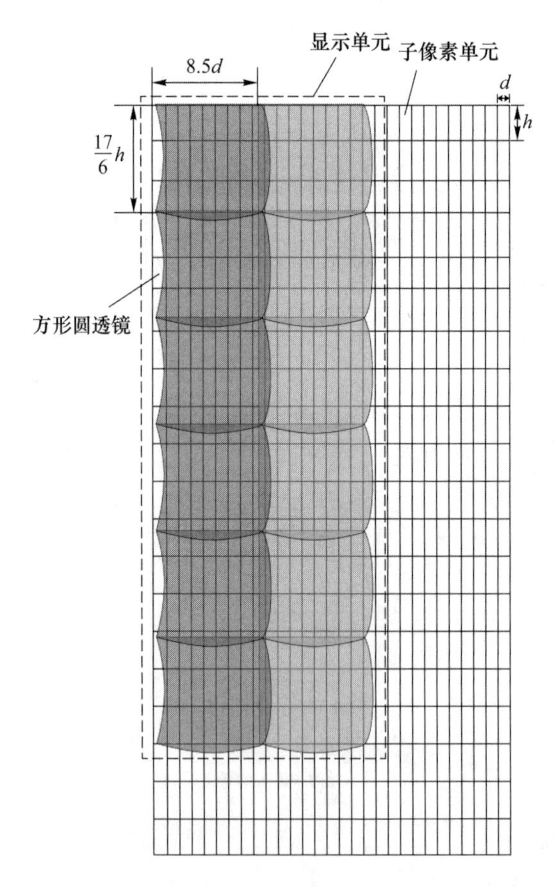

图 6-4-7　聚焦模式下的透镜覆盖

2. 成像模式下集成成像的观看视点数目

成像模式下的观看视点数目和聚焦模式下的有所不同，根本原因是在成像模式时，透过一个透镜可以看到多个像素，即人眼透过不同的透镜可以获取到不同的基元图像块，视点处看到的图像是由这一系列基元图像块拼接而成的，如图 6-4-8 所示。本节在一维情况下进行分析，在一定的观看距离处，透过一个透镜可以看到的像素点数目可以推导出来，具体的推导过程见

5.4.4 节。这里直接给出公式 $x'=\dfrac{L_g r(L-D')}{(L+L_g)D'}$，其中 x' 表示人眼通过一个透镜看到的像素点个数，L 表示观看距离，L_g 表示显示面板和透镜阵列的距离，r 表示单个基元图像的分辨率，D' 表示像平面离透镜阵列的距离。如图 6-4-8 所示，假设处在观看位置 2，透过透镜 1 看到的图像宽度为所标的 w，x' 则表示透镜 1 下组成该宽度图像的像素点个数，图中 P_e 和 p 分别表示基元图像和透镜的尺寸。透镜 1 覆盖的像素点发出的光线经透镜折射后在空间中形成的基元图像在图 6-4-8 中已经标出。可以看出，在观看平面处，可以观看到该基元图像的范围为位置 1 到位置 3。当人眼从观看位置 1 向右移动时，看到的基元图像即便相差一个像素，所看到的图像也是不同的，当向右移动到观看位置 3 时，则看遍了所有不同的图像。假设每个透镜在水平方向和垂直方向上覆盖的像素数均为 N，容易得出在水平方向和垂直方向上看到的图像数目均为 $N-x'+1$，所以成像模式下可以看到的图像数目为 $(N-x'+1)^2$，即成像模式下集成成像的观看视点数目为 $(N-x'+1)^2$。

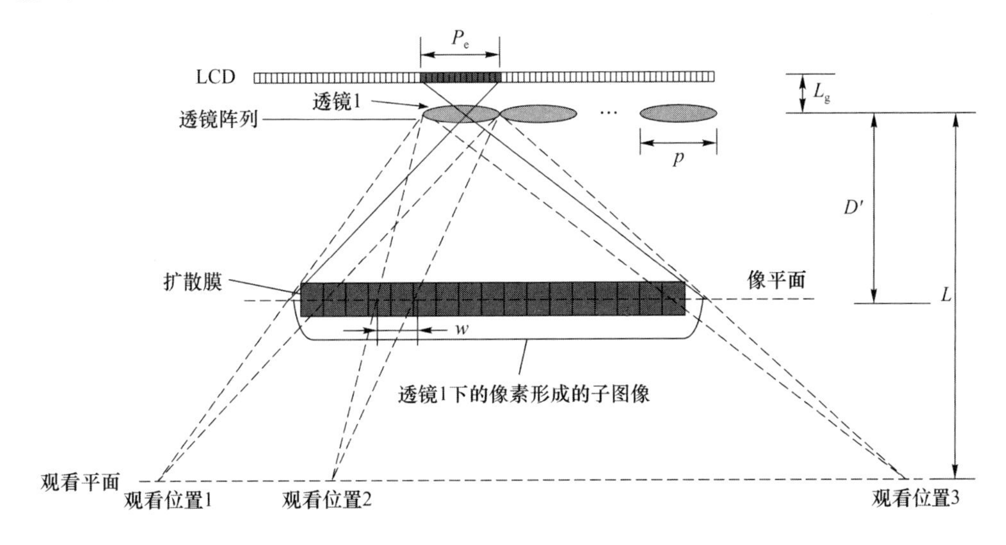

图 6-4-8 成像模式下的观看示意图

6.4.4 集成成像的显示深度

1. 聚焦模式下集成成像的显示深度

集成成像的显示深度指的是观看到的图像离开零视差面的间距。3D 显示中，可以感知到立体感是因为双眼在不同视点处看到了不同的视差图像。眼睛和各自看到的体像素点连线的交汇处就是感知到的 3D 物点的位置，如图 6-4-9(a)所示，圆点即为双眼感知到的空间立体点。当交汇点在屏幕外时，看到的物点就有出屏的效果；当交汇点在屏幕内时，看到的物点就有入屏的效果。体像素点发出的光线不止一条，而是一束光束，所以经透镜折射后形成的每个定向视点不再是数学意义上的点，而是有一定的范围，图 6-4-9 表示了 10 个视点及它们的范围。所以当处在相邻视点的中间位置时，如图 6-4-9(b)所示，单眼可以同时看到 A、B 两个体像素点。如果 3D 显示设备形成的显示深度较大，则 A，B 两点相距就会较远，在跨越视点时就会清晰地看出有两个体像素点，这会造成明显的重影问题。当显示深度减小时，A、B两点的距离也会变小，当两点的距离足够近时，人眼便不会清晰地分辨出有两个体像素点，即“看起来”便成为一个体像素点，这样就不再有重影的问题，图 6-4-9(c)展示了A、B两点是相邻体像素点时的情景。在跨视点观看时，没有重影问题时的显示深度被定义为聚焦模式下集成成像的显示深度，下面基于图 6-4-9(c)所示的情景推导出聚焦模式下集成成像的显示深度。

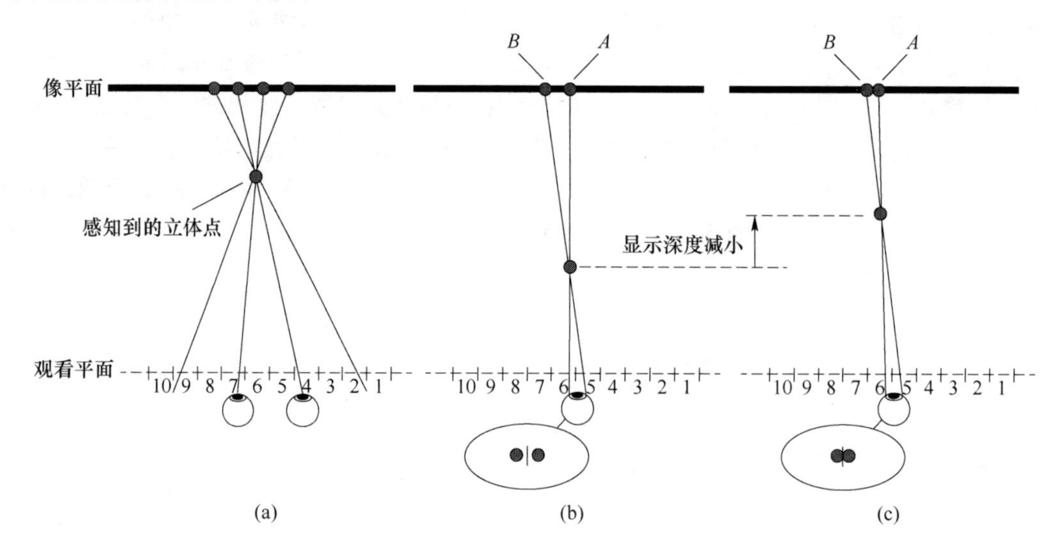

图 6-4-9　跨视点观看示意图

假设透镜的直径为p，焦距为f，单个透镜下覆盖的子像素数为N，两视点距离为d，观看距离为L。那么像素中心间距为$\frac{p}{N}$，记为m，即图 6-4-10(a)中A、B两点的距离为$\frac{p}{N}$。在图 6-4-10(a)中，可得出$\triangle ABO$和$\triangle EFO$是相似的，那么就有关系式$\frac{m}{d}=\frac{f}{L-f}$，因为焦距远小于观看距离，所以可以近似为式(6-25)：

$$\frac{m}{d}=\frac{f}{L} \tag{6-25}$$

即可得出$L=\frac{d}{m}\cdot f$。

图 6-4-10(b)为聚焦模式下的出屏深度，可以看出A、B两点的距离为p，$\triangle ABO$和$\triangle EFO$是相似的，那么有关系式$\frac{p}{d}=\frac{D}{L-D}$，所以聚焦模式下的出屏深度$D$可由式(6-26)得出，其中透镜节距$p$通常只有几毫米，远小于视点间距$d$，所以式(6-26)可以简化为式(6-27)。

$$D=\frac{pL}{p+d}=\frac{p^2 f}{Nd(p+d)} \tag{6-26}$$

$$D=\frac{pL}{d}=Nf \tag{6-27}$$

图 6-4-10(c)为聚焦模式下的入屏深度，其中O_1、O_2为透镜的轴心点，可看出$\triangle OO_1O_2$和$\triangle OEF$是相似的，那么有关系式$\frac{D'+f}{D'+L}=\frac{p}{d}$，所以聚焦模式下的入屏深度$D'$可由式(6-28)得出，同理，分母可以去掉$p$，式(6-28)可以简化为式(6-29)。

$$D' = \frac{pL - df}{d - p} \tag{6-28}$$

$$D' = f(N-1) \tag{6-29}$$

所以聚焦模式下的显示深度可由式(6-30)得出：

$$\Delta D = D + D' = f(2N-1) \tag{6-30}$$

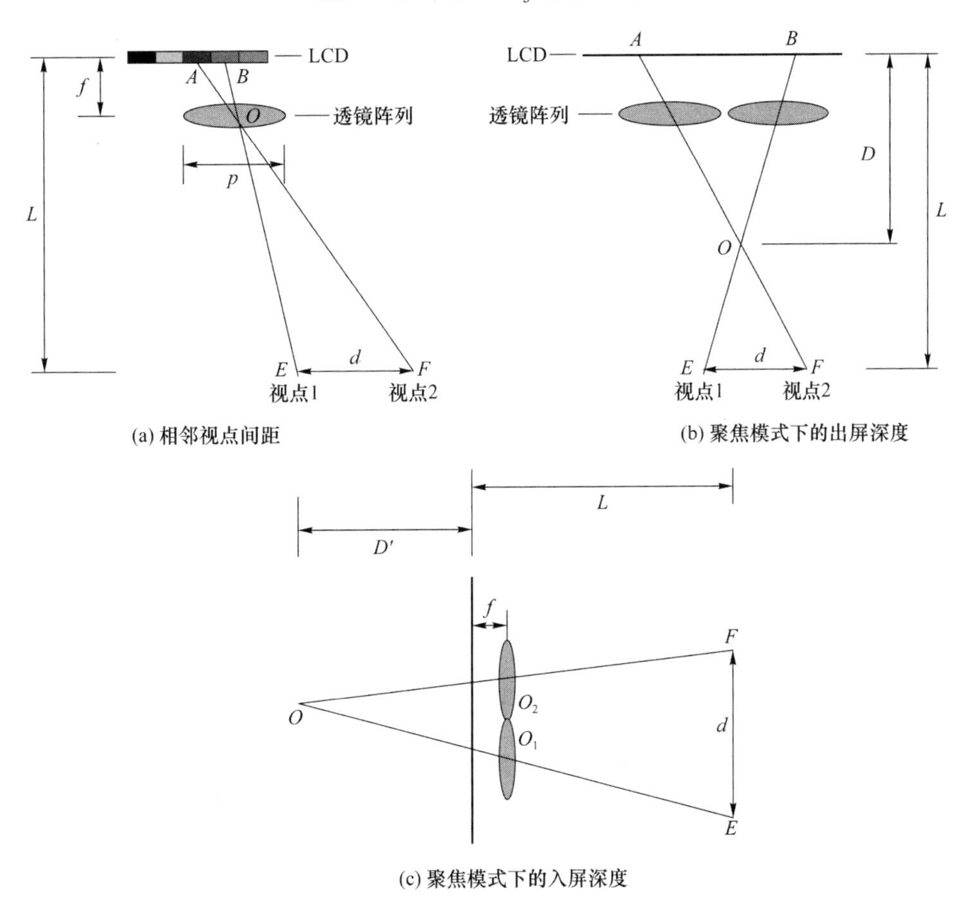

(a) 相邻视点间距

(b) 聚焦模式下的出屏深度

(c) 聚焦模式下的入屏深度

图 6-4-10　聚焦模式下集成成像的显示深度计算

2. 成像模式下集成成像的显示深度

集成成像技术包含采集和再现两个过程。首先明确两个概念：重构平面和参考平面。重构平面指的是采集过程中 3D 模型所处的平面，参考平面指的是 3D 模型再现时的平面，也称为中心深度平面。通过对成像模式下显示过程的分析可知，当这两个平面位置不一致时会出现"错切"问题。如图 6-4-11 所示，错切现象分为两种情况：一种是当重构平面位于透镜阵列和参考平面中间时出现的错切现象；另一种是当重构平面远离参考平面时出现的错切现象。图 6-4-11 中的参考平面也称为透镜的共轭平面，从透镜阵列出射的光线只有在重构平面上才能相交汇聚成与原 3D 模型一致的 3D 图像。人眼透过不同的透镜可以获取到不同的基元图像块，视点处看到的图像是由这一系列基元图像块拼接而成的。对于一个具有固定参数的集成成像系统，在采集过程中，如果 3D 场景是在远离参考平面处被拍摄的，那么人眼通过每个透镜获取到的基元图像块是无法完整地拼接成理想 3D 图像的，这个现象就称为错切现象。这个问题将导致集成成像系统的显示景深和显示质量下降。

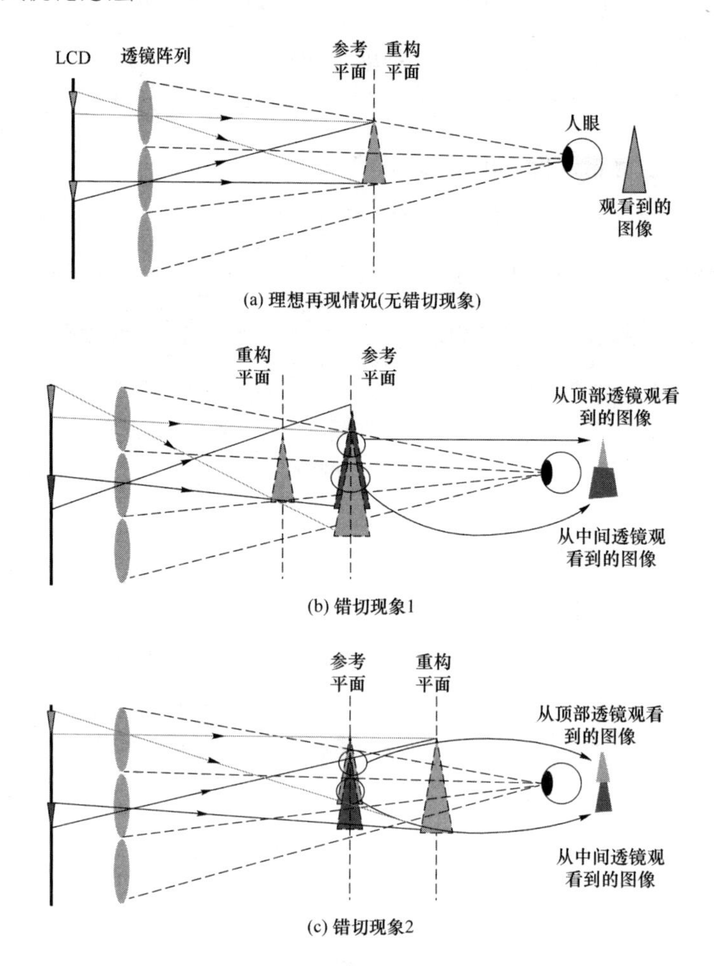

图 6-4-11　错切现象示意图

人眼观看到的图像是以像素为单位计算的，因此如果人眼透过一个透镜，分别在参考平面和重构平面上观看到的基元图像块的分辨率相差超过一个单位，那么进入人眼的这个基元图像块是存在畸变的，最终人眼从不同透镜观看到的基元图像块将无法拼接成一个与原3D模型一致的3D图像。在参考平面的前方和后方分别存在一个极限重构平面，在这两个平面之间的深度范围内重建的3D图像被认为是清晰无畸变的，这个深度范围被定义为成像模式下集成成像的显示深度。如果在重构平面上观看到的图像分辨率与在参考平面上观看到的图像分辨率正好相差一个像素单位，那么这个重构平面被称为极限重构平面。

接下来首先计算出人眼透过单个透镜分别在参考平面和重构平面所观看到的图像分辨率，计算它们的差值，然后基于这个原理推导出无错切现象的显示深度范围。为了更直观地分析，本节将在一维情况下讨论该显示深度的分析原理。

在显示过程中，如图6-4-12所示，人眼透过一个透镜在参考平面上获取到的基元图像块为 w_1，人眼透过一个透镜在重构平面上获取到的基元图像块如图所示，根据图中的几何关系，它们的物理宽度可由式(6-31)计算得出：

$$\begin{cases} w_1 = \dfrac{p(L-D)}{L} \\ w_2 = \dfrac{P_e D}{L_g} \end{cases} \tag{6-31}$$

其中，L 表示观看距离，L_g 表示显示面板和透镜阵列的距离，D 表示参考平面和透镜阵列的距离，P_e 和 p 分别表示基元图像和透镜的尺寸。

$$\frac{p}{P_e}=\frac{L}{L+L_g} \tag{6-32}$$

$$x=\frac{w_1}{w_2}r=\frac{L_g r(L-D)}{(L+L_g)D} \tag{6-33}$$

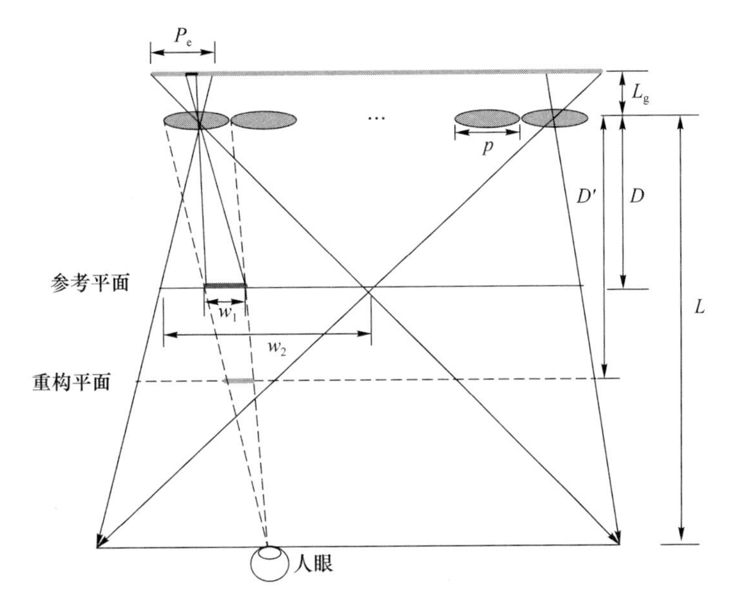

图 6-4-12 人眼观看 3D 图像的过程

式(6-33)表示人眼通过一个透镜在参考平面上观看到的图像分辨率，其中 r 表示单个基元图像的分辨率。同理，透过一个透镜在重构平面上获取到的图像分辨率可表示为 $x'=\frac{L_g r(L-D')}{(L+L_g)D'}$，其中 D' 表示重构平面和透镜阵列的距离。图像的单位是像素，如果人眼分别在参考平面和重构平面上获取到的图像的分辨率之差大于或等于 1 个像素单元，则观察到的 3D 图像会出现错切现象，依据此原理，成像模式下集成成像的显示深度可以由式(6-34)推导而出：

$$|x-x'|=\left|\frac{L_g r(L-D)}{(L+L_g)D}-\frac{L_g r(L-D')}{(L+L_g)D'}\right|<1 \tag{6-34}$$

$$\begin{cases}\dfrac{DLC}{LC+D}<D'<\dfrac{DLC}{LC-D}\\ C=\dfrac{L_g r}{L+L_g}=\dfrac{L_g p}{P_d L}\\ \dfrac{Dfp}{P_d(D-f)+fp}<D'<\dfrac{DfP_l}{fp-P_d(D-f)}\end{cases} \tag{6-35}$$

其中 P_d 表示平面显示器像素的尺寸。可以推导出基于错切现象的成像模式下集成成像的显示深度为

$$\mathrm{DOF_D}=\frac{2D^2P_dL_gp}{L_g^2p^2-P_d^2D^2}=\frac{2P_dpDf(D-f)}{f^2p^2-P_d^2(D-f)^2} \tag{6-36}$$

式(6-36)表示 $\mathrm{DOF_D}$ 与 p 成负相关，因此可以通过适当地减小透镜的尺寸来提升显示系统的显示深度。

为了验证本节所提显示深度模型的合理性，进行了仿真和光学再现实验。实验中使用

了虚拟相机采集3D模型，并且采用了两步采集法生成合成图像阵列。实验中的主要参数已列在表6-4-1中，根据式(6-36)和表6-1中的数据，可计算出基于错切现象的显示深度范围为173.0 mm<D'<237.0 mm，DOF_D=64.0 mm。根据式(6-33)可以计算出人眼在参考平面上获取到的单个基元图像块的分辨率为x=7。

表 6-4-1　实验参数

参　数	数　值
透镜数目($M \times N$)	43×24
透镜的焦距 f	16 mm
透镜的孔径 P_1	10 mm
透镜阵列和显示面板的距离 g	17.4 mm
每个基元图像的分辨率 r	89 像素×89 像素
观看距离 L(拍摄距离)	2 000 mm
参考平面和透镜阵列的距离 D	200 mm
每个基元图像的节距 P_e	12 mm
显示面板的分辨率	3 840 像素×89 像素
显示面板的尺寸	23.6 英寸
显示面板的像素尺寸 P_d	0.135 9 mm

首先进行仿真实验，图6-4-13(a)、6-4-13(b)、6-4-13(c)分别为虚拟3D模型"四角星"、合成的基元图像阵列和对应的计算重构图像，计算重构图像分辨率只有301像素×168像素，所以重构的图像有锯齿感，但是不影响对实验结果进行分析。在模型渲染工具渲染软件中使用虚拟相机在9个不同深度平面(160 mm，170 mm，180 mm，190 mm，200 mm，210 mm，225 mm，240 mm，250 mm)分别采集了"四角星"模型的3D图像块，然后采用计算成像技术再现这些3D图像块，人眼在不同重构平面上观看到的图像块分辨率已由式(6-33)计算得出并且列在表6-4-2中。

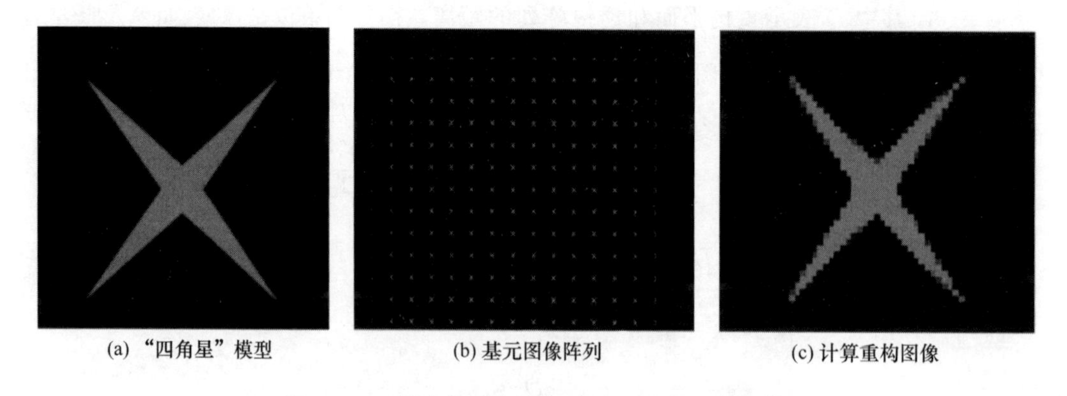

(a) "四角星"模型　(b) 基元图像阵列　(c) 计算重构图像

图 6-4-13　仿真实验中的3D场景和计算重构图像

表 6-4-2　人眼在不同重构平面上观看到的图像块分辨率

重构距离 D'/mm	160	170	180	190	200	210	225	240	250
获取的图像块分辨率 x'	9	8	7	7	7	7	7	6	5

图6-4-14(a)所示为在不同深度平面的计算重构图像。根据计算得出的显示深度DOF_D的数值可知，只有D'=180 mm，190 mm，200 mm，210 mm，225 mm的深度平面位于显示深度

范围之内，人眼在这几个重构平面上观看到的单个图像块的分辨率等于 7。而其他深度平面位于显示深度范围之外，人眼在这些深度处的重构平面上观看到的单个图像块的分辨率小于或大于 7，此时人眼从不同透镜中观看到的图像块均存在一定程度的畸变，无法完整地拼接在一起，会出现错切现象。观看者在参考平面和重构平面上观看到的图像的分辨率相差越大，错切现象越严重。如图 6-4-14(a)所示，在 DOF_D 范围之外的重构平面 $D'=160$ mm，170 mm，240 mm，250 mm 上重构的 3D 图像均发生了不同程度的畸变，不同的基元图像块之间无法拼接成一个完整的 3D 图像。然而，在 DOF_D 范围之内的重构平面 $D'=180$ mm，190 mm，200 mm，210 mm，225 mm 上重构的 3D 图像均被完整地重构了，不同的基元图像块能较好地拼接在一起，与原 3D 模型的大小和形状基本一致。

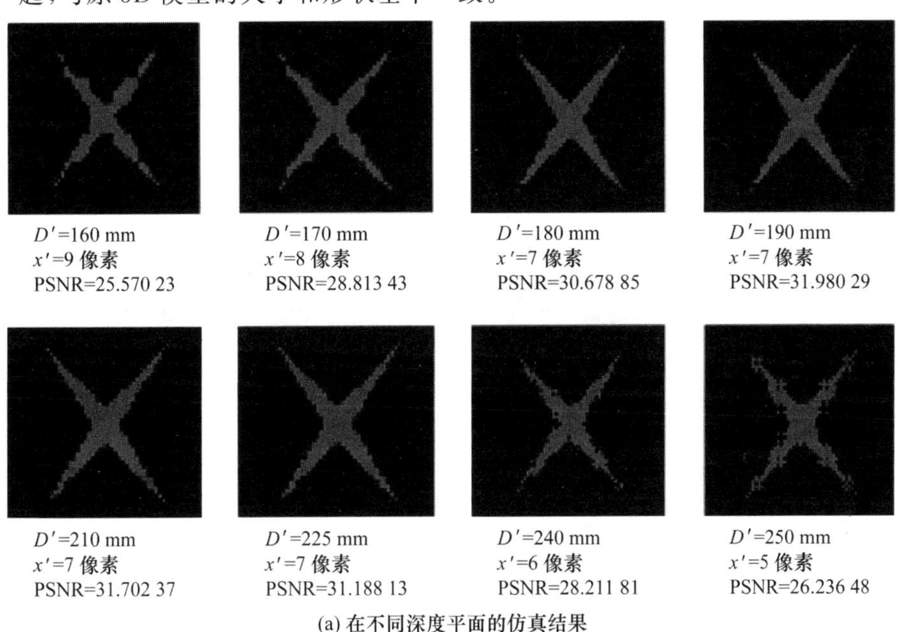

(a) 在不同深度平面的仿真结果

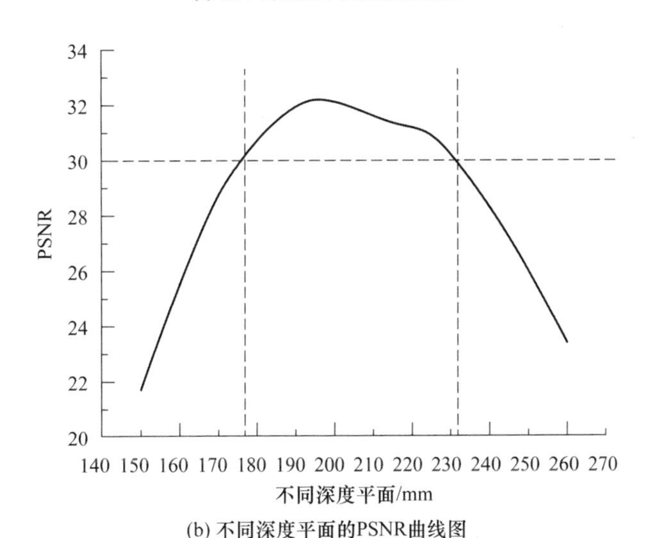

(b) 不同深度平面的PSNR曲线图

图 6-4-14 仿真实验结果图

为了评估在不同深度平面重构的3D图像质量,分别计算了它们的峰值信噪比(PSNR),计算的数值及其在不同深度平面的变化趋势如图6-4-14(b)所示。通常当图像的PSNR高于30 dB时,图像的显示质量能够被人眼接受。图6-4-14(b)中的曲线显示,PSNR高于30 dB的显示深度范围为178~232 mm,与本节介绍的方法计算出的显示深度范围基本一致,验证了本节提出的显示深度模型的合理性。

为了进一步测试本节所提的计算显示深度方法,在另一组实验中采用虚拟相机在3个不同的深度平面采集了一个3D模型"猴子",该模型的深度范围为54 mm,具体的拍摄参数如图6-4-14所示。图6-4-15(a)中的模型位于显示深度范围之内,而图6-4-15(b)和图6-4-15(c)中的模型位于显示深度范围之外。记录下的基元图像阵列经过图像处理之后通过计算机重构成了3D图像。对应深度模型的极线图已分别在图6-4-15中表示,可以更加直观地展示3D模型所处的深度位置。在图6-4-15中,在不同视点处重构3D图像的PSNR和对应的热力图显示出只有处于深度范围内的模型的PSNR大于30 dB,在不同视角重构的3D图像才能完整清晰地展现模型的3D信息。而对于位于深度范围之外的模型,其在各个视点处重构的3D图像的PSNR小于30 dB,图像质量低,无法清晰地展现"猴子"的细节信息。

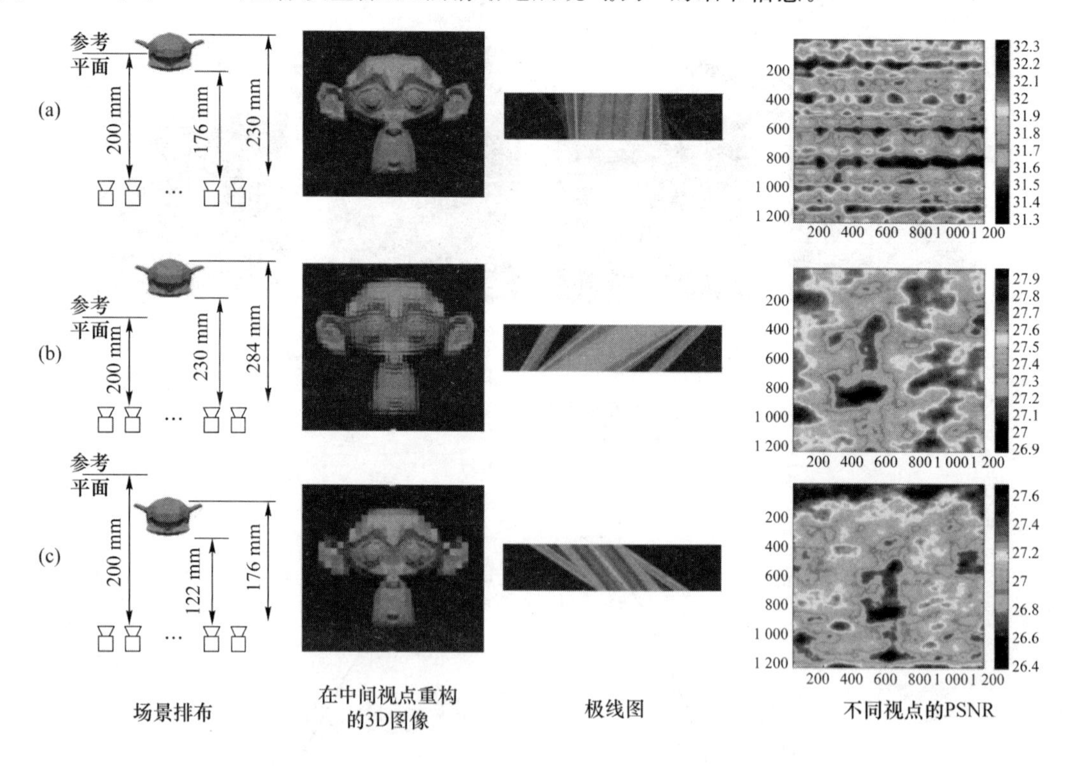

图6-4-15　不同深度平面的仿真实验结果

除了仿真实验外,还进行了光学再现实验,实验所用设备的参数与仿真实验一致。图6-4-16(b)所示为被采集的3D场景排布图,由6个"四角星"组成,它们与透镜阵列的距离已在图中标明。由上文可知计算出的显示深度范围为173.0 mm$<D'<$237.0 mm,由此可知只有D_3和D_4位置处的"四角星"位于显示深度范围之内,而其他位置处的"四角星"位于显示深度范围之外。图6-4-16(a)所示为实验中使用的集成成像显示系统。本节介绍的方法使用了数码相机在2 000 mm处拍摄再现的3D图像,结果如图6-4-17所示。光学再现结果与仿真再现的实验结果基本一致,只有D_3和D_4位置处的"四角星"被完整地再现,从每个透镜中观看到的基元图

像块都能够拼接在一起。其他位置处的“四角星”都出现了错切现象,重构的 3D 图像均出现了不同程度的畸变,无法形成完整可分辨的 3D 图像,离参考平面越远的模型的错切现象越严重。综上,仿真实验和光学再现实验验证了本节所提显示深度模型的合理性。

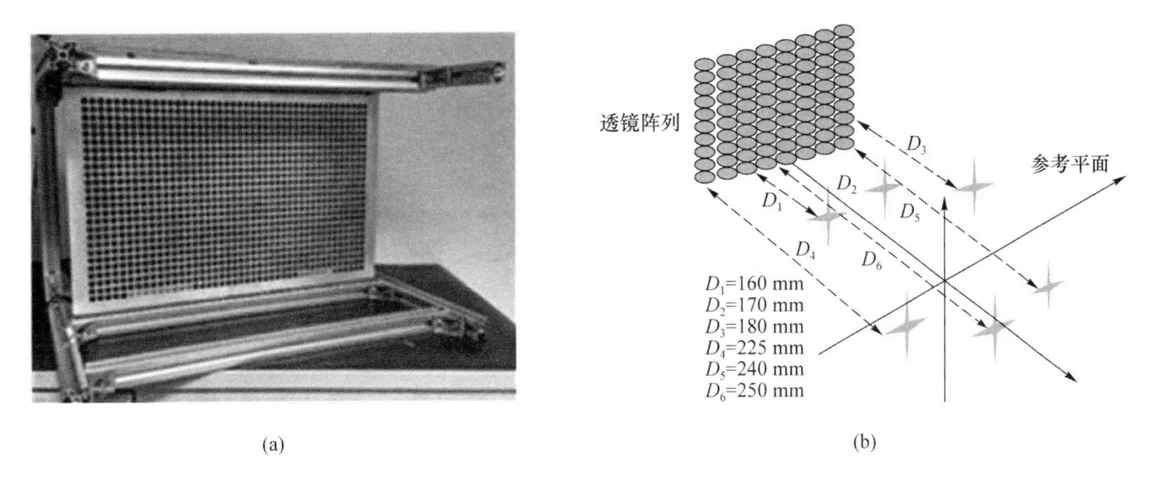

图 6-4-16 集成成像系统和 3D 场景排布示意图

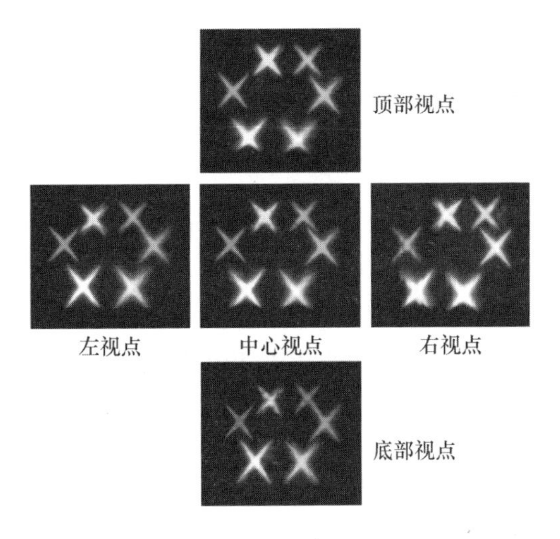

图 6-4-17 光学再现实验结果

本章参考文献

[1] Lippmann G. Epreuves réversibles donnant la sensation du relief[J]. Académie des Science,1908,7(1):821-825.

[2] Ives H E. Optical properties of a lippmann lenticulated sheet[J]. Journal of the Optical Society of America,1931,21(3):171-176.

[3] Chutjian A, Collier R J. Recording and reconstructing three-dimensional images of computer-generated subjects by lippmann integral photography[J]. Applied Optics, 1968,7(1):99-103.

[4] Okano F, Hoshino H, Arai J, et al. Real-time pickup method for a three-dimensional image based on integral photography[J]. Applied Optics, 1997, 36(7): 1598-1603.

[5] Hoshino H, Okano F, Isono H, et al. Analysis of resolution limitation of integral photography[J]. Journal of the Optical Society of America a-Optics Image Science and Vision, 1998, 15(8): 2059-2065.

[6] Jang J S, Javidi B. Real-time all-optical three-dimensional integral imaging projector [J]. Applied Optics, 2002, 41(23): 4866-4869.

[7] Lee B, Min S W, Javidi B. Theoretical analysis for three-dimensional integral imaging systems with double devices[J]. Applied Optics, 2002, 41(23): 4856-4865.

[8] Martinez-Corral M, Javidi B, Martinez-Cuenca R, et al. Integral imaging with improved depth of field by use of amplitude-modulated microlens arrays[J]. Applied Optics, 2004, 43(31): 5806-5813.

[9] Min S W, Hahn M, Kim J, et al. Three-dimensional electro-floating display system using an integral imaging method[J]. Optics Express, 2005, 13(12): 4358-4369.

[10] Martinez-Cuenca R, Saavedra G, Pons A, et al. Facet braiding: a fundamental problem in integral imaging[J]. Optics Letters, 2007, 32(9): 1078-1080.

[11] 王俊夫，张文阁，蒋晓瑜，等. 集成成像三维显示系统概述[J]. 数字通信世界，2018(10): 41+165.

[12] 王艺霏，蒋晓瑜，王俊夫. 集成成像技术中计算重构方法比较[J]. 中国管理信息化，2018, 21(15): 165-166.

[13] Arimoto H, Javidi B. Integral three-dimensional imaging with digital reconstruction [J]. Optics Letters, 2001, 26(3): 157-159.

[14] Hwang Y S, Hong S H, Javidi, B. Free view 3-D visualization of occluded objects by using computational synthetic aperture integral imaging [J]. Journal of Display Technology, 2007, 3(1): 64-70.

[15] Cho M, Javidi B. Free view reconstruction of three-dimensional integral imaging using tilted reconstruction planes with locally nonuniform magnification [J]. Journal of Display Technology, 2009, 5(9): 345-349.

[16] Hong S H, Jang J S, Javidi B. Three-dimensional volumetric object reconstruction using computational integral imaging[J]. Optics Express, 2004, 12(3): 483-491.

[17] Levoy M. Light fields and computational imaging[J]. Computer, 2006, 39(8): 46-55.

[18] Javidi B, Moon I, Yeom S. Three-dimensional identification of biological microorganism using integral imaging[J]. Optics Express, 2006, 14(25): 12096-12108.

[19] Myungjin Cho, Bahram Javidi. Three-dimensional visualization of objects in turbid water using integral imaging [J]. Journal of Display Technology, 2010, 6 (10): 544-547.

[20] Cho M, Javidi B. Three-dimensional tracking of occluded objects using integral imaging[J]. Optics Letters, 2008, 33(23): 2737-2739.

[21] Jang J Y, Lee H S, Cha S, et al. Viewing angle enhanced integral imaging display by using a high refractive index medium[J]. Applied Optics, 2011, 50(7): 71-76.

[22] Xie W,Wang Y,Deng H,et al. Viewing angle-enhanced integral imaging system using three lens arrays[J]. Chinese Optics Letters,2014,12(1):011101.

[23] Zhang J L,Wang X R,Wu X,et al. Wide-viewing integral imaging using fiber-coupled monocentric lens array[J]. Optics Express,2015,23(18):23339-23347.

[24] Lee S,Jang C,Cho J,et al. Viewing angle enhancement of an integral imaging display using Bragg mismatched reconstruction of holographic optical elements[J]. Applied Optics,2016,55(3):95-103.

[25] Yang L, Sang X Z, Yu X B, et al. Viewing-angle and viewing-resolution enhanced integral imaging based on time-multiplexed lens stitching[J]. Optics Express,2019, 27(11):15679-15692.

[26] Alam M A, Baasantseren G, Munkh-Uchral E, et al. Resolution enhancement of integral imaging three-dimensional display using directional elemental image projection [J]. Journal of the Society for Information Display,2012,20(4):464-467.

[27] Oh Y,Shin D,Lee B-G,et al. Resolution-enhanced integral imaging in focal mode with a time-multiplexed electrical mask array [J]. Optics Express, 2014, 22 (15): 17620-17629.

[28] Wang Z,Wang A T,Wang S L,et al. Resolution-enhanced integral imaging using two micro-lens arrays with different focal lengths for capturing and display[J]. Optics Express,2015,23(22):28970-28977.

[29] Yun H,Llavador A,Saavedra G,et al. Three-dimensional imaging system with both improved lateral resolution and depth of field considering non-uniform system parameters[J]. Applied Optics,2018 57(31):9423-9431.

[30] Kim Y,Park J H,Choi H,et al. Depth-enhanced three-dimensional integral imaging by use of multilayered display devices[J]. Applied Optics,2006,45(18):4334-4343.

[31] Zhou D M, Cheng H B, Tam H Y, et al. Extending the depth of field of integral imaging system by employing cubic phase plate[J]. Optik,2013,124(24):7065-7069.

[32] Zhang L,Yang Y,Zhao X,et al. Enhancement of depth-of-field in a direct projection-type integral imaging system by a negative lens array[J]. Optics Express,2012,20 (23):26021-26026.

[33] Luo C G,Deng H,Li L,et al. Integral imaging pickup method with extended depth-of-field by gradient-amplitude modulation[J]. Journal of Display Technology,2016,12 (10):1205-1211.

[34] Zhang M,Wei C Z,Piao Y R,et al. Depth-of-field extension in integral imaging using multi-focus elemental images[J]. Applied Optics,2017,56(22):6059-6064.

[35] Piao Y,Zhang M,Wang X,et al. Extended depth of field integral imaging using multi-focus fusion[J]. Optics Communications,2018,411:8-14.

[36] Navarro H, Martinez-Cuenca R, Saavedra G, et al. 3D integral imaging display by smart pseudoscopic-to-orthoscopic conversion(SPOC)[J]. Optics Express,2010,18 (25):25573-25583.

[37] Martinez-Corral M,Dorado A,Navarro H,et al. Three-dimensional display by smart

pseudoscopic-to-orthoscopic conversion with tunable focus[J]. Applied Optics,2014,53(22):19-25.

[38] Jung J H,Kim J,Lee B. Solution of pseudoscopic problem in integral imaging for real-time processing[J]. Optics Letters,2013,38(1):76-78.

[39] Yim J,Choi K-H,Min S-W. Real object pickup method of integral imaging using offset lens array[J]. Applied Optics,2017,56(13):167-172.

[40] Sang X,Gao X,Yu X,et al. Interactive floating full-parallax digital three-dimensional light-field display based on wavefront recomposing[J]. Optics Express,2018,26(7):8883.

[41] Lanman D,Luebke D. Near-Eye Light Field Displays[J]. ACM Transactions on Graphics,2013,32(6):220. 1-220. 10.

[42] Yu X,Sang X,Gao X,et al. Large viewing angle three-dimensional display with smooth motion parallax and accurate depth cues[J]. Optics Express,2015,23(20):25950.

第7章
集成成像3D显示的优化方法

7.1 优化集成成像显示系统像质的方法

7.1.1 基于图像预处理优化集成成像显示系统像质的方法

优化光学系统的透镜结构固然可以减小像差,提高成像质量,然而该方法并不能完全消除像差的影响,并且会增加透镜系统的复杂度,使得对透镜的加工和装配的要求更高。本节介绍了一种基于图像预处理的像质优化方法,使用滤波函数对基元图像阵列进行预处理以降低透镜像差影响,实现集成成像显示系统的像质优化。

图7-1-1示出了本节所提出方法的3D图像重构过程:首先,虚拟相机阵列对3D模型进行不同角度的拍摄,生成无像差的基元图像阵列;然后,使用滤波函数阵列对基元图像阵列进行预处理得到增强基元图像阵列,滤波函数阵列是根据集成成像显示系统中透镜单元的波像差特性计算得到的;最后,将增强基元图像阵列加载到全视差集成成像显示系统中,在空间中重

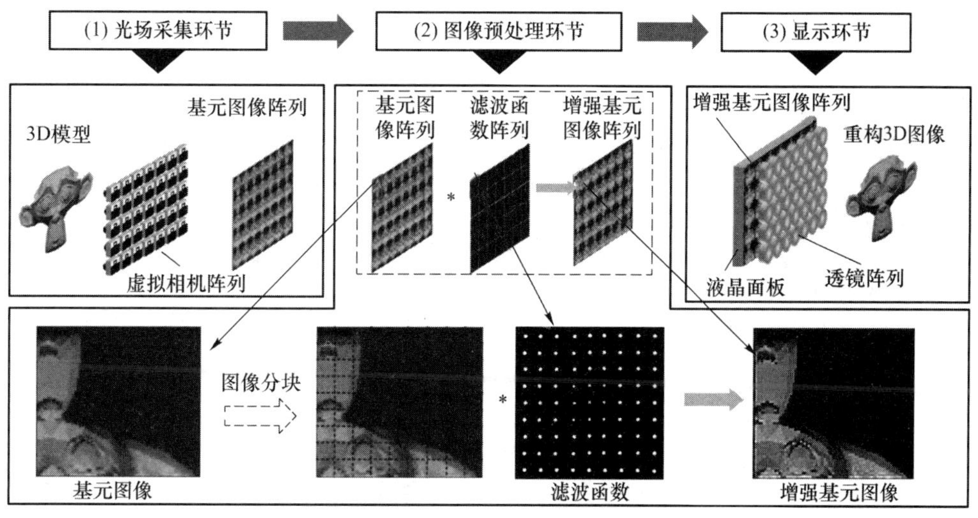

图7-1-1 3D图像重构过程

构3D图像。与传统方法相比，在集成成像显示系统采集环节和显示环节之间增加了图像预处理环节，该环节是本节的研究内容。本节将首先分析集成成像显示系统中透镜阵列的波像差特性；其次，分析重构3D图像的光强分布，以得到滤波函数；再次，介绍图像预处理方法；最后，进行仿真和光学实验验证。

1. 透镜阵列的波像差特性分析

由波动光学理论可知，透镜阵列的波像差导致集成成像显示系统像面上的出射波面偏离了理想波面，图7-1-2给出了集成成像显示系统中像点A'的波面重构示意图。假设透镜阵列由$(2M+1)\times(2N+1)$个透镜组成，位于透镜阵列中第m行、第n列的透镜用L_{mn}表示。由于基元图像的数目与透镜数目相同，则基元图像阵列包含$(2M+1)\times(2N+1)$幅基元图像，第m行、第n列的基元图像记作EI_{mn}。如图7-1-2所示，基元图像阵列中的像素$\{A_{M0},\cdots,A_{00},\cdots,A_{-M0}\}$发出的物光波分别经过相应透镜的调制后形成汇聚的球面波，最终重构出像点A'。由于透镜存在波像差，实际的出射光波相对于参考球面波产生了偏差，导致像点A'模糊。而再现3D图像正是由无数的重构像点构建而成的，所以，模糊的重构像点必然会降低再现3D图像的像质。由此可见，通过减轻透镜阵列波像差的影响，能够优化集成成像显示系统的像质。为了实现这一目的，下面对透镜阵列的波像差特性进行分析。

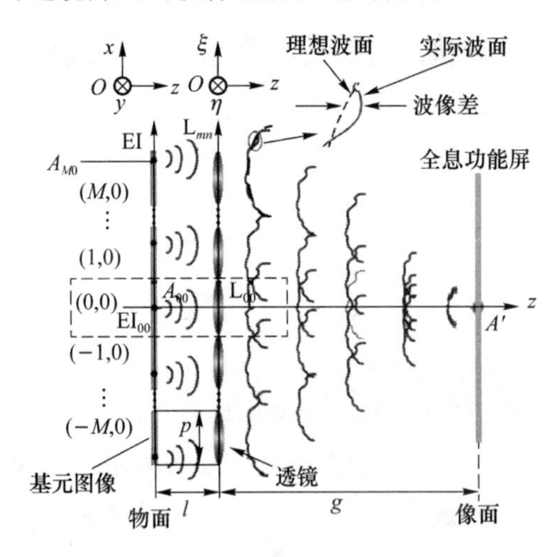

图7-1-2 像点A'的波面重构示意图

由于透镜阵列中每个透镜的参数相同，可以先分析中心透镜L_{00}的波像差，再以此求得透镜阵列的波像差表达式。如图7-1-2所示，透镜阵列的中心透镜L_{00}对中心基元图像EI_{00}上像素发出的球面波进行调制。以透镜L_{00}的中心为原点、透镜阵列所在平面为$\xi\eta$、透镜L_{00}光轴所在的直线为z轴，建立如图7-1-2所示的直角坐标系$\xi\eta z$。同样地，以基元图像EI_{00}的中心为原点、基元图像阵列所在的平面为xy，透镜L_{00}光轴所在的直线为z轴，建立坐标系xyz。xOy平面可看作物面，$\xi\eta$平面可看作光瞳面，中心透镜L_{00}的波像差的幂级数展开式为

$$\begin{aligned}W_{00} &= W_{00}(\xi^2+\eta^2,\eta y_0,y_0^2,\xi x_0,x_0^2)\\&= a_1(\xi^2+\eta^2)+a_2\eta y_0+a_2\xi x_0+b_1(\xi^2+\eta^2)^2+\\&\quad b_2\eta y_0(\xi^2+\eta^2)+b_2\xi x_0(\xi^2+\eta^2)+b_3\eta^2y_0^2+b_3\xi^2x_0^2+\\&\quad b_4y_0^2(\xi^2+\eta^2)+b_4x_0^2(\xi^2+\eta^2)+b_5\eta y_0^3+b_5\xi x_0^3\end{aligned}\tag{7-1}$$

其中，ξ、η表示L_{00}的光瞳坐标，x_0、y_0分别表示图像像素在基元图像EI_{00}上的横向坐标和纵向坐标，a_1、a_2，$b_1\sim b_5$是各项像差的系数。$a_1(\xi^2+\eta^2)$、$a_2\eta y_0$、$a_2\xi x_0$表示离焦项，$b_1(\xi^2+\eta^2)^2$表

示球差，$b_2\eta y_0(\xi^2+\eta^2)$、$b_2\xi x_0(\xi^2+\eta^2)$表示彗差，$b_3\eta^2y_0^2$、$b_3\xi^2x_0^2$、$b_4y_0^2(\xi^2+\eta^2)$、$b_4x_0^2(\xi^2+\eta^2)$表示像散和场曲，$b_5\eta y_0^3$、$b_5\xi x_0^3$ 表示畸变。

从式(7-1)可以看出，透镜的波像差与基元图像的视场坐标(x_0，y_0)有关，即波像差 W_{00} 是空间变化的。为了简化波像差 W_{00} 的计算，这里对基元图像 EI_{00} 进行图像分块，得到多个矩形区域，并且同一个矩形区域使用相同的视场坐标进行波像差计算，利用这一近似关系，可以将空间变化的波像差转化为空间不变的波像差。

基元图像 EI_{00} 的图像分块示意图如图 7-1-3 所示。为了便于描述，这里对基元图像 EI_{00} 的视场进行归一化处理，由于基元图像的水平方向像素数目与垂直方向像素数目相同，因此基元图像的水平最大视场和垂直最大视场的数值相同，用 H_m 表示。分别沿 x 方向和 y 方向选取 0 视场、±0.3 视场、±0.5 视场、±0.7 视场和±0.9 视场作为代表性视场坐标，将基元图像 EI_{00} 分成9×9个等大的基元图像块 $S_n(n=1,2,\cdots,81)$。对于每个基元图像块，波像差的变化是较微小的，故可以通过代入该基元图像块的代表性视场坐标计算波像差。以基元图像块 S_5 为例进行分析，如图 7-1-3 所示，S_5 的代表性视场坐标为$(0,0.9H_m)$，该坐标值适用于计算 S_5 区域内任意视场点的波像差。根据以上近似条件，基元图像块 S_n 与其代表性视场坐标的映射关系可以表示为

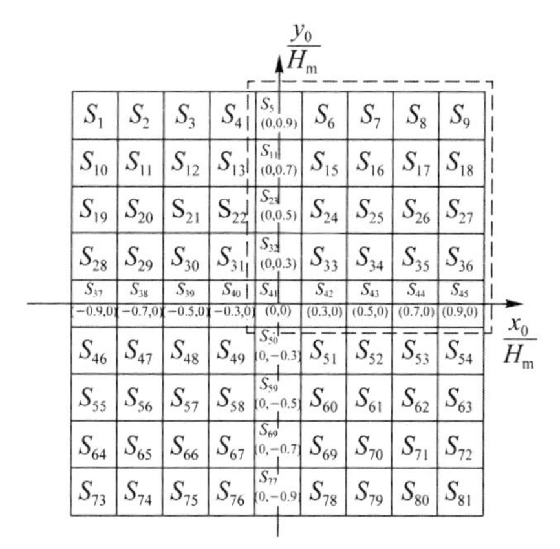

(a) 基元图像EI_{00}被划分为81个基元图像块S_0~S_{81}

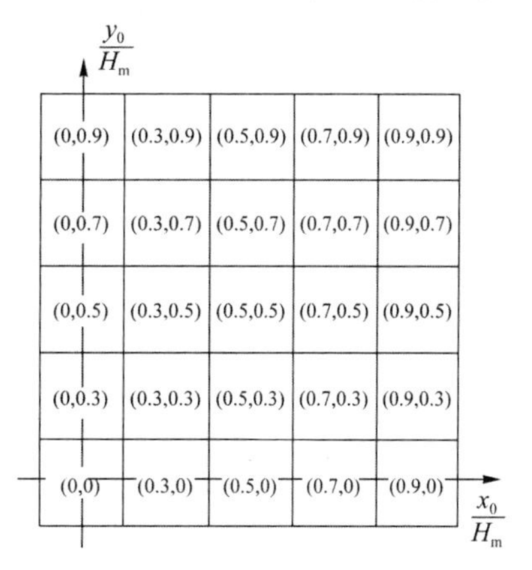

(b) 图7-1-3 (a) 右上方矩形放大图

图 7-1-3 基元图像分块示意图

$$
(x_0,y_0)=\begin{cases}(-0.9H_m,0.9H_m),(x_0,y_0)\in\Omega_{S_1}\\(-0.7H_m,0.9H_m),(x_0,y_0)\in\Omega_{S_2}\\ \cdots \\(0.7H_m,0.9H_m),(x_0,y_0)\in\Omega_{S_8}\\(0.9H_m,0.9H_m),(x_0,y_0)\in\Omega_{S_9}\\ \cdots\end{cases}
$$

$$
(x_0,y_0)=\begin{cases}(-0.9H_m,0.7H_m),(x_0,y_0)\in\Omega_{S_{10}}\\(-0.7H_m,0.7H_m),(x_0,y_0)\in\Omega_{S_{11}}\\ \cdots \\(0.7H_m,0.7H_m),(x_0,y_0)\in\Omega_{S_{17}}\\(0.9H_m,0.7H_m),(x_0,y_0)\in\Omega_{S_{18}}\\ \cdots\end{cases}
$$

$$
(x_0,y_0)=\begin{cases}(-0.9H_m,-0.7H_m),(x_0,y_0)\in\Omega_{S_{64}}\\(-0.7H_m,-0.7H_m),(x_0,y_0)\in\Omega_{S_{65}}\\\cdots\\(0.7H_m,-0.7H_m),(x_0,y_0)\in\Omega_{S_{71}}\\(0.9H_m,-0.7H_m),(x_0,y_0)\in\Omega_{S_{72}}\\\cdots\end{cases}
$$

$$
(x_0,y_0)=\begin{cases}(-0.9H_m,-0.9H_m),(x_0,y_0)\in\Omega_{S_{73}}\\(-0.7H_m,-0.9H_m),(x_0,y_0)\in\Omega_{S_{74}}\\\cdots\\(0.7H_m,-0.9H_m),(x_0,y_0)\in\Omega_{S_{80}}\\(0.9H_m,-0.9H_m),(x_0,y_0)\in\Omega_{S_{81}}\\\cdots\end{cases}\tag{7-2}
$$

显然，如果 n 越大，基元图像 EI_{00} 被分成的基元图像块越多，波像差 W_{00} 的计算就越精确，但与此同时也会带来计算量的增加。这里将基元图像分成 9×9 基元图像块，权衡了精确度和计算量这两个因素。

通过将基元图像进行分块，将波像差 $W_{00}(\xi,\eta,x,y)$ 表达式中的视场变量 x、y 转化为常量。此时，W_{00} 仅由变量 (ξ,η) 决定，与视场无关，所以可以采用泽尼克多项式描述中心透镜 L_{00} 的波像差 W_{00}，得到

$$
\begin{aligned}
W_{00}(\xi,\eta)&=W_{[x]}(\xi,\eta)\\
&=Z_{0[x]}+Z_{1[x]}\eta+Z_{2[x]}\xi+Z_{3[x]}[2(\xi^2+\eta^2)-1]+Z_{4[x]}(\eta^2-\xi^2)+\\
&\quad Z_{5[x]}2\xi\eta+Z_{6[x]}[-2\eta+3\eta(\xi^2+\eta^2)]+Z_{7[x]}[-2\xi+3\xi(\xi^2+\eta^2)]+\\
&\quad Z_{8[x]}[1-6(\xi^2+\eta^2)+6(\xi^2+\eta^2)^2]\\
&\text{subject to }(x_0^{A_{00}},y_0^{A_{00}})\in\Omega_x,\quad x=S_1,S_2,\cdots,S_{80},S_{81}
\end{aligned}\tag{7-3}
$$

其中，$(x_0^{A_{00}},y_0^{A_{00}})$ 表示基元图像 EI_{00} 中任意像素点 A_{00} 的视场坐标。变量 x 的取值范围为 $\{S_1,S_2,\cdots,S_{80},S_{81}\}$。$Z_{0[x]}\sim Z_{8[x]}$ 表示基元图像块 x 对应的泽尼克多项式系数，这意味着不同子像素块的泽尼克表达式系数不同。$Z_{0[x]}$ 表示平移系数，$Z_{1[x]}$ 表示 y 轴倾斜系数，$Z_{2[x]}$ 表示 x 轴倾斜系数，$Z_{3[x]}$ 表示离焦系数，$Z_{4[x]}$ 表示 y 轴像散系数，$Z_{5[x]}$ 表示 x 轴像散系数，$Z_{6[x]}$ 表示 y 轴彗差系数，$Z_{7[x]}$ 表示 x 轴彗差系数，$Z_{8[x]}$ 表示球差系数。

通过以上分析，得到了中心透镜 L_{00} 的波像差表达式。透镜阵列中每个透镜单元的参数相同，只是所处的空间位置不同，假设相邻两个透镜中心间隔为 p，则可以得到透镜阵列中任意透镜 L_{mn} 的波像差表达式：

$$
W_{mn}(\xi,\eta)=W_{00}(\xi-pm,\eta-pn)\tag{7-4}
$$

其中，m 的取值为 $\{-M,\cdots,0,\cdots,M\}$，n 的取值为 $\{-N,\cdots,0,\cdots,N\}$。

2. 重构 3D 图像的光强分布

图 7-1-4 所示为像点 A' 集成成像显示系统重构的原理图。对于集成成像显示系统，假设液晶面板、透镜阵列以及定向扩散膜所在的平面依次表示为 x_0y_0、$\xi\eta$、xy。基元图像阵列显示在液晶面板上，重构三维图像被定向扩散膜调制后呈现给观看者。在分析集成成像显示系统的成像过程中，可以把液晶面板所在平面 x_0y_0 当作物平面，把定向扩散膜所在平面 xy 当作像

平面。在图 7-1-4 中，l 是液晶面板与透镜阵列之间的距离，g 是定向扩散膜与透镜阵列之间的距离，f 是透镜阵列中透镜单元的焦距。根据高斯成像公式，l、g、f 三者之间满足 $\frac{1}{l}+\frac{1}{g}=\frac{1}{f}$。这里以基元图像 EI_{mn} 上像素点 A_{mn} 通过透镜 L_{mn} 成像为例，分析从物平面 x_0y_0 上物点光强分布得到像平面 xy 上像点光强分布的过程。一个物点的集成成像显示系统分布可以用冲激函数 δ 表示，假设像素点 A_{mn} 在物平面 x_0y_0 上的坐标为($x_0^{A_{mn}}$，$y_0^{A_{mn}}$)，则像素点 A_{mn} 光强分布的表达式为 $\delta(x_0-x_0^{A_{mn}},y_0-y_0^{A_{mn}})$。在图 7-1-4 所示的集成成像显示系统中，$\delta(x_0-x_0^{A_{mn}},y_0-y_0^{A_{mn}})$ 作为输入函数通过透镜成像系统的变换，在像平面上得到输出函数 $h(x,y;z)$，称为点扩散函数(PSF)。对于有波像差的透镜，该点扩散函数能够反映波像差对物点成像的影响。根据傅里叶光学理论可知，像素点 A_{mn} 通过透镜 L_{mn} 成像得到的像点 A' 的光强分布为

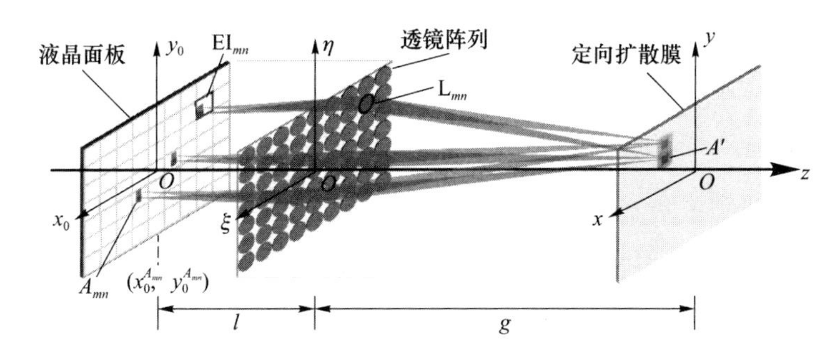

图 7-1-4 像点 A' 集成成像显示系统重构的原理图

$$h(x,y;z)=\left|\frac{1}{\lambda^2 lg}\iint_{\Omega_{\mathrm{EI}}}\iint_{\Omega_{\mathrm{L}}}\delta(x_0-x_0^{A_{mn}},y_0-y_0^{A_m})\times \mathrm{e}^{\frac{\mathrm{i}k}{2l}[(\xi-x_0^{A_{mn}})^2+(\eta-y_0^{A_m})^2]}\times\right.$$
$$\left.P_{mn}(\xi,\eta)\times\mathrm{e}^{-\frac{\mathrm{i}k}{2f}[(\xi-pm)^2+(\eta-pn)^2]}\times\mathrm{e}^{\left\{\frac{\mathrm{i}k}{2g}[(x-\xi)^2+(y-\eta)^2]\right\}}\mathrm{d}x_0\,\mathrm{d}y_0\,\mathrm{d}\xi\mathrm{d}\eta\right|^2 \tag{7-5}$$

其中：Ω_{EI} 以及 Ω_L 表示积分区域，它们分别由基元图像 EI_{mn} 和透镜 L_{mn} 的尺寸决定；$k=\frac{2\pi}{\lambda}$ 表示波数；λ 表示波长；$P_{mn}(\xi,\eta)$ 表示透镜 L_{mn} 的瞳函数，该函数与透镜的波像差有关，其表达式为

$$P_{mn}(\xi,\eta)=\begin{cases}\mathrm{e}^{-\mathrm{i}kW_{mn}(\xi,\eta)}, & (\xi-pm)^2+(\eta-pn)^2\leqslant\left(\frac{p}{2}\right)^2\\ 0, & \text{其他}\end{cases} \tag{7-6}$$

在集成成像显示系统中，由于人眼接收的是光强信息，而非相位信息，因此式(7-5)中的相位因子可以忽略，该公式可简化为

$$h(x,y)=\left|M\int_{-\infty}^{+\infty}\int_{-\infty}^{+\infty}\mathrm{e}^{-\mathrm{i}kW_{mn}(\lambda gu,\lambda gv)}\,\mathrm{e}^{-\mathrm{i}2\pi[(x-Mx_0^{A_{mn}})u+(y-My_0^{A_{mn}})v]}\mathrm{d}u\mathrm{d}v\right|^2 \tag{7-7}$$

其中：$u=\frac{\xi}{\lambda g}$；$v=\frac{\eta}{\lambda g}$；M 为透镜的轴向放大率，表示光轴上一对共轭点沿轴向的移动量之间的关系，可通过像距与物距之比求得，即 $M=\frac{g}{l}$。从式(7-5)和式(7-7)中可以看出，像点 A' 的光强分布与透镜 L_{mn} 的瞳函数 $P_{mn}(\lambda gu,\lambda gv)$ 有关，而瞳函数 $P_{mn}(\lambda gu,\lambda gv)$ 表达式中又包含波像差 $W_{mn}(\xi,\eta)$ 这一因子。由此可以推导出，像点 A' 的光强分布 $h(x,y;z)$ 受到透镜 L_{mn} 的波像差 $W_{mn}(\xi,\eta)$ 影响。当 $W_{mn}(\xi,\eta)$ 为零时，透镜 L_{mn} 为无像差的完美透镜，则像点 A' 为艾里斑；当 $W_{mn}(\xi,\eta)$ 不为零时，像点 A' 是一个模糊的弥散斑。图 7-1-5(a)是 $W_{mn}(\xi,\eta)$ 为零时的像点

光强分布图；图 7-1-5(b)是 $W_{mn}(\xi,\eta)$不为零时的像点光强分布图。通过对比可以看出，图 7-1-5(a)中的光强分布相比于图 7-1-5(b)中的更为集中，说明了透镜波像差导致物点成像后的光强分布变得分散，并且波像差越大，光强分布越分散，像点弥散斑范围越大，像质越低。

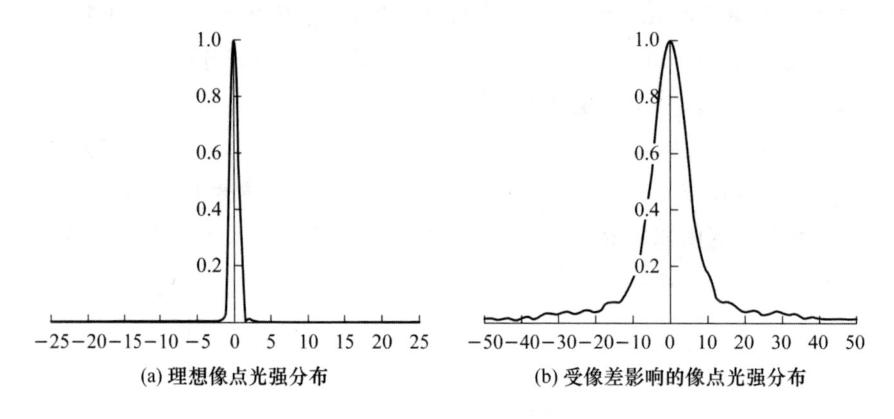

图 7-1-5　像点光强分布图

通过以上分析，得到了基元图像 EI_{mn}上一个像素点所成像的光强分布表达式 $h(x,y;z)$，根据该表达式可以进一步推导出基元图像 EI_{mn}所成像在像平面 xy 上的光强分布 $RI_{mn}(x,y;z)$。由线性系统理论可知，系统的总输出为各个子输出的线性组合。在集成成像显示系统中，透镜单位是一个线性系统，因此透镜 L_{mn}对基元图像 EI_{mn}所成的像是构成基元图像 EI_{mn}的所有像素点在像平面上所得各个像斑光强分布的线性叠加。假设物面上基元图像 EI_{mn}的光强分布为 $I_{mn}(x_0,y_0;z)$，由于基元图像 EI_{mn}可看作由一系列像素点组成，因此 $I_{mn}(x_0,y_0;z)$可以表示为这些像素点场分布的 δ 函数的线性组合：

$$I_{mn}(x_0,y_0;z)=\int_{-\infty}^{+\infty}\int_{-\infty}^{+\infty}I_{mn}(\xi,\eta;z)\delta(x_0-\xi,y_0-\eta)\mathrm{d}\xi\mathrm{d}\eta \tag{7-8}$$

$I_{mn}(x_0,y_0;z)$可看作透镜成像系统的输入函数，其在像面上的输出函数为与各个 δ 函数相对应的点扩散函数的线性组合，表示为

$$RI_{mn}(x,y;z)=\int_{-\infty}^{+\infty}\int_{-\infty}^{+\infty}I_{mn}(x_0,y_0;z)h(x-x_0,y-y_0)\mathrm{d}x_0\mathrm{d}y_0 \tag{7-9}$$

将式(7-9)表示成卷积的形式，则基元图像 EI_{mn}在像平面 xy 上的光强分布为

$$RI_{mn}(x,y;z)=I_{mn}(x_0,y_0;z)*h(x,y;z) \tag{7-10}$$

由式(7-10)可以看出，$RI_{mn}(x,y;z)$是透镜对基元图像 EI_{mn}发出的光波经滤波作用的结果，$h(x,y;z)$是成像系统的滤波函数。

对于集成成像显示系统，再现 3D 图像的集成成像显示系统重构过程可以看作基元图像 EI_{mn}的集成成像显示系统分布与滤波函数 $h(x,y;z)$进行卷积后的线性叠加，再现 3D 图像在像平面 xy 上的光强分布 $RI_{mn}(x,y;z)$可以表示为

$$RI(x,y;z)=\sum_{m=-M,n=-N}^{m=M,n=N}RI_{mn}(x,y;z)=\sum_{m=-M,n=-N}^{m=M,n=N}I_{mn}(x_0,y_0;z)*h(x,y;z) \tag{7-11}$$

式(7-7)和式(7-11)共同说明了在集成成像显示系统中，再现 3D 图像的成像质量受到透镜阵列波像差的影响，波像差越大，像点的集成成像显示系统分布越分散，再现 3D 图像的像质越差。

3. 图像预处理方法

当液晶面板上显示基元图像阵列 $\sum_{m=-M,n=-N}^{m=M,n=N} I_{mn}(x,y;z)$ 时，人眼通过透镜阵列观察到的3D再现图像是基元图像阵列与滤波函数的卷积，即 $\sum_{m=-M,n=-N}^{m=M,n=N} I_{mn}(x_0,y_0;z)*h(x,y;z)$。滤波函数 $h(x,y;z)$ 表达式中的波像差因子改变了再现图像的集成成像显示系统分布，导致人眼观察到的3D再现图像的像质较差。此时，定义滤波函数 $h(x,y;z)$ 的逆函数为 $h^{-1}(x,y;z)$，使用逆函数 $h^{-1}(x,y;z)$ 对基元图像阵列进行卷积运算，得到增强基元图像阵列：

$$\sum_{m=-M,n=-N}^{m=M,n=N} \mathrm{PI}_{mn}(x_0,y_0;z) = \sum_{m=-M,n=-N}^{m=M,n=N} I_{mn}(x_0,y_0;z)*h^{-1}(x,y;z) \tag{7-12}$$

如果将增强基元图像阵列显示在液晶面板上，则此时人眼所接收到的再现图像光强分布为

$$\begin{aligned}\mathrm{RI}(x,y;z) &= \sum_{m=-M,n=-N}^{m=M,n=N} \mathrm{PI}_{mn}(x_0,y_0;z)*h(x,y;z) \\ &= \left\{\sum_{m=-M,n=-N}^{m=M,n=N} I_{mn}(x_0,y_0;z)*h^{-1}(x,y;z)\right\}*h(x,y;z)\end{aligned} \tag{7-13}$$

根据卷积运算的结合律，式(7-13)可以转化为

$$\mathrm{RI}(x,y;z) = \sum_{m=-M,n=-N}^{m=M,n=N} I_{mn}(x_0,y_0;z)*\{h^{-1}(x,y;z)*h(x,y;z)\} \tag{7-14}$$

这意味着当液晶面板上显示的是增强基元图像阵列时，人眼通过透镜阵列观察到的是原始3D物体光强分布，消除了滤波函数中波像差因子的降质影响，从而像质得以提升。

由式(7-12)可知，增强基元图像阵列的求解过程是基元图像阵列与滤波函数的逆函数 $h^{-1}(x,y;z)$ 的卷积运算，它可以转化为基元图像阵列与 $h(x,y;z)$ 的运算。目前有多种算法可实现这一运算过程，如维纳滤波法、LR滤波法、约束最小二乘方滤波法以及直接逆滤波法等。由于维纳滤波法对噪声有一定的抑制作用且计算量较小，因此采用维纳滤波法求解增强基元图像阵列的光强分布：

$$\sum_{m=-M,n=-N}^{m=M,n=N} \mathrm{PI}_{mn}(x,y;z) = \sum_{m=-M,n=-N}^{m=M,n=N} \frac{1}{\mathrm{FT}[h(x,y;z)]}\frac{|\mathrm{FT}[h(x,y;z)]|^2}{|\mathrm{FT}[h(x,y;z)]|^2+K}\mathrm{FT}[I_{mn}(x,y;z)] \tag{7-15}$$

其中，FT[·]表示傅里叶反变换运算，K 表示噪声估计值。根据式(7-15)，在已知基元图像阵列和滤波函数的条件下，可以得到增强基元图像阵列，以此作为液晶面板上的输入图像，从而再现出不受波像差影响的3D图像。

4. 仿真与实验

为了验证以上分析的正确性和基于透镜波像差特性的图像预处理方法的有效性，进行了相关的仿真实验。本节介绍的集成成像显示系统采用了两片式双分离结构的透镜单元阵列，表7-1-1给出了透镜单元的具体参数。图7-1-6为该透镜单元在25个视场的弥散斑点列图。由于所采用的双分离结构的透镜单元阵列是旋转对称系统，所以图7-1-6在呈现25个视场的弥散斑点列图的同时反映了其余56个视场的弥散斑情况。观察图7-1-6可以发现，除了中心

视场(S_{41})外，其他视场的弥散斑均方根半径均大于1 mm，S_5为3.18 mm，S_6为3.42 mm，S_7为3.68 mm，S_8为3.88 mm，S_9为3.97 mm，S_{14}为2.34 mm，S_{15}为2.59 mm，S_{16}为3.04 mm，S_{17}为3.68 mm，S_{18}为4.55 mm，S_{23}为1.70 mm，S_{24}为1.94 mm，S_{25}为2.41 mm，S_{26}为3.04 mm，S_{27}为3.88 mm，S_{32}为1.22 mm，S_{33}为1.47 mm，S_{34}为1.94 mm，S_{35}为2.59 mm，S_{36}为3.42 mm，S_{41}为0.97 mm，S_{42}为1.22 mm，S_{43}为1.69 mm，S_{44}为2.34 mm，S_{45}为3.18 mm。并且视场越大，弥散斑的均方根半径越大，波像差越严重，再现3D图像的成像质量越低。

表 7-1-1　透镜单元的具体参数

面序号	曲率半径/mm	厚度/mm	材料	半口径/mm
1	20.24	5.02	K9	5.00
2	−20.24	0.52		5.00
3	16.7	4.09	K9	5.00
4	19.4			5.00

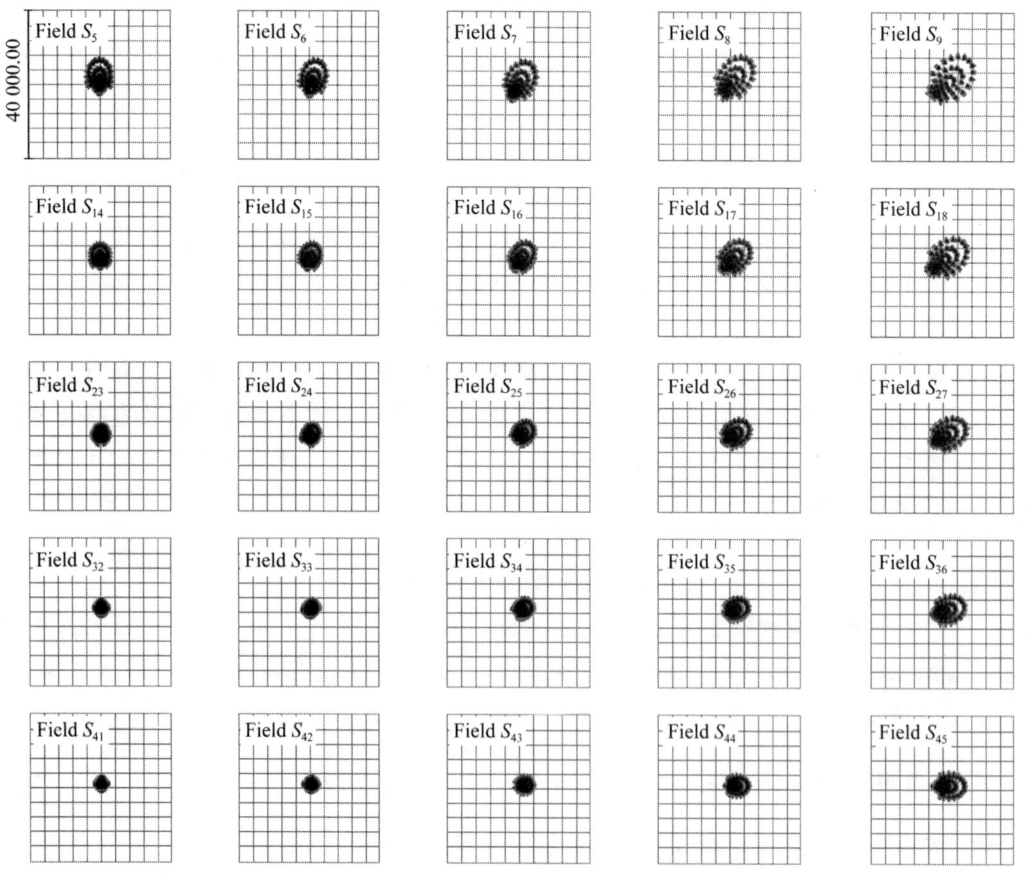

图 7-1-6　25个视场的弥散斑点列图

表7-1-2给出了不同视场(基元图像块S_1～S_{81})对应的波像差泽尼克多项式系数。根据式(7-1)，可以利用表7-1-2中的泽尼克多项式系数计算得到滤波函数$h(x,y;z)$。根据式

(7-15),可以进一步计算出增强基元图像阵列。图 7-1-7(a)为原始基元图像,图 7-1-7(b)和图 7-1-7(c)为使用计算成像技术仿真生成的再现图像。图 7-1-7(b)是将原始基元图像输入仿真系统后所生成的再现图像,可以看出再现图像轮廓模糊,图像细节不易分辨。图 7-1-7(c)是将增强基元图像输入仿真系统后所生成的再现图像。相比于图 7-1-7(b),图 7-1-7(c)的像质明显提升,能够更好地还原图像的细节信息,这说明对基元图像预处理后再显示,可以增强再现图像的像质。

表 7-1-2 不同视场对应的波像差泽尼克多项式系数

视场	Z_0	Z_1	Z_2	Z_3	Z_4	Z_5	Z_6	Z_7	Z_8
S_1	66.02	27.62	−27.62	72.47	0	−29.54	14.28	−14.28	6.58
S_2	56.66	22.42	−28.59	63.07	−5.89	−24.03	11.52	−14.69	6.53
⋮	⋮	⋮	⋮	⋮	⋮	⋮	⋮	⋮	⋮
S_{41}	12.91	0	0	19.46	0	0	0	0	6.61
⋮	⋮	⋮	⋮	⋮	⋮	⋮	⋮	⋮	⋮
S_{80}	55.66	−22.42	28.59	63.07	−5.89	−24.03	−11.52	14.69	6.53
S_{81}	66.02	−27.62	−27.62	72.47	0	−29.54	−14.28	14.28	6.58

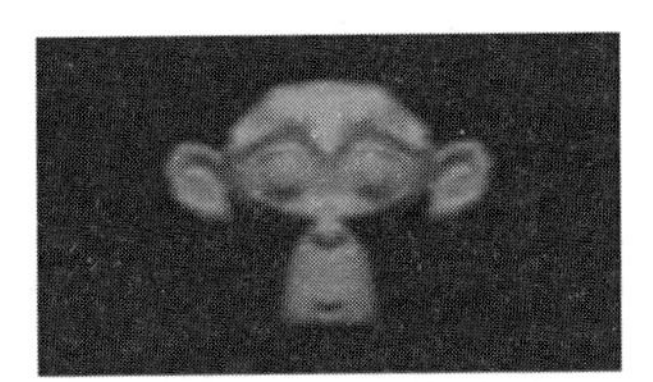

PSNR=31.3 dB

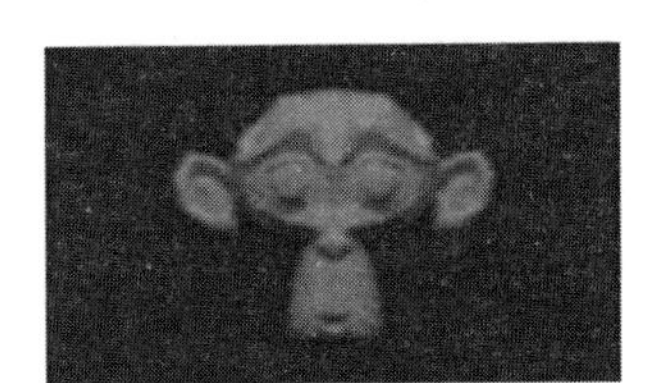

PSNR=33.5 dB

PSNR=29.7 dB

PSNR=31.3 dB

(a) 原始基元图像

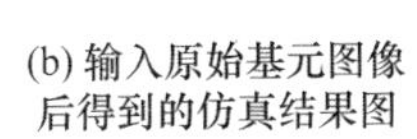

(b) 输入原始基元图像后得到的仿真结果图

(c) 输入增强基元图像后得到的仿真结果图

图 7-1-7 仿真结果

为了更为客观地评价像质提升效果,使用图像峰值信噪比(PSNR)作为评价指标。峰值信噪比是原图像与待评价图像之间的均方误差相对于图像最大像素值的对数值,峰值信噪比越大则像质越高,说明待评价图像与原图像越接近,因此可以用该指标来评价本节介绍的图像预处理方法是否提升了再现 3D 图像的像质。图 7-1-7(b)、图 7-1-7(c)给出了使用图像预处理方法前后的峰值信噪比,“猴头”模型再现图像的图像信噪比从 31.3 dB 提升至 34.1 dB,“棕马模型”再现图像的图像信噪比从 29.7 dB 提升至 32.3 dB,说明图像预处理方法确实提升了再现 3D 图像的像质。

图 7-1-8 所示为透镜波像差曲线对比图,虚线为将原始基元图像作为输入得到的波像差

曲线,实线为将增强基元图像作为输入得到的波像差曲线。对比两条曲线可以看出,图像预处理方法的应用减小了各个视场的波像差,并且对边缘视场的波像差抑制幅度更大,使得各个视场的像质更加均匀。

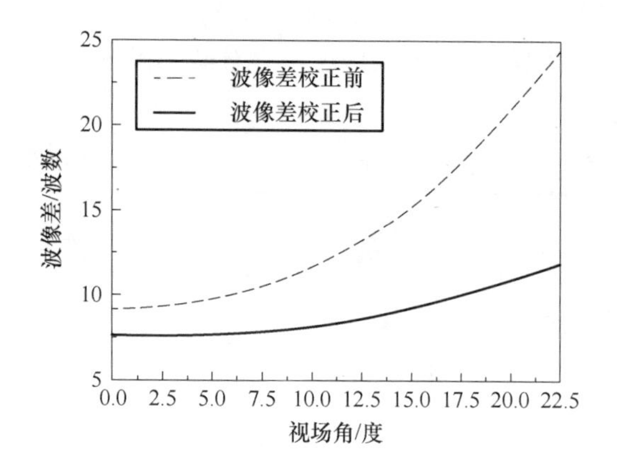

图 7-1-8　透镜波像差曲线对比图

除了仿真实验外,还搭建了视角为 45°的集成成像显示系统,以验证图像预处理方法的有效性。图 7-1-9(a)所示为原始基元图像阵列,它由 46×27 虚拟相机阵列对 3D 模型拍摄生成,基元图像阵列包含 46×27 幅基元图像,每幅基元图像由 88 像素×88 像素组成。增强基元图像阵列由基元图像阵列与滤波函数进行逆滤波运算生成,如图 7-1-9(b)所示。

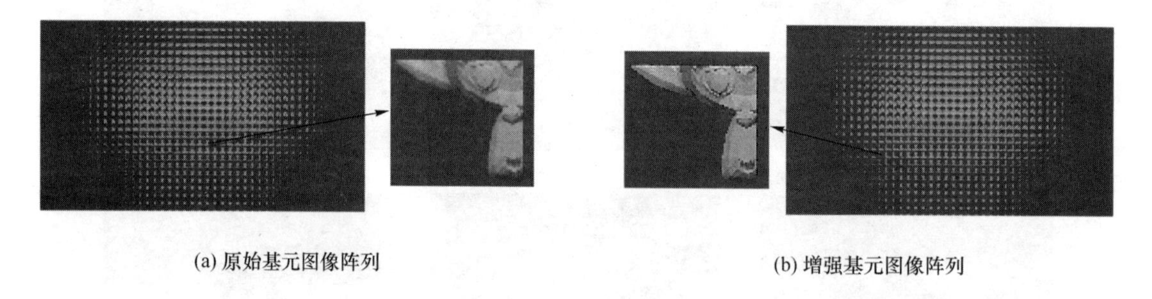

(a) 原始基元图像阵列　　(b) 增强基元图像阵列

图 7-1-9　基元图像阵列

为了展示最后的显示效果,使用佳能 60D 相机在 2 000 mm 距离处对实验结果进行拍摄,图 7-1-10 示出了在−22.5°、0°以及 22.5°视角处拍摄得到的再现 3D 图像。图 7-1-10(a)是输入原始基元图像阵列后得到的实验结果,透镜阵列的波像差导致各个视场的再现 3D 图像都非常模糊,从放大的眼部图可以看出,原 3D 模型的细节信息丢失,并且边缘视场(±22.5°)比中心视场(0°)更模糊,这与仿真实验中的波像差曲线图一致。图 7-1-10(b)是输入增强基元图像阵列后得到的实验结果,与图 7-1-10(a)对比,通过局部放大图可以发现各个视场再现 3D 图像的像质均得到提升,并且不同视场之间的像质更加均匀,这是因为基元图像阵列预处理方法抑制了各个视场的像差。综上,光学实验结果表明了本节介绍的基元图像阵列预处理方法增强了集成成像显示系统的细节表现能力,提升了系统像质。

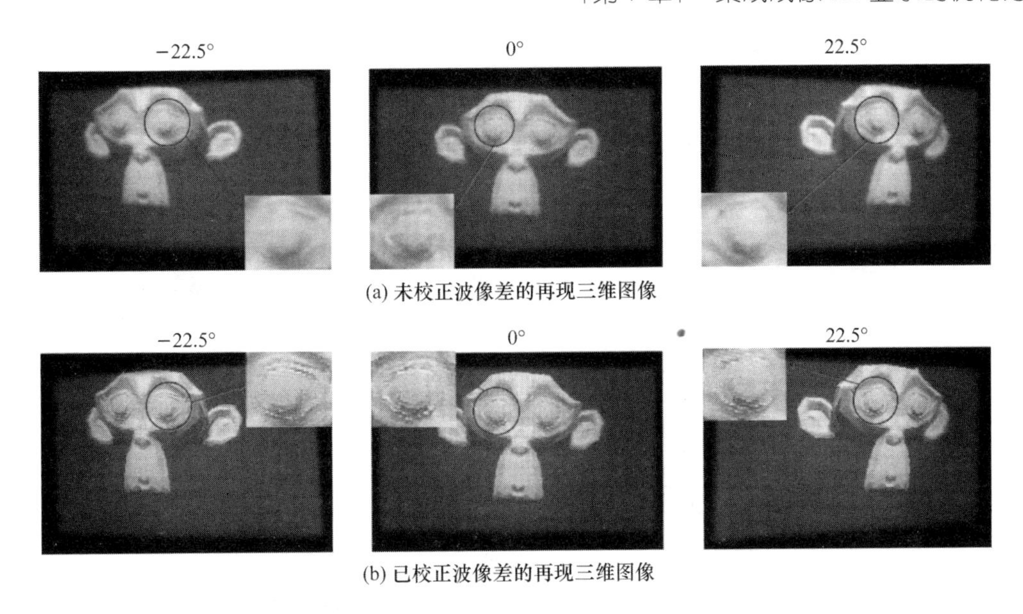

(a) 未校正波像差的再现三维图像

(b) 已校正波像差的再现三维图像

图 7-1-10 不同视角的再现图像实拍图

7.1.2 利用深度学习优化集成成像显示系统像质的方法

基于图像预处理的像质提升方法在抑制像差的同时会带来振铃效应，导致观看者的视觉体验降低。因此本节介绍一种基于预校正卷积神经网络（Convolutional Neural Networks，CNN）的像质提升方法。利用预校正的神经网络将虚拟摄像机阵列采集得到的基元图像阵列转换为预校正的基元图像阵列（Pre-corrected Elemental Image Array，PEIA）。根据透镜阵列的像差搭建并训练预校正网络。将 PEIA 加载到液晶显示器，通过透镜阵列的光学变换获得了像质提升的三维图像。

1. 基于深度学习优化像质的流程

如图 7-1-11 所示，基于预校正 CNN 提升图像像质的实现过程包括数字采集、预校正处理和光学重构 3 个阶段。在数字采集阶段，使用虚拟摄像机阵列（Virtual Camera Array，VCA）来采集一系列视差图图像。这里采用虚拟数字针孔相机，这样可以获得无光学像差的视差图，对视差图进行合成编码，得到初步的基元图像阵列（Elemental Image Array，EIA）。在预校正处理阶段，将 EIA 送入至预校正 CNN 进行处理，得到 PEIA。在 EIA 预校正过程中，采用泽尼克多项式分析透镜的光学像差，根据分析结果得知随着透镜下位置的不同，其对应像差也不同。因此将每个 EI 划分为 10×10 的 100 个小区域，并根据像差计算每个小区域对应的点扩散函数（Point Spread Function，PSF），将 100 个小区域对应的 PSF 进行加工处理得到 PSF 阵列。基于 PSF 阵列，通过使像差校正后的图像与目标图像之间的误差最小化，对预校正网络进行训练。在光学重构阶段，将 PEIA 加载到 LCD 上，通过透镜阵列进行光学变换，显示出高像质的 3D 图像。

2. 深度学习网络的搭建和应用

图 7-1-12 说明了从预校正 CNN 获取预校正基元图像（Pre-corrected Elemental Image，PEI）的过程，其中使用原始基元图像（Elemental Image，EI）作为自动编码器的输入。PEI 的

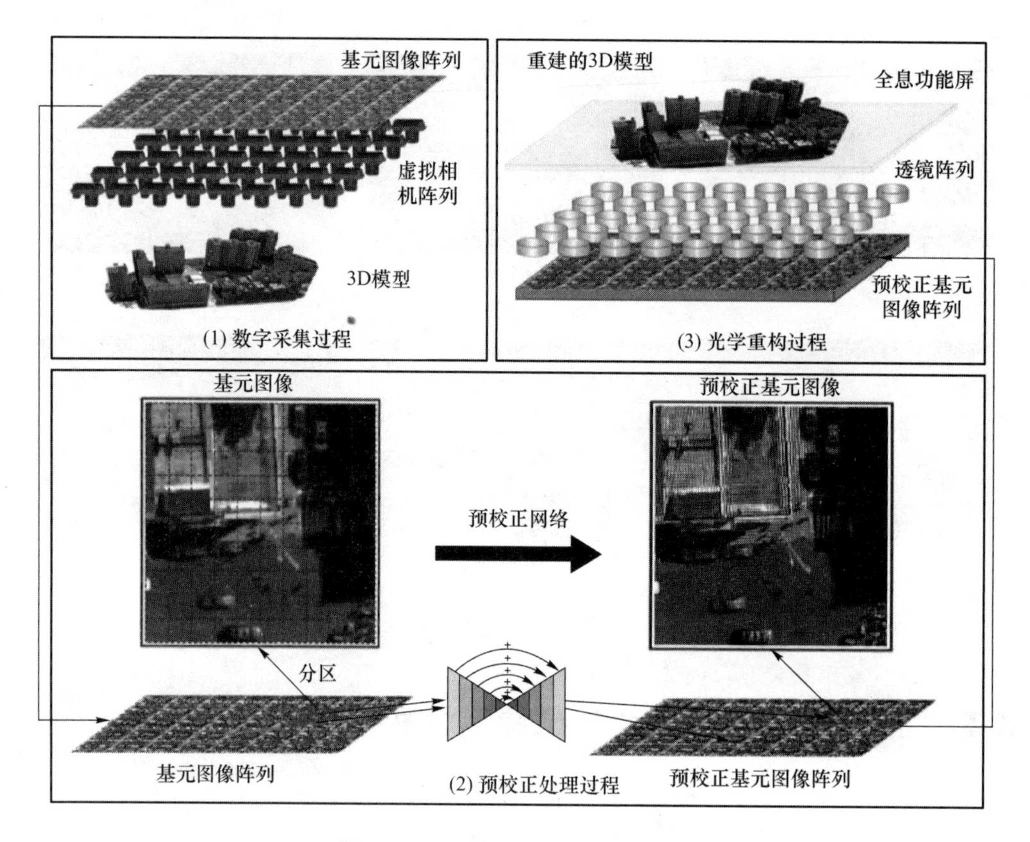

图 7-1-11　预校正方法流程示意图

成像过程可以用数字表示。图 7-1-12 中示例的 PEI 成像过程等价于 PI(x,y)与 $h(x,y)$的卷积,如红色矩形框内容所示,其中 $h(x,y)$的获取方式与 7.1.1 节中描述的相同,因此不再赘述。理想无像差的基元图像阵列由原始 EI 组成,为了提高图像质量,要求显示的基元图像(Displayed Elemental Image,DEI)尽可能接近原始 EI。采用结构相似性指数(SSIM)作为 DEI 与原始 EI 之间相似性程度的判别依据,然后对损失值进行反向传播。为了在训练过程中,引入像差对网络的影响,因此考虑了物平面的坐标和视角。

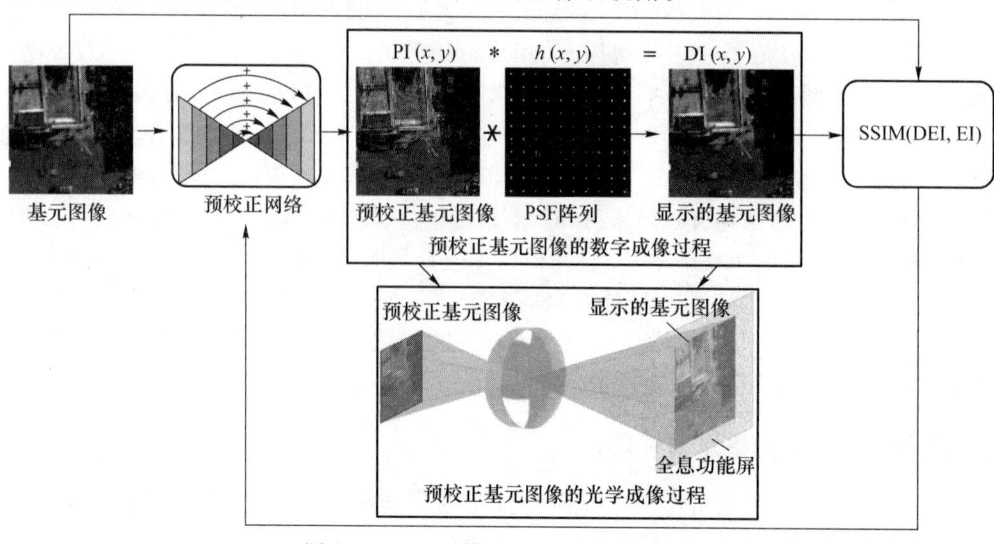

图 7-1-12　用于像差校正的网络结构图

图 7-1-13 给出了预校正 CNN 中使用的自动编码器的原理。编码器用来提取输入 EI 的特征，而 PEI 是译码器的输出。该编码器采用 5 个卷积层。每个卷积层对 EI 进行处理，特征尺寸减少了一半，特征数量增加了一倍。在解码器中，使用反卷积操作来逐渐增加特征的分辨率，使得到的 PEI 与输入 EI 的尺寸相同。

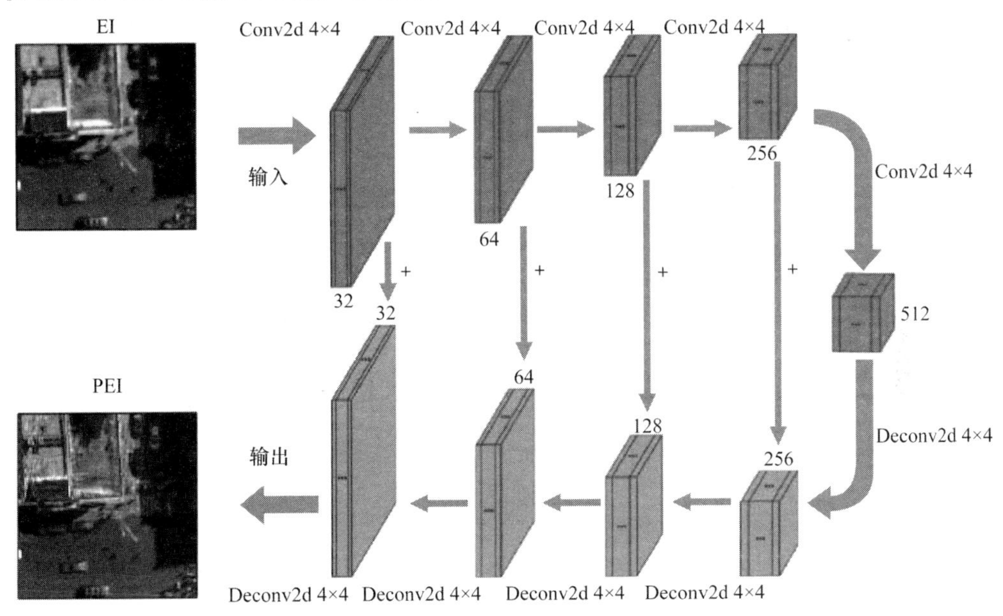

图 7-1-13 CNN 中使用的自动编码器原理

本节介绍的 CNN 自编码器是基于建筑场景训练的。针对不同的场景模型，获取了大量的街道和建筑视差图像。将超过 15 000 个分辨率为 143 像素×143 像素的 EI 收集为数据集，并随机裁剪 128 像素×128 像素大小的补丁用于训练。为了避免过拟合问题，采用了大数据集和正则化方法。此外，还采用了跳跃连接和批量归一化等技术来提高网络的收敛性能。当训练过程迭代到 50 000 次时，所采用的网络收敛性良好，如图 7-1-14 所示。每次迭代耗时 0.036 s，总训练时间为 1 800 s。所使用的网络是用 Tensorflow 编程的，并在 NVIDIA RTX 2070 GPU 上运行，网络结构包含 5 个卷积层，这些层依次包含 32、64、128、256、512 个特性。

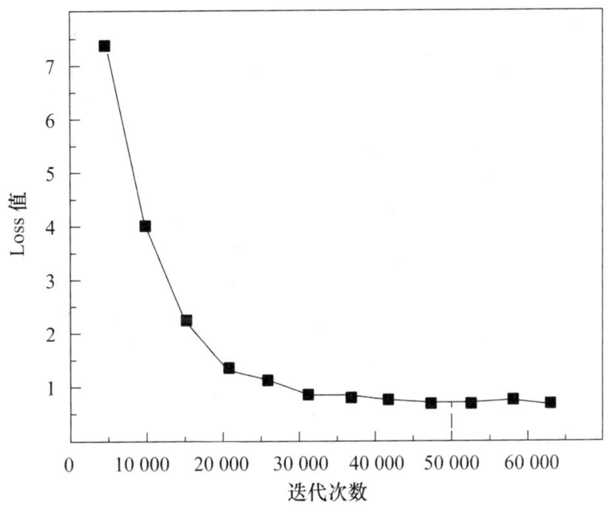

图 7-1-14 网络收敛曲线

3. 仿真与实验

为了实现70°视角的光场显示，设计了一组复合透镜。考虑到结构的复杂性和制造的难度，采用了两个透镜和一个光阑。优化后的透镜单元结构及参数如图7-1-15(a)所示。由于透镜单元具有旋转对称性，因此只列出了25个小区域的点列图，如图7-1-15(b)所示，其中透镜像差严重。不同的颜色代表不同的波长(蓝为486 nm，绿为587 nm，红为656 nm)，色差对显示效果的影响很小。根据100个区域对应的泽尼克多项式系数，计算PSF和PEIA，进而搭建和训练预校正CNN。

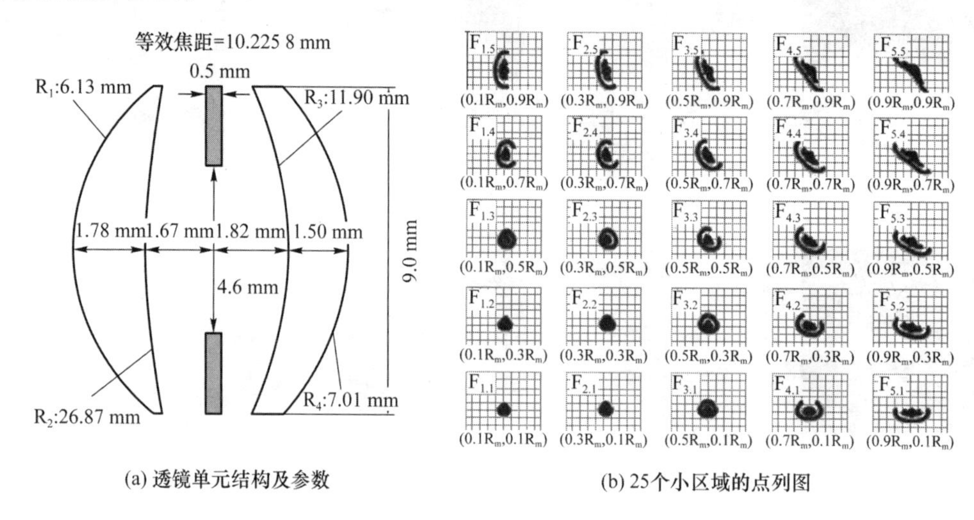

(a) 透镜单元结构及参数　　(b) 25个小区域的点列图

图7-1-15　复合透镜

仿真结果如图7-1-16所示，可以看出透镜单元的像差严重降低了成像质量。采用预滤波的方法有效地校正了中间视图，而振铃效应会使左、右视图的图像质量下降。采用基于CNN的预校正方法后，所有视图的图像质量都得到了明显改善。SSIM值分别显示在模拟图像的顶部。

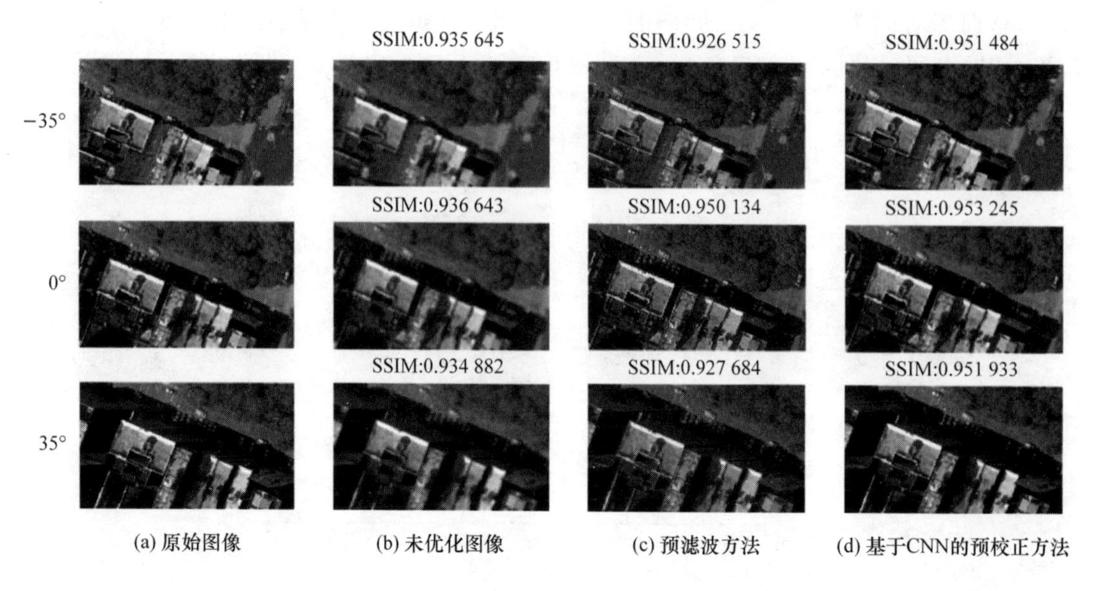

(a) 原始图像　　(b) 未优化图像　　(c) 预滤波方法　　(d) 基于CNN的预校正方法

图7-1-16　仿真结果

图 7-1-17 展示了一个标准分辨率测试图的实验效果。可以看出,引入基于 CNN 的预校正方法后,像质得到了改善。

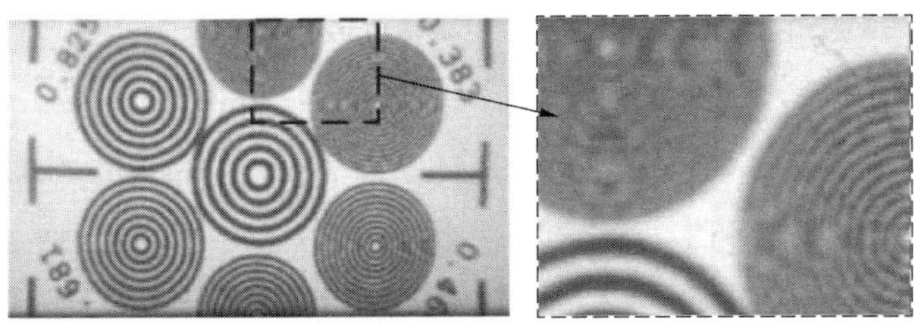

(a) 未引入优化方法前的实验效果

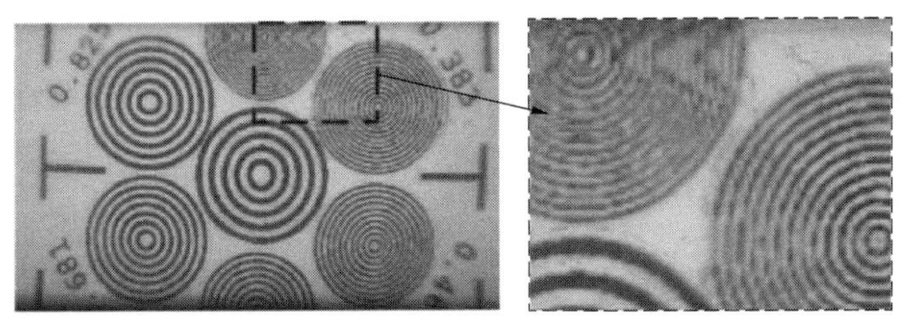

(b) 引入基于CNN的预校正方法后的实现效果

图 7-1-17　标准分辨率测试图的实验效果

图 7-1-18 从不同角度展示了 3D 建筑场景。图 7-1-18(a)与图 7-1-18(b)的第一行都为未经过校正的 3D 图像,底部一行为经过基于 CNN 的预校正方法改进后的 3D 图像,中间一行显示了捕获的图像细节。通过对比细节,可以得出如下结论:图中底部一行的 3D 图像更清晰,为 70°视角下的 3D 建筑场景提供了更详细的信息。将预校正方法引入光场显示中,像质得到明显提高,训练后的 CNN 适用于不同的建筑场景。

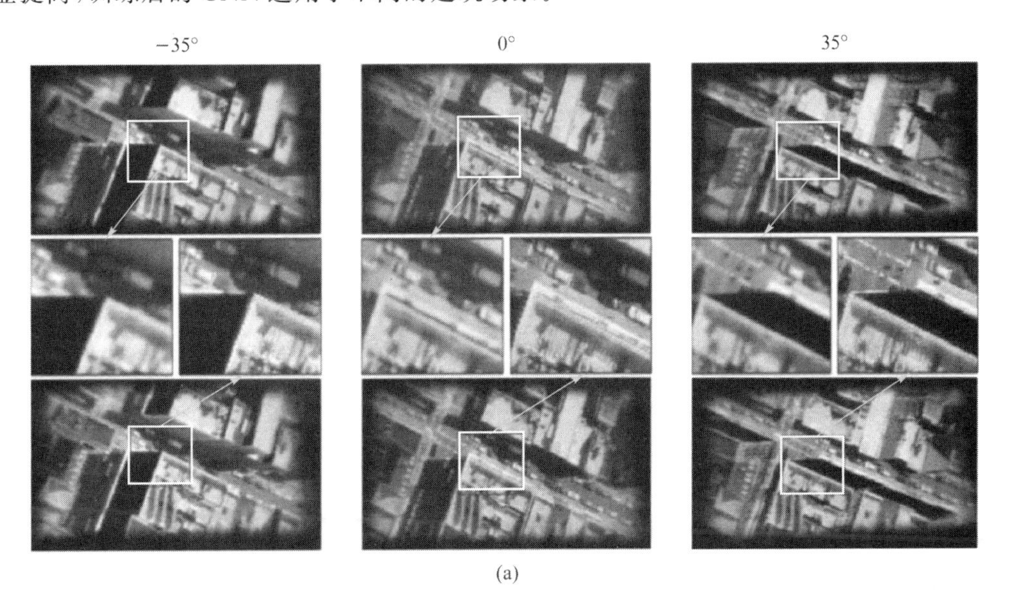

(a)

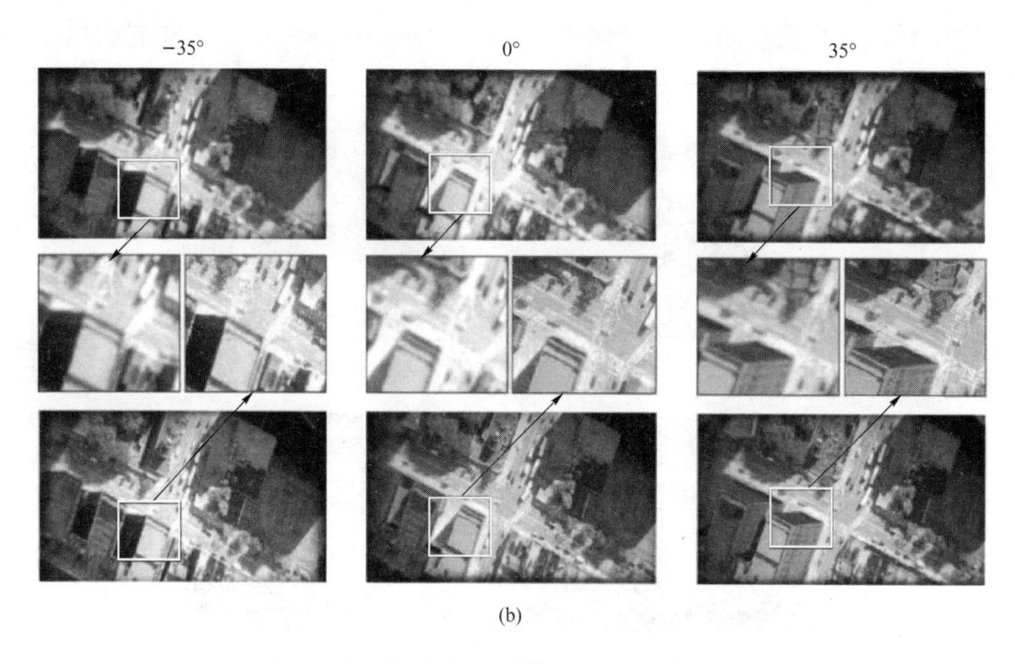

(b)

图 7-1-18　基于 CNN 的预校正处理实验效果对比

7.2　提升集成成像显示系统分辨率的方法

7.2.1　基于多投影仪提升集成成像显示系统分辨率的方法

基于多投影仪技术可以提高集成成像显示系统分辨率。图 7-2-1 所示为采用多投影仪的集成成像显示系统，该系统由多台投影仪和微透镜阵列组成，如图 7-2-1(a)所示。在图 7-2-1(b)中，A、B、C 分别代表经过透镜折射后 3 个方向的光束。多台投影仪在微透镜阵列上交叉投影

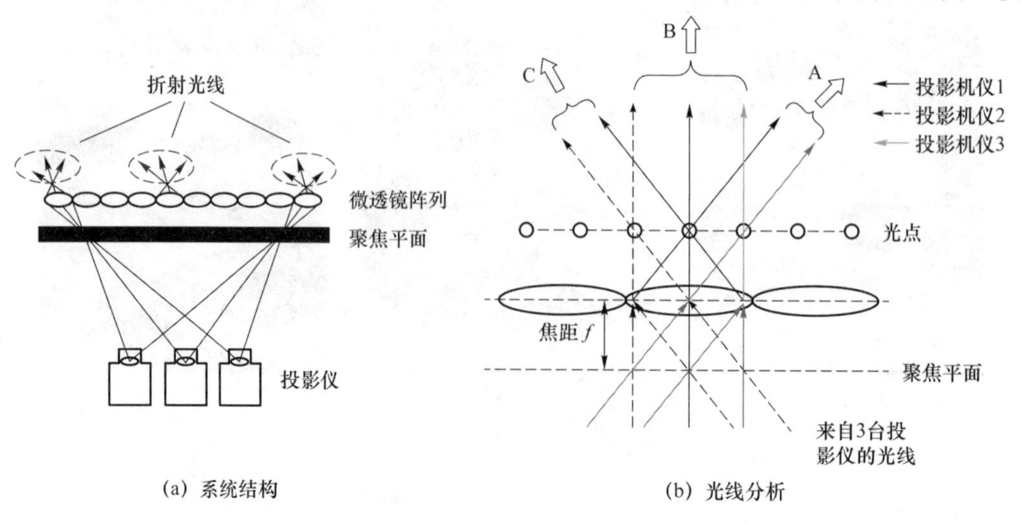

(a) 系统结构　　(b) 光线分析

图 7-2-1　采用多投影仪的集成成像显示系统

多个图像,光线通过透镜元折射,在其焦平面上聚焦形成光点,每个透镜下光点的数量等于投影仪的数量。这种方法不需要减小透镜的节距,只需要增加投影仪的数量,就可以增加每个透镜对应的光点数量,从而提高集成成像显示系统的分辨率。

7.2.2 基于双显示屏提升集成成像显示系统分辨率的方法

采用双显示屏及一个半透半反器也可以提高集成成像显示的分辨率,该方法使用针孔阵列代替微透镜阵列,两个针孔阵列板后面的显示屏显示出两幅图像,分别代表 3D 图像的不同像素,然后用半透半反器显示出完整的 3D 场景。

该方法的结构如图 7-2-2 所示。显示屏 1 的图像和针孔阵列 1 由半透半反器反射,显示屏 2 的图像和针孔阵列 2 由半透半反器透射。之后针孔阵列 1 相对于针孔阵列 2 沿着对角线方向移动$\frac{1}{2}$像素周期,图 7-2-3 所示为由半透半反器合并成的针孔阵列。

为了显示相同的 3D 图像,对应于针孔阵列 1 的图像元在显示屏 1 上显示,对应于针孔阵列 2 的图像元在显示屏 2 上显示。两个显示屏各自显示的图像是相同 3D 图像的不同像素,然后用半透半反器将它们合并,从而显示出完整的 3D 图像。该 3D 图像的分辨率是传统集成成像显示系统分辨率的 2 倍。

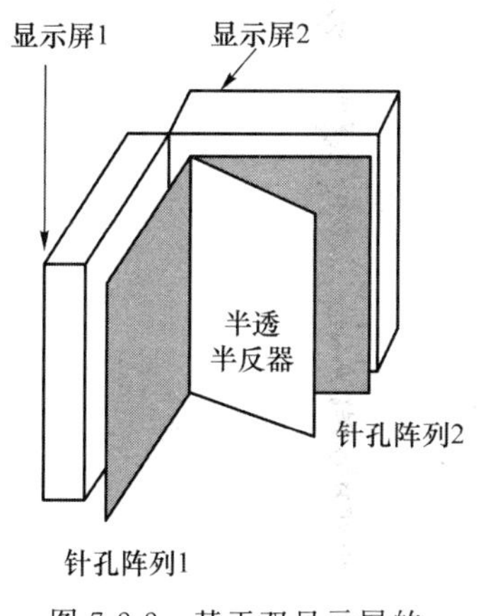

图 7-2-2 基于双显示屏的集成成像显示系统

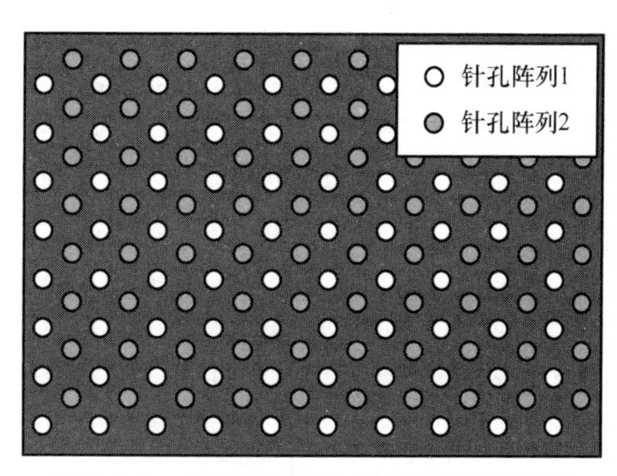

图 7-2-3 由半透半反器合并成的针孔阵列

7.2.3 基于时空复用透镜拼接提升集成成像显示系统分辨率的方法

集成成像的视角 θ 由所使用透镜阵列的节距所决定,它可以表示为

$$\theta = 2\arctan\frac{P}{2f} \tag{7-16}$$

其中,P 为透镜阵列的节距,f 为透镜阵列中透镜的焦距。从式(7-16)可以看出,增大透镜节距可以明显增大显示系统的视角。可以通过设计方向性时间序列背光光源以时分复用的方式增大透镜阵列的节距。通过对方向性时间序列背光光源和透镜阵列的光学参数设计,可使透镜阵列中相邻透镜出射的光线汇聚在同一个点光源上。也就是说,从背光出射的平行光束通过相邻透镜的折射可以无缝拼接,并汇聚于相同的点光源处,从而实现对透镜阵列节距的扩大。根据式(7-16),对透镜的拼接可使集成成像显示系统的视角得到明显提升。同时,利用方

向性时间序列背光光源以时间顺序照射透镜阵列，可在空间不同位置处形成相邻透镜光线汇聚的点光源，成倍提升点光源数目，形成密集的点光源阵列，从而使得构建的3D场景的空间视点光线数量成倍增加，明显提升3D图像的空间分辨率。

在基于时空复用透镜拼接的集成成像原型系统中，方向性时间序列背光光源由一个4×4的LED阵列和一个复合圆形菲涅尔透镜组成，其中复合圆形菲涅尔透镜由两片非球面面形的圆形菲涅尔透镜组成。方向性时间序列背光光源以时间顺序周期性产生16束具有不同方向角的平行光束。复合圆形菲涅尔透镜通过光学优化设计来抑制像差。另外，为了抑制从背光光源中发出的杂散光，在复合圆形菲涅尔透镜的制造过程中，两个锯齿面都覆盖有黑色涂料。4×4的LED阵列中每4个特定的LED灯珠为一组，它们被同时点亮或熄灭，称每组LED灯珠为一个LED单元。为了解释时分复用透镜拼接原理，用图7-2-4所示的简化原型系统光路侧视示意图来说明。如图7-2-4所示，用A和B表示LED单元2中不同的LED灯珠，当它们同时点亮时可以产生两束具有不同方向角的平行光束。这两束平行光束同时照射到复合透镜阵列上被折射汇聚形成点光源，通过设置合适的系统参数，穿过纵向相邻透镜的折射光束可以汇聚于同一个点光源，因此这两束具有不同方向角的平行光束经过折射后拼接到了一起，使得点光源的发散角明显增大。这样透镜阵列的节距变为原来的2倍，意味着基元图像阵列尺寸增加了，根据式(7-16)可知，这实现了3D影像视角的显著增大。如图7-2-4所示，透镜阵列固有节距形成的视角为θ，基于时分复用透镜拼接原理扩大透镜阵列固有节距后所形成的视角为θ'，可以看出，使用所介绍的方法后视角显著地增大。此外，在周期性时间同步信号的控制下，LED单元被有序地点亮和熄灭，在复合透镜阵列前面的预定位置处以时分复用的方式周期性地产生均匀排列的密集点光源。用一组浅色标记的点光源和一组深色标记的点光源在复合透镜阵列前以足够高的频率周期性交替出现，形成4倍于透镜数目的点光源，因此3D图像的空间分辨率提升为传统方法的4倍，显示质量显著提高。

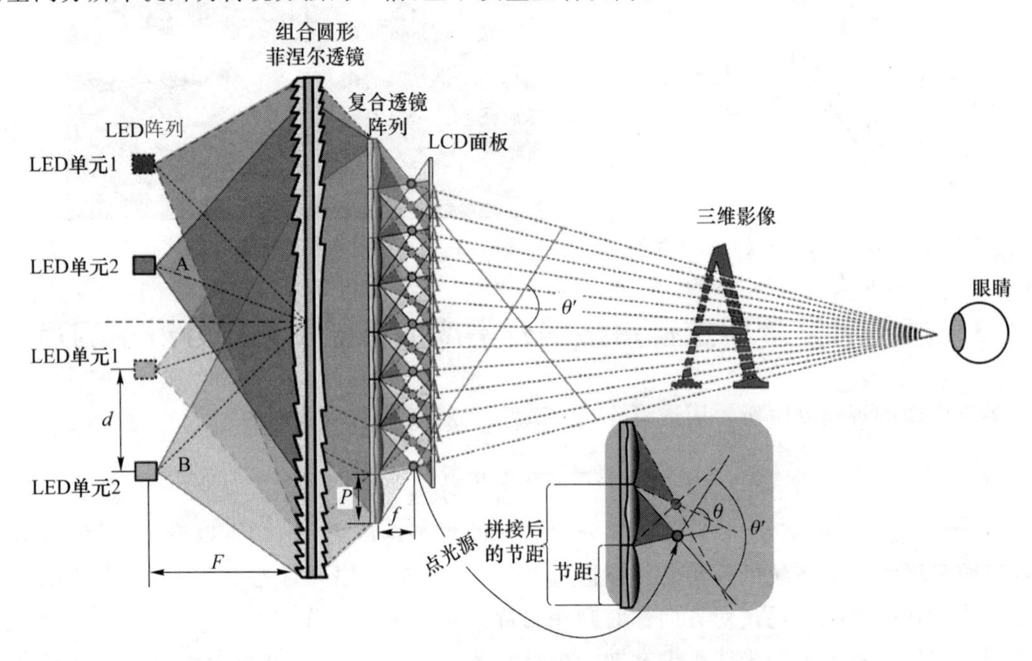

图7-2-4　时分复用透镜拼接的原理示意图

为了得到均匀分布的密集点光源，应该准确地计算方向性时间序列背光光源和复合透镜阵列的参数。其中所涉及的参数为复合透镜阵列的固有节距 P、复合透镜阵列的焦距 f、背光光源中复合圆形菲涅尔透镜的焦距 F 以及 LED 阵列中所使用 LED 灯珠间的间距 d，这些参数如图 7-2-4 所示。根据几何关系，以上参数之间的数学表达式为

$$\frac{P}{f}=\frac{d}{F} \tag{7-17}$$

利用方向性时间序列背光光源和复合透镜阵列的这些参数，可以将本节介绍的集成成像方法的视角 θ' 用数学公式表示：

$$\theta'=2\arctan\frac{P}{f} \tag{7-18}$$

因为 LCD 面板与后方的点光源之间存在距离，这样会导致在观看 3D 影像时个别观看位置出现视野盲区，并且随着观看距离的减小，视野盲区的范围会扩大。为了消除视野盲区，在所介绍的集成成像方法中引入定向扩散膜，将定向扩散膜放置在 LCD 面板的前方，如图 7-2-5(a) 所示。利用定向扩散膜的波前重构功能对 3D 影像的波前进行再调制，还原出视野盲区位置处的场景信息。因为点光源阵列发出的光线在水平和垂直方向的方向角具有对称性，所以定向扩散膜具有各向同性的扩散角。假设定向扩散膜的扩散角为 ϕ，定向扩散膜和点光源阵列面的距离为 d_{H}，则扩散角的数学表达式如式(7-19)所示。图 7-2-5(b)展示了使用定向扩散膜波前调制前后的 3D 图像对比。

$$\phi=\arctan\frac{4d_{\mathrm{H}}\tan\dfrac{\theta'}{2}+P}{4d_{\mathrm{H}}}-\frac{\theta'}{2} \tag{7-19}$$

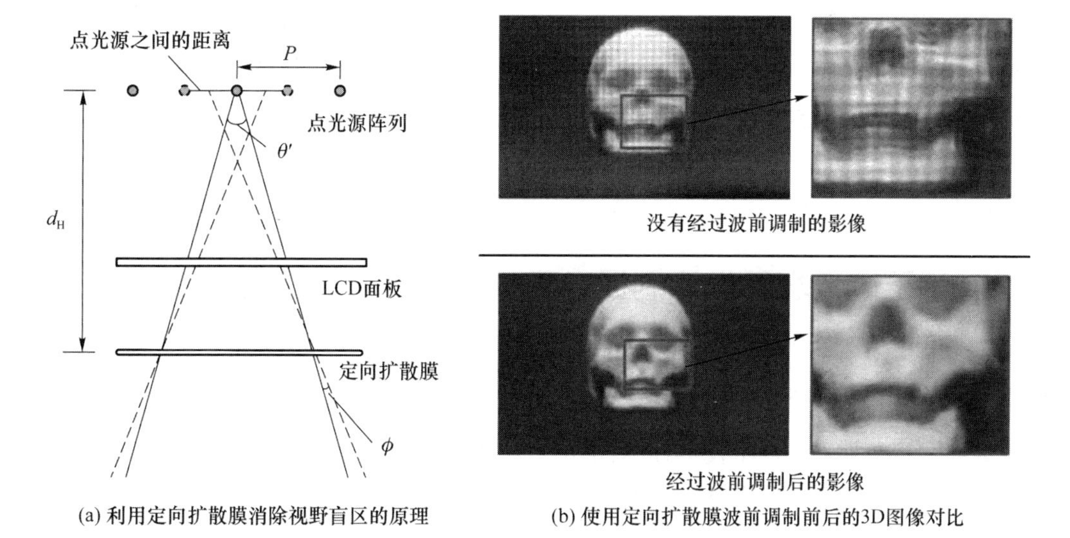

图 7-2-5 定向扩散膜调制功能的原理和效果对比

为了实现时分复用透镜的拼接，使用动态时间同步控制器同步背光光源中 LED 单元的点亮时刻和对应基元图像阵列加载在 LCD 面板上的时刻。在原型系统中，所设计的 LED 单元的排布和控制这些 LED 单元的时序图如图 7-2-6 所示。在一个完整的时间序列周期内，当相应的基元图像阵列加载到 LCD 面板时，动态时间同步控制器控制 LED 单元的点亮时间为 5 ms。系统使用的 LCD 面板的响应时间为 1 ms，并且帧率达到了 144 fps。

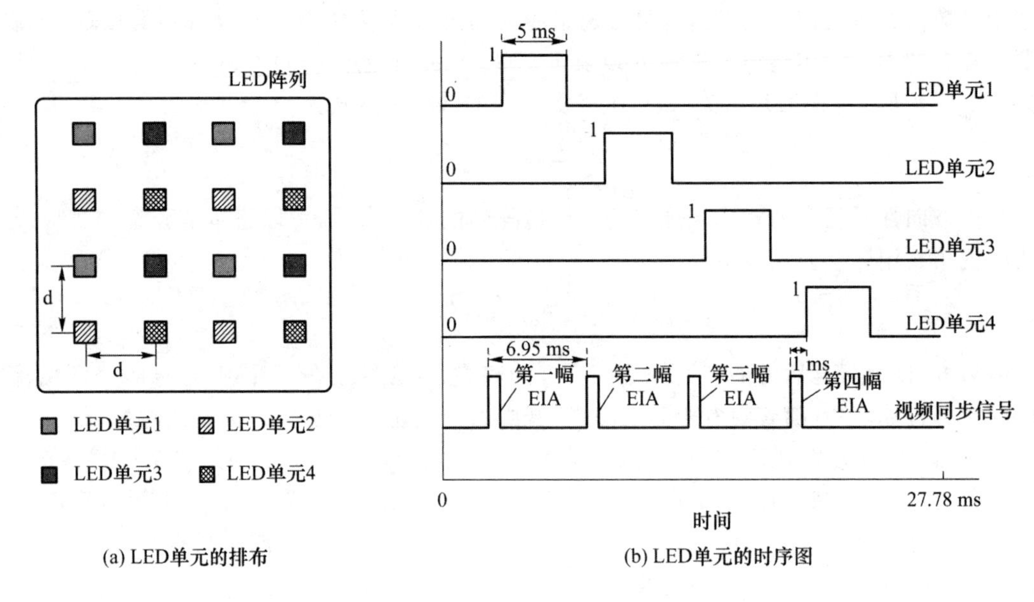

(a) LED单元的排布　　(b) LED单元的时序图

图 7-2-6　原型系统的时间控制时序图

7.3　提升集成成像显示系统角分辨率的方法

传统裸眼3D显示技术再现的3D图像由于运动视差不连续,因此3D图像断裂,用户的观看体验不好。针对此问题,国内外许多学者进行了平滑运动视差的研究。增大角分辨率可以增大裸眼3D显示的视点构建密度,提升视点构建数目,为观看者提供连续平滑的运动视差。因此,提升角分辨率是目前3D显示领域亟待解决的重要问题之一。下面介绍一些相关的典型技术。

7.3.1　基于像素水平化调制提升集成成像显示系统角分辨率的方法

1. 高角分辨率水平光场模型构建

集成成像是一种光场显示技术,以数字化采样光场光线并拟合再现原始光场为理论基础,可以渲染出完备的深度线索以激励人眼视觉系统形成自然的立体视觉。集成成像可在水平和垂直方向上构建出不同的视点,实现具有水平视差和垂直视差的全视差显示效果。这些视点由相机阵列采集并由基元图像阵列配合透镜阵列再现到空间中,假设集成成像的视点数目为$M\times N$,M和N分别为水平方向构建的视点数目和垂直方向构建的视点数目,其光场分布原理示意图如图7-3-1(a)所示。集成成像在空间中构建的全视差光场的光波表达式如下所示:

$$\psi_{\mathrm{R}}^{\mathrm{InI}}(x,y,z;\lambda;t)=\sum_{m}^{M}\sum_{n}^{N}\phi_{m}\left(\frac{\alpha_{mn}}{\lambda},\frac{\beta_{mn}}{\lambda},t\right)\mathrm{e}^{\mathrm{i}\frac{2\pi}{\lambda}(1-\alpha_{mn}^{2}-\beta_{mn}^{2})^{\frac{1}{2}}z}\mathrm{e}^{\mathrm{i}2\pi\left(\frac{\alpha_{mn}}{\lambda}x+\frac{\beta_{mn}}{\lambda}y\right)} \tag{7-20}$$

其中,α_{mn}、β_{mn}分别为用于采集光场信息的相机阵列中第n行、第m列相机的水平视角和垂直视角,$\phi_{m}\left(\frac{\alpha_{mn}}{\lambda},\frac{\beta_{mn}}{\lambda},t\right)$为在视角$[\alpha_{mn},\beta_{mn}]$内的光场角谱分布,$\mathrm{e}^{\mathrm{i}\frac{2\pi}{\lambda}(1-\alpha_{mn}^{2}-\beta_{mn}^{2})^{\frac{1}{2}}z}$为再现光场光波由

于视角和传播距离不同而产生的附加相位。假设全视差光场视角为 θ，由角分辨率的定义可得集成成像的水平方向角分辨率 $R_{\mathrm{H}}^{\mathrm{ang}}$ 和垂直方向角分辨率 $R_{\mathrm{V}}^{\mathrm{ang}}$：

$$R_{H}^{\mathrm{ang}} = M/\theta \tag{7-21}$$

$$R_{\mathrm{V}}^{\mathrm{ang}} = N/\theta \tag{7-22}$$

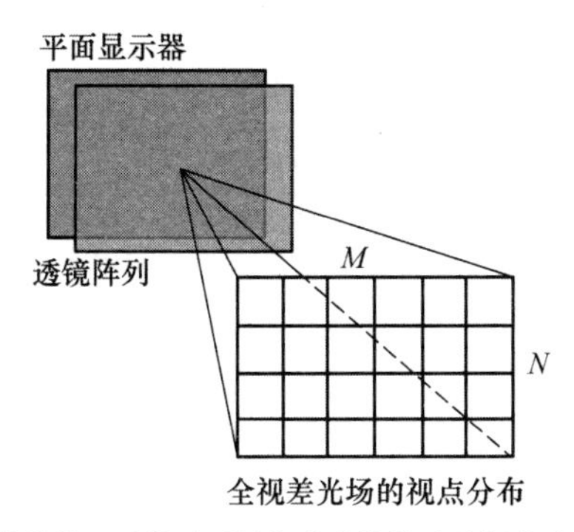

(a) 传统基于透镜阵列的集成成像构建的视点分布示意图

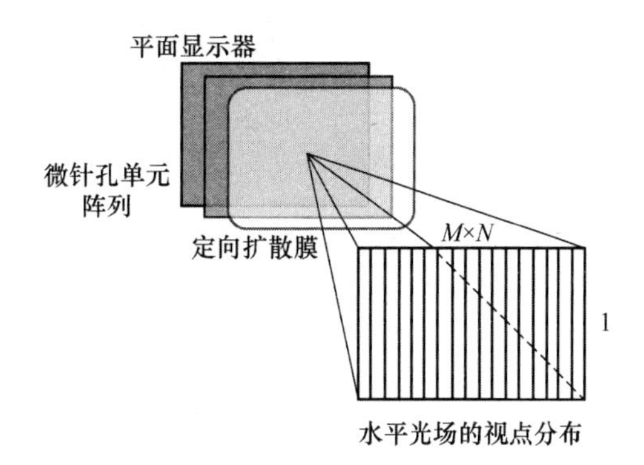

(b) 基于像素水平化调制的集成成像构建的视点分布示意图

图 7-3-1 传统和基于像素水平化调制的集成成像对比

受硬件资源的限制，用于构建视点的 2D 平面显示器的像素有限，导致再现的视点角分辨率和视点数目受限。本节介绍的基于像素水平化调制的光场显示方法是基于传统的集成成像视点构建原理进行视点水平化分布调制的光场显示方法，其在平面显示器分辨率资源有限的前提下，通过对控光元件的设计，对全部基元图像中的像素发出的光线以特定的水平方向角进行调制，在水平方向上形成密集的视点分布，实现仅具有水平视差的光场显示。构建水平光场的过程仅仅是在水平方向上进行数字化采集并还原视点，确保在水平方向上渲染出完备的深度线索激励。单方向的水平视差可满足观看者水平移动观看的需求，而这种需求是裸眼 3D 显示场景中最基本的显示要求。考虑到对于大尺寸的 3D 显示器，垂直方向上的再现视点信息会被浪费，所以只构建水平光场也能满足裸眼 3D 显示的应用需要。

依据本节所介绍方法构建的水平光场与全视差光场相比，可以把有限的像素资源全部转化为水平方向的视点，因此在相同的视角内可以产生更多的视点，使角分辨率得到明显的提升。在与构建全视差光场所用的基元图像像素数目一致的情况下，水平光场的水平视点数目为 MN。如果水平光场视角是 θ，则高角分辨率的水平光场构建原理如图 7-3-1(b)所示，其角分辨率 $R_{\mathrm{H}}^{\mathrm{ang}}$ 可表示为

$$R_{H}^{\mathrm{ang}} = \frac{MN}{\theta} \tag{7-23}$$

比较式(7-20)～式(7-22)可得，此方法可以成倍提升角分辨率，其构建的水平光场光波的数学表述如下：

$$\psi_{\mathrm{R}}(x,y,z;\lambda;t) = \sum_{k}^{M\times N}\phi_{k}\left(\frac{\alpha_k}{\lambda},t\right)\mathrm{e}^{\mathrm{i}\frac{2\pi}{\lambda}(1-\alpha_k{}^2-\beta^2)^{\frac{1}{2}}z}\mathrm{e}^{\mathrm{i}2\pi\left(\frac{\alpha_k}{\lambda}x+\frac{\beta}{\lambda}y\right)} \tag{7-24}$$

其中，α_k、β 是用于采集光场信息的相机阵列中第 k 列相机的水平视角和垂直视角。需要说明的是，相机阵列是以水平方向分布排列而成的，目的是采集场景不同侧面的信息。β 是常数，由 $2\arctan\dfrac{S_{\mathrm{h}}}{2S_{\mathrm{d}}}$确定，其中 S_{h} 是目标显示场景的高度范围，S_{d} 是相机阵列到 3D 场景的距离。$\phi_k\left(\dfrac{\alpha_k}{\lambda},t\right)$ 是在视角 $[\alpha_k,\beta]$ 内的光场角谱分布。$\mathrm{e}^{\mathrm{i}\frac{2\pi}{\lambda}(1-\alpha_k^2-\beta^2)^{1/2}z}$ 是再现水平光场光波由于不同的

视角和传播距离而产生的附加相位。

与传统集成成像对全视差光场的视点构建方法相比，本节介绍的基于像素水平化调制的光场显示方法当其控光元件的节距与集成成像相同时，以相等视点数目构建出的水平光场在水平方向上具有的角分辨率是全视差光场的数倍，从而保证了在水平方向上具有高质量的3D显示效果。在具有等量分辨率资源的情况下，用本节所介绍方法构建的水平光场会比全视差光场具有明显的3D显示质量优势，极大提升了传统裸眼3D显示的角分辨率。

2. 像素水平化调制方法

为实现像素水平化调制，构建高角分辨率的水平光场，本节设计了使用微针孔单元阵列和非连续柱透镜阵列对光线进行水平方向角调制的方法。对比折射式控光元件(如柱透镜光栅、透镜阵列等)，微针孔单元阵列可以让特定水平方向角的光线出射，而使其他角度范围的光线被遮挡，所以其是基于对光线的遮挡进行光线出射角度控制的，具有无像差的控光优势，然而，微针孔单元阵列的光能利用率低，为改善使用这个问题，本节进行了非连续柱透镜阵列的设计。非连续柱透镜阵列在具有与微针孔单元阵列相同的像素水平化调制能力的同时，可以明显提升光能利用率。此外，由于非连续柱透镜阵列是依靠小口径柱透镜配合不透光材料对光线的出射方向进行水平方向角调制的，因此可以认为柱透镜是准小孔结构，产生的像差小，可保证高质量的3D显示效果。通过提升角分辨率，再现的3D影像可以使人眼视觉系统获得平滑的运动视差立体视觉激励。像素水平化调制方法的优势在于可以利用有限的平面显示器像素资源，在水平方向上成倍提升角分辨率。

(1) 微针孔单元阵列设计

微针孔单元阵列是由微针孔单元以周期排列方式组成的，每 N 个微针孔以特定的排列规则组成微针孔单元。微针孔单元中微针孔的数量与基元图像的像素行数相同，微针孔之间以特定的水平距离 b 为间隔。每个微针孔的形状为椭圆形，其长轴平行于垂直方向，长度为 H_p，并且设短轴长度为 W_p。微针孔单元阵列的结构如图7-3-2所示。椭圆形的微针孔在水平方向上具有较小的开孔尺寸，而在垂直方向上具有相对来说较大的开孔尺寸，这种结构可以保证对光线水平出射的控制更加精确，在确保水平视点间串扰小的同时，在垂直方向上可以让更多的光线通过，提升微针孔单元阵列的通光效率。微针孔单元中微针孔中心的连线与垂直方向的夹角决定了基元图像的编码方式，可以平衡再现视点的垂直分辨率与水平分辨率，并可以消除摩尔纹。

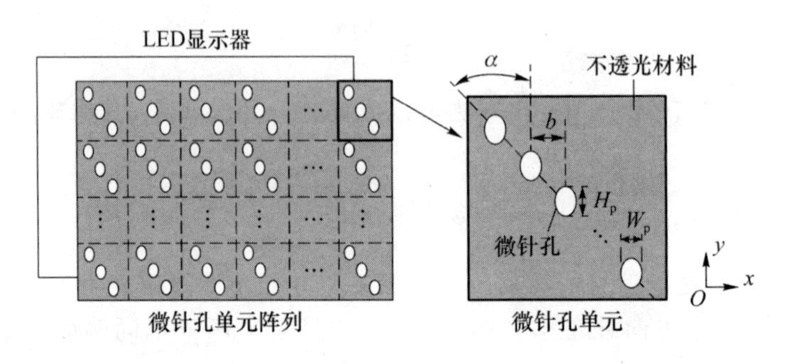

图7-3-2 微针孔单元阵列的结构示意图

为了获得3D图像，若干基元图像重复排列组成的基元图像阵列被加载到LED显示器上。基元图像的分辨率为 $M\times N$，与视点数目相同，如图7-3-3(a)所示，V_{ij} ($i=1,2,\cdots,N$; $j=$

$1,2,\cdots,M$)表示基元图像中的第 V_{ij} 个像素。微针孔单元对应的基元图像的水平宽度决定了水平光场显示系统的视角 θ,θ 可表示为

$$\theta = 2\arctan\frac{MP}{2L} \tag{7-25}$$

其中,P 为 LED 显示器像素的宽度,MP 为微针孔单元的节距,L 为微针孔单元阵列到 LED 显示器的距离。基元图像和微针孔单元组成的光场显示单元用于把二维平面像素转化为 3D 空间信息,图 7-3-3(b)是光场显示单元的示意图。被调制的光线从光场显示单元中以特定的水平方向角出射进入空间中,这些光线是 3D 场景光场的组成部分,由全部光场单元发出的光线在空间中汇聚形成密集水平视点,实现了水平方向上角分辨率的极大提升,形成了连续平滑的运动视差。基于微针孔单元阵列进行像素水平化调制实现 3D 场景光场采集与再现的原理示意如图 7-3-3(c)所示。

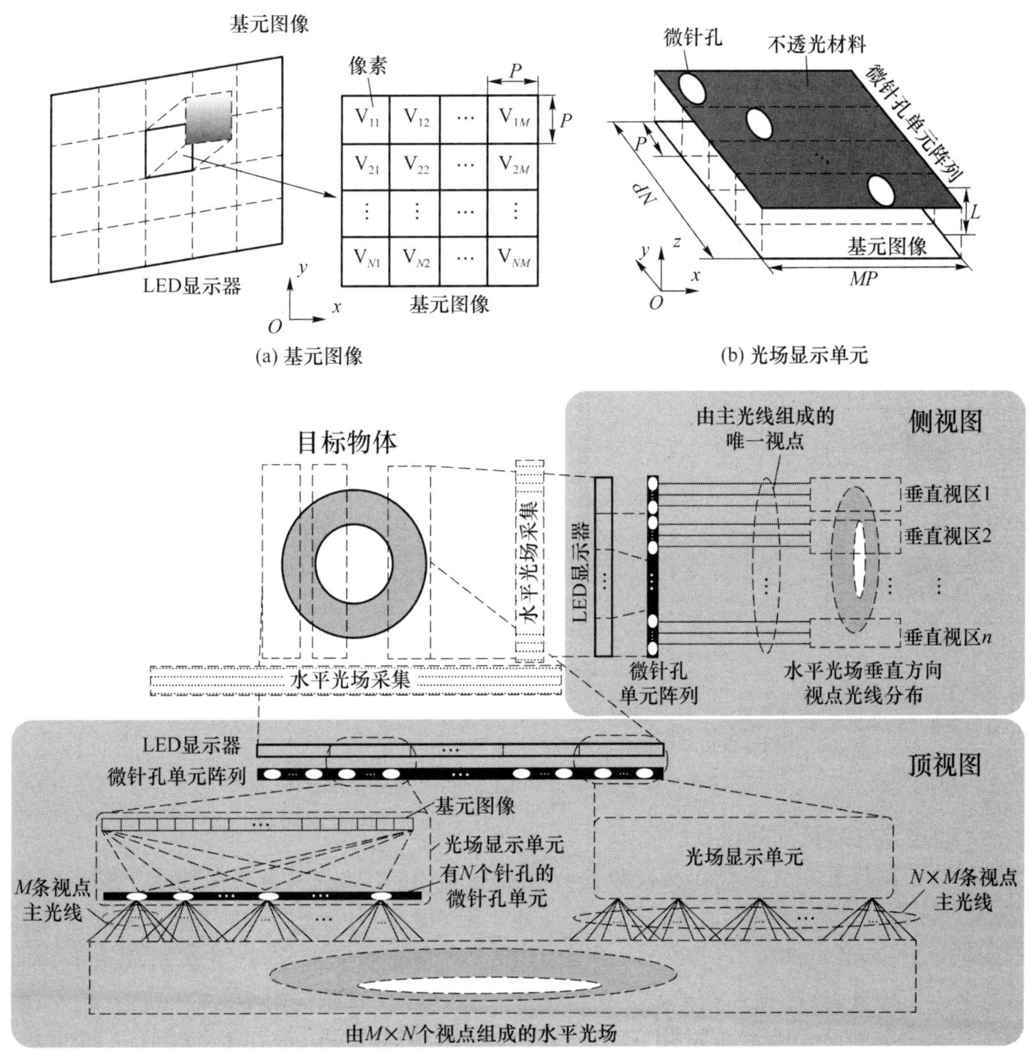

图 7-3-3　基于微针孔单元阵列构建水平光场原理示意图

对微针孔单元阵列中微针孔孔型的设计需要考虑对水平方向和垂直方向视点间串扰的抑

制。水平方向上视点串扰产生的原因是携带临近视点信息的像素发出的散射光经过微针孔单元阵列后会产生交叠区域，但是交叠区域会随着微针孔短轴的减小而变小，相应的串扰也会减弱。因此，在设计微针孔的孔型时，应尽量减小微针孔短轴的长度。当微针孔短轴的长度足够小时，对比 LED 显示器到微针孔单元阵列的距离、LED 显示器的像素尺寸，在水平方向上可以把微针孔当作一个准理想的小孔。此时微针孔对比折射型控光元件在水平方向上具有优越的控光能力，实现了水平光场的低串扰构建。微针孔的短轴长度越小，控光能力越强，3D 图像的质量越好。但是，微针孔短轴长度的减小会使光学效率降低，所以在设计短轴长度时需要权衡光学效率与光线控制精度。垂直方向上视点间产生串扰的原因是像素发出的杂散光通过与该像素相邻行的微针孔出射，使出射光线具有错误的水平方向角，从而对空间中正确视点分布产生干扰。对垂直方向上视点串扰的抑制也可以通过减小微针孔的长轴来实现，但是因为要确保 3D 图像具有良好的饱和度并抑制色彩失真，所以应该保证微针孔长轴的长度大于由 LED 显示器 R、G、B 三色灯珠组成的发光单元的高度。发光单元的示意图如图 7-3-4(a)所示。如图 7-3-4(b)所示，若 θ_p 表示视区内无垂直方向视点串扰的垂直方向范围角，在微针孔的长轴长度远小于微针孔单元阵列到 LED 显示器的距离的情况下，θ_p 可以表示为

$$\theta_p = 2\arctan\frac{P}{L} \tag{7-26}$$

由此，也可以获得在最佳观看距离 D 处无垂直方向视点串扰的垂直范围高度：

$$H_c = 2D\tan\frac{\theta_p}{2} + P \tag{7-27}$$

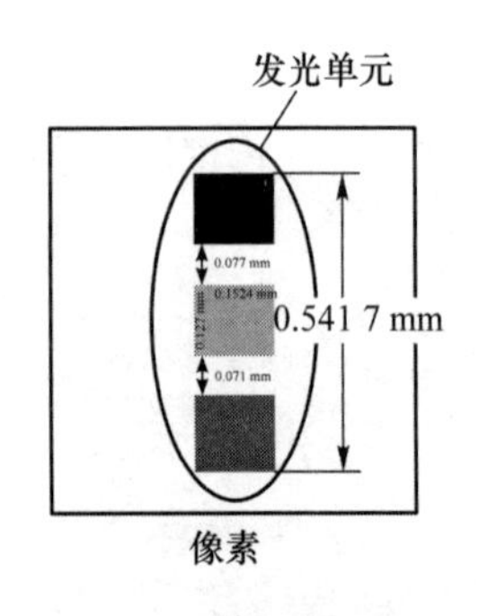

(a) 由LED显示器R、G、B三色灯珠组成的发光单元

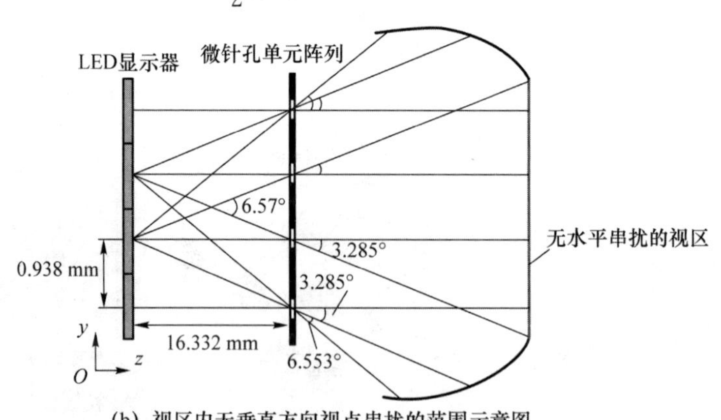

(b) 视区内无垂直方向视点串扰的范围示意图

图 7-3-4　微针孔单元对 LED 显示器控光示意图

(2) 非连续柱透镜阵列设计

对于基于微针孔单元阵列实现高角分辨率水平光场的方法，因为要保证水平视点间的低串扰，所以设计的微针孔的短轴应近似于所使用 LED 显示器一个灯珠的宽度，而对于微针孔的长轴尺寸，开孔的尺寸也不能超过一个 LED 显示器发光单元的高度，才能实现水平方向的强控光能力。因此，使用微针孔单元阵列构建水平光场存在光能利用率低的问题。此外，使用微针孔阵列还有的一个固有问题在于，微针孔的长轴大小有限，因此在垂直方向上排布的 R、G、B 三色灯珠会出现被微针孔部分遮挡的情况，从而使显示的 3D 图像出现色彩失真的情况。

为解决微针孔阵列的这两个固有问题，设计了使用非连续柱透镜阵列来构建高角分辨率水平光场，基于非连续柱透镜阵列实现像素水平化调制的光场显示系统如图 7-3-5 所示。与基于微针孔单元阵列的水平光场显示系统类似，使用 LED 显示器加载基元图像阵列来提供携

带 3D 信息的平面像素,像素发出的光线通过非连续柱透镜阵列的调制后具有特定的水平方向角,进而构建遮挡关系正确的水平光场。系统中,定向扩散膜用以消除透镜不连续造成的视野盲点。如图 7-3-5 所示,非连续柱透镜阵列由非连续柱透镜单元组成,而非连续柱透镜单元由不透光的树脂材料和倾斜的柱透镜组成。基元图像包含了 n 行、m 列像素,总共 $n\times m$ 个像素。如图 7-3-6 所示,处于基元图像中每行像素高度位置处的部分柱透镜相对于这行像素被视为一个独立柱透镜,这些像素与柱透镜边缘有不同的距离,并且基元图像阵列中不同行的像素与其相对应柱透镜部分的边缘也具有不同的距离,如 $\Delta M_n(n=1,2,\cdots,N)$,所以基元图像中像素发出的光线可以被倾斜的柱透镜调制至不同水平方向,形成具有不同水平方向角的 $n\times m$ 束视点光线。非连续柱透镜阵列中的每个单元都可以配合基元图像形成光线,这样可以在空间中形成具有水平视差的 $n\times m$ 个视点,实现水平光场的构建。

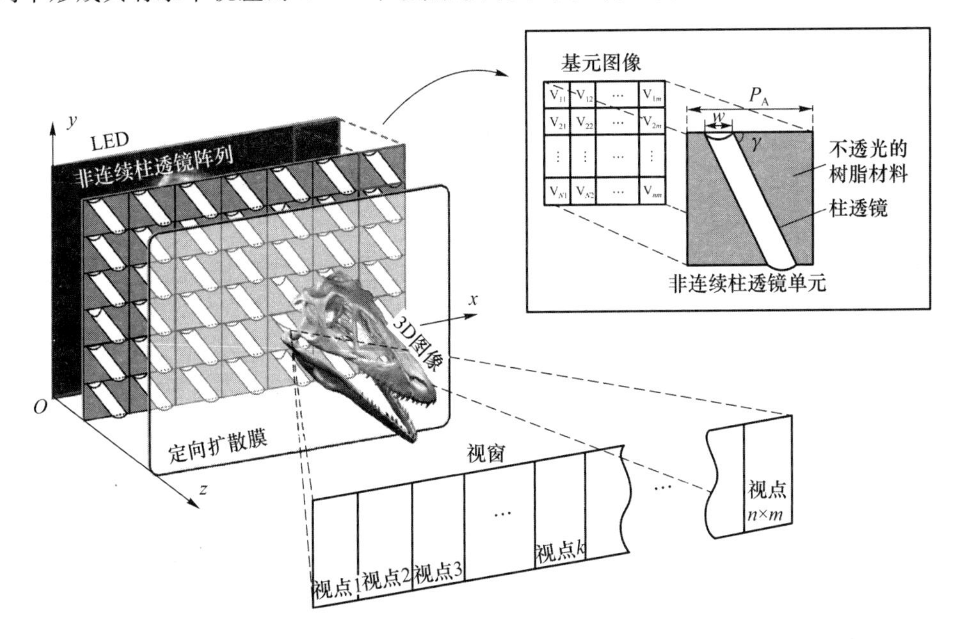

图 7-3-5　基于非连续柱透镜阵列实现像素水平化调制的水平光场显示系统

基于非连续柱透镜阵列的水平光场构建原理示意如图 7-3-7 所示。在光场采集阶段,以水平方向排列的相机阵列采集 3D 景物水平方向不同侧面的角度信息,并且在垂直方向上,相机阵列中不同相机拍摄的竖向角度一致。在光场重建阶段,基元图像中的每个像素发出的光线经过柱透镜后以不同水平方向角出射,与其他基元图像出射的光线汇聚形成超多视点,实现具有水平视差的水平光场。在垂直方向上,对于基元图像中每个像素,柱透镜不具有调制散射光线的能力,这样像素发出的散射光线以原垂直方向角从柱透镜出射,像素发出的光线不具有单一特定的垂直方向角,也就是说,在垂直方向上只能看到共同的视点信息。

非连续柱透镜阵列的参数由非连续柱透镜单元决定,包括柱透镜倾斜角 γ 和非连续柱透镜单元的透光比 $\frac{w}{P_A}$,其中 w 为柱透镜的口径,P 为非连续柱透镜阵列的节距。因为柱透镜在垂直方向上是贯穿像素的连续结构,因此不会对 LED 显示器 R、G、B 三色灯珠的光线产生不均匀遮挡,从而消除了使用微针孔单元阵列构建水平光场时出现的色彩失真问题。在相同的节距情况下,非连续柱透镜阵列中基于折射控光的柱透镜口径会明显大于微针孔单元阵列中基于遮挡控光的小孔的开孔尺寸,因此非连续柱透镜阵列的光能利用率明显大于微针孔单元

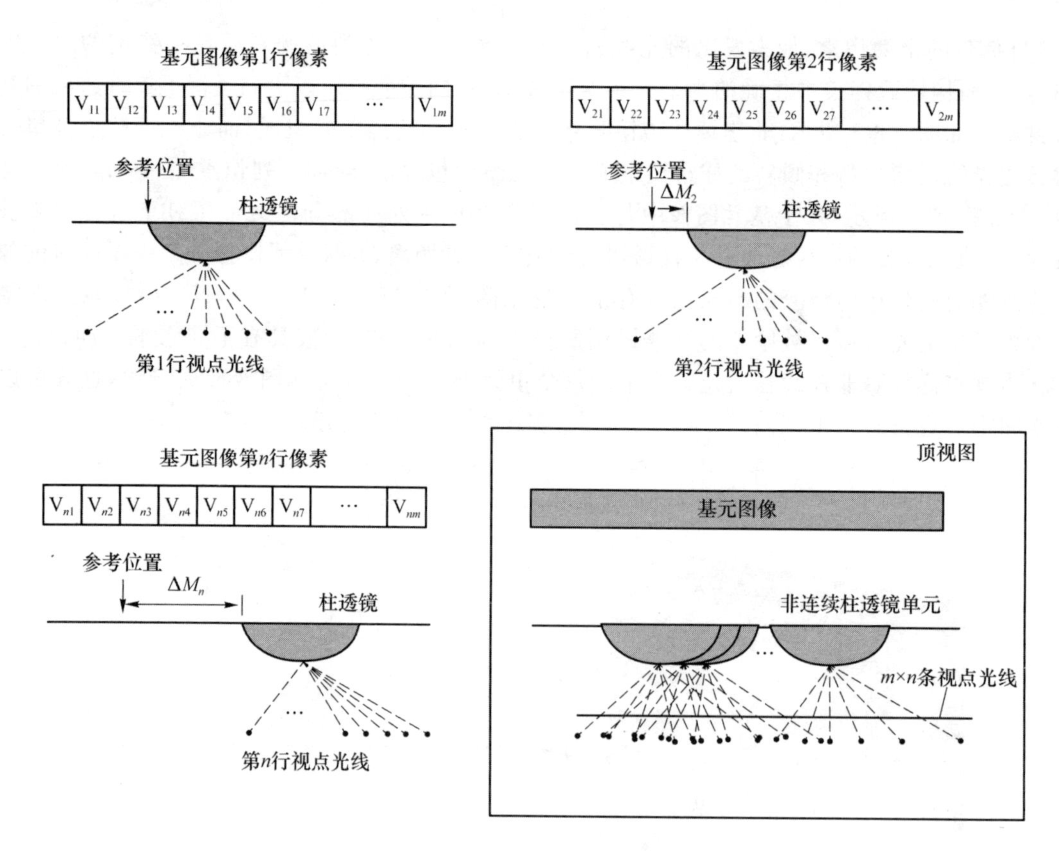

图 7-3-6　基元图像配合非连续柱透镜单元产生的视点光线图

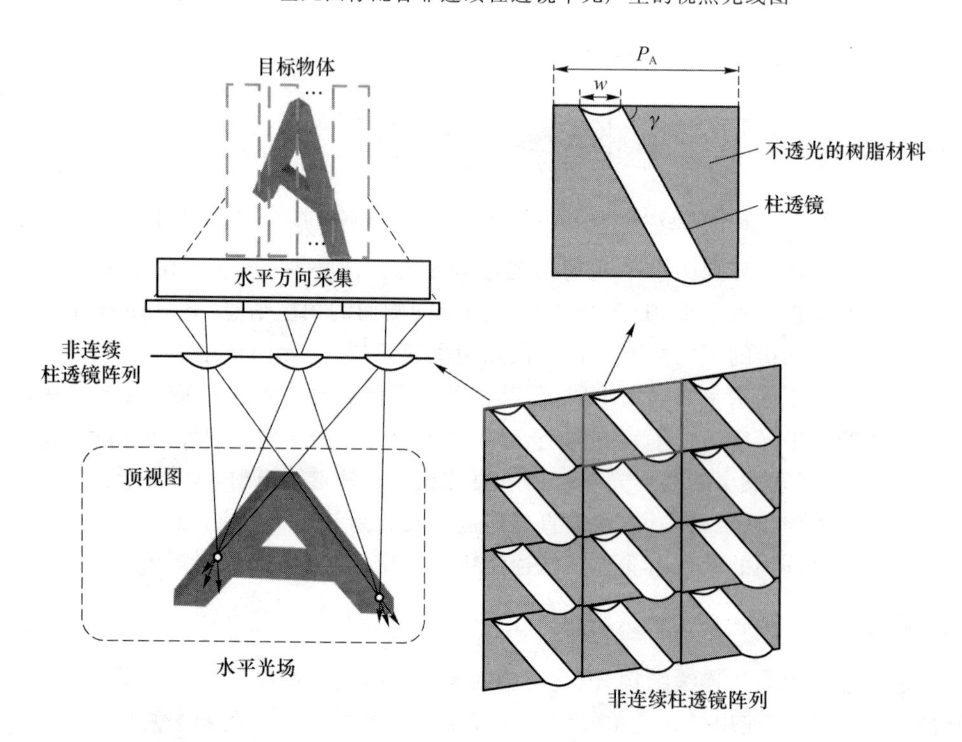

图 7-3-7　基于非连续柱透镜阵列的水平光场构建原理示意图

阵列的光能利用率。然而，设计非连续柱透镜阵列需要权衡光能利用率与水平方向控光能力。柱透镜的口径越小，水平方向控光能力越强，考虑到LED显示器与非连续柱透镜阵列之间的距离相对柱透镜口径来说比较大，柱透镜可以近似为一个小孔，但是光能利用率也随之降低。反之，当柱透镜孔径变大时，光能利用率提升，但是柱透镜的像差也会增大，带来较大的水平方向串扰，这样会降低3D图像的质量。对于垂直方向的串扰，非连续柱透镜阵列会像针孔阵列单元一样在垂直方向的一定范围内出现串扰，这是由于垂直方向上的杂散光会从临近高度的柱透镜部分出射产生杂散光串扰。

(3) 水平光场编码算法

使用微针孔单元阵列和非连续柱透镜阵列构建水平光场时，虽然它们的控光原理不同，但都有明确的规则来确定调制后出射光线的水平方向角。本节介绍的水平光场编码算法基于光线可逆原理来建立相机阵列采集到的视差序列图像素与基元图像阵列像素之间的映射关系。该水平光场编码算法可以有效解决传统集成成像的深度反转问题，保证再现3D图像正确的遮挡关系。实际上，本节介绍的水平光场编码算法对于使用任意控光元件的水平光场显示都具有普适性与可行性。下面以基于微针孔单元阵列的水平光场为例来说明该水平光场编码算法。

为了获得3D图像的正确遮挡关系，利用水平光场编码算法渲染基元图像阵列，使基元图像中的像素与相机阵列采集到的视差序列图像素之间有正确的映射关系。在本节介绍的算法中，视差序列图的数量与基元图像的分辨率相同，并且视差序列图的分辨率也与基元图像阵列的分辨率保持一致，目的是使采集到的3D光场信息更加精确。在利用相机阵列采集物像的过程，相机的视角设置为 $\mathrm{FOV}=2\arctan\dfrac{(K-1)MP}{2D}$，相机之间的距离为 $d_c=\dfrac{PD}{2NL}$，其中 D 为相机阵列与微针孔单元阵列之间的距离，K 为微针孔单元在阵列中的横向数量。以低分辨率的基元图像渲染为例来说明水平光场编码算法的映射编码过程，如图7-3-8所示。$P(i,j)$ 表示基元图像中第 i 行、第 j 列的像素，$O_l(v,w)$ 表示被相机阵列中第 l 个相机所拍摄的视差序列图中第 v 行、第 w 列的像素，根据几何光学和光线的反向追迹原理，可得水平光场编码算法的数学表示

$$P(i,j)=O_l(v,w) \tag{7-28}$$

其中，

$$[v \quad w]=\left[\left|i-\mathrm{floor}\left(\frac{i}{N}\right)\cdot M\right| \quad j\right] \tag{7-29}$$

并且有

$$l=M-\mathrm{floor}\left(\frac{d-\mathrm{floor}\left(\frac{d}{M}\right)\cdot M}{N}\right) \tag{7-30}$$

其中，

$$d=j+i\tan\alpha \tag{7-31}$$

(4) 基于像素水平化调制的光场显示系统设计

本节实验利用微针孔单元阵列或非连续柱透镜阵列、54英寸LED显示器和定向扩散膜来搭建基于像素水平化调制的集成成像系统。LED显示器是基于半导体发光二极管的显示设备，由发光显示单元排列组合而成，其中发光显示单元由发出红、黄、蓝三原色的3个发光二极管装配。LED显示器相对LCD来说，具有可装配尺寸大、亮度高的优点，但是其同样拥有

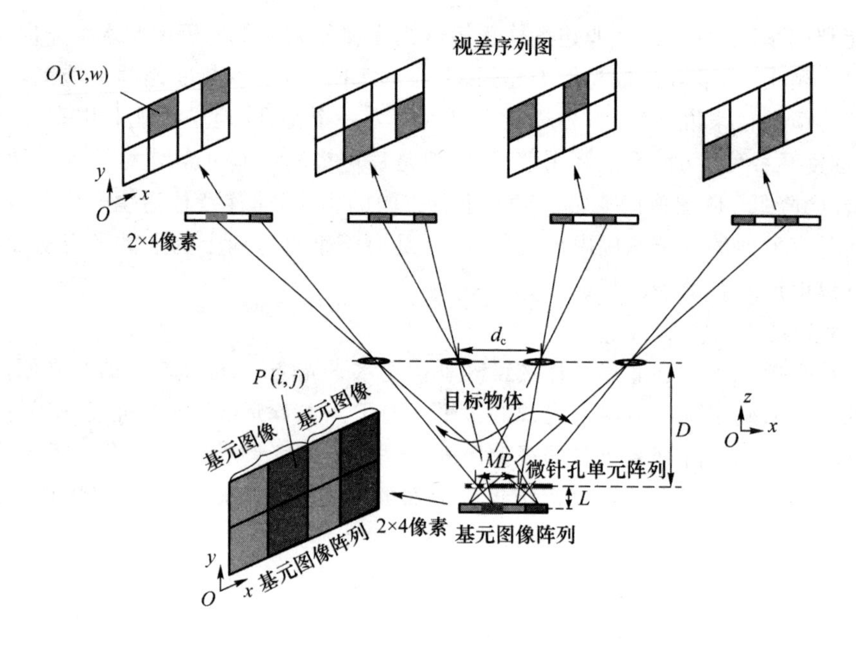

图 7-3-8 水平光场编码像素映射示意图

分辨率低的缺点。本节介绍的基于像素水平化调制的高角分辨率光场显示方法是实现大尺寸3D显示的理想方法，这种方法可以利用有限的像素资源成倍提升水平方向上的角分辨率，形成密集的水平视点，重构出具有平滑运动视差的自然光场。

使用的二维平面显示器的分辨率越高，重建的3D光场显示效果越自然、显示质量越高。在一般情况下，LED显示器的分辨率普遍低于LCD，因此LED显示器用于裸眼3D显示具有分辨率低的明显劣势。对于基于像素水平化调制的光场显示方法，要确定其要求的平面分辨率，得出对二维平面显示器分辨率的最小需求阈值，来确保最差额定效果的3D光场显示质量。假设所使用的二维平面显示器的分辨率为$R_h \times R_v$，二维平面显示器的宽度为W，像素的宽度P可以表示为$\frac{W}{R_h}$。因为所介绍的光场显示方法的视角为$\theta = 2\arctan\frac{MP}{2L}$，所以当处于观看位置$Z$时，可以通过计算得到视点的宽度$W_v = Z\arctan\frac{\theta}{MN}$。基于双目视差理论和人类视觉系统特性可知，要保证至少2个不同的视点分别被观看者的左眼和右眼瞳孔同时观察到，因此有以下数学关系：

$$W_v < T \tag{7-32}$$

其中，T为观看者的瞳距。因为P远小于Z，并且$M \times N$比较大，所以有

$$R_h > \frac{WM}{2L\tan\frac{MNT}{4}} \tag{7-33}$$

因此，所需求的二维平面显示器分辨率的最小阈值为$\frac{WM}{2L\tan\frac{MNT}{4}}$。

微针孔单元阵列是利用激光打印胶片制作而成的，非连续柱透镜阵列可以通过高精度生产制备获得大尺寸幅面，因此不论是微针孔单元阵列还是非连续柱透镜阵列都可以用于大尺寸水平光场显示。另外，因为微针孔单元阵列与非连续柱透镜阵列的光能利用率低，需要高亮度的二维平面显示器设备，因此利用大尺寸的LED显示器来实现大尺寸、高角分辨率的水平

光场显示系统具有可行性，且该系统相比传统的大尺寸 3D 显示系统具有优越性。

系统中所用定向扩散膜可以对恢复光场的波前进行再调制，消除由微针孔单元阵列或者非连续柱透镜阵列产生的视觉盲点。定向扩散膜是使用全息方法制作的。将定向扩散膜放置于微针孔单元阵列或非连续柱透镜阵列之前，因为被调制的光线是以特定的水平方向角照射到定向扩散膜上的，故所使用定向扩散膜的扩散参数具有各向异性。使用定向扩散膜消除由微针孔单元阵列和非连续柱透镜阵列产生的视觉盲点的原理相同。以微针孔单元阵列为例来说明，假设定向扩散膜水平方向和垂直方向的扩散角分别为 ϕ_x 和 ϕ_y，如图 7-3-9(a)所示。对水平光场来说，定向扩散膜的扩散角应该在垂直方向上尽可能大，以使垂直方向上的可观看视角的范围足够大。图 7-3-9(b)为以定向扩散膜合适的水平扩散角度来消除由微针孔单元阵列产生的视觉盲点的顶视示意原理图，根据几何关系可知，定向扩散膜的水平扩散角度 ϕ_x 可表示为

$$\phi_x = \arctan \frac{MP - W_{\mathrm{p}}}{2d} \tag{7-34}$$

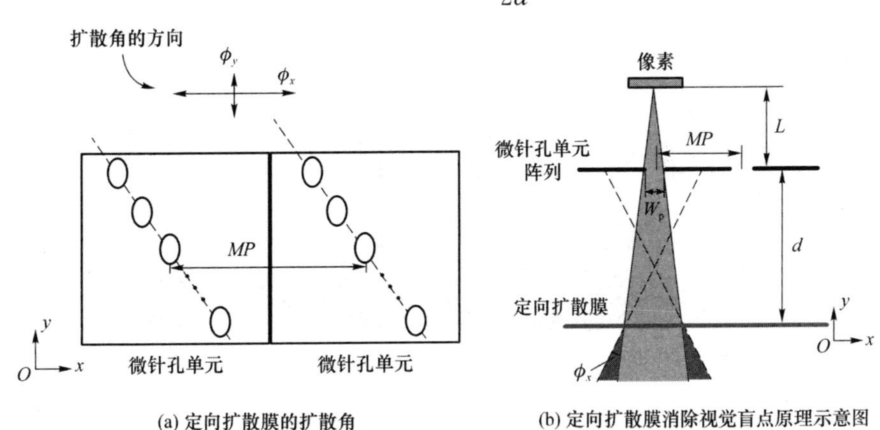

(a) 定向扩散膜的扩散角　　(b) 定向扩散膜消除视觉盲点原理示意图

图 7-3-9　定向扩散膜消除视觉盲点原理

3. 实验结果与分析

(1) 基于微针孔单元阵列的光场显示实验验证

基于微针孔单元阵列的水平光场显示系统的参数如表 7-3-1 所示。图 7-3-10 是使用相同 LED 显示器、相同显示内容的传统基于透镜阵列的集成成像与基于微针孔单元阵列的水平光场显示的实现效果对比图。图 7-3-10(a)是传统的基于透镜阵列的集成成像显示效果，其视角为 20°，视点数目为 10×10。图 7-3-10(b)是基于微针孔单元阵列的水平光场显示效果，其视角为 42.8°，水平视点个数为 100。从二者对比结果可以看出，水平方向上角分辨率的增加对 3D 显示效果质量的提升作用明显。

表 7-3-1　基于微针孔单元阵列的水平光场显示系统的参数

参　数	数　值
LED 显示器的尺寸	54 英寸
LED 显示器的分辨率	1 280 像素×720 像素
微针孔的短轴 W_{p}	0.183 mm

续 表

参　数	数　值
微针孔的长轴 H_p	0.862 mm
每个基元图像的分辨率($M \times N$)	10 像素×10 像素
微针孔之间的水平距离 b	1.071 mm
微针孔单元中微针孔中心连线与垂直方向的夹角 α	39.6°
LED 显示器与微针孔单元阵列之间的距离 L	16.332 mm
定向扩散膜的水平扩散角 ϕ_x	0.907°
定向扩散膜的垂直扩散角 ϕ_y	1.35°
定向扩散膜和微针孔单元阵列的距离 d	40 cm
视角	42.8°

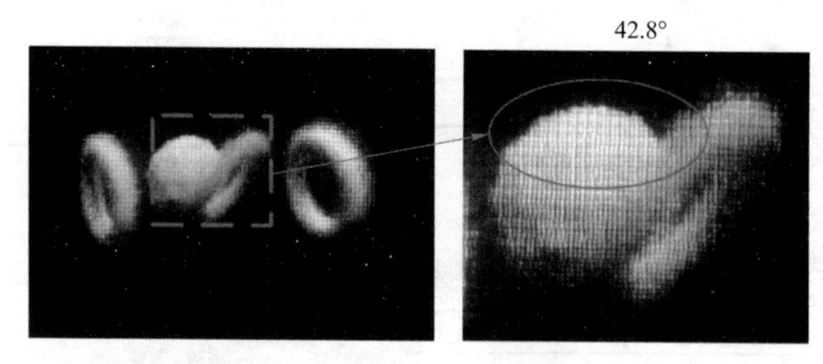

(a) 传统的基于透镜阵列的集成成像显示效果

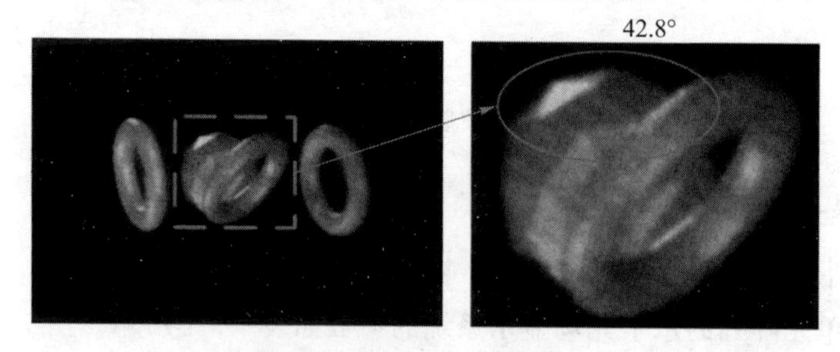

(b) 基于微针孔单元阵列的水平光场显示效果

图 7-3-10　显示效果对比

图 7-3-11(a)为目标 3D 图像的正面效果图和其极线图分析。基于微针孔单元阵列的水平光场显示系统重建的 3D 场景中物体的位置分布如图 7-3-11(b)所示。在 42.8°视角范围内并且距离显示器 460 cm 处，从 5 个不同方向上对再现的 3D 图像进行拍摄，拍摄效果如图 7-3-12 所示，其中：图 7-3-12(a)表示的是从左侧 21.4°的拍摄效果；图 7-3-12(b)表示的是从左侧 10.7°的拍摄效果；图 7-3-12(c)表示的是从正面的拍摄效果；图 7-3-12(d)表示的是从右侧 10.7°的拍摄效果；图 7-3-12(e)表示的是从右侧 21.4°的拍摄效果。

(2) 基于非连续柱透镜阵列的光场显示实验验证

基于非连续柱透镜阵列的水平光场显示系统的参数如表 7-3-2 所示。图 7-3-13 为基于微针孔单元阵列与基于非连续柱透镜阵列的水平光场显示效果对比图，其中图 7-3-13(a)为基于微针孔单元阵列的水平光场显示效果，图 7-3-13(b)为基于非连续柱透镜阵列的水平光场显示效果。通过 3 个观看角度的显示效果对比可以验证，使用非连续柱透镜阵列的水平光场显示

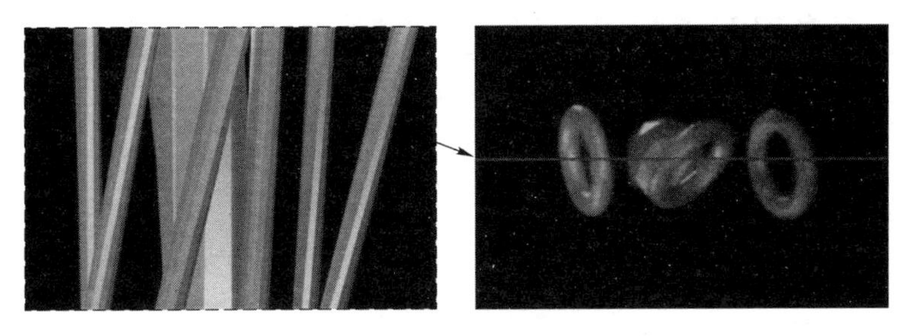

(a) 系统的正面效果图和极线图分析

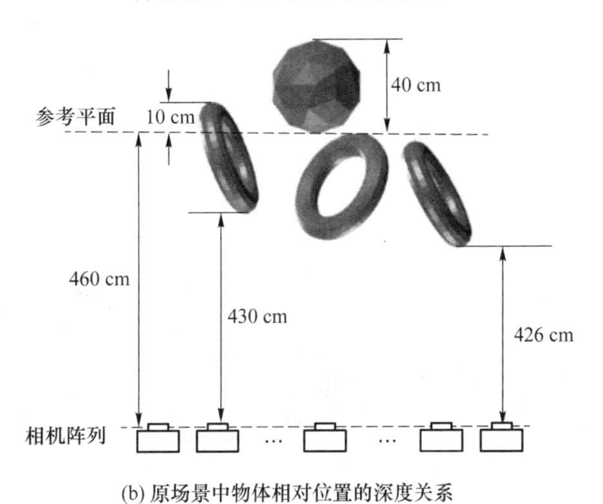

(b) 原场景中物体相对位置的深度关系

图 7-3-11 基于像素水平化调制的水平光场显示系统

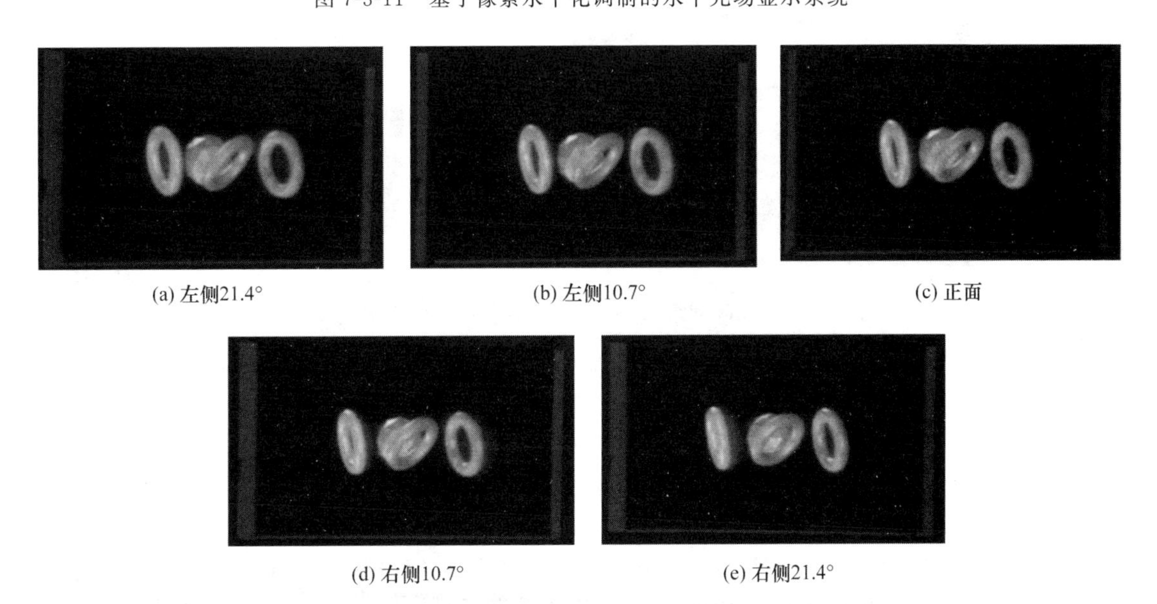

(a) 左侧21.4° (b) 左侧10.7° (c) 正面

(d) 右侧10.7° (e) 右侧21.4°

图 7-3-12 基于微针孔单元阵列的水平光场从不同角度拍摄的 3D 图像效果图

效果克服了由于使用微针孔单元阵列而出现的色彩失真，消除了 3D 图像的彩虹纹。同时，与使用微针孔单元阵列相比，使用非连续柱透镜阵列理论上可以让系统的光能利用率从 1.53% 上升至 21.22%，提升了约 13.87 倍。而且，使用非连续柱透镜阵列显示的 3D 图像亮度明显高于使用微针孔单元阵列显示的 3D 图像亮度。

表 7-3-2 基于非连续柱透镜阵列的水平光场显示系统的参数

参 数	数 值
LED 显示器的尺寸	54 英寸
LED 显示器的分辨率	1 280 像素×720 像素
柱透镜的倾斜角度 γ	13.2°
柱透镜的口径 W	1.91 mm
非连续柱透镜阵列的节距 P_A	9 mm
LED 显示器和非连续柱透镜阵列的距离 g	4.86 mm
定向扩散膜的水平扩散角 ϕ_x	0.688°
定向扩散膜的垂直扩散角 ϕ_y	1.35°
定向扩散膜和非连续柱透镜阵列之间的距离 d	30 cm
视角	42.8°

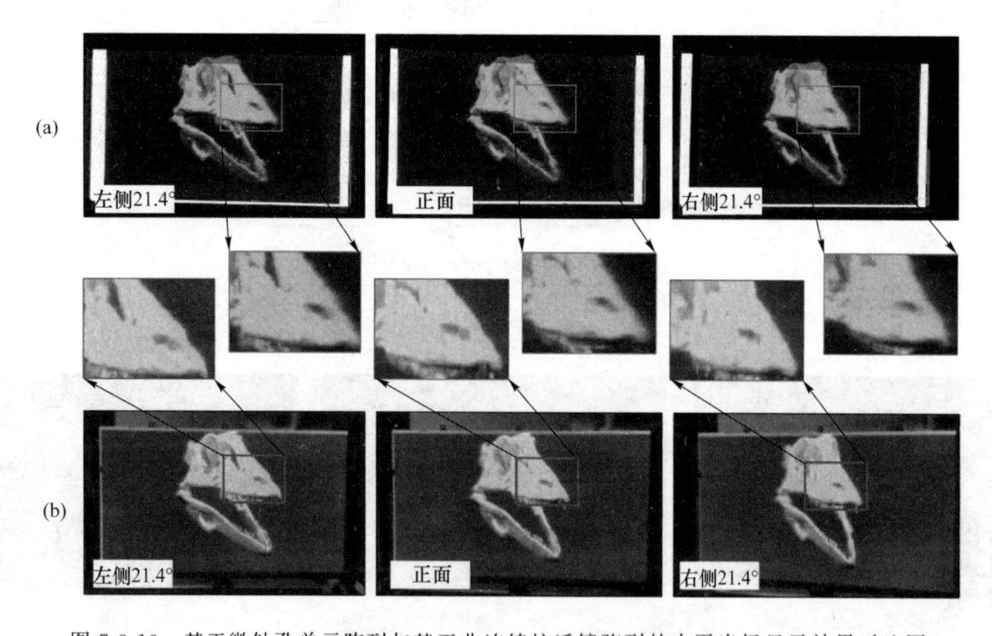

图 7-3-13 基于微针孔单元阵列与基于非连续柱透镜阵列的水平光场显示效果对比图

在基于非连续柱透镜阵列的水平光场显示系统的 42.8°视角范围内，在距离显示器 460 cm 处的 5 个方向对 3D 图像进行拍摄，拍摄效果如图 7-3-14 所示，其中：图 7-3-14(a)表示的是在左侧 21.4°的拍摄效果；图 7-3-14(b)表示的是在左侧 10.7°的拍摄效果；图 7-3-14(c)表示的是在正面的拍摄效果；图 7-3-14(d)表示的是在右侧 10.7°的拍摄效果；图 7-3-14(e)表示的是在右侧 21.4°的拍摄效果。

如果以特定的视角重建原始 3D 光场，假设基元图像的分辨率为 M 像素×N 像素，与传统视点 3D 显示方法相比，本节介绍的基于像素水平化调制的高角分辨率光场显示方法可以使角分辨率提升为原来的 N 倍，N 为基元图像阵列的像素行数，从而使水平视点数量扩大至原来的 N 倍，可以实现 3D 图像连续平滑的运动视差。角频率带宽是 3D 显示系统能够再现原始光场的角频率范围，表征系统还原角分辨率的能力，角频率带宽的数学表达为

$$|\phi| \leqslant \frac{\pi}{\Delta V} \tag{7-35}$$

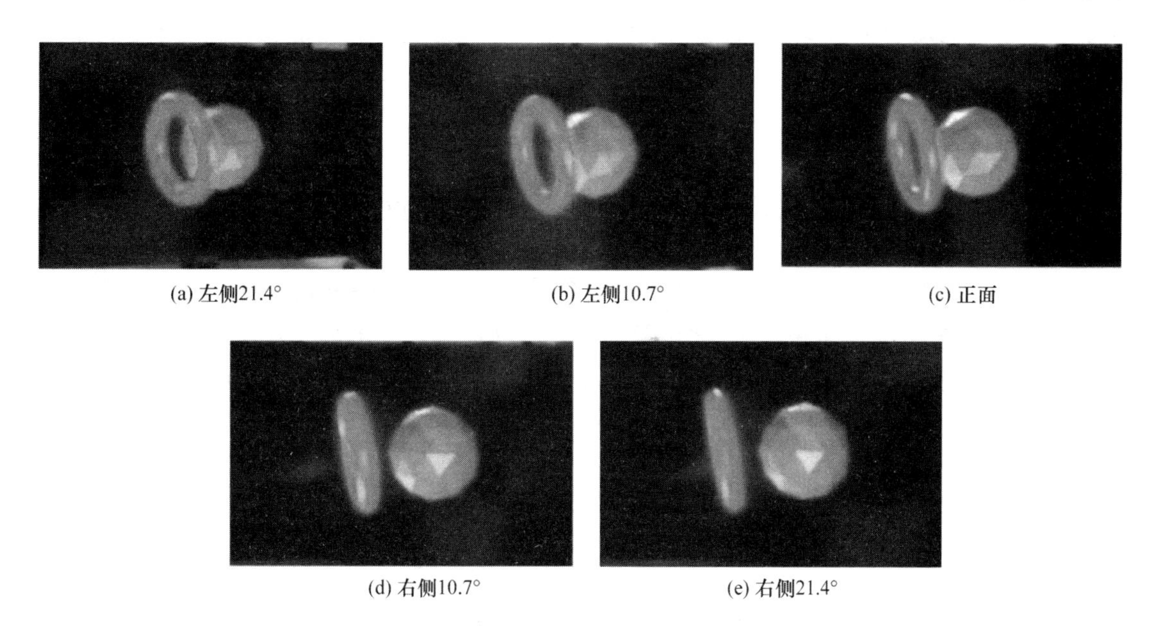

(a) 左侧21.4°　(b) 左侧10.7°　(c) 正面

(d) 右侧10.7°　(e) 右侧21.4°

图 7-3-14　基于非连续柱透镜阵列的水平光场从不同角度拍摄的 3D 图像效果图

其中，$\Delta V=\dfrac{MP}{MN}=\dfrac{2L\tan\dfrac{\theta}{2}}{MN}$ 表示独立视点像素之间的间距。根据式(7-35)可知，视点数目越多，ΔV 越小，角频率带宽越大。图 7-3-15(a)为传统基于透镜阵列的集成成像的角频率带宽分析示意图，图 7-3-15(b)为基于微针孔单元阵列的光场显示的角频率带宽分析示意图。由于非连续透镜阵列和微针孔单元阵列具有相同的水平像素调制能力，因此基于非连续透镜阵列的光场显示与基于微针孔单元阵列的光场显示的角频率带宽一致。根据以上分析，基于像素水平化调制的光场显示方法相比传统基于透镜阵列集成成像方法，角频率带宽显著增大，3D 显示效果明显得到提升。

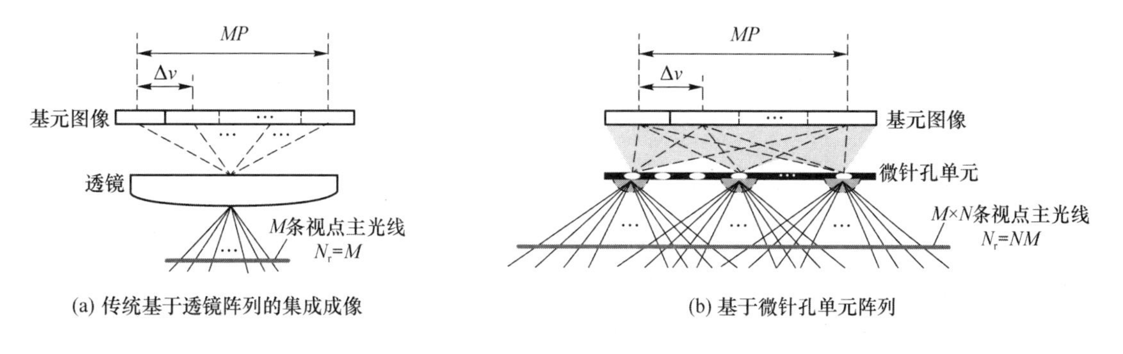

(a) 传统基于透镜阵列的集成成像　(b) 基于微针孔单元阵列

图 7-3-15　传统基于透镜阵列的集成成像和基于微针孔单元阵列的光场显示的角频率带宽分析

相比于具有全视差的集成成像，在平面像素资源有限的情况下，基于像素水平化调制的光场显示方法构建的水平光场的角分辨率具有显著的提升。像素水平化调制可由具有精确控光能力的微针孔单元阵列来实现。然而，微针孔单元阵列的光能利用率较低，所搭建的基于微针孔单元阵列的光场显示系统中微针孔单元阵列的透光率仅为 1.53%。由此可见，微针孔单元阵列需配合高亮度的背光光源来使用。为了改善使用微针孔单元阵列实现像素水平化调制时的低光能利用率问题，又介绍了非连续柱透镜阵列控光结构，其透光率为 21.22%，使用非连续透镜阵列实现像素水平化调制有效改善了系统的光能利用率。微针孔单元阵列和非连续柱透镜阵列的制备成本低、可制作的幅面大，因此基于像素水平化调制的光场显示方法是实现超大尺寸、高质量裸眼 3D 显示的理想方法。

7.3.2 基于空间复用体像素屏提升集成成像显示系统角分辨率的方法

现有的大多数全视差桌面式 3D 光场显示系统由于需要权衡视角、分辨率和空间信息容量(视点数目)，因此很难重构高质量的 3D 图像。空间信息容量是由加载合成图像的显示面板决定的。当使用大节距的透镜来提高视角时，显示的 3D 图像分辨率将会严重下降。为了保证显示 3D 图像的分辨率，采用小焦距的透镜来提高视角。但是，由于显示面板上每个基元图像中包含的像素数目是不变的，因此在扩大了视角的同时也使视点间距变大，视点密度会降低，如图 7-3-16 所示。3D 图像的质量会由于混叠效应大幅下降。

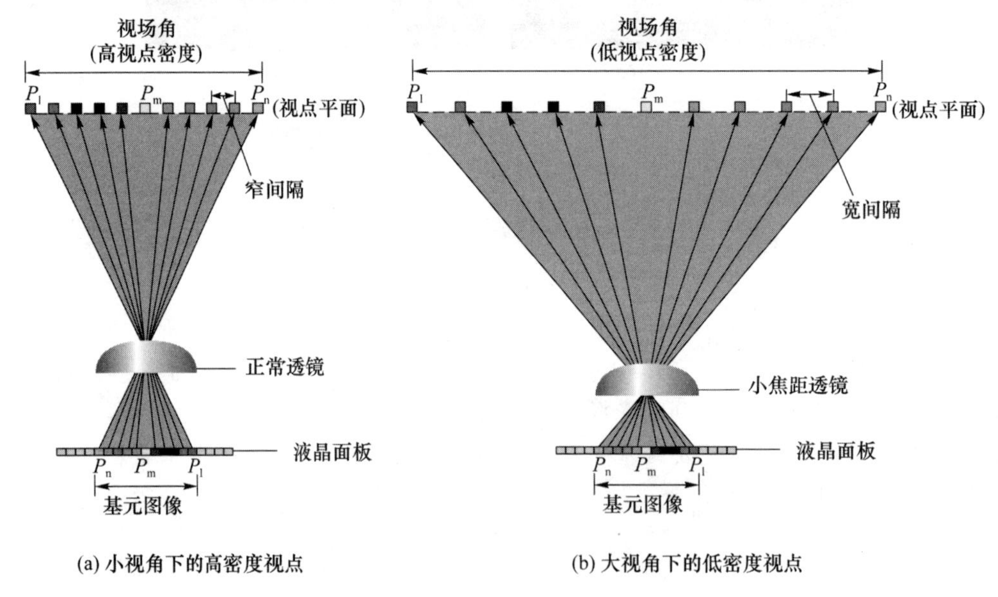

图 7-3-16　视角和视点密度之间的矛盾

1. 大视角和高视点密度的全视差桌面式 3D 光场显示系统设计

如图 7-3-17(a)所示，基于集成成像的全视差桌面式 3D 光场显示系统中通常使用液晶面板加载基元图像阵列，透镜阵列位于液晶面板前，并将基元图像阵列投射到扩散膜上进行成像显示。有效的观看区域如图 7-3-17(b)所示，在通常情况下，液晶面板上的每个像素都被认为是一个点光源，其出射的大角度光线只携带一个视点的信息。从液晶面板上出射的光束如图 7-3-17(b)所示，A_n 表示基元图像中的一个像素。理想情况下，从 A_n 出射的光束被对应的透镜 L_i 折射，并成像在扩散膜上的点 A'。通过这种方式，在特定视角范围内可以重建全视差的 3D 场景图像。具有正确几何遮挡关系和立体感知的有效视角可以描述为

$$w = 2\arctan \frac{p}{2g'} \tag{7-36}$$

其中 p 表示液晶面板上一个基元图像的尺寸大小，g' 表示液晶面板到透镜阵列的距离。然而，像素 A_n 发出的光线也可以被相邻的透镜(如 L_{i-1}、L_{i+1} 等)折射，从而在有效视角区域外成像

为 B' 和 C' 像素点。由于 A_n 只表示 A' 的信息，因此成像点 B' 和 C' 的视差关系是不正确的。如果将每个像素点所代表的信息从一个视点的信息变成多个视点的信息，可以在增强有效视角的同时显著提高空间信息容量。由此，在相同视角的情况下，此方法可以提高视点的密度并获得高质量的 3D 视觉效果。

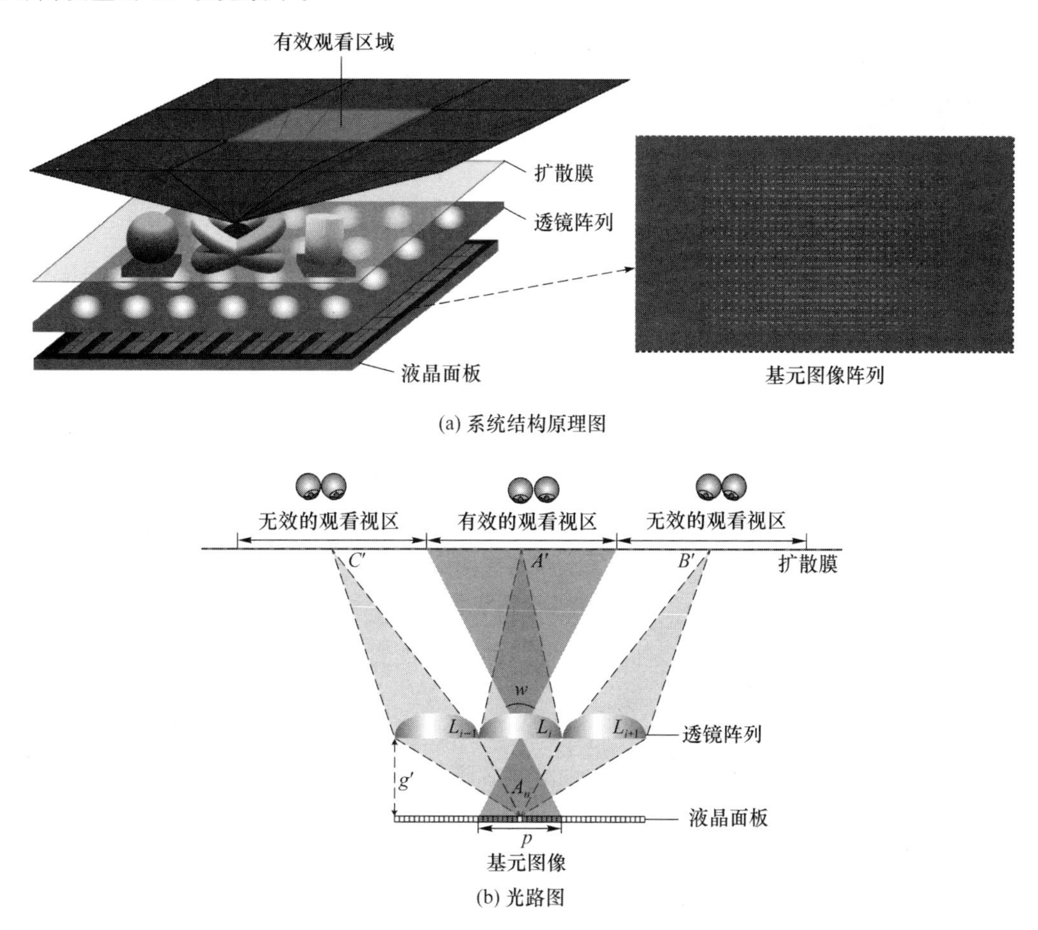

图 7-3-17 传统的桌面式 3D 光场显示系统

为了保证大视角和高视点密度，本节设计了新型全视差桌面式 3D 光场显示系统，其主要包括空间复用的体像素屏、复合透镜阵列和全息扩散膜，如图 7-3-18(a)所示。空间复用的体像素屏由投影仪阵列(包含 9 个投影仪)和特定扩散角度的定向扩散膜组成，其中投影仪阵列加载并定向投射基元图像阵列，定向扩散膜作为承接屏幕接收来自投影仪投射的合成图像，因此可以在定向扩散膜上形成一系列密集的体像素点。定向扩散膜是通过将散斑图案曝光在特殊的敏感材料上进行全息印刷制造而成的，然后控制掩模孔径来决定散斑的形状和大小进而确定扩散角，实现这种特定功能的方法也可称作定向激光散斑。这种全随机的散斑结构与波长无关，并且无色差，同时可以保证很高的传输效率。与传统的集成成像系统类似，本节介绍的基于全视差桌面式 3D 光场显示系统同样使用透镜阵列进行控光成像。但与传统的集成成像系统不同的是，本节介绍的系统引入空间复用的体像素屏代替传统的液晶面板来加载合成的基元图像阵列，可以打破每个像素点只代表一个视点信息的局限，从而可以大幅度提高视点数目和像素利用率。

由于与整个投影系统相比基元图像的大小是微乎其微的，因此从投影仪投射到定向扩散膜上进行调制的基元图像上像素出射的光线可以看作平行光。考虑到每个体像素点发出的光

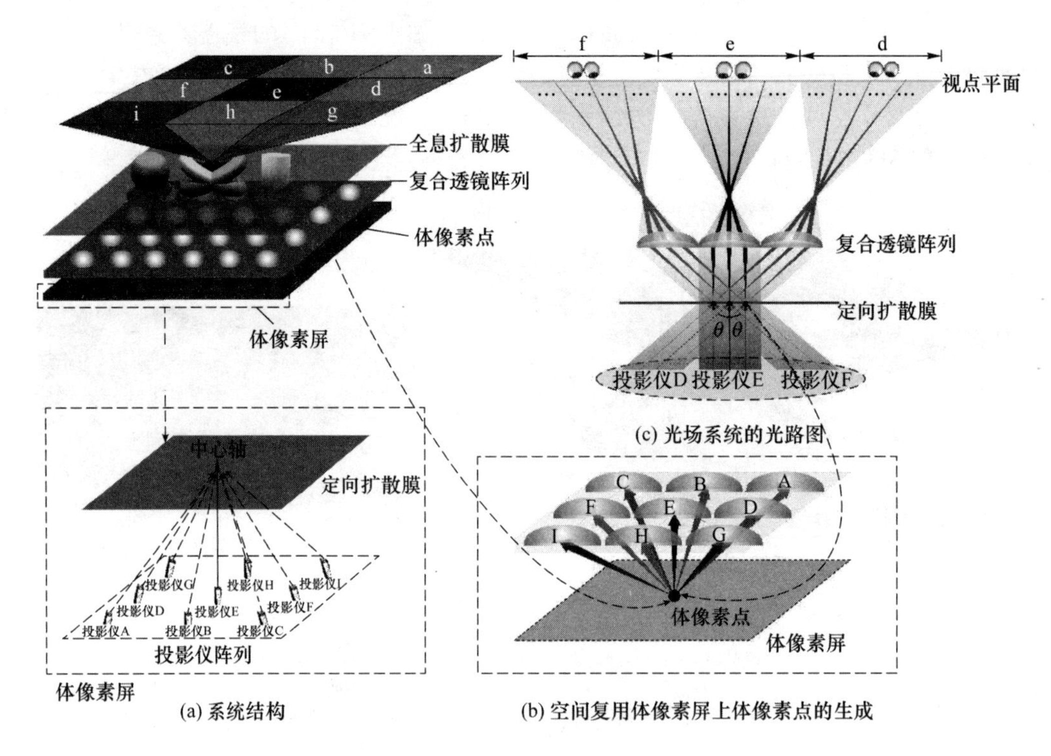

图 7-3-18　本节设计的新型全视差桌面式 3D 光场显示系统

束只能投射到相应的透镜上，因此定向扩散膜的扩散角 Ω 的几何关系式为

$$\Omega < 2\arctan\frac{p-D}{2g} \tag{7-37}$$

其中 p 表示相邻复合透镜中心的距离，D 表示复合透镜的直径。g 表示空间复用的体像素屏与复合透镜阵列之间的距离。以一个体像素点为例，图 7-3-18(b)说明了体像素点利用定向扩散膜的调制功能发射 9 束不同方向的光束，然后通过不同的复合透镜进行成像。因此，可以重建 9 个遮挡关系正确的有效视差区域。结果显示，相比于传统利用液晶面板的显示系统，基于空间复用体像素屏的全视差桌面式 3D 光场显示系统的空间信息容量提升了 9 倍。因此，在相同的观看视角内，对比基于液晶面板的传统全视差桌面式 3D 光场显示系统，本节介绍的全视差桌面式 3D 光场显示系统可以将视点密度在水平方向和垂直方向分别提高 3 倍。

为方便说明，空间复用体像素屏中的投影仪阵列标记为 A～I，并且不同观看区域标记为 a～i。每个投影仪将 70×70 个视点合成的基元图像阵列投射到定向扩散膜上，然后利用所介绍的桌面式 3D 光场显示系统在 32°×32°的观看区域内重建 3D 图像。为了保证投影仪阵列投射的 9 个基元图像阵列能够重叠在定向扩散膜的特定位置上，需要对投影仪阵列采用单应性校正方法，从而保证体像素屏上的基元图像信息被正确导向到相应透镜的位置。图 7-3-18(a)中的投影仪 A 提供观看区域 a 的光场图像信息，投影仪 B 提供观看区域 b 的光场图像信息，…，投影仪 I 提供观看区域 i 的光场图像信息，最终可实现 96°×96°的超大观看视角的桌面式 3D 光场显示。

由于重建的观看区域是轴对称的，因此在一个方向上选取 3 个投影仪进行分析，如图 7-3-18(c)所示。选取的投影仪标记分别为 D、E 和 F。整个 96°的观看视角按照重建区域被划分为 3 组。右侧 32°视角范围由投影仪 D 提供，中间 32°的视角范围由投影仪 E 提供，左侧 32°的视角范围由投影仪 F 提供。不同的视点组为每个投影仪合成分辨率为 3 840 像素×2 160 像素的不同基元图像阵列。根据几何关系推导，以投影仪 E 为中间参考基准，从投影仪 D 或投影仪 F 发射的光线入射角 θ 可以表示为

$$\theta = \arctan \frac{p}{g} \tag{7-38}$$

其中，p 为相邻复合透镜的间隔距离，g 为空间复用体像素屏与复合透镜阵列之间的距离。

2. 基于空间复用体像素屏的图像采集和分组编码

基于分组离轴拍摄和分组反向光线跟踪的编码方法为不同的投影仪提供了合成所需加载的不同基元图像阵列，保证了编码合成过程可以快速且准确地顺利进行。为了直观简明分析，本节将在二维情况下对 3 个投影仪展开分析并进行描述。整个过程分为两部分。第一步，根据系统特性对相机阵列进行分组，采用离轴模式的虚拟相机对 3D 场景进行离轴拍摄从而获取不同组的视差图像序列，如图 7-3-19(a)所示。第二步，为了保证重建的 3D 图像具有正确感知和遮挡关系，根据反向光线跟踪算法将不同分组的视点图像按照几何光学的原理映射到不同的基元图像阵列中，实现精确的点到点像素映射过程，如图 7-3-19(b)所示。根据光场的采集过程和所设计显示系统的观看距离可将相邻相机的间距 d_{CA} 和相机的视角 ω_{CA} 表示为

$$\begin{pmatrix} d_{CA} \\ \omega_{CA} \end{pmatrix} = \begin{pmatrix} \dfrac{p(L-g)}{rg} \\ 2\arctan \dfrac{(N-1)p}{2(L-g)} \end{pmatrix} \tag{7-39}$$

其中：N 和 p 分别表示复合透镜的数目和尺寸；L 表示相机阵列与液晶面板之间的距离；g 表示复合透镜阵列与液晶面板之间的距离；r 表示对应透镜覆盖的基元图像分辨率(即每个观看区域的摄像机数量)。

确定上述参数后，通过相机阵列捕获视差图像序列，视差图像序列中的像素与合成的基元图像阵列的像素映射关系如图 7-3-19(b)所示。根据几何关系，基元图像阵列中基元图像的数目 R 与复合透镜的数目相同。基元图像阵列中每个基元图像的分辨率 r 等于相对应观看区域的相机数目 X。视差图像中第 n 列基元图像的第 i 列像素表示为 $\mathrm{PI}_x(n,i)$，此像素发出的光线与基元图像阵列中第 n 列像素发出的光线在第 i 列相交，可表示为 $\mathrm{EIA}_x(n',i')$。因此，基于几何关系和反向光线追踪编码映射关系 $\mathrm{EIA}_x(n',i')$ 可以表示为

$$\mathrm{EIA}_x(n',i') = \mathrm{PI}_x(n,i) \tag{7-40}$$

并且

$$\begin{cases} n = X - i' + 1 \\ i = R - n' + 1 \end{cases} \tag{7-41}$$

其中：n' 的取值范围为 $1 \sim N$；i' 的取值范围为 $1 \sim r$；X 取决于投影仪数目。根据上述所介绍的分组编码映射方法，在相机采集拍摄到视差图像序列中的像素后，按照特定的规则将其准确映射到相应的基元图像阵列中，每个基元图像阵列都是由一系列的基元图像组成的，其数值大小与复合透镜的数目相同。

相机阵列按照投影仪的数目进行平均分组，以此来保证每个投影仪重建的目标区域能够容纳相同的视点数目和视点密度。标注 f 区域的相机用来编码投影仪 F 的 EIA_F，标注 d 区域的相机用来编码投影仪 D 的 EIA_D，标注 e 区域的相机用来编码投影仪 E 的 EIA_E。当投影仪阵列将基元图像阵列投射时，定向扩散膜上形成的每个体像素点出射的不同光束都是来自不

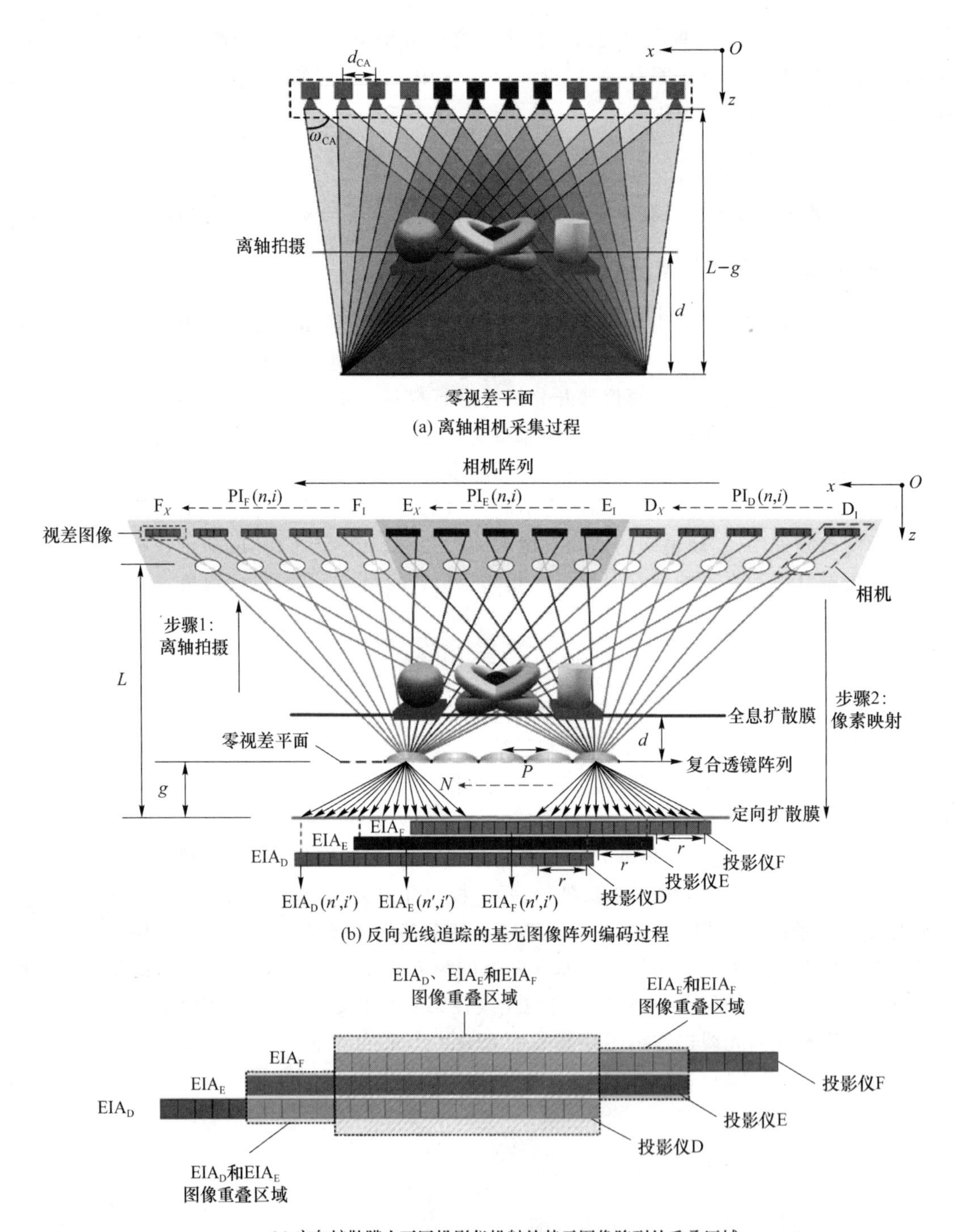

图 7-3-19　基于空间复用

同投影仪中的不同像素信息，因此为了保证正确的三维感知和视差关系，不同投影仪投射将基元图像阵列投射在定向扩散膜上都会有较大的重叠区域，整体来看的话彼此会有一个基元图像尺寸(也可以说是复合透镜直径大小)的偏移，如图 7-3-19(c)所示。由于各个出射光的方向是独立的，因此不会造成视点串扰问题。

3. 非球面复合透镜阵列的设计

由于观看视角很大，传统基于集成成像技术的小透镜无法满足大视角的需求，因此在可接受分辨率的情况下，可通过适当增大透镜的尺寸来提高显示视角。但是，随着透镜孔径和视角的扩大，3D成像的畸变和像差会变得不容忽视，且在视角越大的情况下会变得越明显，透镜的像差会严重影响光的收敛精度，导致3D成像质量的急剧恶化，影响3D观看的效果。因此，为了提高重建3D图像的质量，本节设计优化制造了由两个不同折射率的非球面双胶合成的复合透镜阵列以抑制像差。非球面模型使用的曲率原理和圆锥常数可以表示为

$$z=\frac{cr^2}{1+\sqrt{1-(1+k)c^2r^2}}+a_2r^2+a_4r^4+\cdots \tag{7-42}$$

其中 c、r 和 k 分别代表顶点曲率、径向坐标以及二次曲线常数，a_2，a_4，…代表非球面系数。采用阻尼最小二乘法对原像差和其他高阶像差进行优化。考虑到生产难度、成本和应用要求，选择采用旋转对称的非球面进行设计。

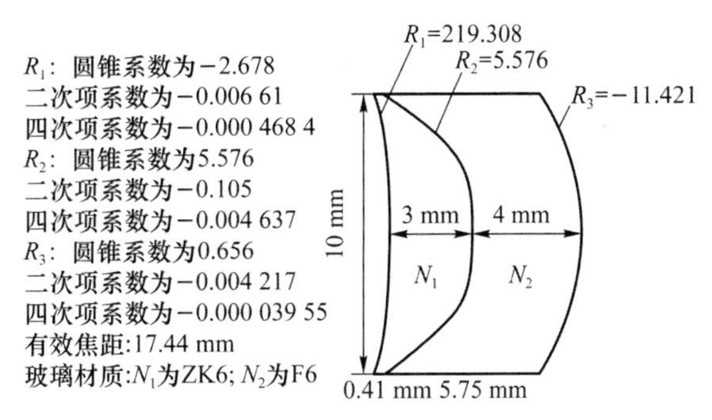

(a)）设计优化的复合透镜阵列的结构和参数

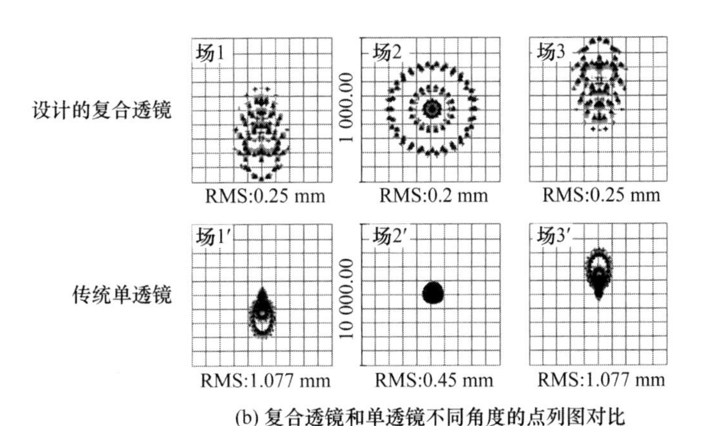

(b) 复合透镜和单透镜不同角度的点列图对比

图 7-3-20 设计优化的复合透镜

设计优化的复合透镜阵列的结构和参数如图7-3-20(a)所示。在不失去一般性的前提下，本节选择将3个投影仪在一个方向进行分析，如图7-3-20(b)所示。场1和场1′分别表示基于优化设计的复合透镜和传统单透镜的投影仪B点列图；场2和场2′分别表示基于优化设计的复合透镜和传统单透镜的投影仪E点列图；场3和场3′分别表示基于优化设计的复合透镜和传统单透镜的投影仪H点列图。将设计的复合透镜与相同焦距、相同直径大小的传统单透镜进行对比，可以发现参考主光束进行优化设计后的复合透镜在视角范围内的像差得到明显改

善,特别是对大视角范围内像差的改善尤其明显。对比图 7-3-21 可以看出复合阵列的调制传递函数得到明显提高,因此优化设计后的复合透镜阵列具有更好的成像效果。

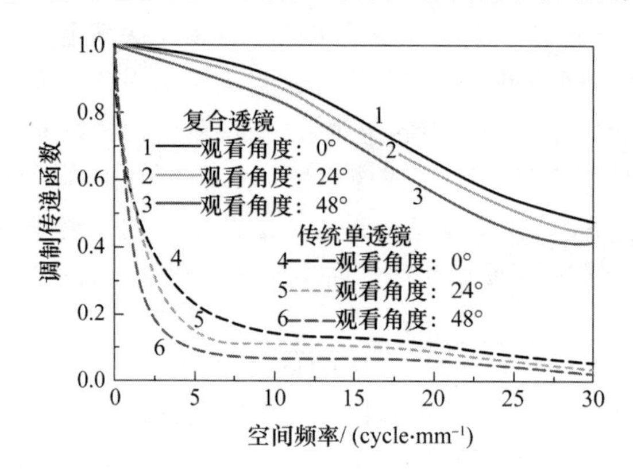

图 7-3-21 优化设计的复合透镜和传统的单透镜的调制传递函数对比

4. 仿真分析和对比实验

本节根据大视角和高视点密度的矛盾问题,介绍了用空间复用体像素屏来代替传统的液晶面板的系统设计方案,该方案可以大幅度提高大视角下的视点密度,可减少大显示深度下成像图像中混叠现象的发生概率。此外,为了配合特定角度的全息扩散膜平衡像差和降低畸变,优化了复合透镜的设计,并通过仿真分析与基于传统液晶面板的光场显示系统进行对比,讨论了所论述系统的优越性和方案可行性。

(1) 基于空间复用体像素屏和基于传统液晶面板显示对比

本节介绍的基于空间复用体像素屏的桌面式 3D 光场显示能够提高大视角范围内的视点密度。在相同的视角 96°×96°的范围内,相比于传统基于液晶面板的 3D 光场显示系统,本节所介绍的桌面式 3D 光场显示系统能够显著提高视点密度。随着视点密度的提高,视点间的混叠效应大幅度抑制并且重建 3D 图像的质量得到提高。实际上,人眼观察到的 3D 图像是由通过单个透镜观看到的一系列基元图像组成的。因此,通过模拟仿真人眼观看到的图像可以得到仿真结果。为了评价重建 3D 场景的图像质量,采用模拟仿真的方式获得不同视角下观看到的 3D 图像,并引入 SSIM 来对比计算不同角度相机拍摄的视点图像和相应角度模拟仿真计算得到的图像相似性。如图 7-3-22(a)所示,基于传统液晶面板的 3D 光场显示系统的 3D 重建图像在大显示深度时有较低的相似性。通过引入空间复用体像素屏代替传统的液晶面板作为加载编码图像的显示设备,如图 7-3-22(b)所示,重建后 3D 场景的视点密度得到提高,相应的 SSIM 也得到明显提高,特别是在大显示深度的部分重建 3D 图像提升的显示效果特别明显,混叠现象得到大幅度抑制。

为保证研究对比的可靠性,在保证视角相同的情况下,只对加载合成图像的显示设备进行不同种类的替换。搭建的桌面式 3D 光场显示系统中的显示组件包括液晶面板、单个投影仪和定向扩散膜以及所介绍的空间复用体像素屏。由于总的视点数目是一样的,因此基于液晶面板和基于单个投影仪的 3D 光场显示系统的视点数目是一样的,如图 7-3-23(c)和图 7-3-23(d)所示。

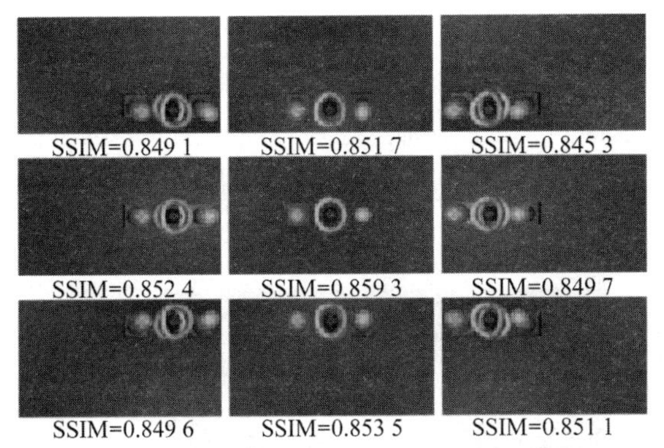

(a) 传统基于液晶面板的3D光场显示系统的模拟计算相应位置的SSIM

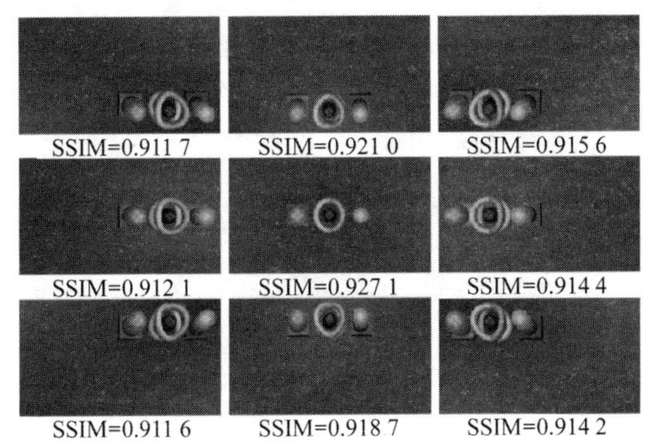

(b)基于空间复用体像素屏的桌面式3D光场显示系统的模拟计算相应位置的SSIM

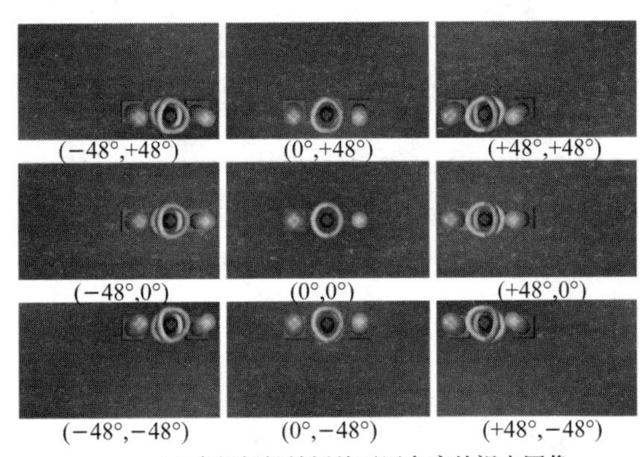

(c) 虚拟相机拍摄的不同角度的视点图像

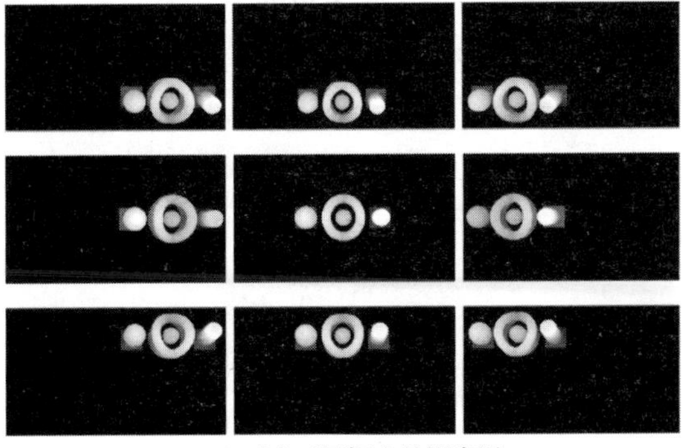

(d) 对应不同视点的深度图

图 7-3-22 基于空间复用体像素屏和基于传统液晶面板的显示对比

由于视点密度较低，因此大显示深度处的混叠效应导致重建的 3D 图像质量严重下降。然而对比图 7-3-23(a)～7-3-23(c)可发现，基于空间复用体像素屏的桌面式 3D 光场显示系统由于视点密度高，混叠现象得到大幅度抑制，特别是在大显示深度上更为明显。在研究中，重建了由圆柱、球和立方体组成的 3D 场景，测试结果表明本系统的最大景深范围为圆柱体的最顶端到长方体最低端。

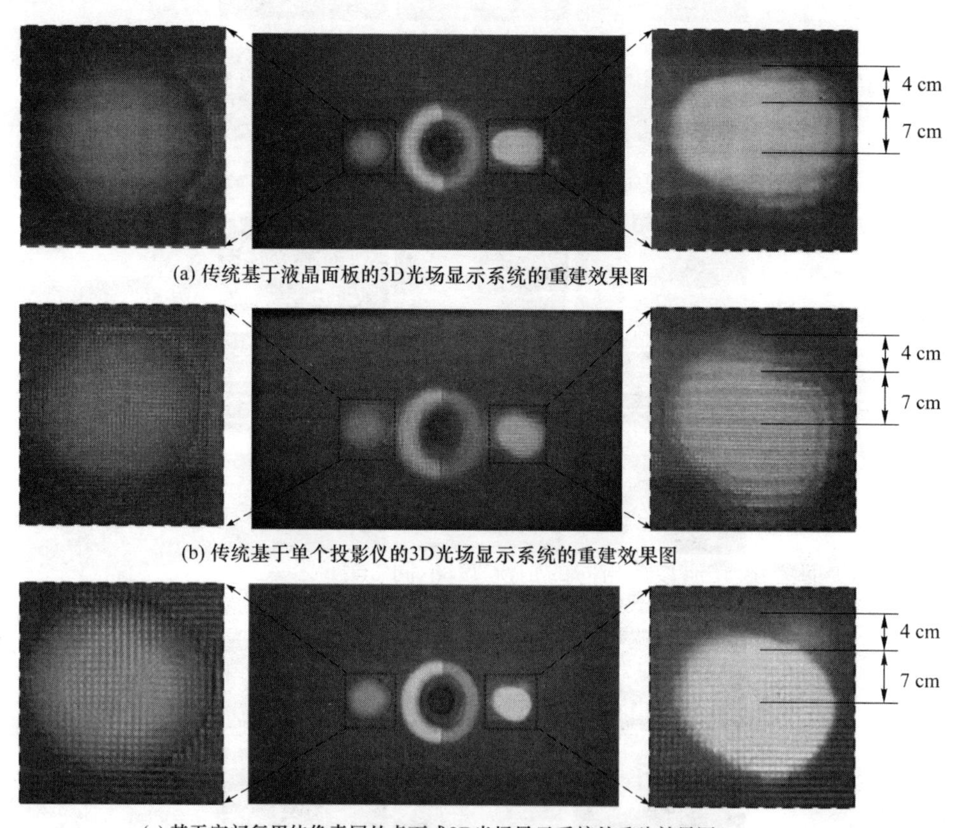

(a) 传统基于液晶面板的3D光场显示系统的重建效果图

(b) 传统基于单个投影仪的3D光场显示系统的重建效果图

(c) 基于空间复用体像素屏的桌面式3D光场显示系统的重建效果图

图 7-3-23　不同显示系统的 3D 图像对比

(2) 基于复合透镜联合全息扩散膜和基于传统单透镜的显示对比

本节提出的基于两非球面双胶合的复合透镜阵列的 3D 光场显示能够显著提高大视角下的成像质量。对于基于传统单透镜阵列的 3D 光场显示，当基元图像通过单透镜观看时，人眼会感知到严重的畸变。此外，传统透镜之间的间距会严重影响重建 3D 图像的质量和观看的连续性，导致视觉体验的急剧恶化。在给定的观看距离上，图像的畸变 δ 能够通过式(7-43)进行表示：

$$\delta = \frac{S(x,y) - S(x^{I},y^{I})}{S(x^{I},y^{I})} \times 100\% \tag{7-43}$$

并且

$$\begin{cases} S(x^{I},y^{I}) = [(x^{I})^2 + (y^{I})^2]^{\frac{1}{2}} \\ S(x,y) = [x^2 + y^2]^{\frac{1}{2}} \end{cases} \tag{7-44}$$

其中，(x,y)是实际点，(x^{I},y^{I})是理想点。

为了得到较好的成像结果，对比了不同成像距离的成像畸变，如图 7-3-24 所示。从图 7-3-24(a)

中可以看出，在不同距离视场区域处基于传统单透镜阵列不加全息扩散膜的成像畸变都在30%以上。在相同的参数下，从整个视角观看区域来看，基于复合透镜联合全息扩散膜的成像畸变降低到9%以下，如图7-3-24(b)所示。结果证明，利用优化设计的复合透镜阵列配合特定角度的全息扩散膜不仅可以重新调制光线的分布情况，还可以矫正图像的畸变。此外，由于所使用透镜的间距比传统透镜的间距要大很多，因此引入全息扩散膜后观看者不会看到透镜阵列之间的间隙结构，最终能观看到连续平滑的清晰3D图像。

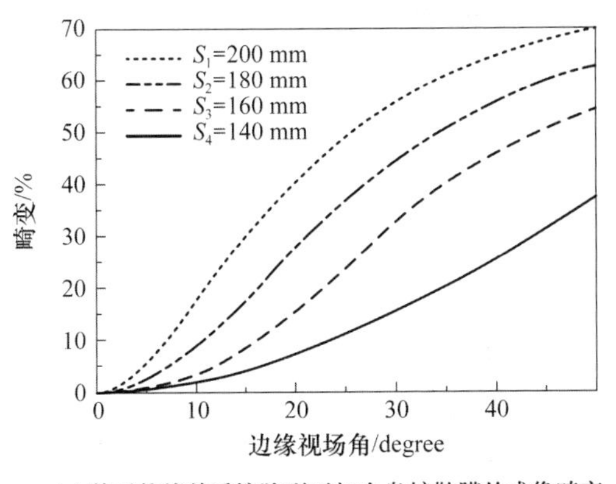

(a) 基于传统单透镜阵列不加全息扩散膜的成像畸变

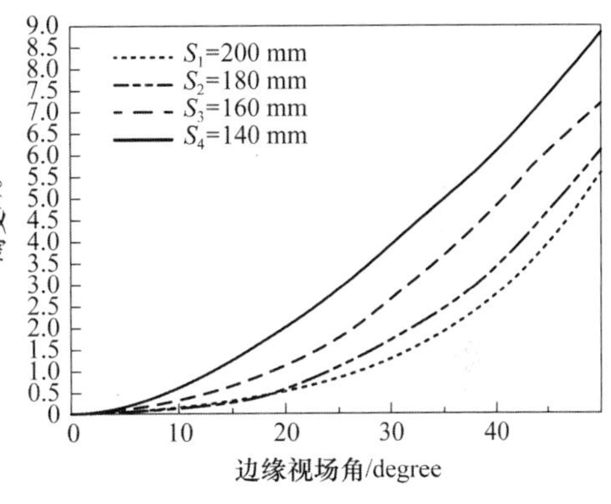

(b) 基于复合透镜阵列联合全息扩散膜的成像畸变

图 7-3-24 不同成像距离的成像畸变对比

图7-3-25展示了在其他参数相同的情况下，不同3D显示系统在各种情况下的对比。在图7-3-25(a)中可以看出，基于传统单透镜阵列无全息扩散膜成像的3D图像存在严重的畸变，并且透镜阵列之间的间隙严重影响立体感知的视觉效果，体验感较差。然而，如图7-3-25(b)所示，引入特定角度的全息扩散膜后，能够消除透镜阵列之间的"黑缝"影响，提高观看的舒适感和流畅感。但是图像的畸变会使成像图像变模糊，导致3D图像的质量严重下降。因此，利用优化设计的复合透镜阵列再联合特定角度的全息扩散膜不仅能够使整个视角范围内的图像畸变得到改善，还可以大幅提高重建3D图像的质量，进而可以重构高质量的清晰3D图像。

为了证明所提方法的可行性和有效性，按照设计要求，搭建了基于空间复用体像素屏的桌面式3D光场显示系统的原型实验平台，并进行相关场景的验证。所设计的大视角和高视点密度的全视差桌面式3D光场显示系统的结构如图7-3-26所示。

空间复用体像素屏由9个分辨率为3 840像素×2 160像素的投影仪阵列和具有1°×1°特定扩散角的定向扩散膜组成。每个投影仪的亮度为2 200 lm，并且其投掷比为1.56。投影仪阵列与定向扩散膜之间的距离为1 000 mm，复合透镜阵列与定向扩散膜之间的距离为200 mm。对于相邻复合透镜之间的间距(即黑缝)，采用5°×5°的扩散膜来进行消除。复合透镜阵列的装配设计采用在一整块厚度为6 mm的钢板上穿55×31个圆孔，其中每个圆孔的直径为10 mm且相邻圆孔之间的间隔为12 mm。将制作好的复合透镜逐个放入圆孔中，进而形成本系统所使用的复合透镜阵列。所介绍桌面式3D光场显示系统的详细参数配置如表7-3-3所示。该系统实现了在96°×96°的超大视角范围内，通过再现44 100个视点来重建具有连续平滑运动视差和正确遮挡关系的3D场景。基于由本节建模的多个物体组成的3D场景重建3D图像，重建的高质量清晰的桌面式3D图像如图7-3-27所示。对于重建3D场景中各个部分位置都具有正确的遮挡关系，并且观看者能够看到清晰连续的3D图像。

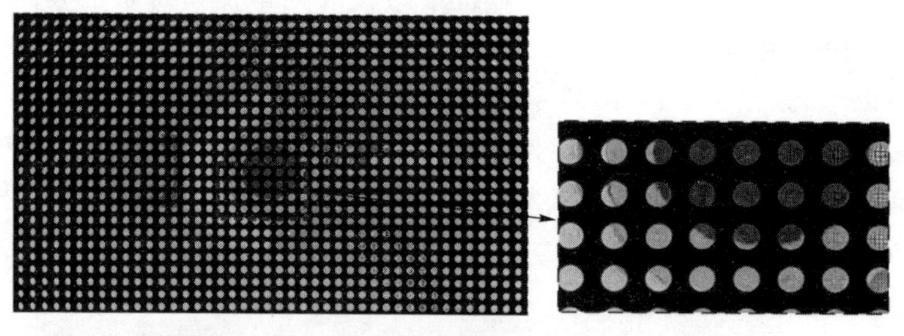

(a) 基于传统单透镜阵列无全息扩散膜的显示系统拍摄到的3D图像

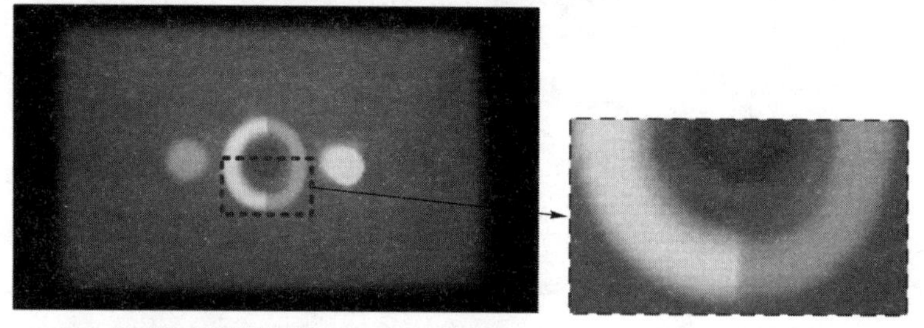

(b) 基于传统单透镜阵列联合全息扩散膜的显示系统拍摄到的3D图像

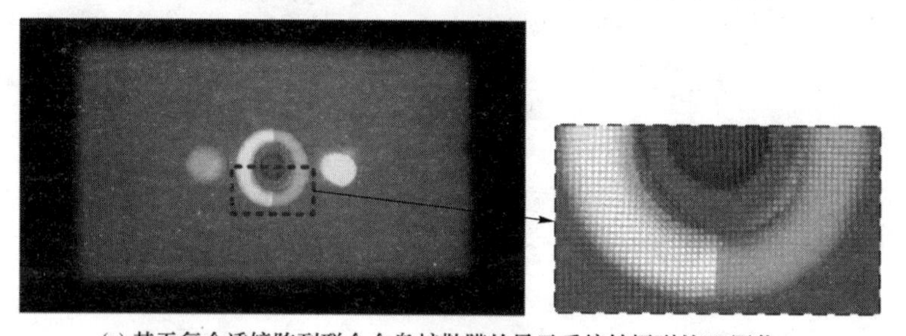

(c) 基于复合透镜阵列联合全息扩散膜的显示系统拍摄到的3D图像

图 7-3-25　不同 3D 显示系统在各情况下的对比

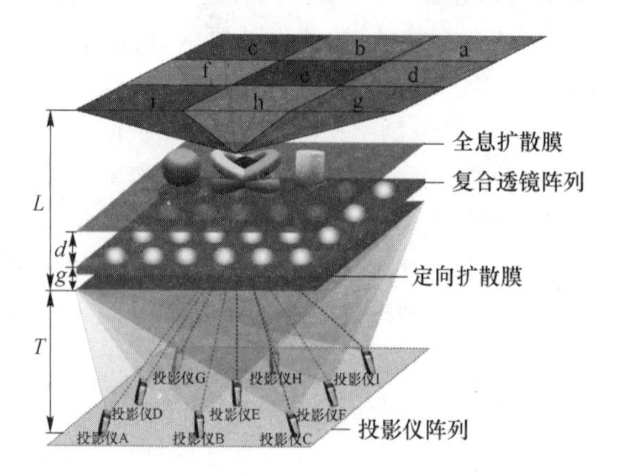

图 7-3-26　所介绍的桌面式 3D 光场显示系统的结构

表 7-3-3　所介绍的桌面式 3D 光场显示系统的主要参数

参数		数值
投影仪阵列	投影仪的数目	3×3
	投影仪的分辨率	3 840 像素×2 160 像素
	投影仪的投掷比	1.56
	投影仪的亮度	2 200 lm
复合透镜阵列	复合透镜的数目	55×31
	复合透镜的直径	10 mm
	复合透镜的节距	12 mm
	复合透镜的有效焦距	17.44 mm
投影仪阵列到定向扩散膜的距离		1 000 mm
定向扩散膜到复合透镜的距离		20 mm
复合透镜阵列到定向扩散膜的距离		200 mm
3D 光场采集过程	相机的数目	44 100
	拍摄的距离	600 mm
	相机间的间距	4.9 mm
3D 光场显示过程	重建 3D 场景的大小	29 英寸
	视角	96°×96°
	视点数目	44 100
	观看距离	600 mm

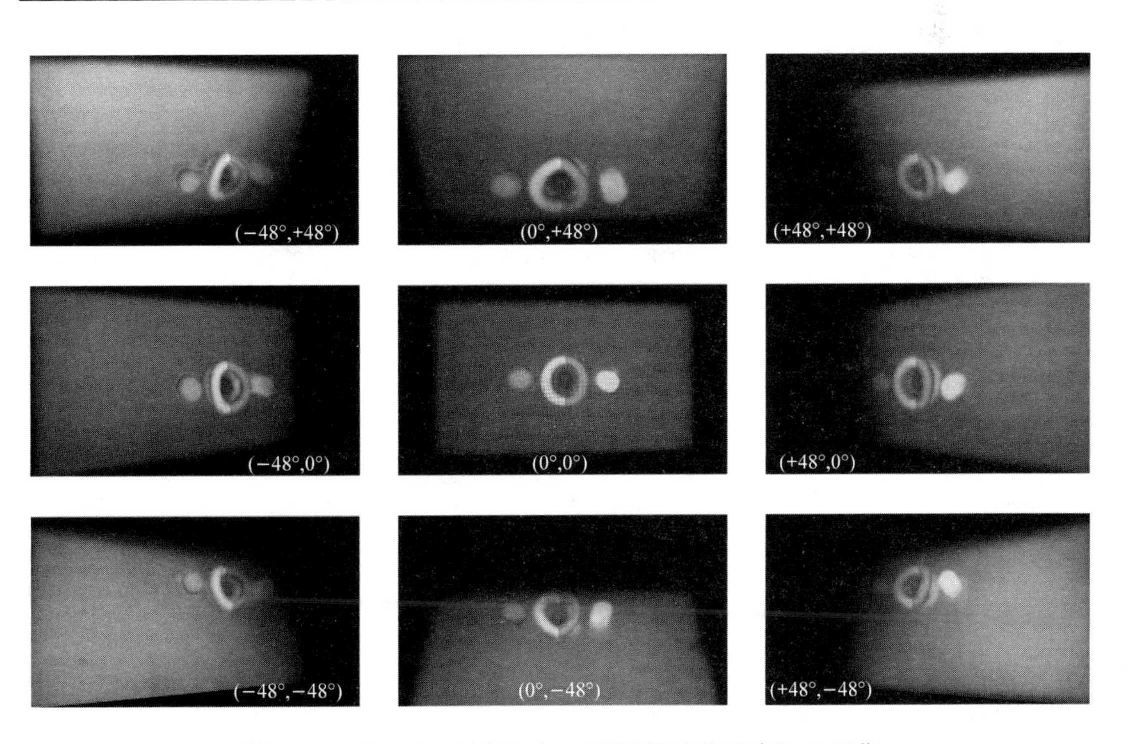

图 7-3-27　基于所介绍系统对 3D 场景不同角度重建的 3D 图像

此外，所介绍的大视角、高视点密度的高质量桌面式 3D 光场显示系统，在生物医疗可视化领域有很大的应用潜力和巨大的实用价值，如生物医疗教育或者医疗诊断等方面。因此，根据本节中论述的采集和编码方法，利用该系统对采集到的生物医疗数据进行 3D 重建。图 7-3-28 显示了在不同角度下重建的人心脏和胸骨的 3D 图像，结果显示了在 96°×96°的无跳变且连续可视范围内，可以感知到自然逼真、显示深度清晰的重建 3D 图像，而且 3D 图像具有连续平滑的运动视差和正确的几何遮挡关系。

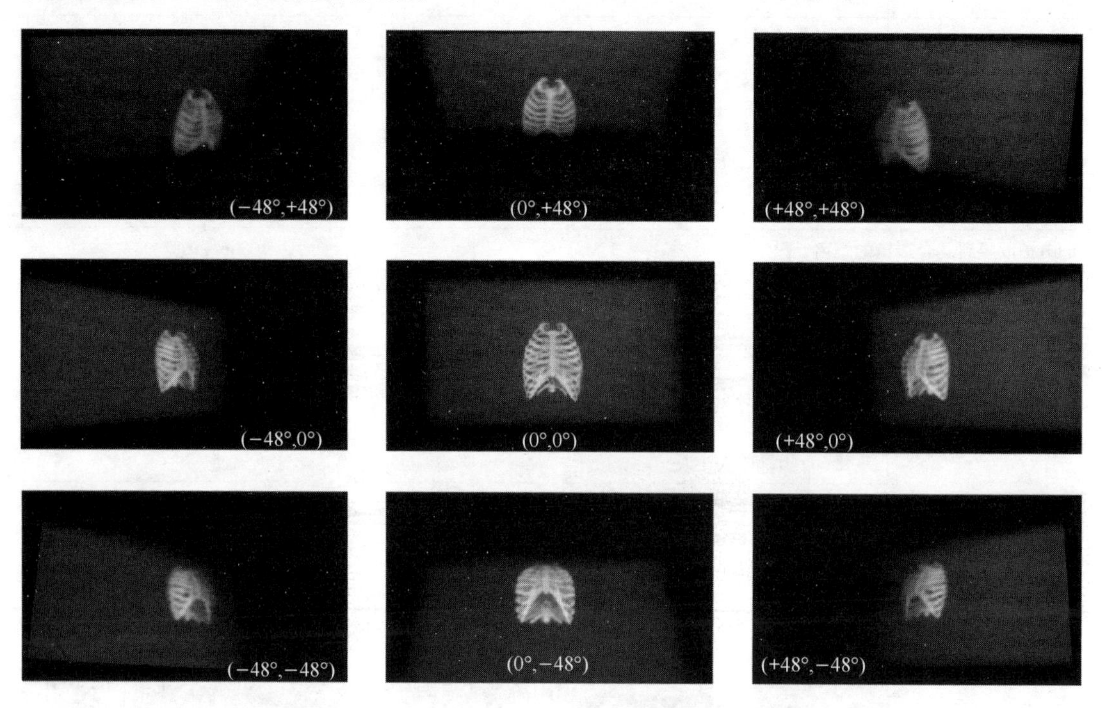

图 7-3-28　基于所介绍系统对人心脏和胸骨重建的不同角度 3D 图像

在不使用追踪设备的同时，本节所介绍的桌面式 3D 光场显示系统主要通过空间复用体像素屏来解决大视角和高视点密度的矛盾，在实现两者提升的同时又不会对其他性能指标产生很大的影响，即在扩大视角的同时消除了视区跳变并保证了高视点密度，进而可以解决传统 3D 显示技术中存在的辐辏调节矛盾问题，在整个大视角的范围内可为人眼提供清晰精确的 3D 深度线索和信息，并且随着视点密度的提高，大显示深度上的混叠效应会大幅度下降，进而清晰的显示深度将会扩大。而且通过分组控制编码以及精确控制光的成像方向能够实现不同投影仪在特定位置的 3D 重建且不会产生视点之间的串扰问题，进而可以大大减小复合透镜阵列的优化设计难度。

7.4　提升集成成像显示系统显示深度的方法

传统的集成成像 3D 显示系统都只有一个中心深度平面，只有在该中心深度平面附近较小的范围内，显示的 3D 图像才是清晰的。因此，3D 图像的深度被限制在该中心深度平面附近，故增强图像深度范围是当前亟待解决的问题之一。下面将介绍一些相关的典型技术。

7.4.1 基于时分复用技术提升集成成像显示系统显示深度的方法

错切现象出现的原因是透镜的成像面(参考平面)与物体被采集的平面所处位置不一致。对于固定参数的透镜,其参考平面有且只有一个,必然会引起错切现象。因此本节介绍了一种基于时分复用技术的集成成像显示系统,该系统结构由高亮背光、液晶、小孔阵列和人眼追踪设备 Kinect 组成,如图 7-4-1 所示。小孔阵列相对于透镜阵列的优势在于其没有参考平面,对应不同深度场景的采集图像阵列在通过小孔阵列后将在物体原来所处位置重建成 3D 图像。因此,通过快速刷新在液晶上显示的对应不同深度的采集图像阵列,再借助于人眼的视觉残留效应,观看者就能同时观看到多个深度平面的图像。小孔阵列会降低显示系统的亮度,所以这里使用高亮背光结构来弥补损失的亮度。为了保证图像的分辨率,设计了小节距的小孔,所以观看视角较小。为了提升观看视角,系统中使用了人眼跟踪设备 Kinect 来实时监测观看者所处位置,然后在对应的位置为观看者实时生成 3D 图像。

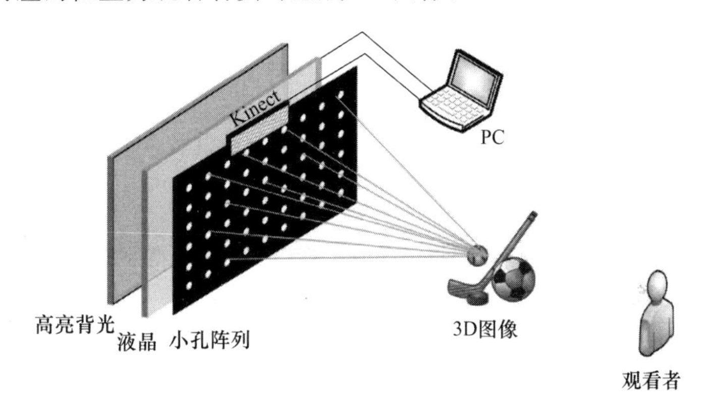

图 7-4-1 基于时分复用技术的集成成像显示系统

图 7-4-2 为所介绍显示系统的原理图,当 3D 物体在平面 $z=z_1$ 被采集时,被记录下来的基元图像阵列记为 E_1,显示在液晶面板上的 E_1 在通过小孔阵列后会被投影到空间中,这里没有参考平面,所以投影出来的图像能在不同的深度平面成像,但是由每个小孔投射出来的基元图像只能在 3D 物体原来所处的位置 $z=z_1$ 平面拼接成完整的 3D 图像。同理,若 3D 物体在 $z=z_2$ 平面被采集,则记录下来的基元图像阵列 E_2 将在 $z=z_2$ 平面上重构出 3D 图像;若 3D 物体在 $z=z_3$ 平面被采集,则记录下来的基元图像阵列 E_3 将在 $z=z_3$ 平面上重构出 3D 图像。依据此原理,可以先在不同深度平面采集 3D 场景,记录下对应不同深度物体的基元图像阵列。然后在液晶上高速地依次显示这些基元图像阵列($E_1, E_2, E_3, \cdots, E_n$),若液晶刷新率足够高时,就能同时观看到多个深度平面上的图像,就好像它们是被同时显示出来的一样,显示系统的景深便得以提升。

所设计的显示系统中的液晶尺寸为 15.6 英寸,分辨率为 3 840 像素×2 160 像素,其像素尺寸为 $w_d=0.09$ mm。为了保证显示系统的分辨率,设计了一个观看视角较小的系统结构,小孔节距为 $p=0.72$ mm,每个小孔周期覆盖 8 个像素,小孔阵列的开孔尺寸略小于一个像素的大小 $w_p=0.07$ mm。液晶平面到小孔阵列的距离为 $g=10.3$ mm。由以上参数可计算出此时的观看视角约为 8°,无法满足观看需求。为了提升观看视角,采用人眼跟踪设备 Kinect 实时监测人眼所处位置,然后实时生成对应的 3D 图像,这样就不会由于偏离了观看区域而看见

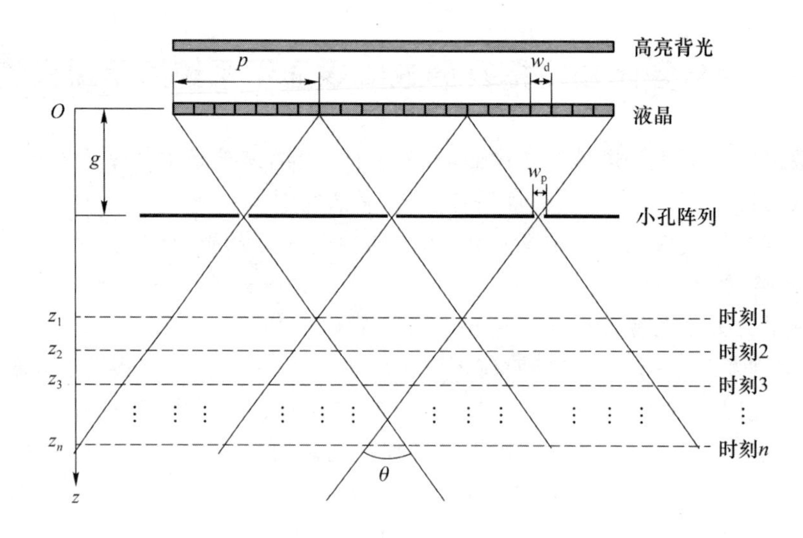

图 7-4-2　所介绍显示系统的原理图

跳变的图像了。图 7-4-3 为人眼位于不同观看位置时的显示示意图。基于时分复用技术的集成成像显示系统的核心在于在显示 3D 图像的同时在较大的观看角度内为观众提供正确的运动视差关系，实现这一目标的步骤如下：①利用人眼跟踪设备检测人眼所处的位置；②选择对应角度的视差图像序列；③生产合成图像阵列，在显示系统上再现。

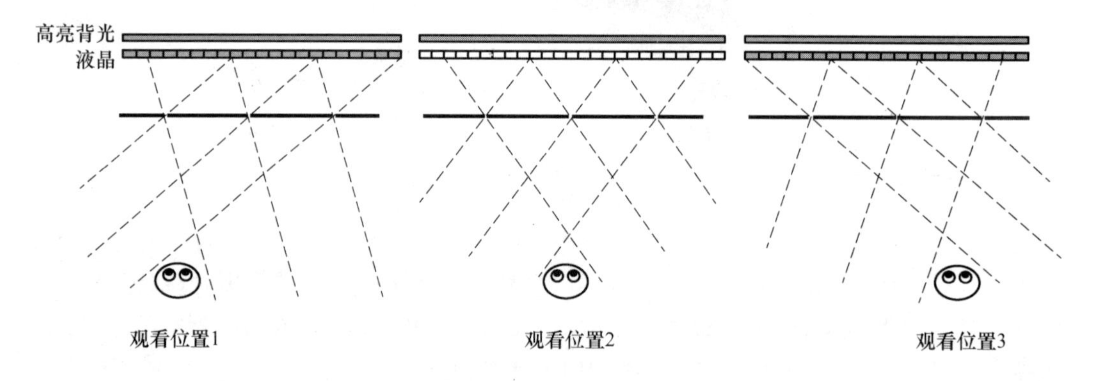

图 7-4-3　人眼处于不同观看位置时的显示示意图

在仿真验证过程中，首先分别在 3 个深度平面上采集了 3D 场景，如图 7-4-4(a)所示，生成的对应不同深度物体的合成图像阵列如图 7-4-4(b)所示。然后将这 3 个深度平面的合成图像依次在液晶上显示，每幅图像的显示时长为 $\frac{1}{15}$s，显示次序如图 7-4-4(c)所示。仿真过程中采用了 OptiX 进行光线跟踪计算，模拟 3D 图像的生成。与具有预定外观的渲染器或者仅限于渲染的编程语言不同，OptiX 引擎是一款灵活的光线追踪平台，该平台让开发人员能够快速打造自己想要的任何内容。3D 场景中的“房子”“字母 B”和“字母 P”分别处于不同的深度平面，它们以不同的放大率被采集设备记录。基元图像阵列在小孔后方的显示器上显示，根据光路的可逆性，这些图像阵列发出的光线将在它们对应的物体原来所处的位置重建成 3D 图像。由于人眼的视觉残留效应，观看者可以同时观看到“房子”“字母 B”和“字母 P”，因此总的显示深度被提升了。然而，此时观看到的 3D 图像缺少了正确的深度遮挡关系，观众会同时观看到前面和后面的物体。为了解决这一问题，使用了掩膜方法。由图 7-4-4 可知，“字母 B”位于“房子”的前方，在实际观看时，“房子”的一部分应该是被“字母 B”挡住的。如图 7-4-5 所示，计算出“字母 B”的掩膜并叠加于“房子”的合成图像阵列的前方，此时即使是“房子”和“字母 B”同时显示，观看到的 3D 图像中“房子”的一部分也始终是被“字母 B”遮挡住的。同理，“字母 B”可以加上“字母 P”的掩膜，以此实现正确的深度遮挡关系。图 7-4-6 为再现仿真的结果，虽然亮度较低，但是可以清晰地看到不同深度平面上完整的图像，没有错切现象。图像亮度低的原因是这里是使用计算机仿真再现的，没有使用高亮背光结构。仿真中不同角度的结果图是在不同观看角度计算得出的，在实际光学再现中，应使用 Kinect 实时检测观看者的位置，然后实时生成对应的图像。

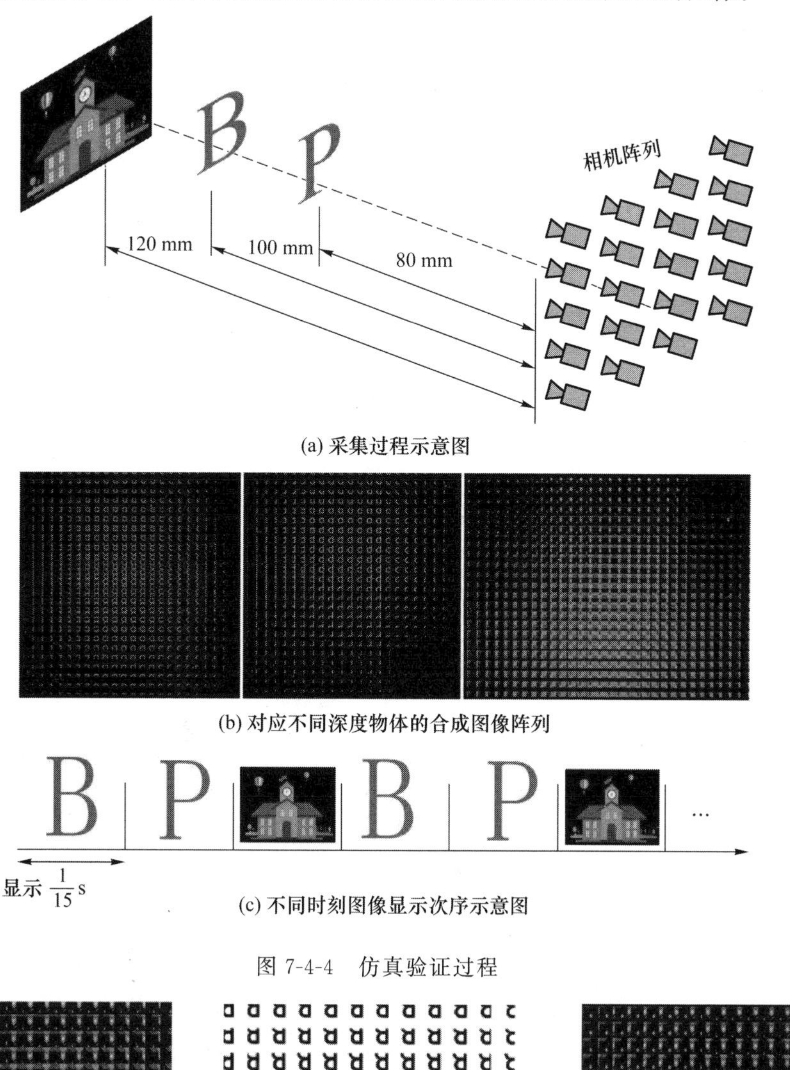

(a) 采集过程示意图

(b) 对应不同深度物体的合成图像阵列

(c) 不同时刻图像显示次序示意图

图 7-4-4　仿真验证过程

图 7-4-5　增加掩膜之后的合成图像阵列

图 7-4-6　不同角度的仿真结果图

7.4.2　基于复合透镜阵列法提升集成成像显示系统显示深度的方法

为了增大3D图像的深度，Choi等提出一种基于复合透镜阵列的方法，图7-4-7所示为该方法的系统结构。该复合透镜阵列有两个透镜平面，其中，透镜平面1距离显示屏较远（间距大于焦距），其显示模式为实模式，中心深度平面位于复合透镜阵列前面；透镜平面2距离显示屏较近（间距小于焦距），其显示模式为虚模式，中心深度平面位于透镜阵列后面。这样，该系统就具有两个中心深度平面，它们之间的距离为

$$D_{\mathrm{S}} = b - b' - d = \frac{d(2af + df - a^2 - ad)}{(a - f)(a + d - f)} \tag{7-45}$$

其中，b、b'分别为每个中心深度平面与其对应透镜平面的距离；d为两透镜平面的间距；a为显示屏与第一个透镜平面的距离。

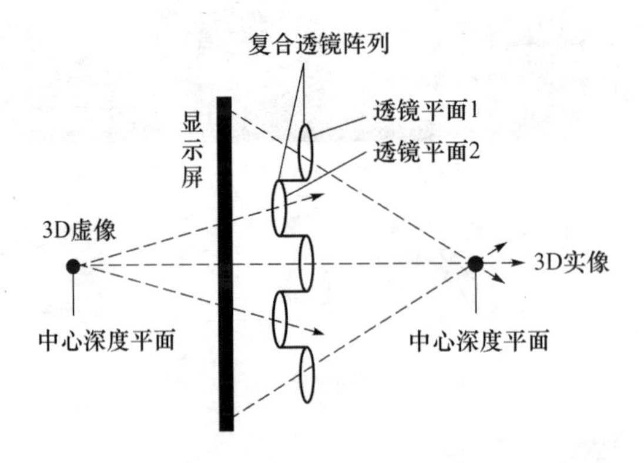

图 7-4-7　采用复合透镜阵列的集成成像显示系统

采用上述方法可以同时显示实模式和虚模式，这样，显示的3D场景深度就增大了。但该方法的缺点是：每个模式的3D像都是由一半的图像元通过对应的透镜元产生的，这样，会导致显示的3D图像分辨率下降。因此，需要采用振动透镜阵列技术，其振动范围是透镜元的节距范围，如果振动速度足够快，能实现图像的暂留效应，就能弥补3D图像分辨率的损失，但图像元必须与复合透镜阵列同步振动。

7.4.3 基于可变焦透镜阵列法提升集成成像显示系统显示深度的方法

基于可变焦透镜阵列的集成成像显示系统的基本原理如图7-4-8所示。可变焦透镜由液晶和聚合物构成。

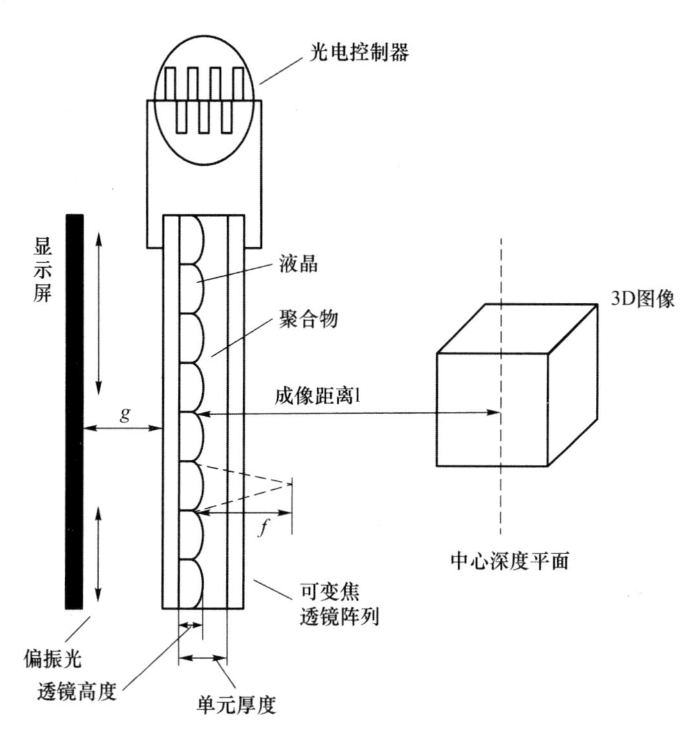

图7-4-8 基于可变焦透镜阵列的集成成像显示系统的基本原理

如果显示屏与透镜阵列的间距 g 和透镜元的焦距 f 固定，那么3D图像的分辨率会随着聚焦误差的增加而减小。通过调整 g 或 f，可以消除聚焦误差。为此，可选择通过改变透镜阵列的焦距提升显示深度。可变焦透镜阵列的焦距为

$$f=\frac{1}{(n_1-n_p)C} \tag{7-46}$$

其中：n_1 为液晶的有效折射率；n_p 为聚合物的折射率；C 为透镜元的曲率。

通过改变电压来改变液晶的有效折射率，可以改变透镜元的焦距。图7-4-8所示为采用可变焦透镜阵列在不同深度位置上产生3D图像的原理图。为使不同深度位置上的3D图像在人眼中融合，需要通过快速变焦来产生图像。

图7-4-9所示的采用多焦距透镜阵列的集成成像显示系统不需要快速的聚焦变换，只需通过对每个透镜元施加不同的电压就可实现不同的焦距，从而在不同的深度位置上同时集成两个图像。

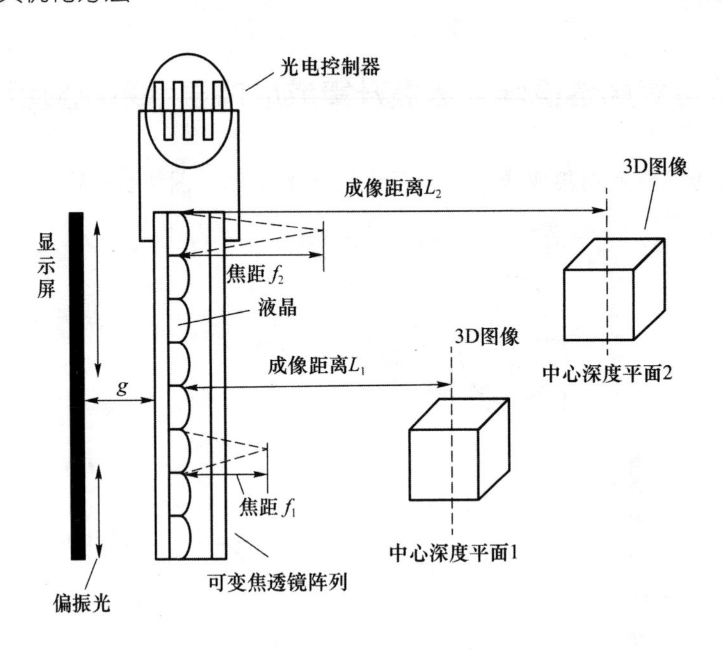

图 7-4-9　采用多焦距透镜阵列的集成成像显示系统

7.4.4　基于双显示屏法提升集成成像显示系统显示深度的方法

图 7-4-10 所示为采用双显示屏的集成成像显示系统。该系统的一个显示屏为发射型，而另一个显示屏为透射型，起空间光调制器(Spatial Light Modulator，SLM)的作用。每个显示屏通过前方的微透镜阵列都能产生一个中心深度平面，这样，便能产生两个中心深度平面，从而增强图像深度。

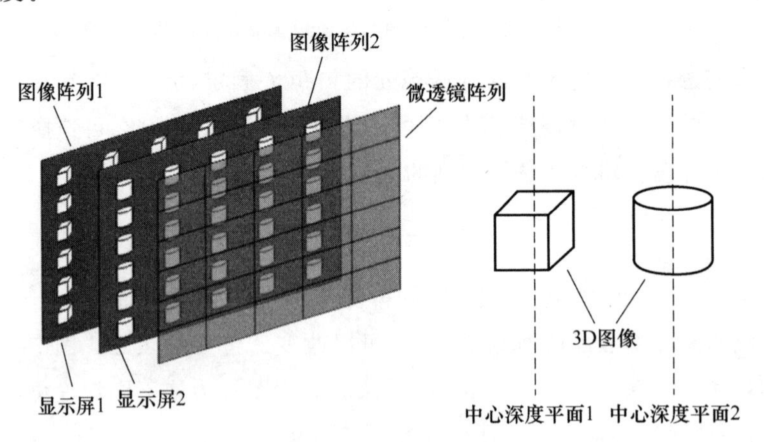

图 7-4-10　采用双显示屏的集成成像显示系统

本章参考文献

[1]　Park J H，Min S W，Jung S，et al. Analysis of viewing parameters for two display

methods based on integral photography[J]. Applied Optics,2001,40(29):5217-5232.
[2] 陈玉娇. 系统误差对集成成像质量降质特性影响机理及补偿方法研究[D]. 西安:西安电子科技大学,2015.
[3] Choi H, Min S W, Jung S, et al. Multiple-viewing-zone integral imaging using a dynamic barrier array for three-dimensional displays[J]. Optics Express,2003,11(8):927-932.
[4] Kim Y,Park J H,Choi H,et al. Viewing-angle-enhanced integral imaging system using a curved lens array[J]. Optics Express,2004,12(3):421-429.
[5] Arai J,Okano F,Hoshino H,et al. Gradient-index lens-array method based on real-time integral photography for three-dimensional images[J]. Applied Optics,1998,37(11):2034-2045.
[6] Martínez-Cuenca R,Pons A,Saavedra G,et al. Optically-corrected elemental images for undistorted integral image display[J]. Optics Express,2006,14(21):9657-9663.
[7] Tolosa A,Martínez-Cuenca R,Pons A,et al. Optical implementation of micro-zoom arrays for parallel focusing in integral imaging[J]. Journal of the Optical Society of America A,2010,27(3):495-500.
[8] Tolosa Á, Martinez-Cuenca R, Navarro H, et al. Enhanced field-of-view integral imaging display using multi-Köhler illumination[J]. Optics Express, 2014, 22(26):31853-31863.
[9] Davies N, McCormick M, Yang L. Three-dimensional imaging systems: a new development[J]. Applied Optics,1988,27(21):4520-4528.
[10] Arai J,Kawai H,Okano F. Microlens arrays for integral imaging system[J]. Applied Optics,2006,45(36):9066-9078.
[11] 郁道银. 工程光学[M]. 2 版. 北京:机械工业出版社,2006.
[12] 张以谟. 应用光学[M]. 北京:电子工业出版社,2008.
[13] 廖延彪. 偏振光学[M]. 北京:科学出版社,2003.
[14] Jung S,Park J H,Choi H,et al. Wide-viewing integral three-dimensional imaging by use of orthogonal polarization switching[J]. Applied Optics,2003,42(14):2513-2520.
[15] Jung S,Park J H,Choi H,et al. Viewing-angle-enhanced integral three-dimensional imaging along all directions without mechanical movement[J]. Optics Express,2003,11(12):1346-1356.
[16] 王继恒. 晶体双折射现象的讨论[J]. 湖北理工学院学报(人文社会科学版),1985(1):32-35.
[17] 袁沧旭. 光学设计[M]. 北京:科学出版社,1983.
[18] 李林. 应用光学[M]. 4 版. 北京:北京理工大学出版社,2010.
[19] 宋菲君,陈笑,刘畅. 近代光学系统设计概论[M]. 北京:科学出版社,2019.
[20] Trussell H,Hunt B. Image restoration of space variant blurs by sectioned methods [C]//IEEE International Conference on Acoustics, Speech, and Signal Processing. Rulsa:IEEE,1978:196-198.
[21] Costello T P,Mikhael W B. Efficient restoration of space-variant blurs from physical

optics by sectioning with modified Wiener filtering[J]. Digital Signal Processing, 2003,13(1):1-22.

[22] Born M, Wolf E. Principles of optics: electromagnetic theory of propagation, interference and diffraction of light[M]. Oxford:Pergamon Press,1980.

[23] Thibos L N. Formation and sampling of the retinal image[M]. Academic Press,2000.

[24] Meiron J. Damped least-squares method for automatic lens design[J]. Journal of the Optical Society of America,1965,55(9):1105-1107.

[25] Costello T P,Mikhael W B. Efficient restoration of space-variant blurs from physical optics by sectioning with modified Wiener filtering[J]. Digital Signal Processing, 2003,13(1):1-22.

[26] Born M, Wolf E. Principles of optics: electromagnetic theory of propagation, interference and diffraction of light[M]. Oxford:Pergamon Press,1980.

[27] 穆欣. 基于空间光学遥感器 MTF 补偿的遥感图像复原[D]. 长春:中国科学院长春光学精密机械与物理研究所,2012.

[28] Alonso M,Barreto A B. Pre-compensation for high-order aberrations of the human eye using on-screen image deconvolution[C]//Proc of the 25th Annual International Conference of the IEEE Engineering in Medicine and Biology Society. California: IEEE,2003:556-559.

[29] Karpur P, Frock B G, Bhagat P K. Wiener filtering for image enhancement in ultrasonic nondestructive evaluation[J]. Materials Evaluation,1990,48:1374-1379.

[30] Richardson W H. Bayesian-based iterative method of image restoration[J]. Journal of the Optical Society of America,1972,62(1):55-59.

[31] Gonzales R C,Woods R E. Digital image processing[M]. New Jersey:Prentice Hall,2008.

[32] 吴雪垠,吴谨,张鹤. 逆滤波法在图像复原中的应[J]. 信息技术,2011(10):191-193.

[33] Robbins G M,Huang T S. Inverse filtering for linear shift-variant imaging systems [J]. Proceedings of the IEEE,1972,60(7):862-872.

[34] Baasantseren G,Park J H,Kwon K C,et al. Viewing angle enhanced integral imaging display using two elemental image masks [J]. Optics Express, 2009, 17 (16): 14405-14417.

[35] Erdenebat M U,Kwon K C,Yoo K H,et al. Vertical viewing angle enhancement for the 360 degree integral-floating display using an anamorphic optic system[J]. Optics Letters,2014,39(8):2326-2329.

[36] Alam M A,Kwon K C,Piao Y L,et al. Viewing-angle-enhanced integral imaging display system using a time-multiplexed two-directional sequential projection scheme and a DEIGR algorithm[J]. IEEE Photonics Journal,2015,7(1):1-14.

[37] Jang J S,Javidi B. Improvement of viewing angle in integral imaging by use of moving lenslet arrays with low fill factor[J]. Applied Optics,2003,42(11):1996-2002.

[38] 朱艳宏. 大视角桌面式光场显示实现方法研究[D]. 北京:北京邮电大学,2018.

[39] 杨神武. 大景深、大视角 3D 光场显示关键技术研究[D]. 北京:北京邮电大学,2019.

[40] Hyun J,Hwang D C,Shin D H,et al. Curved projection integral imaging using an

additional large-aperture convex lens for viewing angle improvement[J]. Electronics and Telecommunications Research Institute Journal,2009,31(2):105-110.

[41] Herbert E,et al. Optical Properties of a Lippmannlenticuled sheet[J]. Journal of the Optical Society of America,1931,21:171-176.

[42] Jin F,Jang J S,Javidi B. Three-dimensional integral imaging with large depth of focus by use of real and virtual image fields[J]. Optics Letters,2003,28(16):1421-1423.

[43] Jung S,Park J H,Choi H,et al. Wide-viewing integral three-dimensional imaging by use of orthogonal polarization switching[J]. Applied Optics,2003,42(14):2513-2520.

[44] Kim Y,Hong K,Lee B. Recent research based on integral imaging display method [J]. 3D Research,2009,1(1):1-13.

[45] Kim Y,Jung J H,Kang J M,et al. Resolution-enhanced three-dimensional integral imaging using double display devices [C]//Lasers and Electro-Optics Society. Orlando:IEEE,2007:356-357.

[46] Kim Y,Park J H,Min S W,et al. Wide-viewing-angle integral three-dimensional imaging systemn by curving a screen and a lens array[J]. Applied Optics,2005,44(4):546-552.

[47] Lee B,Park J H,Min S W. Digital holography and three-dimensional display[M]. Berlin:Springer,2010:33-378.

[48] Lippmann M G. Epreuves reversibles donnant la sensation du relief[J]. Journal Physics,1908,7:821-825.

[49] Min S W,Kim J,Lee B. Wide-viewing projection-type integral imaging system using an embossed screen[J]. Optics Letters,2004,29(20):2420-2422.

[50] Hong J,Kim Y,Choi H J,et al. Three-dimensional display technologies of recent interest:principles,status,and issues[J]. Applied Optics,2011,50(34):87-115.

[51] Kajiki Y,Yoshikawa H,Honda T. Hologramlike video images by 45-view stereoscopic display[C]//Stereoscopic Displays and Virtual Reality Systems IV. International Society for Optics and Photonics,1997,3012:154-166.

[52] Run de D. How to realize a natural image reproduction using stereoscopic displays with motion parallax[J]. IEEE Transactions on Circuits and Systems for Video Technology,2000,10(3):376-386.

[53] Kajiki Y,Yoshikawa H,Honda T. Autostereoscopic 3-D video display using multiple light beams with scanning[J]. IEEE Transactions on Circuits and Systems for Video Technology,2000,10(2):254-260.

[54] Speranza F,Tam W J,Martin T,et al. Perceived smoothness of viewpoint transition in multi-viewpoint stereoscopic displays[C]//Stereoscopic Displays and Virtual Reality Systems XII. International Society for Optics and Photonics,2005,5664:72-82.

[55] Moller C,Travis A. Time-multiplexed autostereoscopic flat panel display using an optical wedge [C]//Stereoscopic Displays and Virtual Reality Systems XII. International Society for Optics and Photonics,2005,5664:150-157.

[56] Takaki Y,Nago N. Multi-projection of lenticular displays to construct a 256-view

super multi-view display[J]. Optics Express,2010,18(9):8824-8835.

[57] Yu X,Sang X,Xing S,et al. Natural three-dimensional display with smooth motion parallax using active partially pixelated masks[J]. Optics Communications,2014,313(15):146-151.

[58] Yu X,Sang X,Chen D,et al. Autostereoscopic three-dimensional display with high dense views and the narrow structure pitch[J]. Chinese Optics Letters,2014,12(6):060008.

[59] Sang X,Yu X,Tinaqi Z. Three-dimensional display with smooth motion parallax[J]. Chinese Journal of Lasers,2014,41(2):0209011.

[60] Arimoto H,Javidi B. Integral three-dimensional imaging with digital reconstruction [J]. Optics Letters,2001,26(3):157-159.

[61] Park J H, Hong K, Lee B. Recent progress in three-dimensional information processing based on integral imaging[J]. Applied optics,2009,48(34):77-94.

[62] Xiao X,Javidi B,Martinez-Corral M,et al. Advances in three-dimensional integral imaging:sensing,display,and applications[J]. Applied Optics,2013,52(4):546-560.

[63] Akeley K,Kirk D,Seiler L,et al. When will ray-tracing replace rasterization[C]//ACM SIGGRAPH 2002 Conference Abstracts and Applications. San Antonio:ACM,2002:86-87.

[64] Li Z,Wang T,Deng Y. Fully parallelkd-tree construction for real-time ray tracing [C]//Proceedings of the 18th meeting of the ACM SIGGRAPH Symposium on Interactive 3D Graphics and Games. San Francisco:ACM,2014:159-159.

[65] Xing S,Sang X,Yu X,et al. High-efficient computer-generated integral imaging based on the backward ray-tracing technique and optical reconstruction[J]. Optics Express,2017,25(1):330-338.

[66] Yu C,Yuan J,Fan F C,et al. The modulation function and realizing method of holographic functional screen[J]. Optics Express,2010,18(26):27820-27826.

[67] Zwicker M,Matusik W,Durand F,et al. Antialiasing for automultiscopic 3D displays [J]. Eurographics Symposium on Rendering,2006:73-82.

[68] Wang P R,Sang Xin Z,YU X B et al. Demonstration of a low-crosstalk super multi-view light field display with natural depth cues and smooth motion parallax[J]. Optics Express,2019,27(23):34442-34453.

[69] Gao X,Sang X Z,Yu X B,et al. Full-parallax 3D light field display with uniform view density along the horizontal and vertical direction[J]. Optics Communications,2020,467:125765.

第8章 悬浮3D显示技术

悬浮3D图像显示可以将3D图像直接显示在自由空间中，具有较大的离屏距离，可以令观看者近距离地观察甚至“触碰”3D图像，是一种极具发展前景的裸眼3D显示技术。本节将介绍3种具有高分辨率、大视角的透射式悬浮3D显示方法。

8.1 基于自由镜的悬浮3D显示

本节将介绍一种基于自由镜和改进的集成成像系统的空气悬浮3D显示系统。集成成像系统能够提供水平方向和垂直方向的视觉遮挡。在投影型集成成像系统中，良好的视觉效果需要高填充系数。Soon-Gi Park利用小节距透镜改善了填充系数和观看效果。在本节中，采用定向扩散膜改善了填充系数。此外，定向扩散膜还能极大地消除畸变。自由光学元件在光学系统设计中具有很大的潜力，并且已经广泛应用在光学透视近眼显示系统中。在本节中，将介绍一个自由光学元件，用于在自由空间中投影3D图像。通过将集成成像系统与所设计的自由光学元件联合应用到一起，实现了飘浮在空中的3D效果。

1. 系统结构

空气悬浮3D显示系统由一个平面显示设备(图8-1-1中示例为LCD)、透镜阵列、定向扩散膜以及自由镜组成，如图8-1-1所示。显示面板被划分为$M \times N$个子显示区域，这些子显示区域用来显示相对应的子视差图像。所有的子视差图像由透镜阵列投影到定向扩散膜上。定向扩散膜能够使入射光线扩散并将其限制在一个固定的扩散角度内。在定向扩散膜上，每个图像像素由来自$M \times N$个不同透镜单元下重叠的像素组成。因此，每个图像像素可以认为是图8-1-1中点P所示的体像素。由于每个体像素都包括不同的视点信息，因此可以在定向扩散膜附近重构3D场景。之后，从体像素发出的光线会照射到自由镜上。经过自由镜反射后，光线能够在自由空间中汇聚。在图8-1-1中，θ是LCD的旋转角度；Ω是观看视角；l_1是点P与自由镜之间的水平距离；l_2是重构的点P与自由镜之间的水平距离。观看视角Ω的计算公式如下：

$$\Omega = \arctan \frac{p}{2f} \tag{8-1}$$

其中，p是相邻透镜单元的距离，f是透镜单元的焦距。

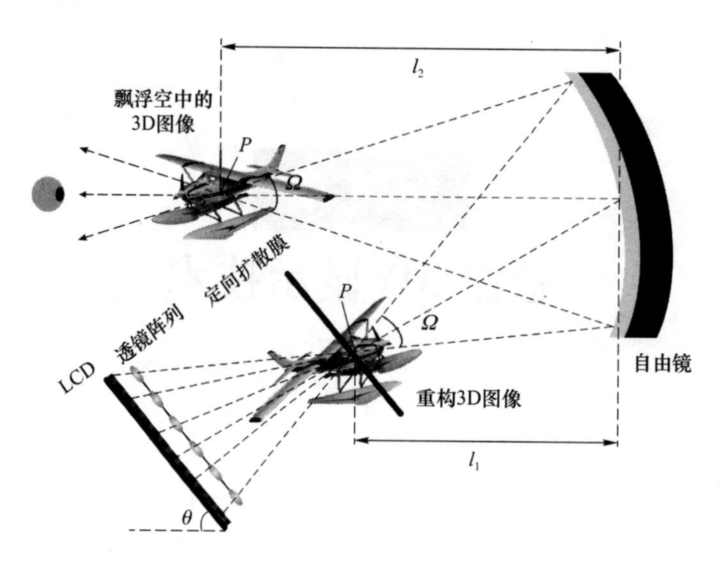

图 8-1-1　空气悬浮 3D 显示的结构图

(1) 利用定向扩散膜消除畸变

在集成成像显示系统中,从每个透镜可以看到重构图像的不同部分。透镜的像差会使观察到的像素产生严重的畸变。为了分析基元图像的畸变,在传统集成成像显示系统中拿出一个透镜用来说明。在系统中,孔径光阑是眼睛的瞳孔。A 和 B 分别是在光轴和离轴上的点。从点 A 发出的光线 1 穿过孔径的边缘,而从点 B 发出的光线则穿过孔径的中心。h 是光线 1 在透镜上的高度;h_z 是光线 2 在透镜上的高度。u 和 u'是孔径角。

在初级像差理论的基础上,畸变(S)可以由以下等式表示:

$$S=\sum\frac{h_z^3}{h^2}P-3J\sum\frac{h_z^3}{h^2}W+J^2\sum\frac{h_z}{h}\varphi(3+\mu) \tag{8-2}$$

其中,P 和 W 是两个过渡参数,通常用来简化畸变(S)的表达式。

$$P=\sum\left(\frac{u-u'}{\frac{1}{n}-\frac{1}{n'}}\right)^2\left(\frac{u}{n}-\frac{u'}{n'}\right) \tag{8-3}$$

$$W=\sum\left(\frac{u-u'}{\frac{1}{n}-\frac{1}{n'}}\right)\left(\frac{u}{n}-\frac{u'}{n'}\right) \tag{8-4}$$

在上述公式中,J 是拉格朗日-亥姆霍兹不变量,φ 是透镜的屈光度,φ 的值通常为 0.7,n 和 n' 分别是透镜和空气的折射率。图 8-1-2(a)所示为传统集成成像显示系统重构的 3D 图像,很显然,所观察到的像素出现了严重的畸变。

为了校正畸变,引入定向扩散膜并将其放置在集成成像显示系统的成像平面上,如图 8-1-2(b)所示。基元图像的每个像素由相应的透镜投影到定向扩散膜上。像素和相应的透镜组成了所谓的投影仪。在投影光学系统中,孔径光阑是透镜。如图 8-1-2(b)所示,式(8-2)中 h 和 h_z 的值发生了很大的改变。h 的值增大到了透镜的半径,h_z 的值减小到 0。根据式(8-2)可知,通过引入定向扩散膜,改进后的集成成像显示系统的畸变明显降低。图 8-1-4 中给出了显示结果和细节部分,显然,所观察到的像素畸变得到了校正。

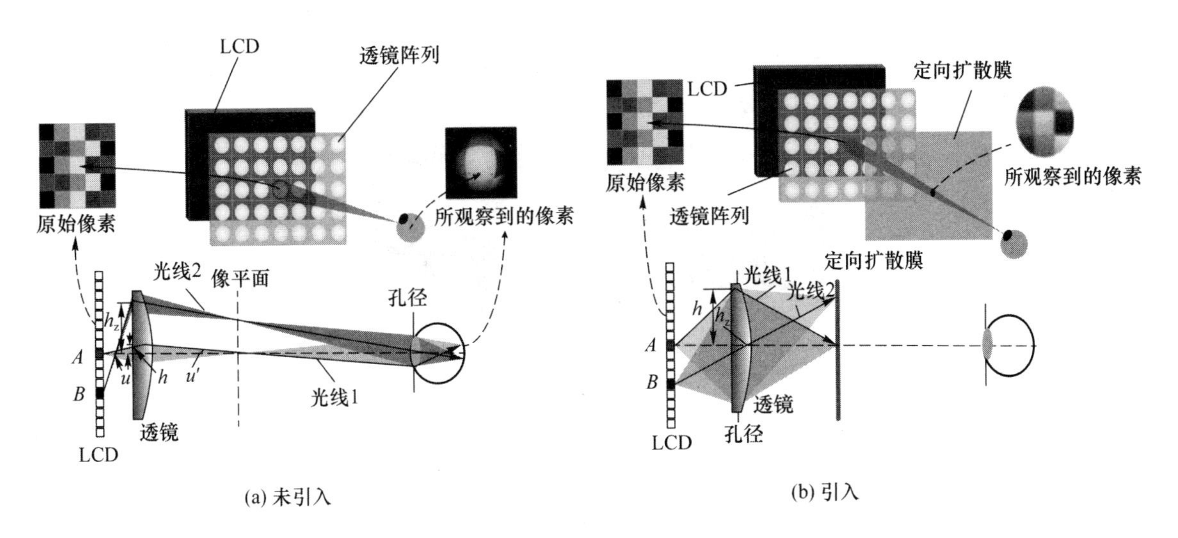

图 8-1-2 引入和未引入定向扩散膜的对比

除了校正畸变外，定向扩散膜还能使光线扩散，从而填补透镜间的缝隙，显著提高了显示质量。为了确保显示 3D 图像的均匀，定向扩散膜的扩散角度需要能够正好消除透镜之间的间隙。如图 8-1-3 所示，在引入定向扩散膜的集成成像显示系统中，g 是两个相邻透镜中心之间的距离；p 是透镜的节距；l_c 是透镜阵列与定向扩散膜之间的距离。l_c 远大于参数 g 和 p 的值。根据几何关系，扩散角 ω 的计算公式如下：

$$\omega = \arctan \frac{g}{l_c} - \arctan \frac{p}{l_c} \tag{8-5}$$

然而，引入定向扩散膜后，眼睛会进行调整以适应它。而且由于所重构 3D 图像的中心深度在定向扩散膜上，因此会限制飘浮的视觉效果。由此，采用定向扩散膜的集成成像显示系统几乎不能显示具有大离屏深度的 3D 图像。

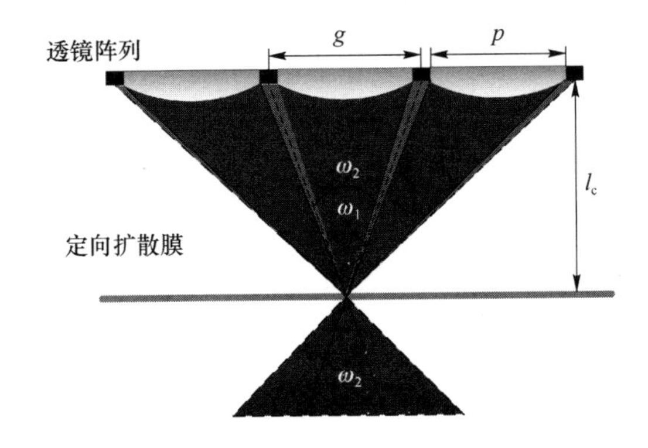

图 8-1-3 定向扩散膜对光束的扩散过程

(2) 自由镜离轴反射系统的原理

为了增大在自由空间中显示 3D 图像的离屏深度，采用额外的光学系统是必须的。如图 8-1-5 所示，额外的光学系统是一个离轴反射系统，它由物平面、像平面和自由镜组合而成。离轴反射系统的反射结构可以减小系统的尺寸，消除色差，以及防止光线被遮挡。在图 8-1-5 中，从物平面上的点 P_1、P_2、P_3 发出的光线入射到自由镜上。反射光线在自由空间中汇聚，所形成的点 P_1、P_2、P_3 是真实图像。l_2 是像到凹面镜的距离；l_1 是物屏到凹面镜的距离；θ 是物

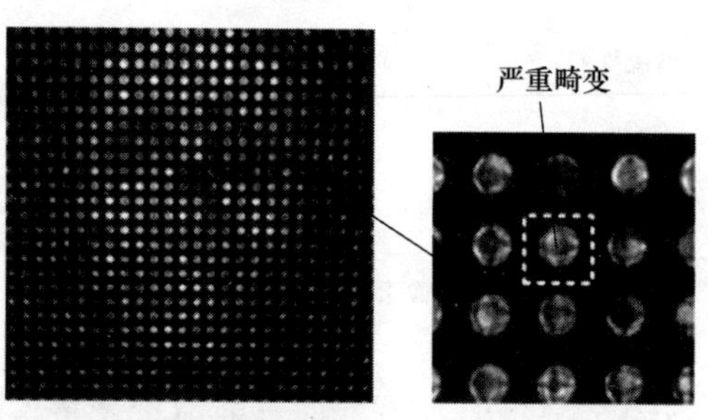

(a) 采用传统集成成像显示系统重构的3D图像

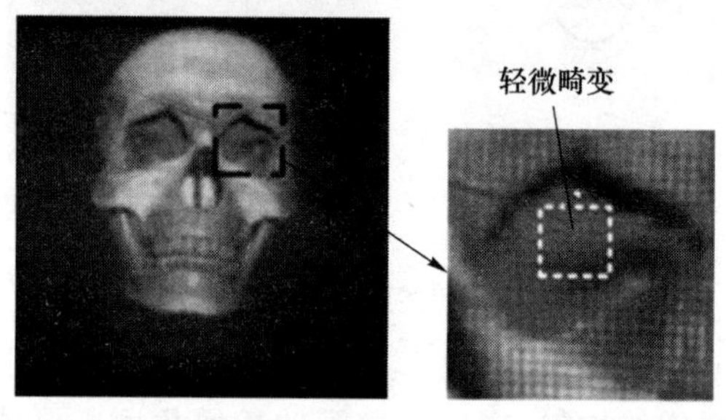

(b) 采用基于定向扩散膜的集成成像显示系统重构的3D图像

图 8-1-4　两集成成像显示系统重构的 3D 图像对比

平面的旋转角度；D 是凹面镜的孔径大小；Ω_1 是孔径角，与改进后集成成像显示系统的观看角度相同。实现所设计离轴反射系统的方法分为以下几步：第一步，在同轴光学系统中，根据离屏深度(成像关系)计算出凹面镜的孔径半径和物距；第二步，调整物平面的旋转角度和凹面镜的离轴大小来防止光线被遮挡(经过多次尝试，选择较小视差的初始值)；第三步，将物平面的旋转角度、孔径半径以及凹面镜的离轴大小设置为变量，采用阻尼最小二乘法对其进行优化；第四步，添加自由面的参数，用于进一步优化。之后，便可以得到优化后的离轴反射系统。此外，在设计过程中还需要注意结构上的限制，以确保跨视场的光线均来自视角，并且可以被无障碍追踪。结构上的限制由式(8-6)给出：

$$\begin{cases} MP_1 \geqslant 5\ \text{mm} \\ l_2 - l_1 \geqslant 5\ \text{mm} \\ \arctan \dfrac{D}{2l_2} = 20^\circ \end{cases} \tag{8-6}$$

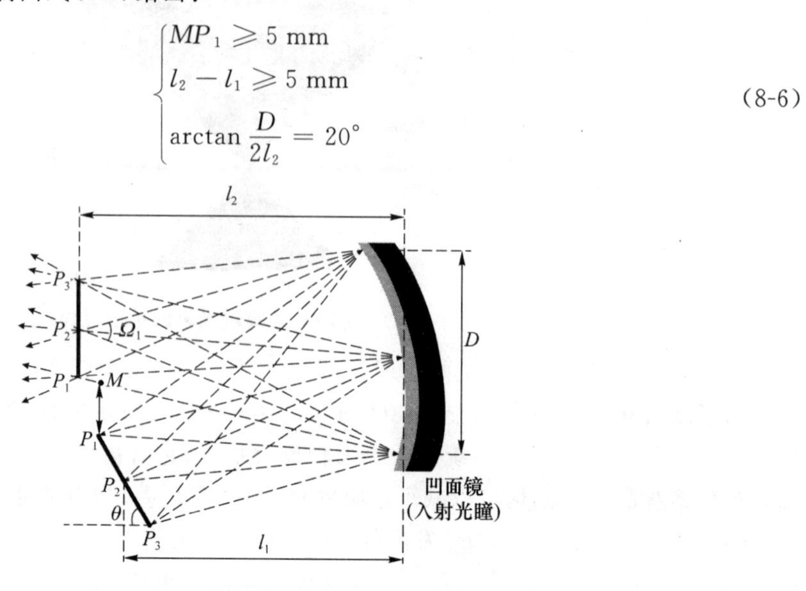

图 8-1-5　采用自由镜的离轴反射系统

自由面的定义由式(8-7)给出：

$$z(x,y)=\frac{C(x^2+y^2)}{1+[1-(1+k)C^2(x^2+y^2)]^{\frac{1}{2}}}+c_4y^2+c_6x^2+c_7y^3+c_9yx^2+ c_{11}y^4+c_{13}y^2x^2+c_{15}x^4+c_{16}y^5+c_{22}y^6+c_{24}y^4x^2+c_{26}y^2x^4+c_{28}x^6 \tag{8-7}$$

其中，C 是孔径半径，c_i 是多项式系数，k 是圆锥系数。

2. 实验结果

本节所介绍的系统采用自由镜和改进的集成成像显示系统的空气悬浮 3D 成像系统来实现显示效果。在改进的集成成像系统中，LCD 的尺寸是 4.7 英寸，分辨率是 1 334 像素×750 像素。在系统中使用 LCD 显示基元图像阵列。透镜阵列放置在显示设备前方。每个透镜单元的孔径和焦距分别是 2.0 mm 和 2.75 mm。定向扩散膜放置在透镜阵列的像面上，像距是 40 mm。本节所介绍系统的参数在表 8-1-1 中给出。整个系统的实验装置如图 8-1-6 所示。

表 8-1-1　本节所介绍系统的特定参数

参　数	数　值
旋转角度 θ	15.2°
水平距离 l_1	150 mm
水平距离 l_2	160 mm
孔径尺寸 D	159 mm
孔径角 Ω_1	40.0°
孔径 Y 偏心	145 mm

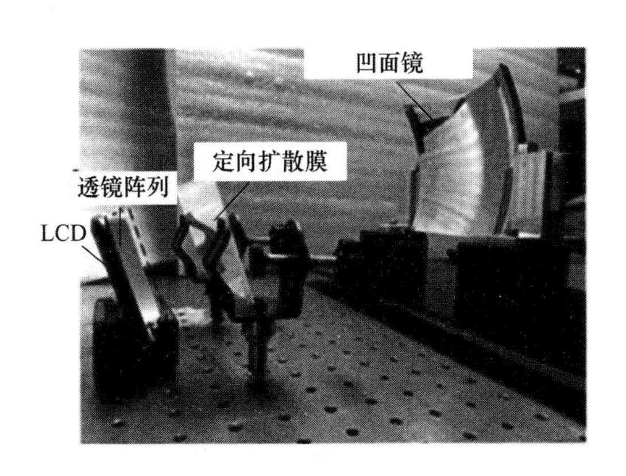

图 8-1-6　空气悬浮 3D 显示的实验装置图

图 8-1-7(a)所示的 MTF 曲线的最大空间频率为 0.7 cycles/mm，与所介绍的 3D 显示设备生成的重构 3D 图像的阈值空间频率相对应。图 8-1-7(b)说明了显示 3D 图像的最大畸变是 4.2%。

利用本节所介绍的系统编码了一个医学头骨模型的基元图像并将其加载到显示屏上。本节所介绍的悬浮 3D 显示系统能够为观看者提供全视差和逼真的 3D 效果。图 8-1-8 中显示了多幅从不同位置拍摄的头骨模型图像。

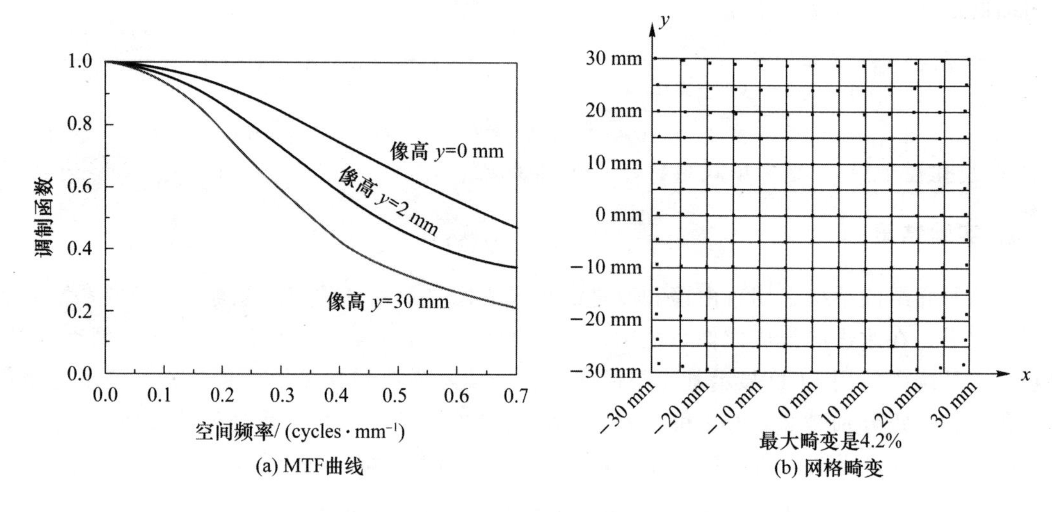

图 8-1-7　本节所介绍的 3D 显示系统重构 3D 图像的 MTF 曲线和网格畸变

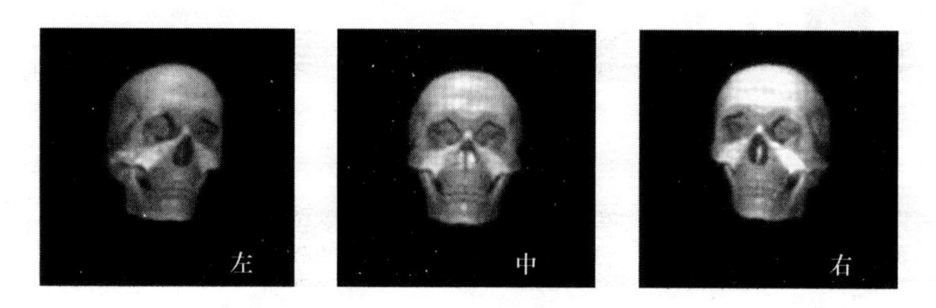

图 8-1-8　从显示系统的左、中、右观察位置拍摄的图像

8.2　基于悬浮透镜的悬浮 3D 显示

传统的悬浮 3D 显示系统通常通过悬浮透镜将真实物体的图像显示给观看者，由于物体的 3D 图像可以位于紧邻观看者的自由空间中，因此悬浮 3D 显示系统可以提供较强的深度感。图 8-2-1(a)为真实物体通过悬浮透镜的成像原理图，图 8-2-1(b)展示了二维物平面通过悬浮透镜成像的原理。

普通客观世界的物体发出的光线通过透镜后会在另一侧成像，相比较原始物体，悬浮 3D 图像会颠倒 180°，且离屏深度 l(离屏深度指的是成像位置与悬浮透镜之间的距离)由透镜焦距 f 和物体与悬浮透镜之间的距离 g 共同决定，悬浮透镜的成像规则遵循高斯成像公式：

$$\frac{1}{f}=\frac{1}{g}+\frac{1}{l} \tag{8-8}$$

如图 8-2-1(b)所示，二维物平面通过悬浮透镜成像，根据成像规律，像平面相较于物平面旋转了 180°。在本节介绍的系统中，需要通过悬浮透镜成像的是液晶面板上显示的序列图。根据成像规律，物平面和像平面位置的比例关系会导致悬浮图像的尺寸放大或者缩小，悬浮系统的放大率 M 可以由式(8-9)计算得到：

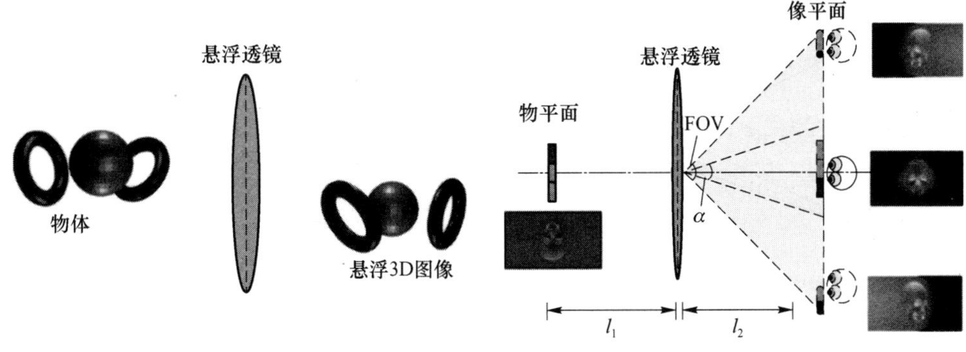

(a) 真实物体通过悬浮透镜的成像原理图　(b) 二维物平面通过悬浮透镜成像的原理图

图 8-2-1　悬浮透镜成像示意图

$$M=\frac{y_2}{y_1}=\frac{l_2}{l_1}=\left|\frac{f}{l_1-f}\right|=\left|\frac{l_2-f}{f}\right| \tag{8-9}$$

其中，y_1 是物平面的高度，y_2 是悬浮图像(像平面)的高度，l_1 是物平面到悬浮透镜的距离，l_2 是悬浮图像到悬浮透镜的距离，f 是悬浮透镜的焦距。可知，当 $l_1=l_2=2f$ 时，$M=1$。

1. 基于悬浮透镜的悬浮3D显示角度受限原因分析

图 8-2-1(b)中给出了物平面经过悬浮透镜作用后得到的 3 幅不同视场的成像仿真图，可以看出，在悬浮透镜的成像视角 FOV 内，人眼在边缘视场接收到的像平面有较大的形变，且图像质量降低。人眼只能够在视场 α 范围内可以看到比较清晰、形变较小的悬浮图像。由此可见，悬浮透镜会产生严重的像差，观看者很难在大视角内看到完整清晰的3D图像。除此之外，悬浮3D显示系统的图像质量也会受到像差影响，有待进一步提高。下面对悬浮透镜中像差与视角的关系进行分析。

单透镜成像系统会产生多种像差，畸变和色差对系统视角和3D成像质量的影响尤为严重，在对悬浮图像进行观察时这两种像差最为明显。根据 Kooi 等人的研究，当左、右眼接收到包含严重畸变和色差的图像时，双眼接收的图像差异会引起严重的观看不适感，并且人眼无法形成立体视觉。例如，球差、彗差等像差虽然不会造成像的形变，但是会影响悬浮3D场景的清晰度。因此，为了避免严重的观看不适感，扩大视角、校正畸变和色差的任务最为迫切。畸变是关于主光线的像差，是由不同视角对应的实际横向放大率不同而引起的。初级畸变系数可以表示为

$$\sum S_V=\sum_{I}^{N}\frac{h_z^3}{h^2}P+3J\sum\frac{h_z^2}{h^2}W+J^2\sum\frac{h_z}{h}\phi(3+\mu) \tag{8-10}$$

其中，h 表示第一近轴光线在孔径光阑处的入射高，h_z 表示第二近轴光线在孔径光阑处的入射高，P、W 和 μ 都表示与光学结构相关的像差参数，J 是拉格朗日常数，ϕ 表示光焦度。根据式(8-10)可知，畸变只和 h_z 有关，也就是说，畸变和视角有关。视角越大，畸变越严重。色差有两种——位置色差和倍率色差，如图 8-2-2 所示。

位置色差又称轴向色差，是指不同波长的光线通过透镜后不在同一点上汇聚，如图 8-2-2(a)所示。初级位置色差系数可表示为

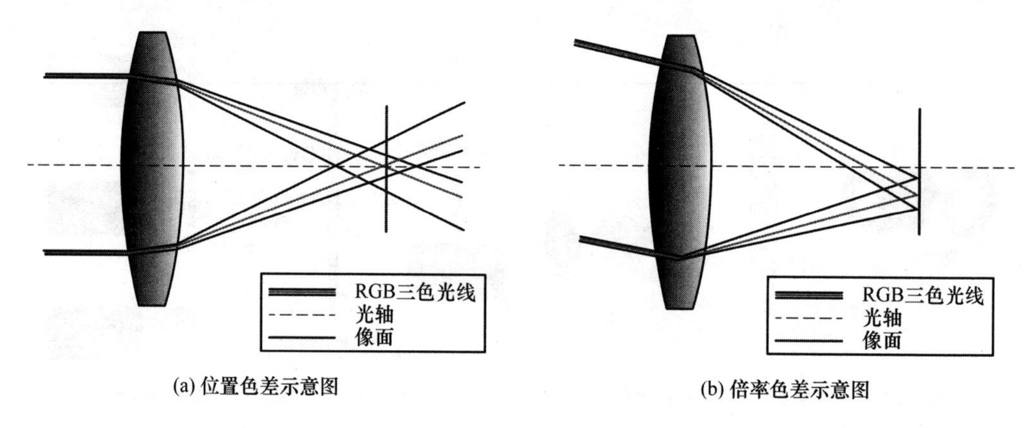

(a) 位置色差示意图　　(b) 倍率色差示意图

图 8-2-2　两种色差

$$\sum_{1}^{N} C_{\mathrm{I}} = \sum_{1}^{N} h^{2} \frac{\phi}{\nu} \tag{8-11}$$

其中ν表示阿贝常数。

倍率色差又称垂轴色差，是指来自同一方向的不同波长的光线在同一焦平面的不同位置汇聚，如图 8-2-2(b)所示。初级倍率色差系数可表示为

$$\sum_{1}^{N} C_{\mathrm{II}} = \sum_{1}^{N} h h_{z} \frac{\phi}{\nu} \tag{8-12}$$

根据式(8-11)和式(8-12)可知，色差只与h和h_z有关，这表明视角越大，色差越严重。根据式(8-10)～式(8-12)，当透镜的口径固定后，视角越大，畸变和色差越严重，正如图 8-2-1(b)中 3 幅不同视角的成像仿真图所示。在左、右眼接收的图像存在严重畸变和色差差异的情况下，人眼是很难在边缘视场内形成立体视觉的，观看者只能在一个较小的角度α内看到令人满意的悬浮 3D 图像。因此，基于悬浮透镜的显示系统无法实现大视角，成像质量也有待提高。

如果人眼能够在观看范围内的任意位置看到无畸变、无色差的悬浮 3D 图像，那么人眼就可以在整个观看范围内形成令人满意的立体视觉，从而实现大视角悬浮 3D 显示系统。据此，本节提出了一种可以同时实现大视角和高分辨率的悬浮 3D 显示系统。对此本节设计了一种无分辨率损失的立体显示单元用于提供 3D 图像信息；介绍了瞳孔追踪 3D 显示方法，其可以提供实时的瞳孔空间位置，并构建正确的瞳孔空间位置与序列图之间的数学映射关系，结合无分辨率损失的立体显示方法可以实现大视角、高分辨率的立体显示效果；将立体显示单元和悬浮透镜结合后，介绍了多通道多变量图像校正算法，该算法可以保证人眼在整个大视角内接收到畸变和色差都被抑制的悬浮 3D 图像，可以满足人眼形成立体视觉的要求，最终实现大视角、高分辨率的悬浮 3D 显示系统。

2. 大视角、高分辨率的悬浮 3D 显示系统设计

(1) 系统设计

悬浮 3D 显示系统由立体显示单元和悬浮显示单元(即悬浮透镜)构成。基于时序定向背光模组和液晶面板的立体显示作为立体显示单元，可以提供无分辨率损失的自由立体 3D 显示效果，如图 8-2-3 所示。立体显示单元由 LED 光源阵列、线性菲涅尔透镜阵列和液晶面板构成，通过同步刷新背光模组中的 LED 光源和显示在液晶面板上的序列图，不同的序列图可

以进入人眼，结合人眼的视觉暂留效应，观看者可以获取立体视觉，观看到3D图像。为了获得悬浮3D图像，将悬浮透镜放置在立体显示单元前面。和对应的原始序列图相比，每幅序列图经过悬浮透镜的作用后在水平和垂直方向都旋转了180°，整个悬浮系统的视区排布与立体显示单元的视区排布恰好相反，且视区宽度不变。为了在大视角下实时地为观看者提供校正后的序列图，后续会介绍瞳孔追踪3D显示方法和多通道多变量图像校正算法。

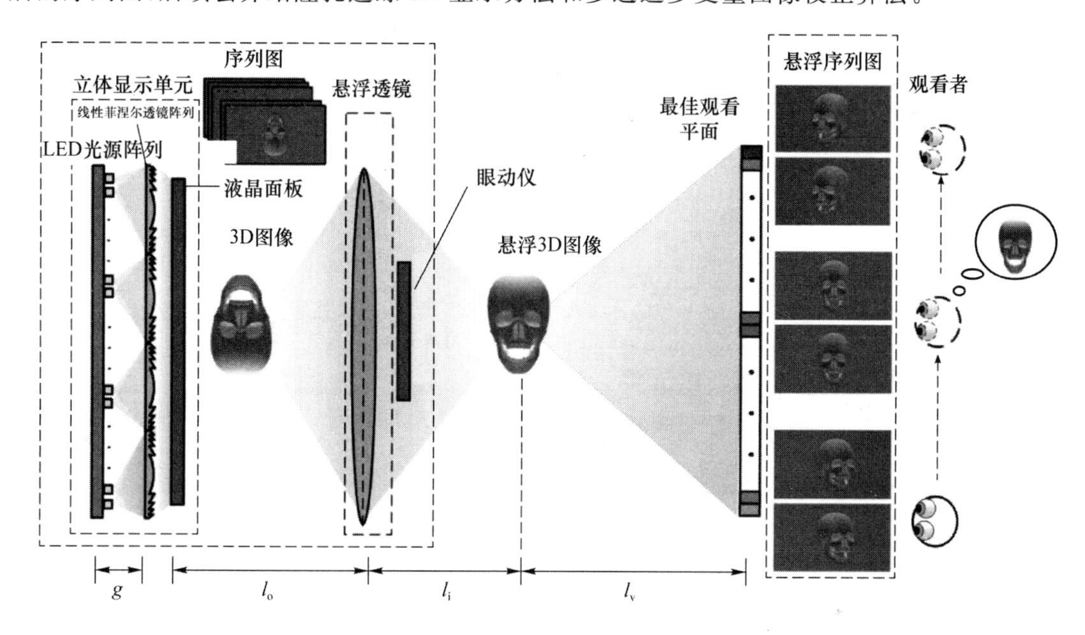

图 8-2-3 大视角透射式悬浮3D显示原理图

(2) 无分辨率损失的立体显示单元设计

立体显示单元由时序定向背光模组和液晶面板组成，通过同步刷新背光模组中的LED光源和液晶面板显示的序列图形成3D显示效果。和传统的空间分布方法相比，时序方法可以提供无分辨率损失的3D图像。该立体显示单元包括时序定向背光模组和液晶面板，其中时序定向背光模组由多个多向背光单元构成，每个多向背光单元由LED光源阵列和线性菲涅尔透镜阵列组成。立体显示单元的视角 Ω 和菲涅尔透镜要达到的最大偏折角 θ 分别可以表示为

$$\Omega = 2\arctan\frac{a}{2l_v} \tag{8-13}$$

$$\theta = \arctan\frac{a+b}{2l_v} \tag{8-14}$$

其中，a 表示视区宽度，l_v 表示观看平面到3D图像的距离，这两个值在结合悬浮透镜后不会发生变化，b 表示液晶面板的宽度。从图8-2-3中可以看到，悬浮3D图像和整个悬浮3D显示系统的最佳观看平面之间的距离也是 l_v。整个悬浮系统的视角同样可以用式(8-13)计算。

图8-2-4(a)展示了多向背光单元的光路图。LED光源阵列和线性菲涅尔透镜阵列的间距 g 是线性菲涅尔透镜的焦距。在此条件下，来自LED光源阵列的光线通过透镜阵列后会变为平行光线，其出射方向随着LED光源位置的不同而变化。因此，可以通过改变LED光源的位置，进而控制来自时序定向背光模组的光线方向。以任意一个多向背光单元为例，如图8-2-4(b)所示，假设每一个线性菲涅尔透镜单元下覆盖4个LED光源，4个不同方向的平行光出射后可以形成4个视区。

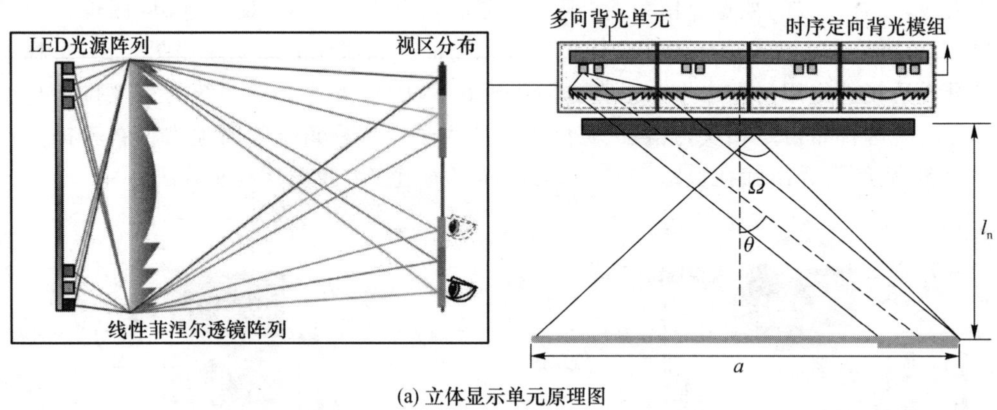

(a) 立体显示单元原理图

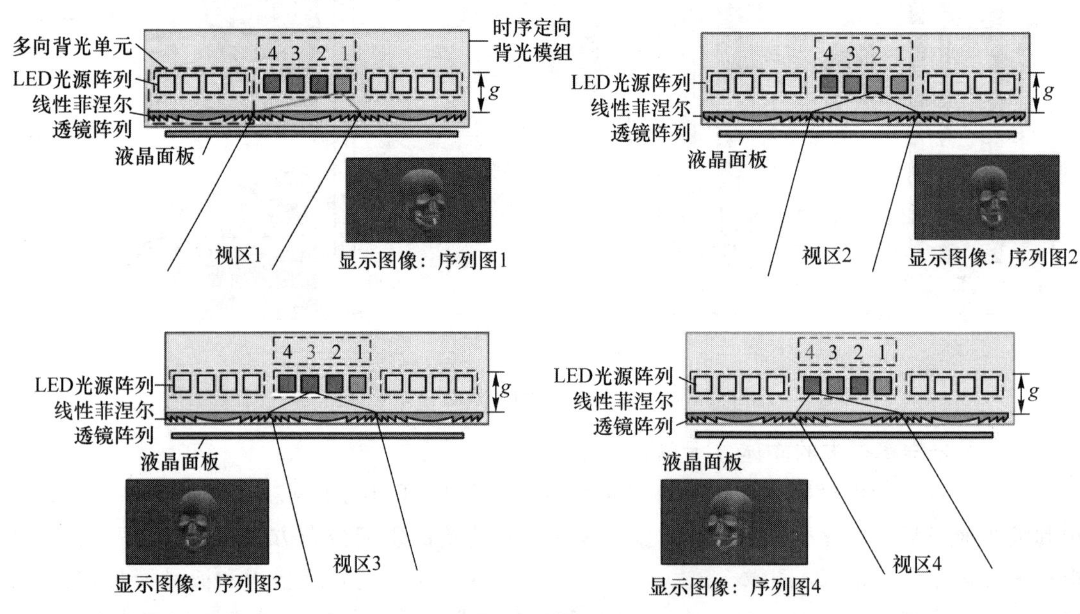

(b) 多向背光单元基本工作原理

图 8-2-4　多向背光单元

假设每一个多向背光单元由 4 个序列组成,并按时间顺序重复进行。在每个序列中,相应的序列图显示在液晶面板上,同时来自多向背光单元与之相对应的光线方向被引导到适当的视区。在液晶面板上按一定频率依次显示 4 幅序列图,同时依次同步刷新相应的 LED 光源,可以形成 4 个视区。在图 8-2-4 的例子中,第一个 LED 光源被点亮,同时在液晶面板显示序列图 1,人眼可以在视区 1 看到序列图 1;随后,第二个 LED 光源被点亮,其他光源关闭,液晶面板上显示序列图 2,人眼可以在视区 2 看到序列图 2,依此类推。因此,观看者只能在视区 1 处看到序列图 1。同样地,观看者在视区 2、3 和 4 处分别只能看到序列图 2、3 和 4。当观看者的左眼和右眼恰好分别位于相邻视区处时,两张相邻视区对应的序列图恰好进入两个眼睛,人眼可以形成立体视觉,从而观看者可以看到 3D 图像。液晶面板和时序定向背光模组的刷新频率要足以产生视觉暂留效应。本章介绍的系统中,观看者处在某一固定位置时,左、右眼分别能观看到一幅序列图,因此当观看者的位置固定时,背光模组中每个线性菲涅尔透镜单元覆盖的 LED 光源中只有两个 LED 光源在进行刷新。

3. 瞳孔追踪 3D 显示方法

为了给观看者提供大视角，并实时地提供校正后的序列图，本节介绍瞳孔追踪 3D 显示方法。根据对悬浮透镜成像原理的分析可知，整个悬浮 3D 显示系统的视区分布与立体显示单元的视区分布相反，视区宽度不发生变化。因此，以立体显示单元的瞳孔追踪 3D 显示原理为例，说明瞳孔追踪 3D 显示方法的原理和具体实现方法。

（1）瞳孔追踪设备的使用

瞳孔追踪方法是指通过记录瞳孔的注视时间、空间位置等参数了解人们对实时信息的获取和认知过程。瞳孔追踪技术在军事、教育、医学等领域有重要应用，目前国内外学者对瞳孔追踪技术进行了大量的探索与研究。在检测与追踪眼球运动的技术中，目前很常用的技术之一是瞳孔-角膜反射(Pupil Center Corneal Reflection，PCCR)技术，其被广泛地应用在众多瞳孔追踪设备中。Tobii 眼动仪采用了改进的 PCCR 技术。针对裸眼 3D 显示技术的应用场景，我们需要采取精确度和稳定性都较高的瞳孔定位工具，本节中选用了 Tobbi 眼动仪作为瞳孔追踪设备，提供实时瞳孔位置数据。

目前发布的 Tobii Pro Spectrum 能够以 1 200 Hz 的采样频率采集数据，使用多个近红外光源，可提供更多的参照点辅助分析；使用多个眼动传感器，其由多个以固定采样频率采集眼睛图像的摄像机组成，可同时生成多幅眼睛的图像，保证无论头部位置发生怎样的变动，跟踪系统仍然具备良好的鲁棒性。综上所述，Tobii 眼动仪可以满足本节介绍的无分辨率损失的悬浮 3D 显示对瞳孔追踪的精确度与稳定性的要求。Tobii Pro SDK C for Windows 1.8 可适用于 Windows 平台，使用 C＋＋语言搭配 Microsoft Visual Studio 2015 工具进行开发使用。

图 8-2-5 展示了使用 Tobbi 眼动仪扩大观看视区的原理。3D 显示系统在固定观看平面形成多个观看视区，左、右瞳孔位置经过判断后分别落在 V_i 和 V_{i+1} 视区内，此时与视区相应的序列图会依次刷新显示，从而得到实时的 3D 图像，实验中采用显示区域坐标系(以 3D 图像显示平面的左上角为坐标原点)。具体的瞳孔追踪实现过程将在下文中进行详细的阐述。图 8-2-6 是使用计算机控制 Tobbi 眼动仪完成瞳孔追踪的流程。

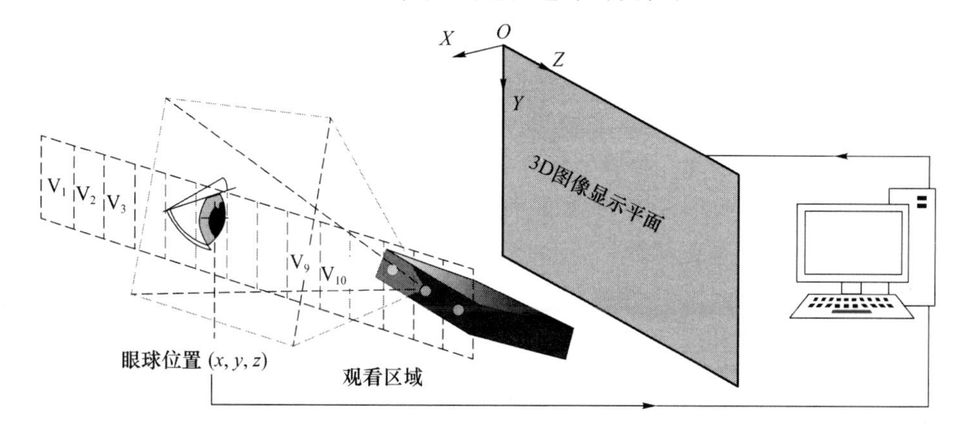

图 8-2-5　使用 Tobbi 眼动仪扩大观看视区的原理示意图

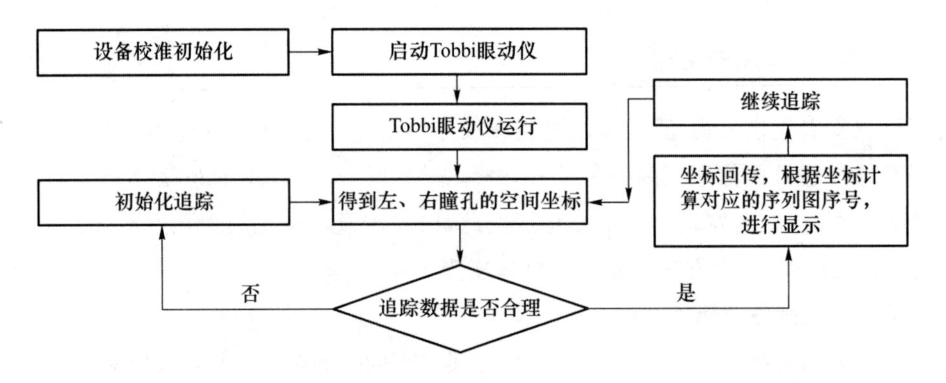

图 8-2-6 使用计算机控制 Tobbi 眼动仪完成瞳孔追踪的流程

(2) 基于瞳孔实时位置的 3D 信息采集与再现

为了实现悬浮 3D 图像的大视角显示，需要对 3D 场景进行采集。对于传统的裸眼 3D 显示，在光场采集过程中通常令孔径光阑位于光学元件处。在本节介绍的瞳孔追踪 3D 显示原理中，将人眼瞳孔作为孔径光阑进行 3D 场景的采集。采集过程如图 8-2-7(a)所示。实验中，每组线性菲涅尔透镜覆盖 N 个 LED 光源，故可以在固定观看平面形成 N 个观看视区。考虑到人左、右眼之间的瞳距一般为 60 mm，故将相邻视区中心位置的距离设置为 60 mm。由于将人眼瞳孔设置为孔径光阑进行光场采集，因此采集平面中各个视点的相对位置和观看平面是相同的。在采集过程中，为了形成具有平滑视差的 3D 显示，每一个视区内都由 C_num 个离轴虚拟相机对 3D 模型进行离轴拍摄，从而在最佳观看平面可以得到相对应的 C_num 个视点位置。实时获取到的左、右眼睛瞳孔位置和相对应采集到的序列图之间的数学映射关系可以表示为

$$\begin{cases} \text{Image}_l(N_l, \text{C\_num}_l) = \left[\text{floor}\left(\dfrac{N(z_l + \frac{a-m}{2})}{a}\right), \text{floor}\left(\dfrac{z_l - \text{floor}\left(\dfrac{N\times\left(z_l+\frac{a-m}{2}\right)}{a}\right)\times\dfrac{a}{N}}{\dfrac{a}{N\times \text{C\_num}_l}}\right)\right] \\ \text{Image}_r(N_r, \text{C\_num}_r) = \left[\text{floor}\left(\dfrac{N\left(z_r + \frac{a-m}{2}\right)}{a}\right), \text{floor}\left(\dfrac{z_r - \text{floor}\left(\dfrac{N\times\left(z_r+\frac{a-m}{2}\right)}{a}\right)\times\dfrac{a}{N}}{\dfrac{a}{N\times \text{C\_num}_r}}\right)\right] \end{cases} \tag{8-15}$$

其中：Image_l 和 Image_r 表示与左、右眼位置相对应的由虚拟相机采集的序列图；N_l 和 N_r 分别表示左、右眼对应序列图所在的视区序号；C_num_l 和 C_num_r 表示左、右眼对应的序列图在所在视区内的序号；左、右眼的瞳孔位置坐标分别是(x_l, y_l, z_l)和(x_r, y_r, z_r)；a 表示观看视区宽度；m 表示显示平面宽度；N 表示视区数量，同时也表示每组线性菲涅尔透镜覆盖的 LED 光源数量；floor(x)表示向下取整函数。

再现过程如图 8-2-7(b)所示，采集过程中的序列图通过后续介绍的多通道多变量图像校正算法校正后，可以得到相对应校正后的序列图。由于将人眼瞳孔作为孔径光阑进行光场采集，因此再现过程中的观看平面与采集平面视区一一对应。同理，在再现过程中，实时获取到的左、右眼瞳孔位置〔即(x_l, y_l, z_l)、(x_r, y_r, z_r)〕与在液晶面板上按一定频率依次显示的校正后的序列图(CIamge_l、CIamge_r)之间的数学映射关系仍然可以表示为式(8-15)。在观看者进行观看时，左、右眼需要在特定位置恰好接收到左、右序列图，因此观看距离 L 是固定的。

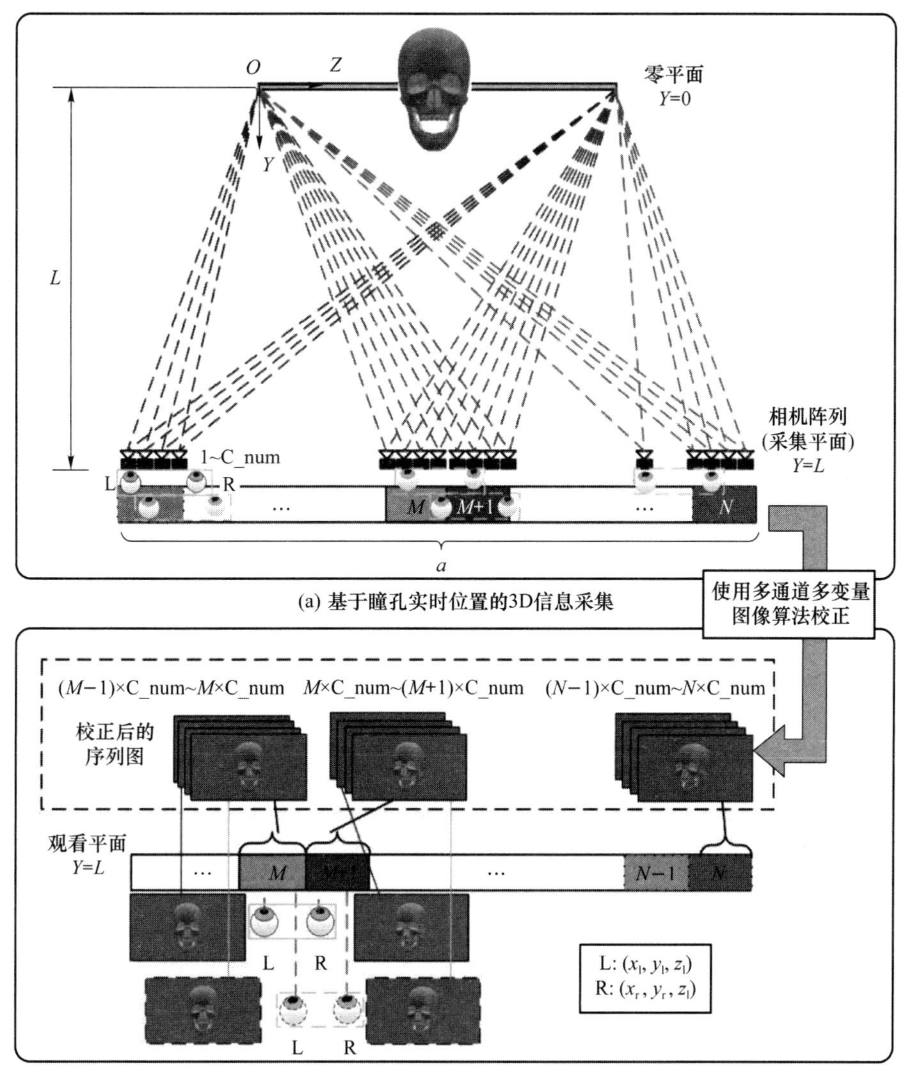

图 8-2-7 基于瞳孔实时位置的 3D 信息采集和再现

(3) 基于瞳孔追踪的平滑视差 3D 显示原理

图 8-2-8 展示了立体显示单元的观看视区与整体悬浮 3D 显示系统的观看视区是左右倒置的。基于瞳孔追踪方法的平滑视差 3D 显示原理如图 8-2-9 所示，设定有 4 组多向背光单元，每个线性菲涅尔透镜覆盖了 N 个 LED 光源。当左眼和右眼分别处于第 M 和第 $M+1$ 个视区时，这两个视区相对应的每组多向背光单元中的两个 LED 光源被依次点亮，其他 LED 光源关闭。被点亮的 LED 光源的具体位置是由视区位置和其被覆盖的线性菲涅尔透镜结构参数决定的。在每组多向背光单元中被点亮的两个 LED 光源以一定的频率 F 依次点亮的同时，相对应的序列图 CIamge_l 和 CIamge_r 以同样的频率在液晶面板上进行刷新显示，此时观看者的左、右眼分别落在视区 M 和 $M+1$ 内，观看者可以观看到 3D 图像。当观看者移动到视区 $N-1$ 和 N 时，与这两个视区相对应的每组多向背光单元中的两个 LED 光源被依次点亮，其他 LED 光源关闭。同理，与此时瞳孔位置相对应的序列图 CIamge_l' 和 CIamge_r' 以一定的频率 F 在液晶面板上进行刷新显示，此时观看者的左、右眼分别落在第 $N-1$ 和第 N 个视区内，观看者可以观

看到 3D 图像。根据上文的描述，每个视区内可以再现与瞳孔空间位置相对应的、密集视点的悬浮序列图，从而实现具有平滑视差的 3D 显示，最终实现高分辨率、大视角的悬浮 3D 显示。

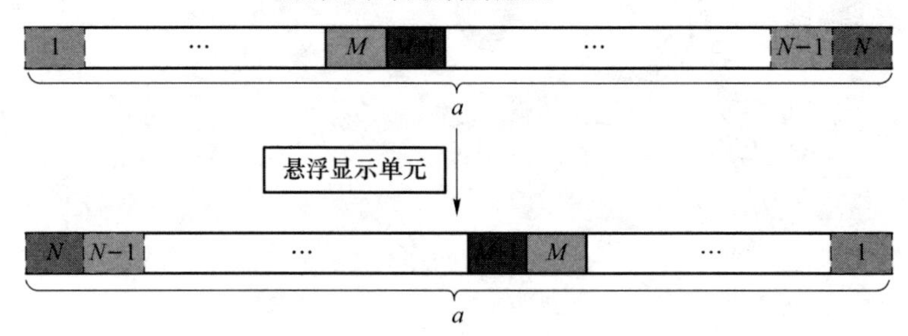

图 8-2-8　立体显示单元与整体悬浮 3D 显示系统的观看视区示意图

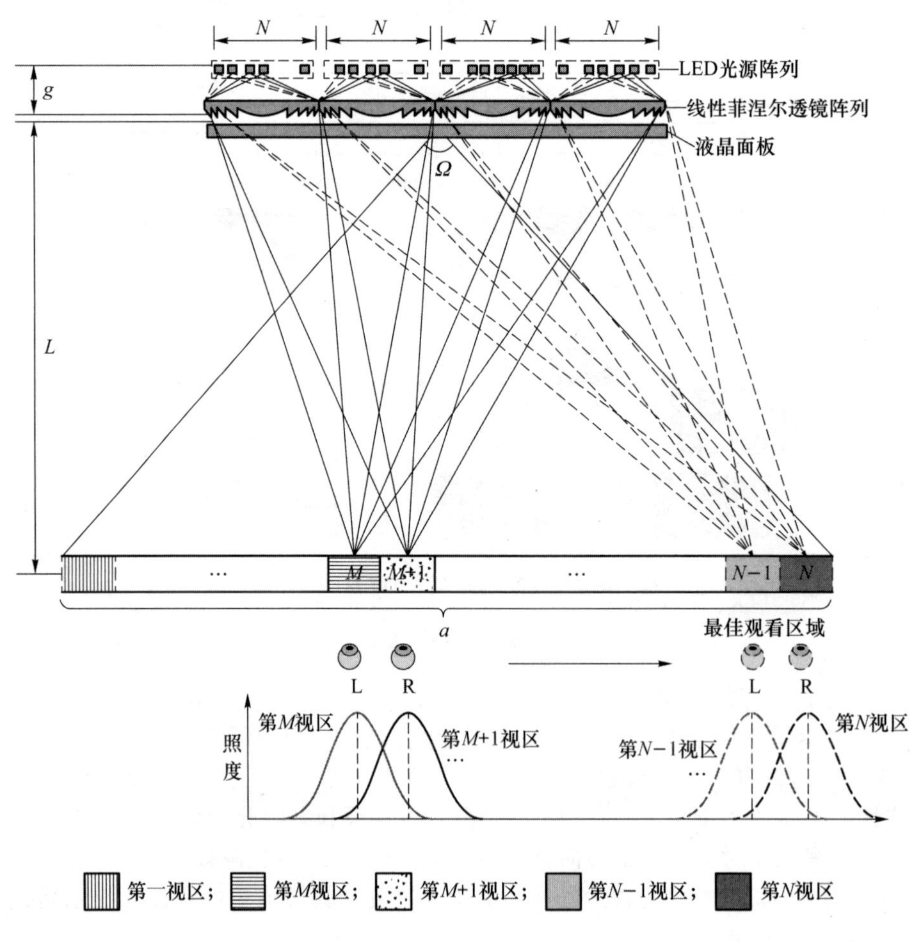

图 8-2-9　基于瞳孔追踪方法的平滑视差 3D 显示原理示意图

4. 多通道多变量图像校正算法

立体显示单元可以提供较大视角，结合悬浮透镜后，悬浮透镜的像差会导致整个悬浮 3D 显示系统的视角严重降低。经分析，序列图经过悬浮透镜后产生的对视角影响较大的主要像差为畸变和色差。为了减小悬浮透镜带来的畸变和色差，在边缘视场也可以令人眼形成良好的立体视觉，提升悬浮 3D 显示视角，提出了多通道多变量图像校正算法。校正之前的序列图(img_1,img_2,…,img_N)经过光学系统后会得到悬浮序列图(img'_1,img'_2,…,img'_N)。每一个瞳孔空间位置对应的悬浮序列图的色差和畸变都是不同的，所以要对每一幅悬浮 3D 图像进行分别校正。也就是说，校正算法必须执行与采集序列图数目相同的次数，且对 3D 图像的校正主要针对畸变和色差。

(1) 基于悬浮透镜的单应性变换原理

单应性变换是指将一个平面的点映射到另外一个平面，在本节中指的是从液晶面板的显示平面映射到悬浮 3D 图像所在的平面，中间的映射参数由悬浮透镜产生。在基于悬浮透镜的悬浮 3D 显示中，如果能够计算得到序列图和悬浮序列图之间的映射关系，那么就可以对序列图进行图像处理，使其通过悬浮透镜作用后得到像差被抑制的悬浮序列图，从而为人眼提供良好的立体视觉，进而实现悬浮 3D 显示的视角提升。下面探讨序列图平面和悬浮序列图平面之间的映射关系。

单应性变换会涉及单应性矩阵。如图 8-2-10 所示，通过 4 对点坐标(序列图中的 A、B、C、D 和悬浮序列图中的 A'、B'、C'、D')可以得到单应性矩阵，即两个平面中点的映射关系。假设单应性矩阵为 $\boldsymbol{H}$，$\boldsymbol{H}$ 可以表示为

$$\boldsymbol{H}=\begin{pmatrix} h_{11} & h_{12} & h_{13} \\ h_{21} & h_{22} & h_{23} \\ h_{31} & h_{32} & h_{33} \end{pmatrix} \tag{8-16}$$

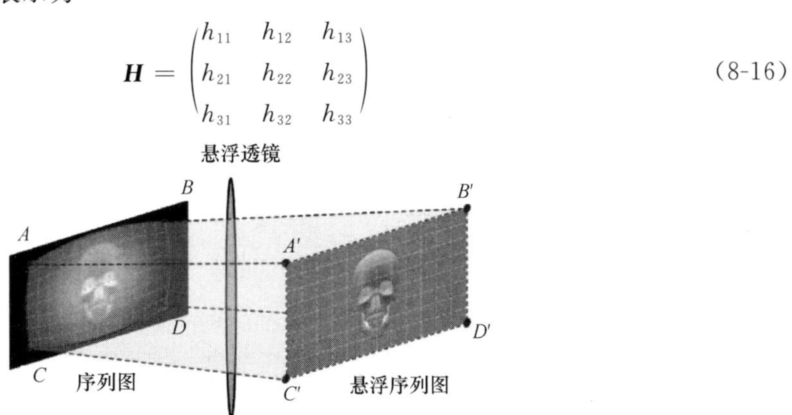

图 8-2-10 基于悬浮透镜的单应性变换示意图

单应性矩阵 $\boldsymbol{H}$ 可以将序列图上的点坐标映射成悬浮序列图上的点坐标，如从 $\boldsymbol{A}=(x_A, y_A, 1)$ 到 $\boldsymbol{A}'=(x_{A'}, y_{A'}, 1)$。不过 $\boldsymbol{H}$ 是未知的，需要根据已知点对来求解 $\boldsymbol{H}$。假设该点对为 $(\boldsymbol{A}, \boldsymbol{A}')$，则有

$$\boldsymbol{A}'=\boldsymbol{H}\boldsymbol{A}^{\mathrm{T}} \tag{8-17}$$

即

$$\begin{cases} x_{A'}=h_{11}x_A+h_{12}y_A+h_{13} \\ y_{A'}=h_{21}x_A+h_{22}y_A+h_{23} \\ 1=h_{31}x_A+h_{32}y_A+h_{33} \end{cases} \tag{8-18}$$

由 $1=h_{31}x_A+h_{32}y_A+h_{33}$ 可以得到

$$\begin{cases} 0=h_{31}x_Ax_{A'}+h_{32}y_Ax_{A'}+h_{33}x_{A'}-(h_{11}x_A+h_{12}y_A+h_{13}) \\ 0=h_{31}x_Ax_{A'}+h_{32}y_Ax_{A'}+h_{33}x_{A'}-(h_{21}x_A+h_{22}y_A+h_{23}) \end{cases} \tag{8-19}$$

式(8-19) 可以表示为

$$\begin{pmatrix} -x_A & -y_A & -1 & 0 & 0 & 0 & x_Ax_{A'} & y_Ax_{A'} & x_A \\ 0 & 0 & 0 & -x_A & -y_A & -1 & x_Ay_{A'} & y_Ay_{A'} & y_A \end{pmatrix}\boldsymbol{h}=0 \tag{8-20}$$

其中，$\boldsymbol{h}=(h_{11},h_{12},h_{13},h_{21},h_{22},h_{23},h_{31},h_{32},h_{33})^{\mathrm{T}}$，令

$$\boldsymbol{T}_1=\begin{pmatrix}-x_A & -y_A & -1 & 0 & 0 & 0 & x_Ax_{A'} & y_Ax_{A'} & x_A\\ 0 & 0 & 0 & -x_A & -y_A & -1 & x_Ay_{A'} & y_Ay_{A'} & y_A\end{pmatrix} \tag{8-21}$$

可以得到 $\boldsymbol{T}_1\boldsymbol{h}=0$。上述讨论中采用了齐次坐标来表述平面上的点坐标，所以会有一个非零的标量 a，$A_1'=a\boldsymbol{HA}^{\mathrm{T}}$ 和 $A'=a\boldsymbol{HA}^{\mathrm{T}}$ 表示的是同一个点 A'。如果令 $a=\dfrac{1}{h_{33}}$，则 $a\boldsymbol{H}$ 表示为

$$a\boldsymbol{H}=\begin{pmatrix}\dfrac{h_{11}}{h_{33}} & \dfrac{h_{12}}{h_{33}} & \dfrac{h_{13}}{h_{33}}\\ \dfrac{h_{21}}{h_{33}} & \dfrac{h_{22}}{h_{33}} & \dfrac{h_{23}}{h_{33}}\\ \dfrac{h_{31}}{h_{33}} & \dfrac{h_{32}}{h_{33}} & 1\end{pmatrix} \tag{8-22}$$

从式(8-22)中可以看到，$\boldsymbol{H}$ 有 8 个自由度。也就是说，要想求解 $\boldsymbol{H}$ 需要 4 个点对。通过图中的点 A、B、C、D 和相对应的点 A'、B'、C'、D' 便可以求得对应的单应性矩阵。该矩阵表述了两个平面间点对的映射关系，但是仅仅通过一个单应性矩阵是无法完成对序列图的校正并抑制像差的。因此，介绍了针对畸变和色差的多通道多变量图像校正算法。

(2) 针对畸变和色差的多通道多变量图像校正算法流程

在多通道多变量图像校正算法过程中，首先使用一张黑白网格的图像进行相关像差系数的计算，再依据计算得到的像差系数和实时的瞳孔空间位置对相应的序列图进行校正，从而在大视角内实现悬浮 3D 显示效果。该算法采用 Harris 角点检测方法对序列图中的角点进行检测，得到每一个角点的坐标位置，以便可以执行校正算法。该算法流程如图 8-2-11 所示。

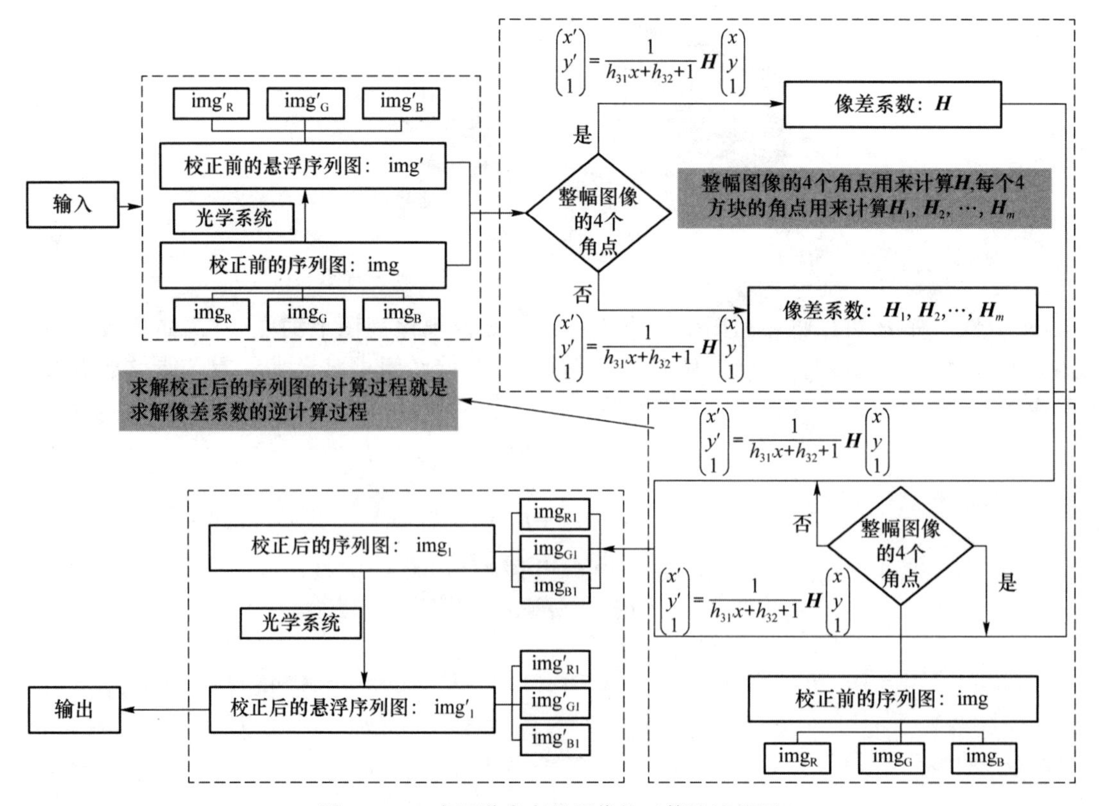

图 8-2-11　多通道多变量图像校正算法流程图

① 步骤一:分离序列图通道。

通过相机阵列对黑白网格图像模型进行采集,得到相对应的序列图,如图 8-2-12 所示。通过之前介绍的瞳孔追踪 3D 显示方法可以根据实时瞳孔空间位置得到相对应的显示序列图序号(该步骤中指对应的网格序列图)。以某一瞳孔位置(x,y,z)为例,其所在的视区为 P_M,对应的需要被刷新的 LED 光源和对应的要显示在液晶面板的网格序列图都可以通过视区 P_M 进行固定。首先黑白网格图像(img)被分离为红(R)、绿(G)、蓝(B)3 个通道的网格图像(img_R、img_G、img_B),3 个不同通道的网格图像将依次显示在液晶面板上。与 3 幅网格图像(img_R、img_G、img_B)相对应的悬浮序列图(img'_R、img'_G、img'_B)在视区 P_M 处被采集。

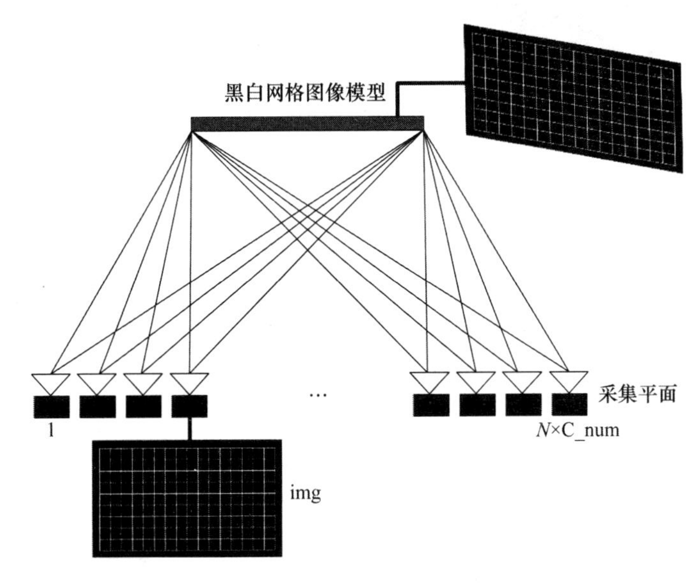

图 8-2-12 黑白网格图像采集示意图

② 步骤二:计算像差系数。

如图 8-2-11 所示,该校正算法的目的是对校正之前的序列图(img_R、img_G、img_B)进行校正,从而得到校正后的序列图(img_{R1}、img_{G1}、img_{B1}),校正后的序列图(img_{R1}、img_{G1}、img_{B1})经过光学系统后可以得到畸变和色差都被抑制的悬浮序列图(img'_{R1}、img'_{G1}、img'_{B1})。显然地,经过校正后的悬浮序列图(img'_{R1}、img'_{G1}、img'_{B1})被期望和校正之前的序列图(img_R、img_G、img_B)是相同的。

首先,每幅序列图(img_R、img_G、img_B)都可以通过使用 4 个角点作为控制点的单应性矩阵来进行校正。单应性变换过程可以由以下公式表示:

$$\begin{pmatrix} x' \\ y' \\ 1 \end{pmatrix} = \frac{1}{h_{31}x + h_{32}y + 1}\boldsymbol{H}\begin{pmatrix} x \\ y \\ 1 \end{pmatrix} \tag{8-23}$$

$$\boldsymbol{H} = \begin{pmatrix} h_{11} & h_{12} & h_{13} \\ h_{21} & h_{22} & h_{23} \\ h_{31} & h_{32} & 1 \end{pmatrix} \tag{8-24}$$

其中,(x,y)是校正之前的序列图(img_R、img_G、img_B)的坐标点,(x',y')是校正之前的悬浮序列图(img'_R、img'_G、img'_B)的坐标点。通过 4 个角点坐标计算单应性矩阵 $\boldsymbol{H}$。img_R、img_G、img_B 中的每一个小矩形同样使用 4 个角点作为控制点,通过单应性变换进行校正。如图 8-2-13 所示，整个网格图像被分割成 m 个小矩形。对每一个小矩形都需要分别执行单应性变换，继而可以得到 m 个单应性矩阵 $\boldsymbol{H}_1, \boldsymbol{H}_2, \cdots, \boldsymbol{H}_m$。计算多个单应性矩阵可以让序列图（$img'_R$、$img'_G$、$img'_B$）被校正地更为精确。

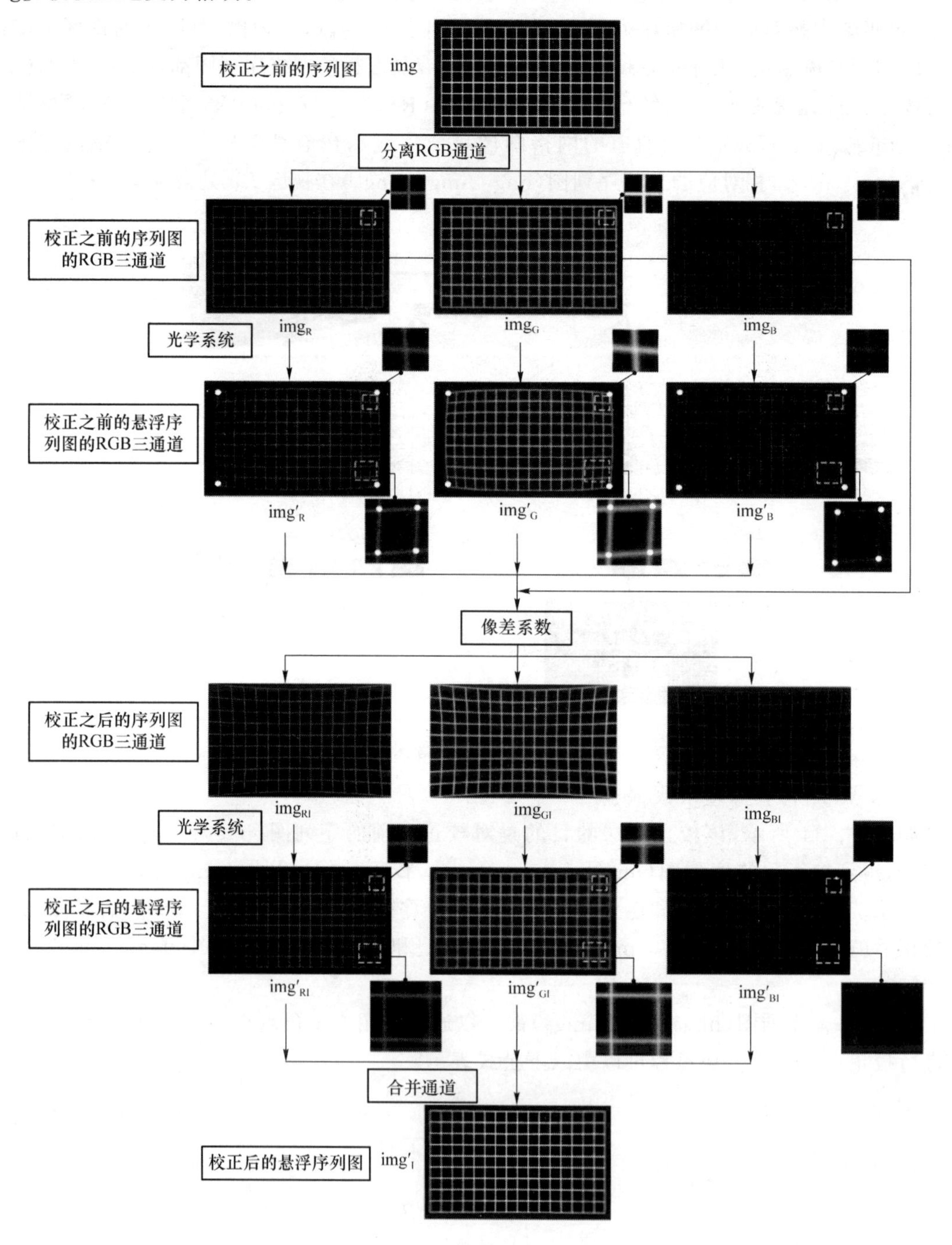

图 8-2-13　以中心视点处网格图像为例的多通道多变量图像校正算法仿真流程图

③ 步骤三：求解校正后的分通道序列图。

理论上，校正之后的悬浮序列图（img'_{R1}、img'_{G1}、img'_{B1}）应该和校正之前的序列图（img_R、img_G、img_B）是相同的。根据式（8-23）和式（8-24）可知，(x', y') 是校正后的悬浮序列图

(img'_{R1}、img'_{G1}、img'_{B1})的坐标点，在步骤三中其被认为等于校正之前的序列图(img_R、img_G、img_B)中的坐标点，$\boldsymbol{H}$ 是在步骤二中被提及的单应性变换矩阵，此时可以通过式(8-23)计算得到校正后序列图中的坐标点(x,y)。同理，根据以上所述，为了更精确地计算得到校正之后的序列图，校正之前的序列图(img_R、img_G、img_B)中的每一个小矩形需要都和步骤二中提及的单应性矩阵 $\boldsymbol{H}_1$,$\boldsymbol{H}_2$,…,$\boldsymbol{H}_m$ 一一对应，至此可以通过计算得到更为精确的校正之后的序列图(img_{R1}、img_{G1}、img_{B1})。

④ 步骤四：合并序列图通道。

校正后的序列图 img_1 由红、绿、蓝3个通道的3幅网格图像(img_{R1}、img_{G1}、img_{B1})合并而成。多变量的单应性变换可以在一定程度上抑制3D图像的畸变，多通道的单应性变换可以有效地抑制3D图像的色差。校正之后的序列图被显示到液晶面板上，畸变和色差都得到抑制的悬浮3D图像被显示在离屏空间中。需要注意的是，每个视点位置对应的校正之前的序列图都需要按照上述步骤进行校正，才能得到大视角的离屏悬浮3D图像。

综上所述，多通道多变量图像校正算法可以有效地校正悬浮序列图的畸变和色差，从而提升悬浮3D显示系统的视角。此外，虽然系统中的像差由悬浮透镜产生，该算法中求得的像差系数也与悬浮透镜直接相关，但是该算法的计算过程与悬浮透镜的结构参数无关，即多通道多变量图像校正算法对不同结构的悬浮透镜具有普适性。

5. 显示结果及分析

为了验证所介绍方法的可行性，进行了相关实验和数学分析。在实验中，每个视区内采集了10幅序列图，实验中每个线性菲涅尔透镜单元覆盖11个LED光源，所以共有110幅序列图，也就是110个视点。悬浮3D图像与最佳观看平面之间的距离为600 mm。实验中采用的液晶面板的刷新频率为60 Hz。表8-2-1列出了光学系统的参数。整个系统的实验装置如图8-2-14所示。

表8-2-1 光学系统的参数

参数名称		数值
时序定向背光模组	每组LED光源的数目 N	11
	线性菲涅尔透镜阵列的焦距 f_1	44 mm
	每个线性菲涅尔透镜的尺寸	88 mm×200 mm
	LED光源阵列和线性菲涅尔透镜阵列之间的距离 g	44 mm
系统结构	观看视角 Ω	60°
	液晶面板和悬浮透镜之间的距离 l_o	880 mm
	悬浮透镜和悬浮3D图像之间的距离 l_i	505 mm
	悬浮3D图像和最佳观看平面之间的距离 l_v	600 mm
悬浮透镜	悬浮透镜的尺寸	400 mm×400 mm
	悬浮透镜的焦距 f_2	400 mm
液晶面板	液晶面板的刷新频率 F	60 Hz
	液晶面板的尺寸	15.6英寸
	液晶面板的分辨率(m×n)	1 920像素×1 080像素

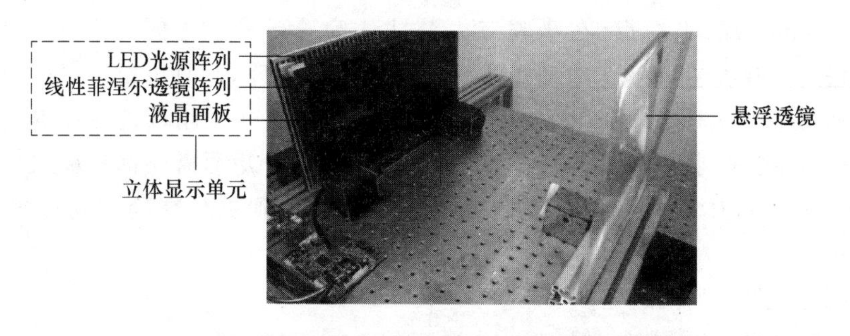

图 8-2-14　透射式悬浮 3D 显示系统的实验装置图

结合瞳孔追踪 3D 显示方法，透射式悬浮 3D 显示系统的观看视角可以在水平方向上达到 60°。图 8-2-15 中的第一排图像显示的是分别处在－30°、－18°、0°、18°、30°观看视角的校正之前的序列图；图 8-2-15 中的第二排图像显示的是分别处在－30°、－18°、0°、18°、30°观看视角的理想悬浮序列图。在没有使用多通道多变量图像校正算法进行校正时，分别处在－30°、－18°、0°、18°、30°观看视角的悬浮序列图如图 8-2-15 中的第三排图像所示。

算法中使用的网格图像模型被平均分成 144 个小网格(16×9)，如图 8-2-13 所示，被用来得到相应的校正参数。根据上文中描述的多通道多变量图像校正算法，网格图像被分离为 R、G、B 三通道的 3 幅网格图像。以中心视点位置处的序列图的校正为例，如图 8-2-13 所示，多通道多变量图像校正算法被引入。注意到悬浮 3D 图像(即 R、G、B 三通道悬浮序列图)的网格线条的清晰度在校正前后是相似的，这是因为网格图像被分离为 R、G、B 三通道的网格图像(img_R、img_G、img_B)后，3 幅单色图像通过光学系统后是不会产生色差的。在图 8-2-13 所示的 R、G、B 三通道的网格图像(img_R、img_G、img_B)中，只有畸变被抑制。所以悬浮 3D 图像(R、G、B 三通道的悬浮序列图)的网格线条的清晰度在校正前后是相似的。

根据网格图像计算出的像差系数，最终可以得到不同角度颅骨模型的悬浮序列图的仿真校正效果，如图 8-2-15 中的第四排图像所示。很显然，对序列图进行校正后，悬浮 3D 图像的质量得到了明显的改善。

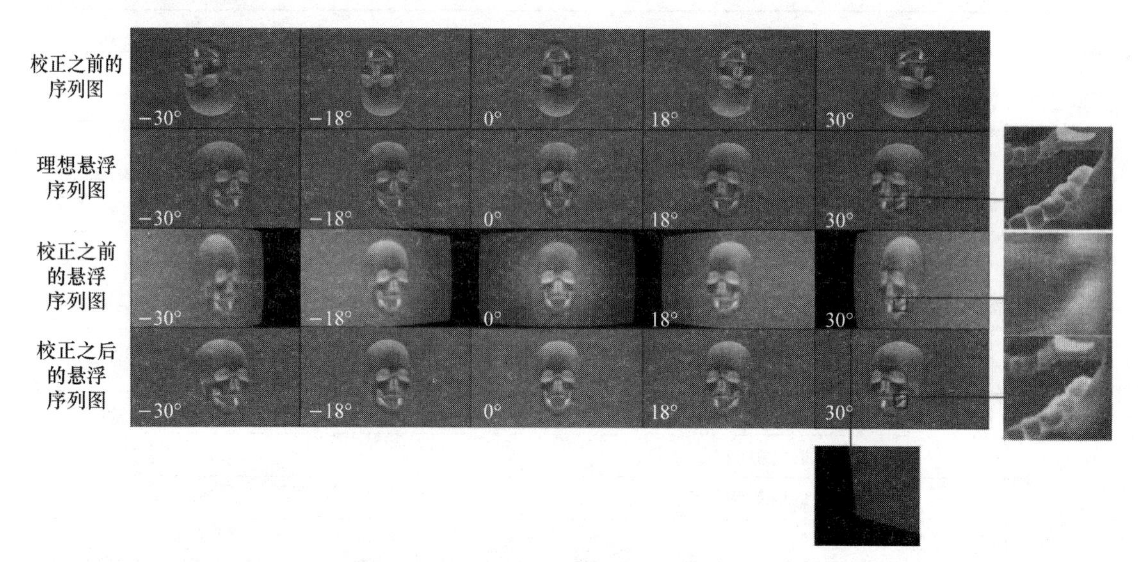

图 8-2-15　序列图和悬浮序列图在－30°、－18°、0°、18°、30°观看视角的仿真效果

为了进一步评估校正之后的悬浮3D图像的质量，计算了校正前后不同视点处的悬浮序列图(即图8-2-15中第三排图像和相应的第四排图像)的结构相似性(SSIM)，以对比悬浮3D图像的变化，如表8-2-2所示。SSIM可以通过比较校正前后的悬浮序列图和理想悬浮序列图得到。

表8-2-2 不同视点的悬浮序列图的SSIM

视点位置序号	1	2	3	4	5	6	7	8	9	10	11
校正之前	0.715 0	0.738 6	0.803 8	0.809 2	0.812 7	0.805 5	0.813 2	0.810 3	0.802 5	0.745 6	0.714 9
校正之后	0.965 7	0.962 2	0.959 3	0.960 5	0.958 9	0.957 9	0.965 9	0.962 1	0.962 5	0.959 8	0.959 4

如表8-2-2所示，使用多通道多变量图像校正算法进行校正后，校正之后的悬浮序列图的SSIM和校正之前的悬浮序列图的SSIM相比较有了显著地提高，都处于0.95和0.97之间，值更接近1。通过以上仿真结果，多通道多变量图像校正算法的有效性得到验证。

在图8-2-16(a)中，摄像机记录了校正前后3对悬浮序列图，每一对悬浮序列图的观看视点都恰好落到左、右眼的位置。如图8-2-16(b)所示，校正之前的悬浮序列图的畸变和色差都很严重，且左、右眼对应的两张序列图相差较大。如图8-2-16(c)所示，经过多通道多变量图像校正算法校正后的悬浮序列图质量有了明显的提高，畸变和色差都得到了抑制，可以使人眼形成良好的立体视觉。最终，实现了具有60°观看视角的透射式悬浮3D显示，显示效果如图8-2-16(a)中的第二排图像所示，且立体显示单元提供的3D图像分辨率为2K。

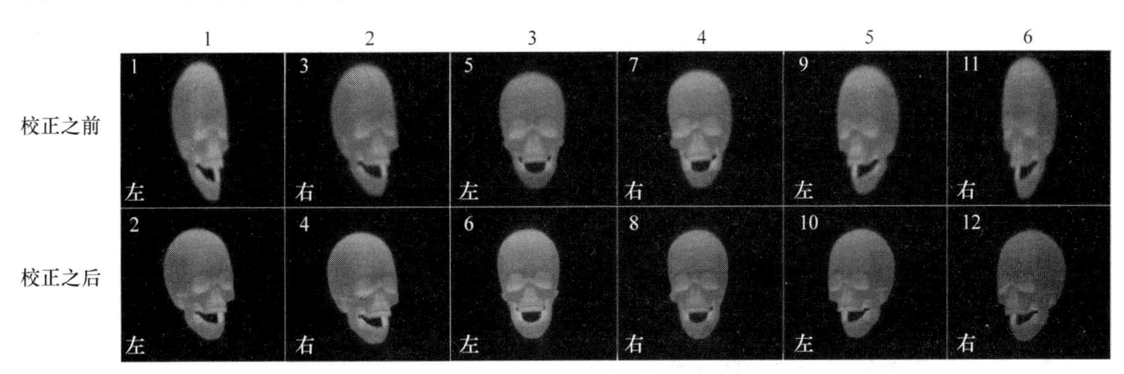

(a) 不同视点校正前后的悬浮显示效果

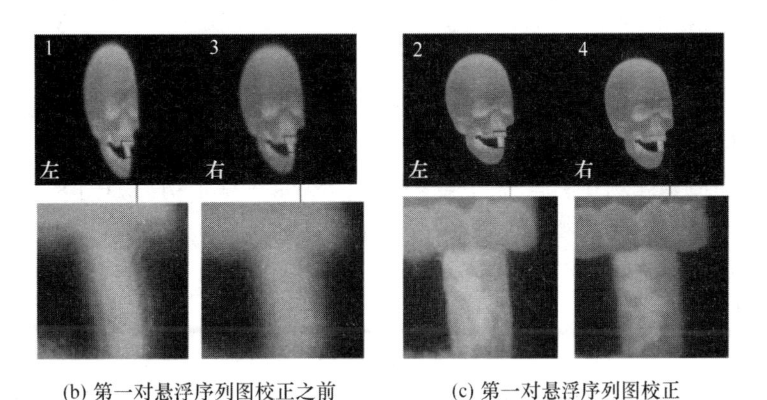

(b) 第一对悬浮序列图校正之前的悬浮显示效果

(c) 第一对悬浮序列图校正之后的悬浮显示效果

图8-2-16 校正前后的悬浮显示效果对比

8.3 基于空间数据重构算法的悬浮3D显示

8.2节介绍了一种高分辨率、大视角的悬浮3D显示系统，其使用时序定向背光模组结合瞳孔追踪3D显示方法为人眼提供多个序列图，人眼可以通过观看不同的序列图产生立体视觉，从而观看到高分辨率、大视角的悬浮3D图像。但是，这种显示方法只能允许单人在特定的观看距离处获取立体视觉，且不能够完全还原原始空间光的分布。传统的基于集成成像显示和悬浮透镜的悬浮3D显示是一种可供多人观看的悬浮3D显示技术，具有全真色彩、密集视点、深度感强等优点，能够还原原始空间光的分布。对于韩国首尔大学的团队提出的基于集成成像和悬浮透镜的悬浮3D显示系统，其能够观看到完整3D图像的视角为30°。然而，集成成像显示本身就存在视角小和分辨率低的瓶颈问题，构成集成成像的透镜阵列和悬浮透镜都会产生像差，悬浮透镜产生的像差更为严重，这些像差使重构的光场信息出现偏差，人眼因此无法形成良好的立体视觉，进而导致该悬浮光场显示存在视角小、像质差等问题。

为了解决传统的基于悬浮透镜的悬浮3D显示观看视角小的问题，本节将介绍一种基于空间数据重构算法的大视角悬浮3D显示技术。该系统由水平方向大视角光场显示单元和悬浮透镜构成。光场显示单元由方向性时序背光模组、液晶面板、柱透镜光栅和定向扩散膜构成。方向性时序背光模组结合光场显示原理可以实现可供多人观看的大视角3D悬浮显示效果。定向扩散膜的使用起到了调制光线、拟合原始空间光的作用。悬浮透镜的像差会严重影响整个悬浮系统的视角，为了增大整个悬浮3D显示系统的视角，引入空间数据重构算法。该算法推导了从像空间的理想空间数据发出光线的光路计算公式，建立了光场空间数据之间的数学映射关系，最终得到多幅用来刷新的编码图像，这些编码图像经过光学系统调制后得到最终的重构悬浮3D图像，显示效果与原始3D场景更为接近。使用柱透镜光栅作为控光元件时，柱透镜单元边缘对子像素的分割会导致呈现的3D图像存在锯齿感，为了解决这个问题，引入对编码图像的加权优化算法，可以有效地抑制3D图像的锯齿感。

1. 基于悬浮透镜的悬浮3D显示视角特性分析

基于悬浮透镜的悬浮3D显示由显示单元和悬浮透镜组成，如图8-3-1(a)所示。该系统由集成成像显示单元提供重构3D图像(物空间)，再通过悬浮透镜作用后得到悬浮的3D图像(像空间)，物空间和像空间都是光场信息在空间中的重构。本节介绍的基于悬浮透镜的悬浮3D显示中提供3D信息的是光场显示系统，所以重构3D图像和悬浮3D图像都是由3D光场信息构成的，是原始光场在物空间与像空间中的空间数据重构。如图8-3-1(b)和图8-3-1(c)所示，集成成像显示单元的视角为FOV_1，悬浮透镜的视角为FOV_2。在由集成成像显示单元和悬浮透镜共同构成的悬浮3D显示中，整个悬浮3D显示系统的FOV取决于FOV_1和FOV_2中的最小值，可以表示为

$$\mathrm{FOV}=\min\{\mathrm{FOV}_1,\mathrm{FOV}_2\} \tag{8-25}$$

图8-3-2描述了基于悬浮透镜的悬浮3D显示系统的观看视角，其中浅灰色区域表示可以观看到部分悬浮3D图像的区域，深灰色部分表示可以观看到全部悬浮3D图像的区域。可以注意到两个区域的划分是由悬浮透镜的口径S、悬浮距离l_i、像空间景深d及像空间宽度h_i共同决定的。对悬浮3D系统来说，理论上全视角Ω_w(观看者可以观看到全部悬浮3D图像的区

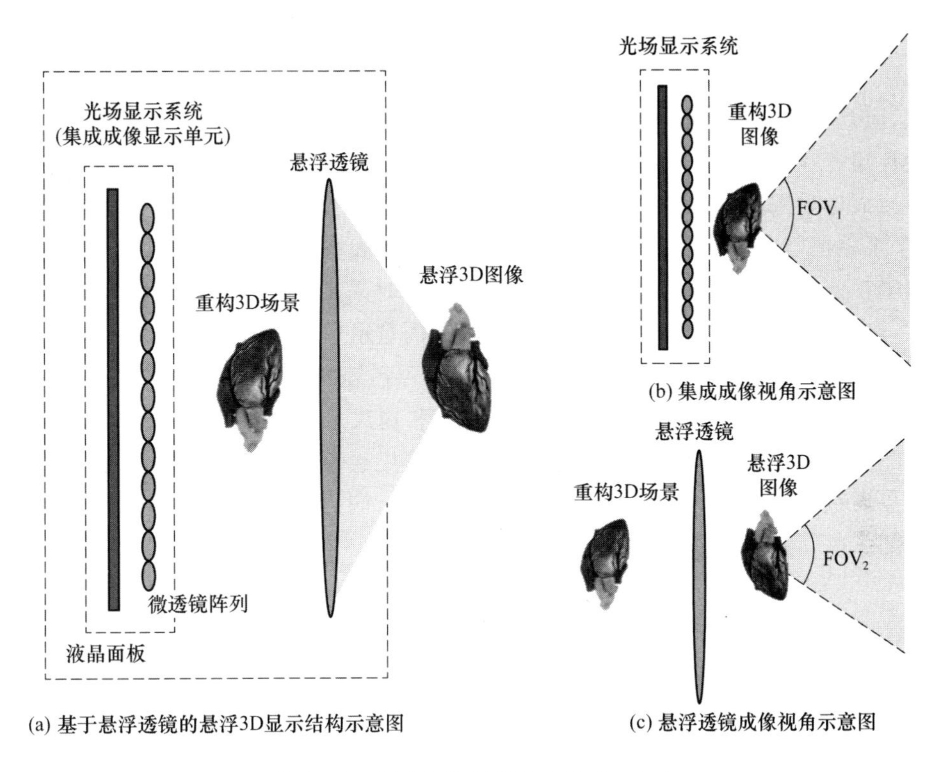

图 8-3-1 基于悬浮透镜的悬浮 3D 显示

域)可以表示为

$$\mathrm{FOV}_2 = \Omega_w = 2\arctan\frac{S-h_i}{2l_i+d} \tag{8-26}$$

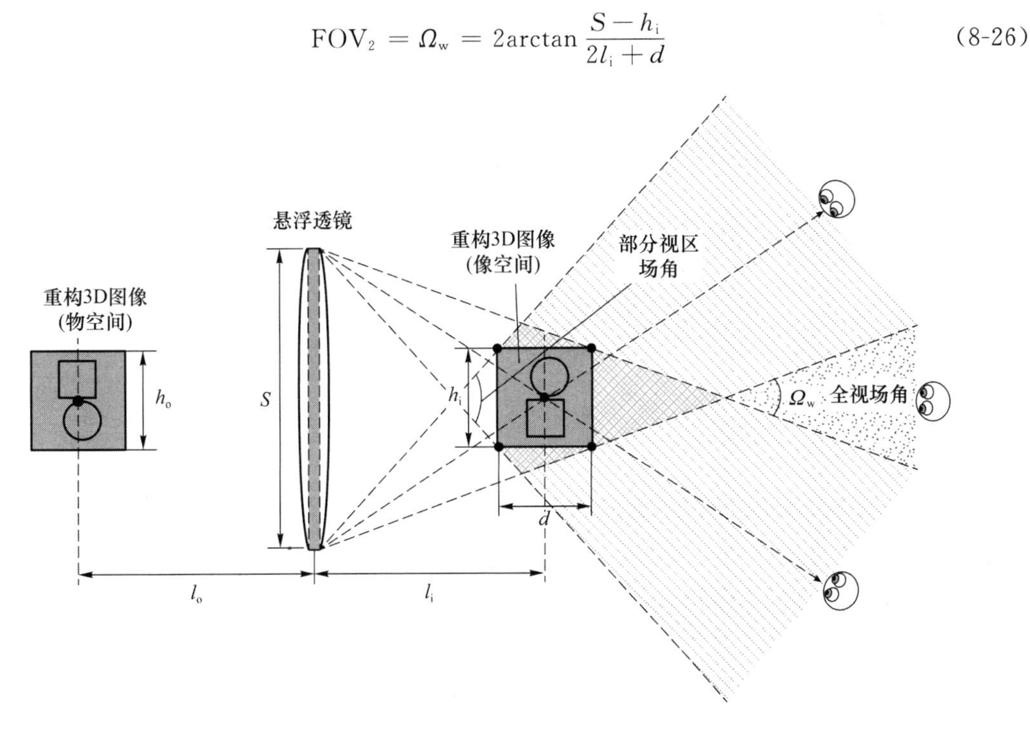

图 8-3-2 基于悬浮透镜的悬浮 3D 显示系统的视角形成示意图

但是事实上,在以往的实验中,实际的视角并不能达到设计标准。导致基于悬浮透镜的悬浮 3D 显示视角小的原因主要有两个。

（1）悬浮 3D 显示系统由 3D 显示单元和悬浮透镜组成，传统方法中 3D 显示单元由集成成像提供，但是集成成像显示本就有视角小、像质差等问题，因此设计大视角的 3D 显示单元是实现大视角悬浮 3D 显示的关键所在。视角小与分辨率低是限制集成成像显示发展的瓶颈问题。集成成像采用圆透镜阵列作为控光元件，可以提供全视差。就人眼对立体视觉的感知来说，水平视差比竖直视差更为重要。而对于需要提供大视角的光场系统，很难同时实现令人满意的水平视差和竖直视差。因此，在进行系统设计时采用柱透镜阵列代替圆透镜阵列作为控光元件，设计一个能够提供水平方向大视角的光场显示单元。

（2）3D 显示单元和悬浮透镜都会产生像差，悬浮透镜的像差尤为严重。在上述传统的悬浮 3D 显示系统中，由于构成显示系统的透镜阵列和构成悬浮显示系统的悬浮透镜都不是理想透镜，在进行光场重构得到物空间和像空间的过程中会不可避免地产生像差。物空间中的不同空间点通过悬浮透镜作用后形成的像差是不同的，同一空间点在不同视场下形成的像差也是不同的。已知光学像差的级数展开式可以表示为

$$\begin{cases}\delta L' = \alpha_1 U^2 + \alpha_2 U^4 + \alpha_3 U^6 + \cdots \\ K'_s = A_1 yU^2 + A_2 yU^4 + B_1 y^3 U^2 + \cdots \\ x'_{t(s)} = a_1 y^2 + a_2 y^4 + a_3 y^6 + \cdots \\ x'_{ts} = C_1 y^2 + C_2 y^4 + \cdots \\ \delta Y'_z = D_1 y^3 + D_2 y^5 + \cdots \\ \Delta l'_{FC} = E_0 + E_1 U^2 + E_2 U^4 + \cdots \\ \Delta y'_{FC} = F_1 y + F_2 y^3 + F_3 y^5 + \cdots \end{cases} \tag{8-27}$$

由式(8-27)对像差的阐述可知，U 表示边缘光线孔径角，y 表示物方视场，增大孔径角会使透镜的球差、彗差和位置色差都增大，而增大物方视场会使透镜的像散、场曲、畸变和倍率色差变得更为严重。由式(8-26)可知，悬浮透镜的口径增大会使悬浮系统的视角在理论上增大，但口径的增大又会带来更为严重的像差，若光场信息重构过程出现偏差，则边缘视场更难形成良好的立体视觉，从而会减小系统的有效视角。因此，和构成重构 3D 图像的空间数据相比，构成悬浮 3D 图像的空间数据存在十分明显的误差。悬浮 3D 图像质量不理想，导致观看者无法在边缘视场形成立体视觉，系统的有效视角自然也达不到设计标准，而且会大大缩减。因此抑制悬浮透镜的像差，准确重构光场信息，得到理想的悬浮 3D 图像，可以有效地增大悬浮 3D 显示系统的视角。

2. 基于悬浮透镜的悬浮 3D 显示系统设计

大视角的悬浮 3D 显示方法由水平方向大视角光场显示单元和悬浮透镜构成。如图 8-3-3(a)所示，整个显示系统由光场显示单元和悬浮显示单元构成。光场显示单元由方向性时序背光模组、液晶面板、柱透镜阵列和定向扩散膜组成，悬浮显示单元则由悬浮透镜构成。在光场显示单元中，由 LED 光源阵列和线性菲涅尔透镜阵列共同构成的方向性时序背光模组能够实现同时供多人观看的大视角 3D 显示效果。显示在液晶面板上的编码图像经过柱透镜阵列和定向扩散膜的调制后，可以高度拟合原始光场，并在定向扩散膜前后呈现具有密集视点信息的重构 3D 图像（物空间）。在悬浮显示单元中，物空间通过悬浮透镜后，光场进行重构得到悬浮 3D 图像（像空间）。根据光学成像原理，和物空间相比，像空间旋转了 180°。和光场显示单元

形成的观看视区相比,整个系统的观看视区也旋转了180°。假设背光模组中每个线性菲涅尔透镜覆盖3个LED光源,悬浮3D显示系统的观看视区如图8-3-3(b)所示,整个悬浮3D显示系统的观看视区由3个子观看视区构成,后文将详细说明光场显示单元的系统设计以及视区形成原理。

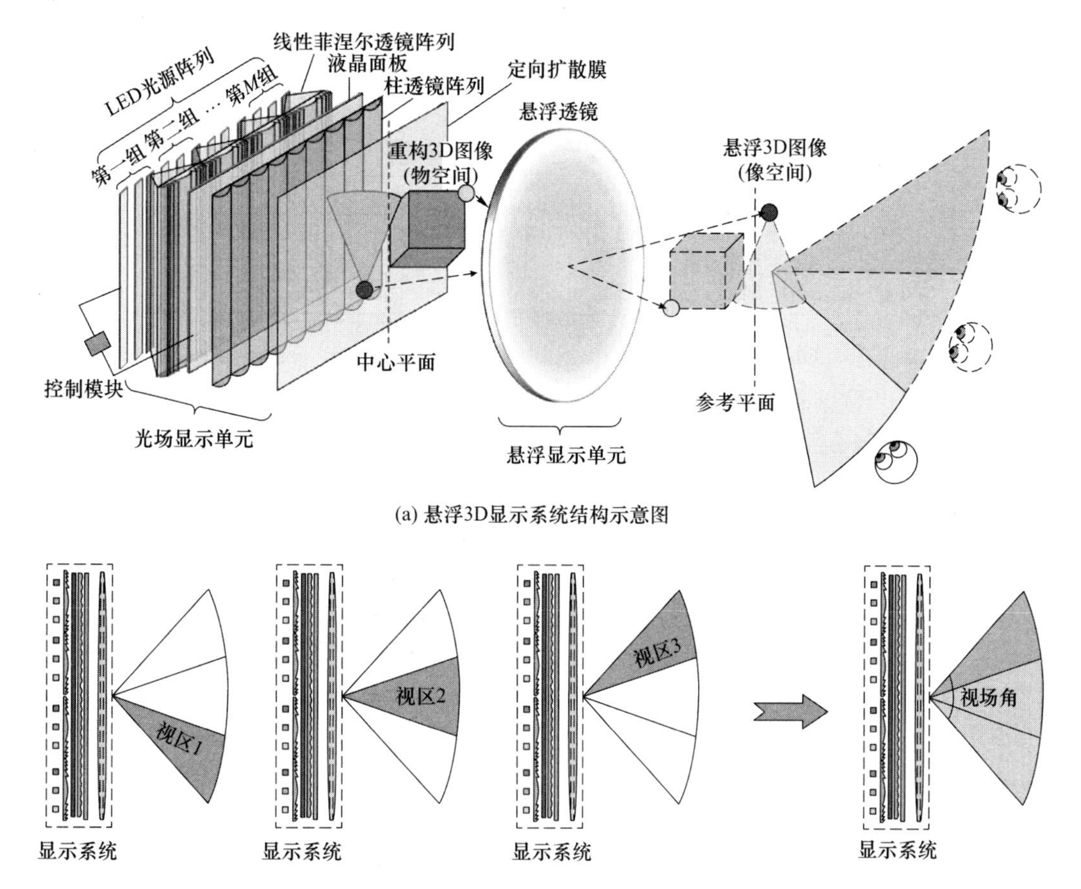

图8-3-3 所提出悬浮3D显示系统的结构和视区分布

光场显示单元的原理如图8-3-4所示。方向性时序背光模组由多个多向背光单元构成,每个多向背光单元由一个线性菲涅尔透镜和其所覆盖的LED光源阵列构成。线性菲涅尔透镜和其所覆盖的LED光源阵列之间的距离是线性菲涅尔透镜的焦距f_1。来自LED光源的光线在经过线性菲涅尔透镜作用后会变为平行光,平行光的出射方向随着LED光源位置的不同而改变。因此,可以通过改变LED光源的位置,对方向性时序背光模组中光线的出射方向进行控制。如图8-3-4(a)所示,假设在方向性时序背光模组中,每个多向背光单元中的线性菲涅耳透镜覆盖3个LED光源。采用基于现场可编程门阵列(Field Programmable Gate Array,FPGA)的控制模块可实现多个多向背光单元与液晶面板中显示内容的同步控制。如图8-3-4(b)~图8-3-4(d)所示,以多向背光单元的一个工作周期为例,均匀分布的左、中、右3个LED光源(分别称为L-1、L-2、L-3)依次被点亮,为系统提供背光照明。方向性时序背光模组的一个工作周期由3个序列组成,并按时间顺序重复。液晶面板以某一刷新频率依次显示3幅编码图像(分别称为Image-1、Image-2、Image-3),同时同步刷新相应的LED光源(即相应的 L-1、L-2、L-3)。3 个子观看视区由此形成,即视区 1、视区 2、视区 3。如图 8-3-4(b)～8-3-4(d)所示, LED 光源 L-1 被点亮,同时相应的编码图像 Image-1 显示在液晶面板上,可以形成视区 1;随后,LED 光源 L-2 被点亮,同时相应的编码图像 Image-2 显示在液晶面板上,可以形成视区 2,以此类推。最终,结合人眼的视觉暂留效应,观看者可以在不同的视区观看不同视角的重构 3D 图像,从而实现大视角的光场显示。液晶面板和方向性时序背光模组中 LED 光源的刷新频率要足以引起人眼的视觉暂留效应。

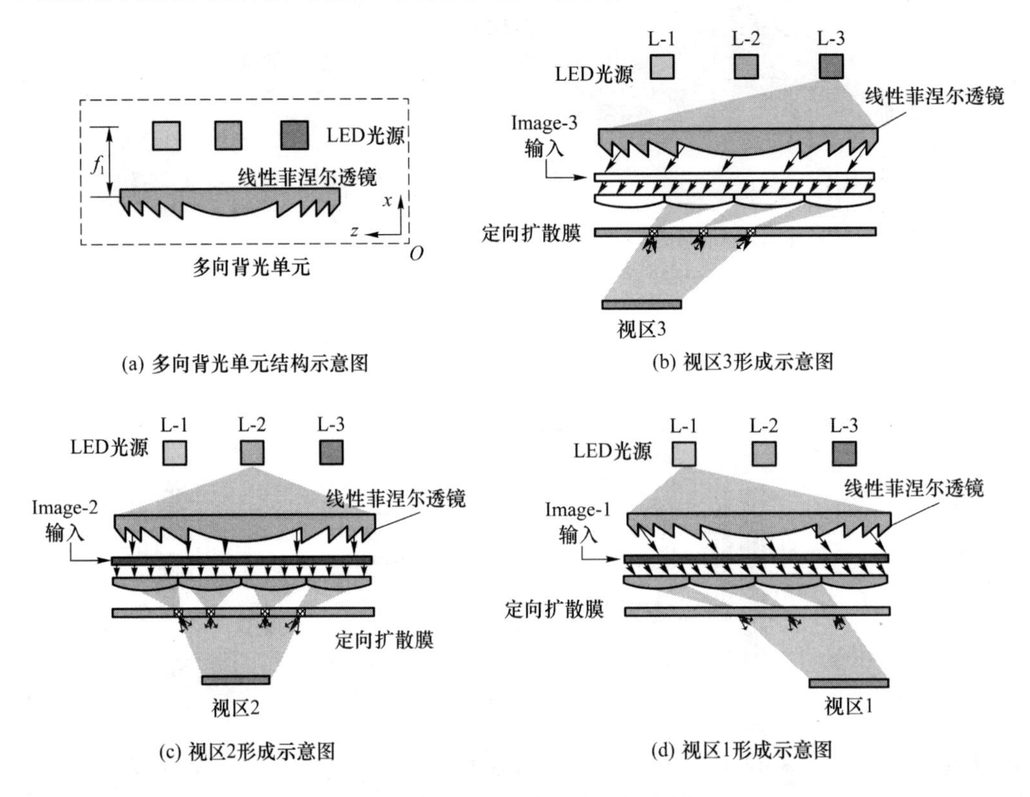

(a) 多向背光单元结构示意图

(b) 视区3形成示意图

(c) 视区2形成示意图

(d) 视区1形成示意图

图 8-3-4 光场显示单元的原理示意图

为了实现上述方向性时序背光模组,基于 FPGA 的控制模块被用来准确地定义每个 LED 光源的点亮时间和编码图像在液晶面板上显示的刷新时间。控制模块的时间序列示意图如图 8-3-5 所示。在一个序列周期内,在相应的编码图像加载到液晶面板上后,相对应的 LED 光源的同步信号被触发,该 LED 光源会被点亮,持续 $T=4$ ms 的时间。$T_f=8.33$ ms 是触发信号的时间间隔,也就是刷新频率为 120 Hz 的液晶面板的一个序列周期。$T_w=4$ ms 是相应的 LED 光源被点亮前的等待时间。

根据以上分析可知,在方向性时序背光模组中,可以通过设计背光系统的参数来控制光线的出射方向。编码图像也在控制模块的控制下进行刷新。所以,和基于传统背光系统的 3D 显示系统相比,采用基于方向性时序背光模组的光场 3D 显示系统可以成倍地扩大光场系统的观看区域,因此可实现更大的视角,且视角主要取决于背光模组的设计。

但是,在光场显示单元和悬浮透镜结合后,悬浮透镜会产生较大的像差,像空间产生的严重像差将导致无法重构完全正确的光场信息,从而直接导致人眼无法在视场边缘形成立体视觉。因此,严重的像差仍然会影响整个悬浮 3D 显示系统的成像质量和视角。针对此问题,下面将介绍光场空间数据重构算法。

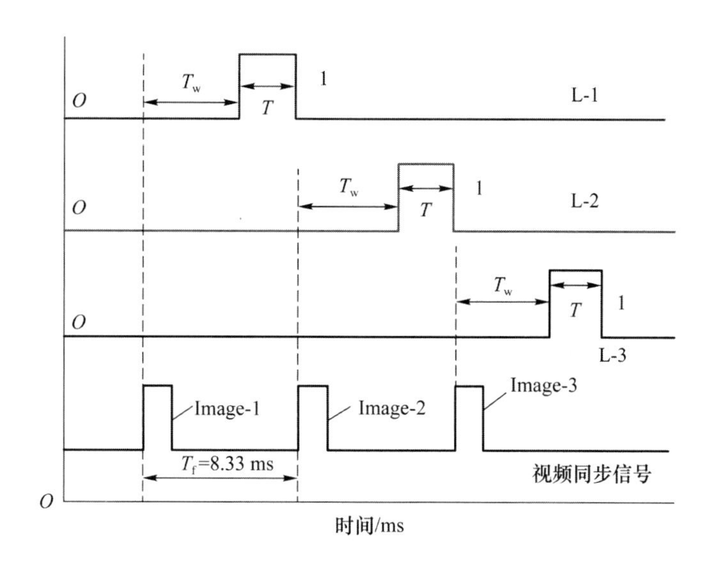

图 8-3-5 控制模块的时间序列示意图

3. 光场空间数据重构算法

传统的光场显示系统包括光场采集和光场重构两个过程。在光场采集中，虚拟相机从不同角度对 3D 物体进行离轴拍摄，获取视差图像。通过对视差图像进行编码，可以得到编码图像。由于采用虚拟摄像机进行光场采集，因此视差图像和编码图像都是理想的。在光场重构中，如果系统中的透镜都是理想的，则编码图像在液晶面板上显示后，经过光场显示系统的调制后可以重构出正确的光场信息，得到没有像差的重构 3D 图像。但现实中，在光场重构的过程中，光场显示中的透镜阵列并不理想，不理想的光学器件会给重构 3D 图像带来像差，从而直接影响系统的视角和 3D 图像质量。

为了抑制非理想透镜引起的像差，提高 3D 图像质量，增大系统视角，引入光场空间数据重构算法。光场空间数据重构算法通过计算从理想像空间发出的空间光线的光路，建立光场空间数据的映射关系。根据该映射关系，可以得到理想的编码图像。这些编码图像经过光学系统调制后得到悬浮 3D 图像的过程可以被认为是光场空间数据重构算法的逆过程。因此是对从理想像空间发出的光线进行计算而得到编码图像的，在理想情况下如果考虑了所有的光线，则理论上得到的悬浮 3D 图像应该同原始 3D 场景相同，也就意味着得到的悬浮 3D 图像的像差被抑制。空间光路的计算是基于系统的非理想透镜及透镜阵列的。该算法可以缓解光场重构过程中透镜不理想的问题，进而提升 3D 图像质量，增大视角。

(1) 空间光线的光路计算

以 3D 光场中某一点为例，从几何光学的角度，计算由此点发出的任意空间光线在经过悬浮透镜的某一折射面后的光路。假定这一折射面为球面，下面我们以光场信息中某一点为例，对其经过球面折射面的光路进行分析。

如图 8-3-6 所示，选用右手坐标系，x 轴和光轴重合，确定 O 点为坐标原点。$P(x,y,z)$为 3D 光场中任意一点，其位置矢量记为 $\boldsymbol{T}=(x,y,z)$，光线方向记为单位矢量 $\boldsymbol{Q}=(\alpha,\beta,\gamma)$。该光线经过悬浮透镜的某一折射面后的折射点记为 $P_1(x_1,y_1,z_1)$，其位置矢量记为 $\boldsymbol{T}_1=(x_1,y_1,z_1)$，光线方向记为 $\boldsymbol{Q}_1=(\alpha_1,\beta_1,\gamma_1)$。$P_1(x_1,y_1,z_1)$是我们要求解的空间数据。

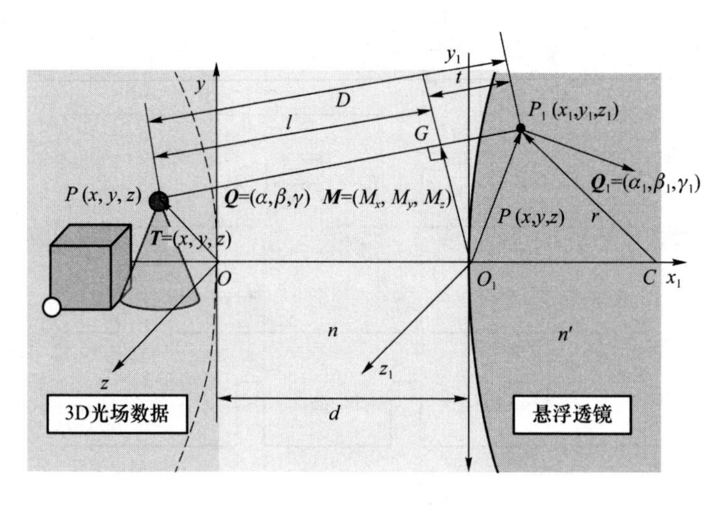

图 8-3-6　空间光线经过悬浮透镜折射面时的光路示意图

y_1 轴与悬浮透镜左侧折射面相切，球面顶点为 O_1，折射面的曲率半径为 r，折射面前、后的折射率分别为 n 和 n'。由 O_1 向初始光线方向作垂线，相交于点 G，其位置用矢量 $\boldsymbol{M}=(M_x,M_y,M_z)$ 表示；折射点 P_1 处的法线的单位矢量记为 $\boldsymbol{N}=(\lambda,\mu,\nu)$。设 $PG=l$，$PP_1=D=l+t$，接下来对 $P_1(x_1,y_1,z_1)$〔包括 $\boldsymbol{T}_1=(x_1,y_1,z_1)$、$\boldsymbol{N}$ 和 $\boldsymbol{Q}_1=(\alpha_1,\beta_1,\gamma_1)$〕进行求解。

① 由 $\boldsymbol{T}$ 和 $\boldsymbol{Q}$ 求 $\boldsymbol{T}_1$

首先求 $\boldsymbol{M}$，由几何关系得矢量公式：

$$\boldsymbol{T}+l\boldsymbol{Q}=d\boldsymbol{i}+\boldsymbol{M} \tag{8-28}$$

两侧对 Q 作点积，可以得到

$$\boldsymbol{T}\cdot\boldsymbol{Q}+l=d\boldsymbol{i}\cdot\boldsymbol{Q} \tag{8-29}$$

求得

$$\begin{cases} l=\alpha(d-x)-\beta y-\gamma z \\ \boldsymbol{M}=(x-d+\alpha l)\boldsymbol{i}+(y+\beta l)\boldsymbol{j}+(z+\gamma l)\boldsymbol{k} \end{cases} \tag{8-30}$$

再由 $\boldsymbol{M}$ 和 $\boldsymbol{Q}$ 求解 $\boldsymbol{T}_1$，由几何关系得

$$\begin{cases} \boldsymbol{M}+t\boldsymbol{Q}=\boldsymbol{T}_1 \\ x_1^2+y_1^2+z_1^2-2rx_1=0 \\ \boldsymbol{T}_1^2-2r\boldsymbol{i}\cdot\boldsymbol{T}_1=0 \\ \boldsymbol{T}_1^2=\boldsymbol{M}^2+t^2 \end{cases} \tag{8-31}$$

对式(8-31)中的 $\boldsymbol{T}_1^2=\boldsymbol{M}^2+t^2$ 两边用 i 做点积，可以得到

$$\boldsymbol{i}\cdot\boldsymbol{T}_1=\boldsymbol{i}\cdot(\boldsymbol{M}+t\boldsymbol{Q})=M_x+t\alpha \tag{8-32}$$

根据式(8-31)和式(8-32)，经过分析计算可以得到求解 t 的公式：

$$t=\alpha r-\sqrt{(\alpha r)^2-\boldsymbol{M}^2+2rM_x}=\frac{\boldsymbol{M}^2+2rM_x}{\alpha r+\sqrt{(\alpha r)^2-\boldsymbol{M}^2+2rM_x}} \tag{8-33}$$

将式(8-33)代入式(8-31)可以求得 $\boldsymbol{T}_1$，$\boldsymbol{T}_1$ 可以写成 3 个分量公式：

$$\begin{cases} x_1=x-d+\alpha D \\ y_1=y+\beta D \\ z_1=z+\gamma D \end{cases} \tag{8-34}$$

② 由 $\boldsymbol{T}_1$ 求 $\boldsymbol{N}$

$\boldsymbol{N}$ 为折射点 P_1 处法线的单位矢量，由三角形$\triangle O_1P_1C$ 的几何关系可得矢量公式：

$$\begin{cases}\boldsymbol{T}_1+r\boldsymbol{N}=r\boldsymbol{i}\\ \boldsymbol{N}=\boldsymbol{i}-\dfrac{\boldsymbol{T}_1}{r}\end{cases}\tag{8-35}$$

最终可以求 $\boldsymbol{N}$，将其写成分量形式：

$$\begin{cases}\lambda=1-x_1\varphi\\ \mu=-\dfrac{y_1}{r}\\ \nu=-\dfrac{z_1}{r}\end{cases}\tag{8-36}$$

③ 由 $\boldsymbol{N}$ 和 $\boldsymbol{Q}$ 求 $\boldsymbol{Q}_1$

将折射定律写成矢量形式：

$$n'\boldsymbol{Q}_1-n\boldsymbol{Q}=\Gamma\boldsymbol{N}\tag{8-37}$$

其中 Γ 为偏向常数，L 和 I 分别为入射角和出射角，Γ 和 $\cos I$ 由式(8-38)表示：

$$\begin{cases}\Gamma=n'\cos I'-n\cos I\\ \cos I=\boldsymbol{Q}\cdot\boldsymbol{N}=\alpha\lambda+\beta\mu+\gamma\nu\end{cases}\tag{8-38}$$

按折射定律可以求得 $\cos I'$：

$$\cos I'=\sqrt{1-\frac{n^2}{n'^2}(1-\cos^2 I)}\tag{8-39}$$

经过以上计算可以得到 $\boldsymbol{Q}_1$ 的分量形式：

$$\begin{cases}\alpha_1=\dfrac{n}{n'}\alpha+\dfrac{\Gamma}{n'}\left(1-\dfrac{x_1}{r}\right)\\ \beta_1=\dfrac{n}{n'}\beta-\dfrac{\Gamma y_1}{n'r}\\ \gamma_1=\dfrac{n}{n'}\gamma-\dfrac{\Gamma}{n'r}\end{cases}\tag{8-40}$$

经过以上对3D光场中光线的计算和分析可知，我们只要知道 $\boldsymbol{T}$ 和 $\boldsymbol{Q}$，就可以用以上公式求出某光线经过悬浮透镜某折射面后的位置矢量 $\boldsymbol{T}_1$ 和光线方向 $\boldsymbol{Q}_1$。

以上分析以球面折射面为例，光学系统中采用的曲面大多为二次曲面，非球面二次曲面的情况虽然和球面折射面的计算细节有所不同，但仍然可以用以上思路对光场光线进行光路计算，二次曲面可用以下公式进行表示：

$$F(x_1,y_1,z_1)=x_1^2+y_1^2+z_1^2-2rx_1-ex_1^2=0\tag{8-41}$$

其中，e 为二次曲面的偏心率。当 $e=0$ 时，透镜的折射面为球面，在其他情况下透镜的折射面则为非球面二次曲面。非球面二次曲面的光场光路计算仍然可以使用图8-3-6的光路示意图，计算思路也仍然和透镜折射面为球面时类似。根据上述计算 $P_1(x_1,y_1,z_1)$的思路，我们可以求得悬浮透镜折射面为非球面二次曲面时 $P_1(x_1,y_1,z_1)$的计算结果：

$$\begin{cases}x_1=x-d+D\alpha\\ y_1=y+D\beta\\ z_1=z+D\gamma\end{cases}\tag{8-42}$$

$$\begin{cases}\alpha_1=\dfrac{n}{n'}\alpha+\dfrac{\Gamma kx_1}{n'rA}\\ \beta_1=\dfrac{n}{n'}\beta-\dfrac{\Gamma y_1}{n'rA}\\ \gamma_1=\dfrac{n}{n'}\gamma-\dfrac{\Gamma z_1}{n'rA}\end{cases} \tag{8-43}$$

及

$$\begin{cases}A=\sqrt{1+\dfrac{e^2(y_1^2+z_1^2)}{r_2}}\\ k=1-e^2\end{cases} \tag{8-44}$$

（2）光场空间数据映射方法

如图 8-3-7 所示，光场空间数据映射方法分为两类：物-像空间数据映射方法和像素-物空间数据映射方法。物-像空间数据映射方法建立了物空间中空间数据与像空间中相对应的空间数据一一映射的数学模型，像素-物空间数据映射方法建立了编码图像和物空间中空间数据一一映射的数学模型。

为了提高算法的计算效率，分别对物空间和像空间进行系统抽样。对像空间沿着 Y-Z 平面进行系统抽样，将像空间分层，然后对每层的空间数据都执行物-像空间数据映射方法，如图 8-3-7 所示。

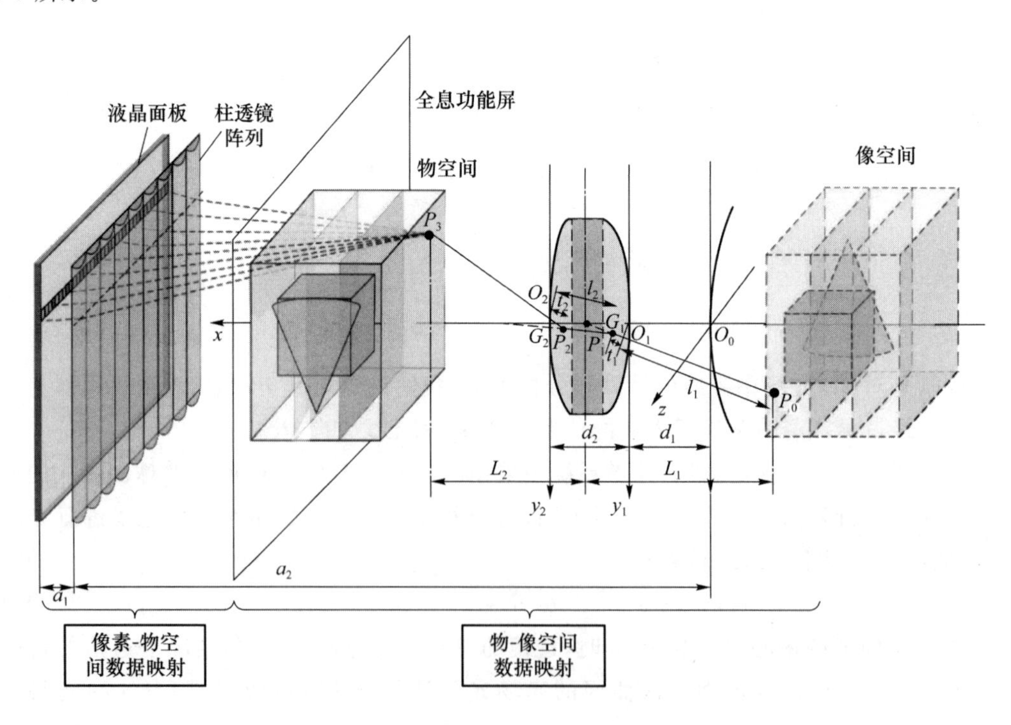

图 8-3-7　光场空间数据映射方法示意图

① 物-像空间数据映射方法

如图 8-3-7 所示，以像空间中任意一空间点 $P_0(x_0, y_0, z_0)$ 为例，经过悬浮透镜的两次折射后得到与之相对应的物空间中的点 P_3。也就是说，根据高斯公式，从 P_3 发出的空间光线最终会与相对应的像平面相交于 P_0〔高斯公式为式(8-45)，其中 μ 表示物距，v 表示像距，f 表示悬浮透镜的焦距〕。建立物空间中光场空间数据和像空间中光场空间数据一一映射的数学模型的方法称为物-像空间数据映射方法。为了提高计算效率和准确性,该方法中只考虑主光线。如图 8-3-7 所示,设定坐标原点为 O_0,随之确定理想像空间的空间位置。假设 P_0 是理想像空间中任一已知的点,下面阐述物-像空间数据映射方法。

$$\frac{1}{f}=\frac{1}{u}+\frac{1}{v} \tag{8-45}$$

如图 8-3-7 所示,$\overrightarrow{O_0P_0}(\boldsymbol{T}_0)$的坐标为$(x_0,y_0,z_0)$,$\overrightarrow{O_0P_0}$的单位向量 Q_0 表示为$(\alpha_0,\beta_0,\gamma_0)$,$\overrightarrow{O_1P_1}(\boldsymbol{T}_1)$和$\overrightarrow{O_2P_2}(\boldsymbol{T}_2)$的坐标分别为$(x_1,y_1,z_1)$、$(x_2,y_2,z_2)$,$\overrightarrow{O_1G_1}(\boldsymbol{M}_1)\perp\overrightarrow{P_0P_1}$,$P_0G_1=l_1$,$P_1G_1=t_1$,$\overrightarrow{O_2G_2}(\boldsymbol{M}_2)\perp\overrightarrow{P_1P_2}$,$P_1G_2=l_2$,$P_2G_2=t_2$,$\overrightarrow{P_1P_2}$的单位向量 $\boldsymbol{Q}_1$ 表示为$(\alpha_1,\beta_1,\gamma_1)$,$\overrightarrow{P_2P_3}$的单位向量 $\boldsymbol{Q}_2$ 表示为$(\alpha_2,\beta_2,\gamma_2)$,$O_0O_1=d_1$,$O_1O_2=d_2$,$L_1$ 和 L_2 分别表示物距和像距。n 表示像空间和悬浮透镜之间的介质折射率,n'表示悬浮透镜的折射率,n''表示物空间和悬浮透镜之间的介质折射率。$P_3(x_3,y_3,z_3)$(也就是$\overrightarrow{O_0P_3}$)是需要求解的物空间中的未知点。$\boldsymbol{T}_1$、$\boldsymbol{Q}_0$、d_1、d_2、L_1 是已知的。根据光场空间光线的计算方法和光学成像规律,可以得到以下公式:

$$\begin{cases}\boldsymbol{T}_0+l_1\boldsymbol{Q}_0=d_1\boldsymbol{i}+\boldsymbol{M}_1\\ \boldsymbol{M}_1+t_1\boldsymbol{Q}_0=\boldsymbol{T}_1\\ \boldsymbol{T}_1^2-2r_1\boldsymbol{i}\cdot\boldsymbol{T}_1=0\\ \boldsymbol{T}_1^2=\boldsymbol{M}_1^2+t_1^2\\ \boldsymbol{T}_1+r_1\mathbf{N}_1=r_1\mathrm{i}\\ n'\boldsymbol{Q}_1-n\boldsymbol{Q}_0=\varGamma_1\mathbf{N}_1\end{cases} \tag{8-46}$$

其中,$\varGamma_1=n'\cos I_0'-n\cos I_0$,$\mathbf{N}_1$ 是球 O_1 法线方向的单位向量。通过上述公式,可以得到 $\boldsymbol{T}_0$ 和 $\boldsymbol{Q}_1$:

$$\begin{cases}\boldsymbol{T}_1=(x_0-d_1+\alpha_0(l_1+t_1),y_0+\beta_0(l_1+t_1),z_0+\gamma_0(l_1+t_1))\\ \boldsymbol{Q}_1=\left(\frac{n}{n'}\alpha_0+\frac{\varGamma_1}{n'}(1-x_1\rho_1),\frac{n}{n'}\beta_0-\frac{\varGamma_1}{n'}y_1\rho_1,\frac{n}{n'}\gamma_0-\frac{\varGamma_1}{n'}\rho_1\right)\end{cases} \tag{8-47}$$

及

$$\begin{cases}\boldsymbol{M}_1=(x_0-d_1+\alpha_0l_1,y_0+\beta_0l_1,z_0+\gamma_0l_1)\\ l_1=\alpha_0(d_1-x_0)-\beta_0y_0-\gamma_0z_0\\ t_1=\dfrac{\boldsymbol{M}_1^2\rho_1-2M_{1x}}{\alpha_0+\sqrt{\alpha_0^2-M_1^2\rho_1^2+2M_{1x}\rho_1}}\\ \cos I=\boldsymbol{Q}_0\cdot\mathbf{N}_1=\alpha_0(1-x_1\rho_1)-\beta_0y_1\rho_1-\gamma_0z_1\rho_1\\ \cos I'=\sqrt{1-\dfrac{n^2}{n'^2}(1-\cos^2 I)}\\ \rho_1=\dfrac{1}{r_1}\end{cases} \tag{8-48}$$

$\boldsymbol{T}_2$ 和 $\boldsymbol{Q}_2$ 的求解过程和 $\boldsymbol{T}_1$ 和 $\boldsymbol{Q}_1$ 的求解过程相似,其中 $\varGamma_2=n''\cos I_1{}'-n'\cos I_1$,$\mathbf{N}_2$ 是球 $\boldsymbol{Q}_2$ 法线方向的单位向量。$\boldsymbol{T}_2$、$\boldsymbol{Q}_2$ 可以表示为

$$\begin{cases}\boldsymbol{T}_2=(x_1-d_2+\alpha_1(l_2-t_2),y_1+\beta_1(l_2-t_2),z_1+\gamma_1(l_2-t_2))\\ \boldsymbol{Q}_2=\left(\frac{n'}{n''}\alpha_1+\frac{\varGamma_2}{n''}(1+x_2\rho_2),\frac{n'}{n''}\beta_1+\frac{\varGamma_2}{n''}y_2\rho_2,\frac{n'}{n''}\gamma_1+\frac{\varGamma_2}{n''}\rho_2\right)\end{cases} \tag{8-49}$$

及

$$\begin{cases} \boldsymbol{M}_2 = (x_1 - d_2 + \alpha_1 l_2, y_1 + \beta_1 l_2, z_1 + \gamma_1 l_2) \\ l_2 = \alpha_1(d_2 - x_1) - \beta_1 y_1 - \gamma_1 z_1 \\ t_2 = \dfrac{\boldsymbol{M}_2^2 \rho_2 + 2M_{2x}}{\alpha_1 + \sqrt{\alpha_1^2 - (M_{2x}^2 \rho_2^2 + 2M_{2x}\rho_2)}} \\ \cos I_1 = -\boldsymbol{Q}_1 \cdot \boldsymbol{N}_2 = \alpha_1(1 + x_2\rho_2) + \beta_1 y_2 \rho_2 + \gamma_1 z_2 \rho_2 \\ \cos I_1' = \sqrt{1 - \dfrac{n'^2}{n''^2}(1 - \cos^2 I_1)} \\ \rho_2 = \dfrac{1}{r_2} \end{cases} \tag{8-50}$$

随后，$\boldsymbol{T}_3$ 可以通过以上结果计算得到。由式(8-47)～(8-50)和 $\overrightarrow{O_0P_3} - \overrightarrow{O_0P_2} = \eta\boldsymbol{Q}_2$（$\eta$ 是一个常数）可知，$\overrightarrow{O_0P_3}$ 可以用 $\boldsymbol{T}_0$ 和 $\boldsymbol{Q}_0$ 表示：

$$\begin{cases} x_3 = L_1 + \dfrac{L_1 f}{f - L_1} - |x_0| \\ y_3 = (y_0 + \beta_0 D_2)(1 - B_1\rho_1 D_2 - \omega(n' + \Gamma_2\rho_2 D_2)B_1\rho_1 + \omega\Gamma_2\rho_2) + \\ \qquad \beta_0(A_1 D_2 + \omega A_1(n' + \Gamma_2\rho_2 D_2)) \\ z_3 = z_0 + \gamma_0[D_1 + (D_2 + \eta A_2)A_1] - \omega(\Gamma_1\rho_1 - \Gamma_2\rho_2) \end{cases} \tag{8-51}$$

及

$$\begin{cases} \eta = \dfrac{n''\left[\dfrac{L_1 + L_1 f}{f - L_1} + x_0 + \left(\dfrac{\Gamma_1\rho_1 D_2}{n' - 1}\right)(x_0 - d_1 + \alpha_0 D_1) - (n\alpha_0 + \Gamma_1)\dfrac{D_2}{n'}\right]}{[\Gamma_2\rho_2 - B_1\rho_1(n' + \Gamma_2 D_2\rho_2)](x_0 - d_1 + \alpha_0 D_1) + \dfrac{(n\alpha_0 + \Gamma_1)(n' + \Gamma_2 D_2 \rho_2)}{n'} + \Gamma_2(1 - d_2\rho_2)} \\ D_1 = l_1 + t_1 \\ D_2 = l_2 - t_2 \\ \omega = \eta / n'' \end{cases} \tag{8-52}$$

其中，$A_1 = \dfrac{n}{n'}$，$A_2 = \dfrac{n'}{n''}$，$B_1 = \dfrac{\Gamma_1}{n'}$，$B_2 = \dfrac{\Gamma_2}{n'}$。

物-像空间数据映射方法可以描述物空间与像空间之间任意空间数据的映射，即式(8-52)。

② 像素-物空间数据映射方法

在像素-物空间数据映射方法中，求解目标为理想的编码图像。不同于传统的背光系统，在方向性时序背光模组中，在每个 LED 光源被点亮的时间段内，相应的编码图像就会同时地显示在液晶面板上。每个线性菲涅尔透镜单元覆盖 N 个 LED 光源，对应着 N 幅编码图像会依次按照刷新频率进行显示。如图 8-3-8 所示，柱透镜光栅与液晶面板的距离为 0，以其中一幅编码图像中的像素为例，说明像素-物空间数据映射方法。

在确定了实验设备的参数后，其他相关参数也随之确定。以像素 $p(i,j)$ 为例，φ 是出射光线与 Z 轴的夹角，C_0 是覆盖像素 $p(i,j)$ 的柱透镜节点，V_1 是像素发出的光线经过柱透镜后的出射点。

首先，定向扩散膜被放置在柱透镜阵列的焦平面处，根据柱透镜的成像规则，在同一柱透

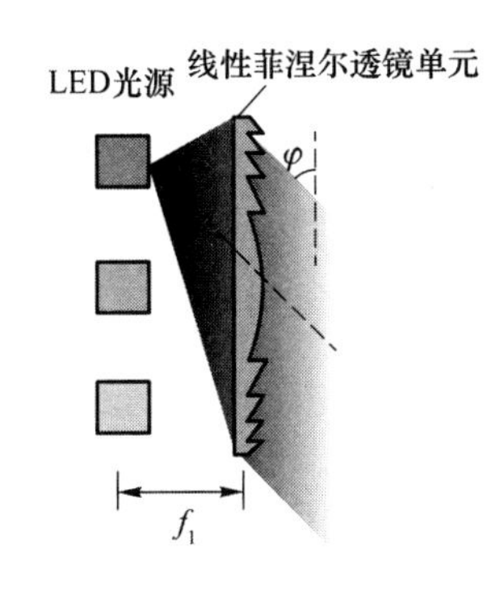

(a) 多向背光单元的顶视图

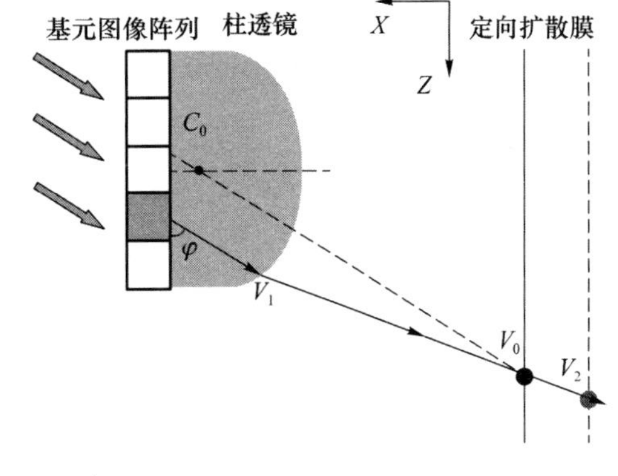

(b) 像素-物空间数据映射示意图

图 8-3-8 多向背光的编码原理

镜中通过 C_0 且和 $p(i,j)$ 处出射光线方向相同的光线最终会和 $p(i,j)$ 处出射光线相交于点 V_0。$\boldsymbol{R}_0$ 是偏折角为 φ 的出射光线的单位向量。$l_1=f(\varphi,C_0)$ 是单位向量为 $\boldsymbol{R}_0$ 且通过点 C_0 的直线。V_0 可以表示为

$$V_0 = (x = x_{\mathrm{HFS}}) \cap (l_1 = f(\varphi,C_0)) \tag{8-53}$$

$l_2=f(V_0,V_1)$ 表示从 $p(i,j)$ 出发经过柱透镜折射后经过 V_0 和 V_1 的直线。要求解为 $p(i,j)$ 提供像素值的空间点 V_2，我们需要遍历物空间中的空间点。物空间中的空间点集合称为 A_{object}。V_2 可以表示为

$$V_2 = (l_2 = f(V_0,V_1)) \cap A_{\mathrm{object}} \tag{8-54}$$

最终，可以获得理想的编码图像。同理，其他 $N-1$ 幅编码图像也可以通过上述方法获得。

(3) 光场空间数据重构算法的流程

图 8-3-9 所示为未采用和采用了光场空间数据重构算法的对比。图 8-3-9(b)展示了光场空间数据重构算法流程。悬浮显示单元会产生像差，导致像空间的 3D 图像质量和视角不理想。为了使透射式悬浮 3D 显示获得令人满意的图像质量和视角，光场空间数据重构算法被提出来用于实现悬浮 3D 显示中的光场重构，该算法流程分为 4 个步骤。

① 理想像空间分层

在给定的坐标系下，根据已知的 3D 场景确定理想像空间的空间数据坐标。为了提高算法的效率，需对像空间的系统采样。如图 8-3-9(b)所示，将理想的像空间有限采样为沿 Y-Z 平面的多层切片，每个切片上的空间点数据都需要通过光场空间数据重构算法计算其对应的物空间数据和编码图像中的像素值。

② 物-像空间数据映射

对来自理想像空间的每层空间数据都需要执行物-像空间数据映射方法，可以得到与之对应的物空间中的空间数据。最终，得到了完整的物空间，通过物空间数据可以进一步计算编码图像。

③ 像素-物空间数据映射

通过对物空间的每层空间数据都执行像素-物空间数据映射方法，可以得到 N 幅理想编码图像。编码图像的数量与子观看视区的数量相同，也和背光模组中菲涅尔透镜单元覆盖的 LED 光源数量相同。

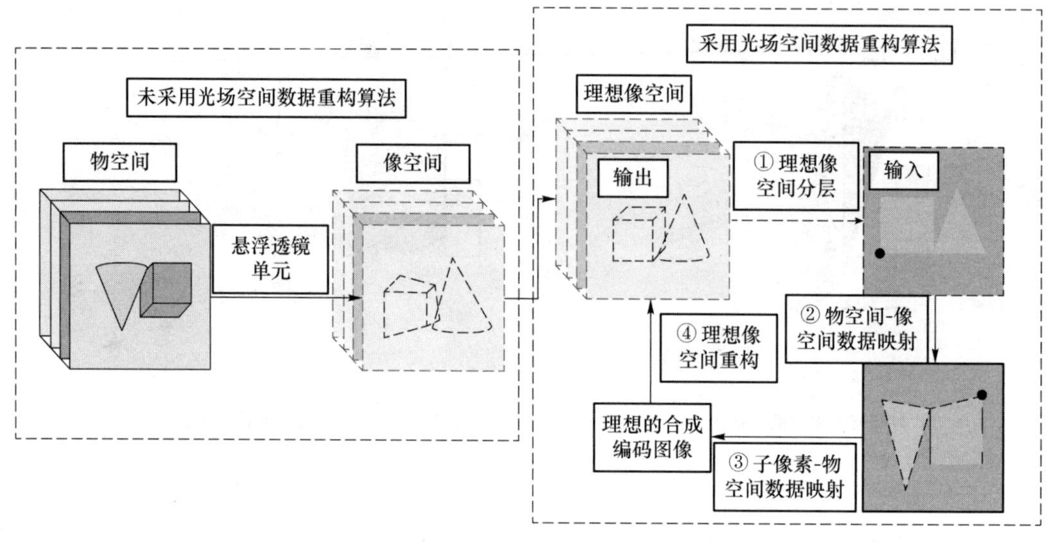

(a) 未采用光场空间数据重构算法　　(b) 采用了光场空间数据重构算法

图 8-3-9　未采用和采用了光场空间数据重构算法的对比

④ 理想像空间重构

N 幅编码图像按照固定刷新频率在液晶面板进行显示，通过整个悬浮 3D 显示系统后，光场信息得以被准确重构，并得到理想像空间。最后，实现了空间数据重构算法，获得了令人满意的悬浮 3D 图像质量和视角。

通过光场空间数据重构算法对像空间的光场空间数据进行重构，并与方向性时序背光模组相结合，提高了悬浮 3D 图像的质量，扩大了悬浮 3D 显示系统的视角。

(4) 光场的像素编码

在由柱透镜光栅和液晶面板构成的立体显示技术中，因为在贴合液晶面板和柱透镜光栅时，要尽量消除莫尔条纹，所以柱镜光栅的排列和液晶屏子像素的垂直排列方向是呈一定角度 θ 的（θ 即光栅倾斜角，在一般情况下 $0°<\theta<45°$），这样势必会导致有一些子像素被柱透镜边缘划分为两部分，如图 8-3-10(a)中虚线标出来的子像素。在现实情况下，由于工艺限制，柱透镜单元覆盖的子像素数目一般不是理想的整数情况（如 4.763 2），导致子像素没有被柱透镜单元覆盖而是被划分为两部分，本应该按顺序在空间形成视区的视点却被两个柱透镜单元覆盖，从而导致同一个视点被分光到空间的不同视区，因此观看者在观看时，会看到 3D 图像有较为明显的边缘锯齿，这会影响最终显示系统的观感。理论上，像素点越小，柱透镜单元覆盖的子像素越完整，边缘锯齿越不明显。然而，目前光场显示中柱透镜单元的截距一般都较小，覆盖的子像素数较少，普通液晶面板的像素点也不可能做到无限小，所以无法很好地消除 3D 图像的锯齿感。

为了解决由柱透镜光栅和液晶面板构成的 3D 显示技术的显示效果有边缘锯齿这一问题，进一步提高 3D 图像的质量，采用像素加权编码算法可以消除由于视点被柱镜分割而造成的立体图像边缘锯齿。

图 8-3-10 展示了编码图像和柱透镜光栅的示意图，以及子像素被柱透镜单元边缘分割后有可能出现的 4 种情况。

每个子像素与所在柱透镜单元光轴的距离等于子像素左上角顶点与覆盖其柱透镜左边缘

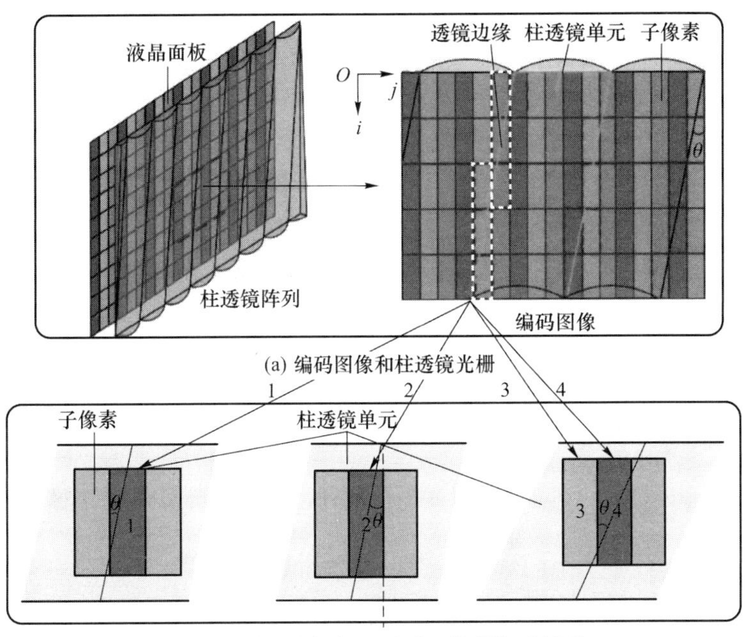

(a) 编码图像和柱透镜光栅

(b) 柱透镜光栅分割液晶面板中子像素的4种情形

图 8-3-10 像素加权编码原理

的距离,记为 L,可以表示为

$$L = 3j + 3i\tan\theta + k - \text{floor}\left[\frac{(3j + 3i\tan\theta + k)}{w}\right]w \tag{8-55}$$

其中,floor[·]表示向下取整,w 表示柱透镜单元覆盖的子像素数目,该子像素表示为(i,j,k),k 表示子像素颜色通道,θ 为柱透镜光栅的倾斜角(在图 8-3-10 中为正方向,本节的讨论以正方向为例)。柱透镜单元覆盖的子像素数为 N,子像素宽度为 1 个单位,高度为 3 个单位。当前被分割的子像素值为 S_r,其前一个子像素(左侧子像素)值记为 S_{r-1},其后一个子像素(右侧子像素)值记为 S_{r+1}。我们根据 L 的数值以及数学关系,子像素被分割的情况分为图 8-3-11 展示的 4 种情形,下面我们将详细分析加权算法中出现的 4 种情形。

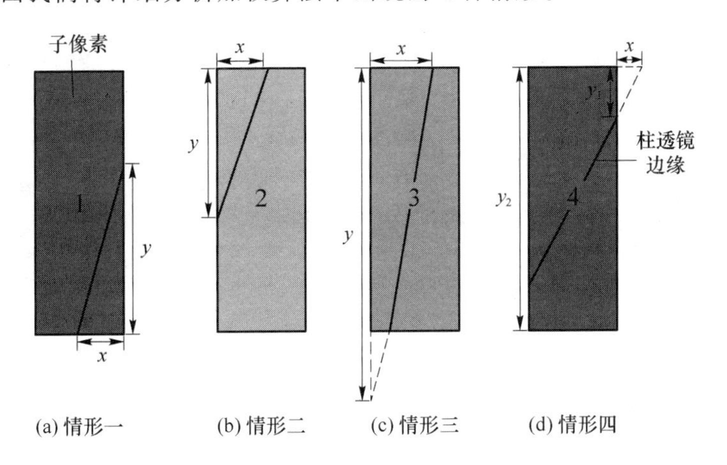

(a) 情形一 (b) 情形二 (c) 情形三 (d) 情形四

图 8-3-11 子像素被柱镜单元分割的 4 种可能情形示意图

令 $x_1 = N - L$,$x_2 = N - L - 1$,在前 3 种情形下 $x = y\tan\theta$,在第 4 种情形下 $x = y_1\tan\theta$,

$x+1=y_2\tan\theta$。左侧图形占子像素面积的比例记为 P_{r-1}，右侧图形占子像素面积的比例记为 P_{r+1}，则该被分割的子像素值可以表示为

$$S_r = P_{r-1}S_{r-1} + P_{r+1}S_{r+1} \tag{8-56}$$

① 情形一

当 $x_2\in(0,1]$，$y\in(0,3]$时，如图 8-3-11(a)所示，经过计算后的子像素值被更新为

$$S_r = \left[1-\frac{(3\tan\theta-N+L+1)^2}{6\tan\theta}\right]S_{r-1} + \frac{(3\tan\theta-N+L+1)^2}{6\tan\theta}\times S_{r+1} \tag{8-57}$$

② 情形二

当 $x_1\in(0,1]$，$y\in(0,3]$时，如图 8-3-11(b)所示，经过计算后的子像素值被更新为

$$S_r = \left[1-\frac{(N-L)^2}{6\tan\theta}\right]S_{r-1} + \frac{(N-L)^2}{6\tan\theta}\times S_{r+1} \tag{8-58}$$

③ 情形三

当 $x_1\in(0,1]$，$y\in(3,+\infty)$时，如图 8-3-11(c)所示，经过计算后的子像素值被更新为

$$S_r = \left(x-\frac{3}{2}\tan\theta\right)S_{r-1} + \left(1-x+\frac{3}{2}\tan\theta\right)S_{r+1} \tag{8-59}$$

④ 情形四

当 $y_1\in(0,3]$，$y_2\in(0,3]$时，如图 8-3-11(d)所示，经过计算后的子像素值被更新为

$$S_r = \left(\frac{N-L}{3\tan\theta}-\frac{1}{6\tan\theta}\right)S_{r-1} + \left(1-\frac{N-L}{3\tan\theta}+\frac{1}{6\tan\theta}\right)S_{r+1} \tag{8-60}$$

被分割的子像素被上述公式更新后，其他的子像素则不做任何变化，这样就可以得到优化后的编码图像。

另外，需要说明两点：①当被分割的子像素处于液晶的最左(右)端时，其左(右)侧已经没有子像素，这时我们将这个被分割的子像素值更新为 $S_r=P_{r-1}S_r+P_{r+1}S_{r+1}$ ($S_r=P_{r-1}S_{r-1}+P_{r+1}S_r$)；②当光栅倾斜角变为负方向时，算法原理同上。至此，我们便得到了优化后的编码图像，经过光学系统显示后，观察到的立体图像便是边缘锯齿被减轻的效果。

图 8-3-12(a)是编码图像未经过加权优化算法优化的显示效果，图 8-3-12(b)是编码图像经过加权优化算法优化的显示效果。可以很明显地看出，使用加权优化算法后，显示效果的边缘锯齿得到了一定的抑制。

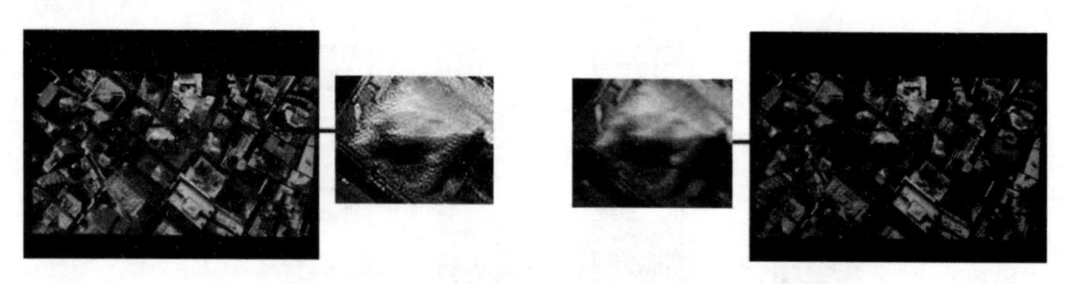

(a) 未使用加权优化算法　　(b) 使用了加权优化算法

图 8-3-12　未使用和使用了加权优化算法的立体显示效果对比

(5) 仿真实验

在光学实验中，有 44 个 LED 光源，将它们分为 11 组，每个线性菲涅尔透镜单元覆盖 4 个 LED 光源。液晶面板的刷新频率为 120 Hz。最终的观看区域由 4 个子视区组成。在实验中，

由于用于计算的玻璃透镜尺寸过大，成本太高，所以作者使用与玻璃透镜等效的线性菲涅耳透镜来获得最终的 3D 效果。整个悬浮 3D 显示系统的视角取决于视角较小的单元，所以提出的原型系统中光场显示单元的视角只需要大于或等于悬浮透镜的视角即可。悬浮 3D 显示系统的结构参数如表 8-3-1 所示。图 8-3-13 所示为实验过程中搭建的系统。

表 8-3-1　悬浮 3D 显示系统的结构参数

参数		数值
方向性时序背光模组	LED 光源组数目 M	11
	每组 LED 光源的数目 N	4
	线性菲涅尔透镜的焦距 f_1	60 mm
	线性菲涅尔透镜的尺寸	31 mm×200 mm
定向扩散膜	全息显示屏的水平扩散角	1°
	全息显示屏的垂直扩散角	60°
悬浮透镜	悬浮透镜的材质	PMMA
	悬浮透镜的折射率	1.49
	悬浮透镜的厚度	4 mm
	悬浮透镜的焦距 f_2	248 mm
	悬浮透镜的尺寸	400 mm×400 mm
系统参数	观看视角 Ω	60°
	像空间的参考平面和悬浮透镜之间的距离（即离屏距离）	365 mm
液晶面板	液晶面板的刷新频率 F	120 Hz
	液晶面板的尺寸	15.6 英寸
	液晶面板的分辨率（$m\times n$）	3 840 像素×2 160 像素

图 8-3-13　搭建的悬浮 3D 显示系统

每个线性菲涅耳透镜覆盖 4 个 LED 光源，最终的观看区域由 4 个子视区构成，即有 4 幅编码图像在液晶面板上进行刷新显示。以第二子视区的编码图像为例，3D 模型为立方体和椎体的组合模型，采用光场空间数据重构算法的理想编码图像和未采用该算法的编码图像分别如图 8-3-14(a)和图 8-3-14(b)所示。在没有使用该算法的情况下,采用传统的光场显示方法获得编码图像,即由虚拟摄像机采集 3D 场景的视差图像序列,并得到编码图像。

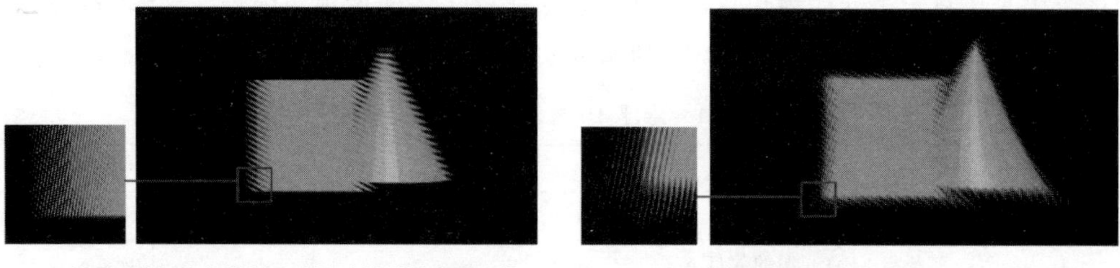

(a) 未采用光场空间数据重构算法得到的编码图像　　(b) 采用光场空间数据重构算法得到的编码图像

图 8-3-14　未采用和采用光场空间数据重构算法得到的编码图像对比

使用摄像机记录了采用光场空间数据重构算法前获得的悬浮 3D 图像和采用了该算法后获得的悬浮 3D 图像(拍摄视角分别为−30°、−15°、0°、15°、30°),如图 8-3-15 所示。显然,使用光场空间数据重构算法后,悬浮 3D 图像的质量得到了明显的改善。

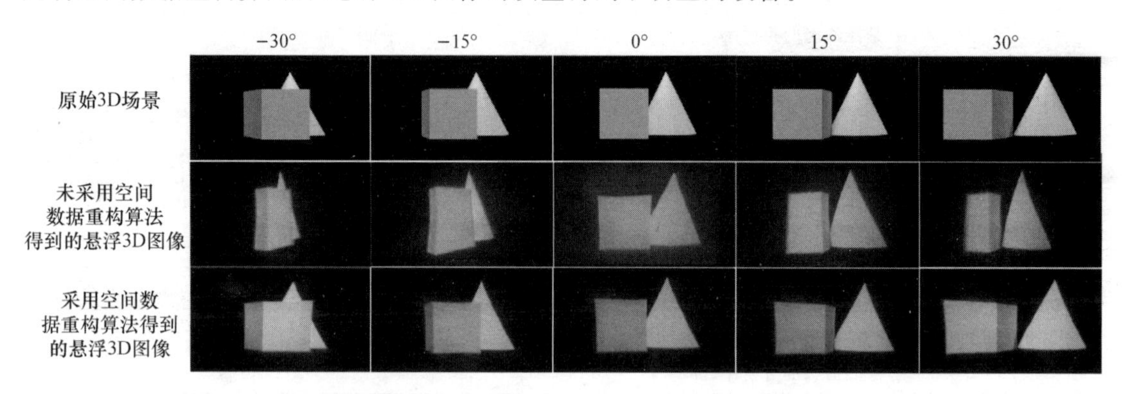

图 8-3-15　使用摄像机记录的采用光场空间数据重构算法前后的悬浮显示效果

进一步评价采用光场空间数据重构算法的悬浮 3D 图像质量,对 12 个视角的悬浮 3D 图像进行仿真,分别得到未采用该算法和采用了该算法的悬浮 3D 图像。计算出不同视角的悬浮 3D 图像与原始 3D 场景相比的结构相似性(SSIM),如表 8-3-2 所示。

表 8-3-2　不同视角的悬浮 3D 图像的 SSIM

序号	1	2	3	4	5	6	7	8	9	10	11	12
视角/°	−30	−25	−20	−15	−10	−5	5	10	15	20	25	30
未采用光场空间数据重构算法	0.635 0	0.669 6	0.708 3	0.737 6	0.798 4	0.808 6	0.813 7	0.800 6	0.739 4	0.713 5	0.670 8	0.643 6
采用了光场空间数据重构算法	0.934 8	0.932 2	0.945 3	0.950 5	0.952 8	0.957 9	0.960 1	0.958 2	0.948 4	0.940 5	0.930 8	0.927 9

如表 8-3-2 所示,在未采用光场空间数据重构算法时,SSIM 值的取值范围为 0.6～0.8,这说明悬浮 3D 图像的像差非常严重。与未采用该算法的悬浮 3D 图像的 SSIM 值相比,使用该算法重构的悬浮 3D 图像的 SSIM 得到了改进,均为 0.93～0.96,更接近 1,验证了光场空间数据重构算法的有效性。

为了进一步验证整个悬浮 3D 显示系统的显示效果,采用光场空间数据重构算法分别对猴头和圆环模型的 3D 场景进行了光场重构,如图 8-3-16 所示。摄像机对 $-30°$、$0°$、$30°$ 的悬浮 3D 图像进行拍摄记录,系统可以达到 $60°$ 的观看视角。理论上,所有的像差都可以通过精确计算所有光线的光路来进行抑制。光场空间数据映射算法中使用的光线经过了系统采样,所以并不能使所有的像差都被完全消除。图 8-3-15 也验证了这一点。在图 8-3-15 中,与原始 3D 场景相比,采用光场空间数据重构算法得到的悬浮 3D 图像质量有所提高,但这些悬浮 3D 图像与原始 3D 场景并不完全相同。使用该算法记录的悬浮 3D 图像仍存在轻微的色差。只要残余像差不影响人眼在观看视角内形成立体视觉,就可以实现大视角的悬浮 3D 光场显示效果。

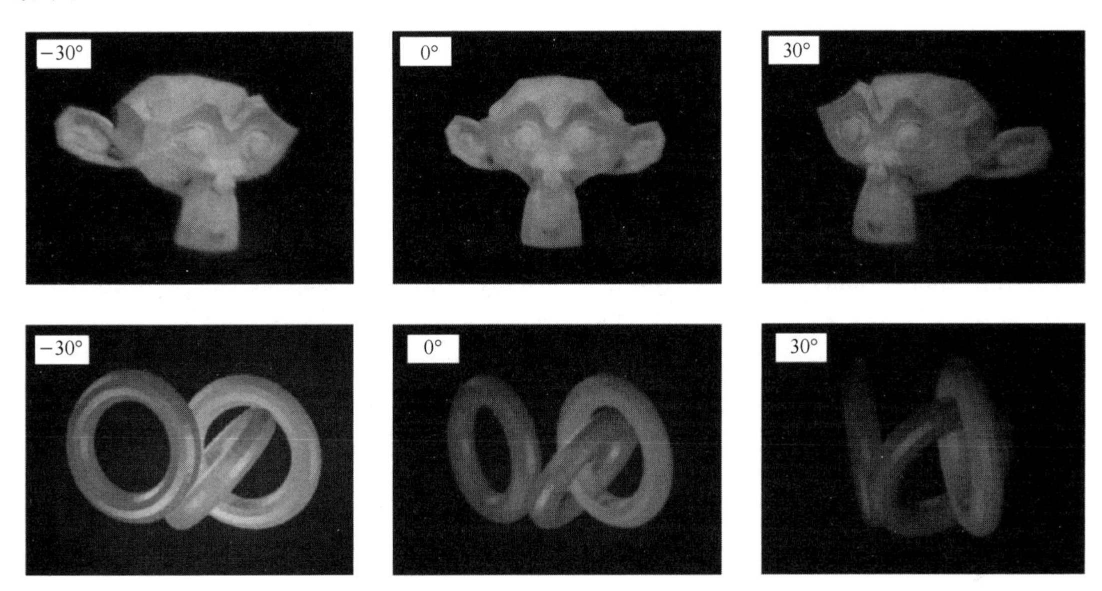

图 8-3-16 由摄像机记录的不同视角下的悬浮 3D 图像

本章参考文献

[1] 冯华君,陶小平,赵巨峰,等. 空间变化 PSF 图像复原技术的研究现状与展望[J]. 光电工程,2009,36(1):1-7.

[2] Min S, Hahn M, Kim J, et al. Three-dimensional electro-floating display system using an integral imaging method[J]. Optics Express, 2005, 13(12): 4358-4369.

[3] Kim J, Min S W, Lee B. Viewing region maximization of an integral floating display through location adjustment of viewing window[J]. Optics Express, 2007, 15(20): 13023-13034.

[4] Kim S, Park S, Kim E. Slim-structured electro-floating display system based on the polarization-controlled optical path[J]. Optics Express, 2016, 24(8): 8718-8734.

[5] Yim J, Kim Y, Min S. Analysis on image expressible region of integral floating[J]. Applied Optics, 2016, 55(3): 122-126.

[6] Xiao X, Javidi B, Martinez-Corral M, et al. Advances in three-dimensional integral

imaging: sensing, display, and applications[J]. Applied Optics, 2013, 52(4): 546-560.

[7] Ren H, Wang Q H, Xing Y, et al. Super-multiview integral imaging scheme based on sparse camera array and CNN super-resolution[J]. Applied Optics, 2019, 58(5): 190-196.

[8] Kim Y, Kim J, Kang J M, et al. Point light source integral imaging with improved resolution and viewing angle by the use of electrically movable pinhole array[J]. Optics Express, 2007, 15(26): 18253-18267.

[9] Takaki Y, Nago N. Multi-projection of lenticular displays to construct a 256-view super multi-view display[J]. Optics Express, 2010, 18(9): 8824-8835.

[10] Takaki Y, Tanaka K, Nakamura J. Super multi-view display with a lower resolution flat-panel display[J]. Optics Express, 2011, 19(5): 4129-4139.

[11] Yu C, Yuan J, Fan F C, et al. The modulation function and realizing method of holographic functional screen[J]. Optics Express, 2010, 18(26): 27820-27826.

[12] Sang X, Fan F C, Jiang CC, et al. Demonstration of a large-size real-time full-color three-dimensional display[J]. Optics Letters, 2009, 34(24): 3803-3805.

[13] Sang X, Fan F C, Choi S, et al. Three-dimensional display based on the holographic functional screen[J]. Optical Engeering, 2011, 50(9): 091303.

[14] Sang X, Gao X, Yu X, et al. Interactive floating full-parallax digital three-dimensional light-field display based on wavefront recomposing[J]. Optics Express, 2018, 26(7): 8883-8889.

[15] Yang S, Sang X, Yu X, et al. 162-inch 3D light field display based on aspheric lens array and holographic functional screen[J]. Optics Express, 2018, 26(25): 33013-33021.

[16] Yang S, Sang X, Yu X, et al. High quality integral imaging display based on off-axis pickup and high efficient pseudoscopic-to-orthoscopic conversion method[J]. Optics Communications, 2018, 428: 182-190.

[17] Van Berkel C. Image preparation for 3D-LCD[C]//Proceedings of SPIE: Stereoscopic Displays and Virtual Reality Systems VI. 1999, 3639: 84-91.

[18] 王琼华，陶宇虹，李大海等. 基于柱面光栅的液晶三维自由立体显示[J]. 电子器件，2008, 31(1): 296-298.

[19] Yu X, Sang X, Chen D, et al. Autostereoscopic three-dimensional display with high dense views and the marrow structure pitch[J]. Chinese Optics Letters, 2014, 12(6): 060008.

[20] 赵悟翔，胡建青. 弱化莫尔条纹的 LED 裸眼 3D 显示[J]. 电子技术与软件工程，2017(23): 83-84.